KB125370

완 전 히
새 로 운
공룡의
역 사

THE RISE AND FALL OF THE DINOSAURS

완 전 히
새 로 운

The Rise and Fall of the Dinosaurs

공룡의
역 사

스티브 브루사테 지음

양병찬 옮김

웅진 지식하우스

나를 고생물학으로 이끌어준 고등학교 은사님 자컵작,
나의 아내 앤, 그리고 다음 세대를 가르치는 모든 선생님들께

———

차례

공룡 시대 연대표

고생대 Paleozoic Era	페름기 Permian Period		2억 9900만~2억 5200만 년 전
중생대 Mesozoic Era	트라이아스기 Triassic Period	전기	2억 5200만~2억 4700만 년 전
		중기	2억 4700만~2억 3700만 년 전
		후기	2억 3700만~2억 100만 년 전
	쥐라기 Jurassic Period	전기	2억 100만~1억 7400만 년 전
		중기	1억 7400만~1억 6400만 년 전
		후기	1억 6400만~1억 4500만 년 전
	백악기 Cretaceous Period	전기	1억 4500만~1억만 년 전
		후기	1억만~6600만 년 전
신생대 Cenozoic Era	고제3기 Paleogene Period		6600만~5600만 년 전

공룡의 가계도

공룡

- 용반류(용반목)
  - 수각류(수각아목)
    - 새
    - 벨로키랍토르
    - 티라노사우루스
    - 알로사우루스
    - 콤프소그나투스
  - 용각류(용각아목)
    - 디플로도쿠스
    - 브라키오사우루스
    - 티타노사우루스
  - 고용각류
- 조반류(조반목)
  - 스테고사우루스(검룡류·골판공룡)
  - 안킬로사우루스(갑옷공룡)
  - 파키케팔로사우루스(후두류·돌머리공룡)
  - 트리케라톱스(각룡류·뿔공룡)
  - 조각류(조각하목)
    - 이구아노돈
    - 에드몬토사우루스(하드로사우루스·오리너구리공룡)

중생대 지구의 모습

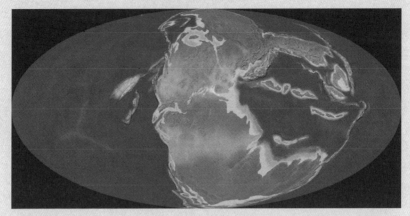

트라이아스기(약 2억 2000만 년 전)

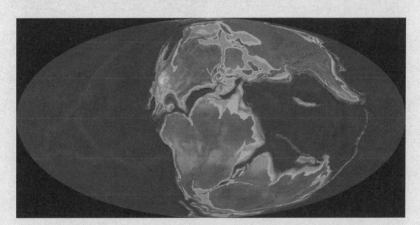

쥐라기 후기(약 1억 5000만 년 전)

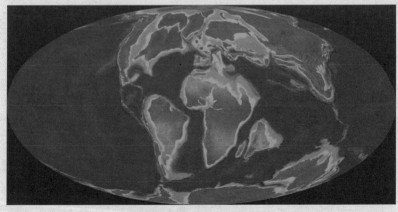

백악기 후기(약 8000만 년 전)

발견의 시대

_ 첸유안롱

_____ 2014년 11월의 어느 추운 날 아침 동이 트기 몇 시간 전, 나는 택시에서 내려 중국 베이징의 중앙 철도역을 향해 발길을 재촉했다. 나는 기차표를 손에 움켜쥐고, 수천 명의 새벽 통근자 무리를 헤치며 나아갔다. 내가 탈 기차가 출발할 시간이 가까워지자 조바심이 나기 시작했다. 어디로 가야 할지 도통 알 수가 없었다. 간단한 단어 몇 가지가 고작인 중국어 어휘력으로 혈혈단신인 내가 할 수 있는 일이라고는, 기차표에 새겨진 상형문자 기호를 플랫폼의 기호와 대조하는 것밖에 없었다. 갑자기 터널 시야tunnel vision●가 찾아왔다. 마치 먹이를 사냥하는 포식자처럼, 에스컬레이터를 위아래로 질주한 뒤 신문 가판대와 국수 가게를 쏜살같이 지나쳤다. 등에 맨 여행 가방(카메라와 삼각대, 과학 장비 때문에 상당히 무거웠다)이 위아래로 요동치

● 시야 협착의 일종으로, 터널 속에서 터널 입구를 바라보는 모양으로 시야가 제한되는 현상.

다 다리 위에서 빙그르르 돌며 정강이를 난타했다. 나의 난폭한 질주를 꾸짖는 성난 고함 소리가 사방에서 쇄도하는 것 같았다. 그러나 나는 멈추지 않았다.

솜털이 보송한 겨울 재킷으로 땀이 배어들 즈음, 나는 디젤 연무 속에서 헐떡이고 있었다. 엔진이 내 앞 어딘가에서 기지개를 켜고 포효하듯 기적을 울렸다. 기차가 막 출발하려던 참이었다. 나는 콘크리트 계단을 비틀거리며 뛰어 내려가 선로에 도착했고, 천만다행으로 기호를 제대로 알아보았다. 드디어 기차에 올라탔다. 기차는 북동쪽으로 달려 진저우錦州에 도착할 예정이었다. 진저우는 시카고만 한 도시로, 북한 접경 지역에서 몇 백 킬로미터 떨어진 옛 만주滿洲에 있다.

그 후 네 시간에 걸쳐 기차가 콘크리트 공장과 안개가 끼어 흐릿한 옥수수밭 사이를 어슬렁어슬렁 지나가는 동안, 나는 애써 마음을 가라앉혔다. 간혹 깜빡 졸기도 했지만, 그리 오래 눈을 붙일 수는 없었다. 그도 그럴 것이, 나는 몹시 흥분해 있었다. 여행의 종착지에서 한 가지 미스터리가 나를 기다리고 있었다. 그것은 바로 농부가 작물을 수확하다가 우연히 발견한 화석이었다. 친한 친구이자 동료인 뤼준창呂君昌이 보내준 조악한 사진 몇 장을 이미 본 터였다. 중국에서 가장 유명한 공룡 사냥꾼인 준창 역시 나처럼 그 화석이 중요해 보인다고 생각했다. 어쩌면 그것은 '성배 화석holy grail fossil' 중 하나인지도 몰랐다. 티 하나 없이 깔끔하게 보존되어 있어, 지금으로부터 수천만 년 전 살아 숨 쉬던 때의 모습을 생생히 알 수 있는 신종 공룡의 화석이라니! 그러나 실물을 직접 확인하기 전에 속단은 금물이었다.

준창과 함께 진저우 역에 도착했다. 기다리고 있던 지역의 고위 관리들이 인사를 건넸다. 그들은 가방을 받아들고 두 대의 검정 SUV로 우리를 안내했다. 차는 우리를 태우고 진저우의 박물관으로 직행했다. 도시의 변두리에 건축된 놀랍도록 평범한 건물이었다. 정상회담 못지않게 진지한 분위기에서, 우리는 네온이 깜빡이는 긴 복도를 지나 책상과 의자가 둘씩 놓인 부속실로 안내되었다. 작은 책상 위에는 평평한 암석 하나가 반듯이 놓여 있었다. 어찌나 무거운지 책상다리가 부러지기 일보 직전이었다. 현지인 한 명이 중국어로 준창에게 뭐라고 이야기하자, 그는 나를 바라보며 재빨리 고갯짓을 했다.

"어디 한번 봅시다." 준창은 이상야릇한 악센트의 영어로 이야기했는데, (성장기에 몸에 밴) 중국식 억양과 (대학원생 시절 미국에서 익힌) 텍사스식 영어의 합작품이었다.

우리 둘은 함께 작은 책상을 향해 다가갔다. 우리가 '보물'에 접근할 때, 모든 이의 시선이 우리에게 집중되면서 방 전체에 으스스한 침묵이 흘렀다.

내 앞에는 지금껏 보았던 그 어떤 화석보다 아름다운 화석이 놓여 있었다. 노새만 한 동물의 뼈대였는데, 뼈대를 에워싼 칙칙한 회색 석회암 위로 초콜릿색 뼈들이 돌출해 있었다. 한눈에 봐도 공룡이 틀림없었다. 스테이크용 나이프 모양의 이빨, 끝이 뾰족한 앞발, 기다란 꼬리를 감안하면 쥐라기의 악당 벨로키랍토르*Velociraptor*의 가까운 친척이 확실해 보였다.

평범한 공룡의 뼈가 아니었다. 가볍고 텅 빈 뼈, 왜가리처럼 길고 가느다란 다리, 호리호리한 뼈대는 왕성하고 활발하고 동작이 잽싼 동물의 전형적인 특징이었다. 게다가 화석에는 뼈뿐만 아니라 전신을 뒤덮은 깃털도 있었다. 머리와 목에는 털처럼 무성한 깃털이, 꼬리에는 길고 가지 친 깃털이 있었다. 팔에는 커다란 깃펜형 깃털이 죽 늘어서 겹겹이 층을 이루며 날개를 형성했다.

그 공룡은 한 마리 새처럼 보였다.

그로부터 약 1년 뒤 준창과 나는 그 골격을 신종 공룡의 것으로 기술하고, 첸유안롱 수니*Zhenyuanlong suni*라고 명명했다. 그것은 내가 최근 10년 동안 발견한 15가지 공룡 중 하나다. 미국 중서부 출신인 나는 영국으로 건너가 스코틀랜드 에든버러 대학교의 교수가 되어, 세계 방방곡곡에서 공룡을 찾아내고 연구하느라 숱한 우여곡절을 겪으며 고생물학 경력을 쌓아왔다.

첸유안롱은 내가 과학자가 되기 전 초등학교 때 배워 알고 있던 공룡들과 사뭇 달랐다. '덩치 크고 비늘로 뒤덮인 멍청한 야수로, 환경에 대응할 장치를 제대로 갖추지 못해 그저 어슬렁거리며 시간을 때우고 멸종하기만 기다렸다.' 공룡에 관해 나는 이런 식으로 어설프게 알고 있었다. 요컨대 공룡은 '진화의 실패작' '생명사의 막다른 골목'으로 치부했다. 인간이 등장하기 한참 전에 지구에 들렀다 간 원시적 야수였고, 그들이 살던 세상은 오늘날과 달라도 너무 달랐을 테니 외계 행성이라고 불러도 좋을 만했다. 공룡은 박물관에서 볼 수 있는 호기심거리나 어린 시절의 흥밋거리였고, 오늘날의 우리와 전혀 무관하므로 진지하게 연구할 가치도 없는 듯싶었다.

그러나 그 고정관념은 터무니없는 오류였다. 지난 수십 년 동안 신세대 과학자들이 유례없는 속도로 공룡 화석을 수집하면서 고정관념은 산산이 부서졌다. 아르헨티나의 사막부터 알래스카의 꽁꽁 얼어붙

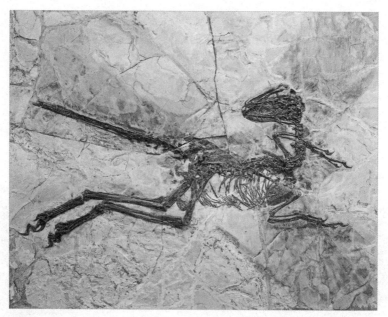

첸유안롱.

은 불모지에 이르기까지, 전 세계 어딘가에서 일주일에 한 번꼴로 신종 공룡이 발견되고 있다. 그렇다면 해마다 약 50종의 신종 공룡이 발견되는 셈이며, 첸유안롱은 그중 하나일 뿐이다. 더욱이, 낯선 공룡이 새로 발견될 뿐 아니라 공룡을 연구하는 방법도 날로 새로워지고 있다. 고생물학자들은 그 기술을 이용해 선배들이 전혀 상상할 수 없는 방법으로 공룡의 생물학과 진화를 이해한다. 컴퓨터 체축 단층 촬영computerized axial tomography, CT 장치 덕분에 공룡의 뇌와 감각을 연구할 수 있게 되었고, 컴퓨터 모델 덕분에 그들이 어떻게 움직였는지 알게 되었다. 고성능 현미경 덕분에 그들 중 일부가 어떤 색깔이었는지까지 밝혀낼 수 있다. 공룡 연구를 위한 신기술과 첨단 장비는 그 밖에도 무궁무진하다.

첸유안롱의 선명한 화석을 연구하고 있는 뤼준창과 나.

이 같은 열광적 분위기에 동참하게 된 것은 내게 큰 영광이었다. 나는 수많은 젊은 고생물학자 중 한 명으로 지구의 이곳저곳을 누비고 있다. 다양한 배경의 남녀들이 영화 〈쥐라기 공원〉 시대에 성년이 되었다. 20, 30대의 연구자들이 한데 어울려 앞 세대 멘토들과 함께 연구에 매진하고 있다. 새로운 발견과 연구가 추가될 때마다 우리는 공룡과 그들의 진화사에 대해 조금씩 더 배운다.

내가 이 책에서 말하고자 하는 이야기는 다음과 같은 질문에 대한 서사적 설명이다. '공룡들은 어디에서 왔나?' '그들은 어떻게 지배자의 위치에 올랐나?' '그중 일부는 어떻게 거대해졌나?' '그중 일부는 어떻게 깃털과 날개가 발달해서 새로 변신했으며, 나머지는 어떻게 사라져 궁극적으로 현대세계와 우리를 위한 길을 열었나?' 나는 이야기보따리를 풀어놓는 과정에서 (우리가 보유한) 화석의 단서를 이용해 스토리를 구성하는 방법을 설명하고, 독자들로 하여금 공룡 사냥을 업으로 하는 고생물학자의 실제 모습을 짐작할 수 있게 하려고 한다.

그러나 무엇보다도 나는 공룡이 외계 괴생명체도 실패자도 아니었으며, 부적합자는 더더욱 아니었다는 점을 증명하고 싶다. 그들은 매우 성공적이었고, 1억 5000만 년 동안 번성했다. 또한 지구 역사상 가장 경이로운 동물 중 일부('현대판 공룡'인 약 1만 종의 새를 포함해)를 탄생시켰다. 그들의 고향은 우리와 똑같은 지구였고, 우리와 똑같은 기후 및 환경 변화(이것은 우리가 현재 다뤄야 하며, 어쩌면 미래에 다뤄야 할 문제일 수도 있다)의 변덕에 시달렸다. 그들은 '항상 변화하는 세계'에 발맞춰 진화했다. 그곳은 무시무시한 화산이 분출하고, 소행성에 부딪히고, 대륙이 이리저리 움직이고, 해수면이 끊임없이 요동치고, 기후가 변덕스럽게 오르내리는 곳이었다. 그들은 환경에 탁월하게 적응했지만, 결국 갑작스러운 위기에 대응하지 못해 대부분 멸종했다. 당연히, 그들의 운명에는 우리가 배울 점이 있다.

공룡의 흥망사는 '거대한 야수와 그 밖의 환상적인 동물들이 자신만의 세상을 이루었던 기간'에 대한 아주 멋진 이야기다. 그들은 한때 지구상에서 당당히 활보했으며, 이제 바위 속에 파묻힌 화석으로 자신들의 역사에 대한 단서를 제공하고 있다. 내게 그들의 화석은 지구의 역사를 말해주는 가장 위대한 내러티브다.

1

최초의 등장

_ 프로로토닥틸루스

—————— "빙고!" 내 친구 그제고시 니에치비에즈키[Grzegorz Niedźwiedzki]가 얇은 이암[mudstone]● 층과 바로 그 위에 있는 거칠고 두꺼운 암석층 사이의 칼날처럼 길고 좁은 분리층을 가리키며 외쳤다. 우리가 탐사하는 폴란드의 작은 마을 자헤우미에 근처 채석장은 한때 인기 있는 석회암 광산이었지만 오랫동안 버려져 있었다. 채석장 주변에는 폴란드 중부 공업지대의 역사를 알려주는 공장 굴뚝과 잔해가 어지럽게 널려 있었다. 지도를 보면 우리가 장엄한 시비엥토크시스키에산맥(성십자가산맥)의 산자락에 있는 것 같았지만, 그 산맥은 수억 년의 침식으로 거의 평평해져 지금은 볼품없는 언덕들의 집합체일 뿐이었다. 하늘은 흐리고, 모기는 물어뜯고, 채석장은 열기를 뿜어대고, 보이는 사람이라고는 주변을 기웃거리는 한 쌍의 도보 여행자들

● 진흙이 굳어져 생긴 암석.

뿐이었다. 그들은 불쌍하게도 길을 잘못 들었으리라.

"이건 멸종을 의미해." 그제고시가 함박웃음을 지으며 말했다. 허구한 날 현장 작업을 하느라 면도를 하지 않아, 주름진 얼굴에는 까칠하게 자란 수염이 가득했다. "맨 아래층에는 커다란 파충류와 '포유류 사촌'들의 발자국이 수두룩해. 이윽고 그들이 사라지고 그 위층에서는 한동안 아무것도 안 보여. 그러다가 결국에는 공룡이 나타나지."

마구 파헤쳐진 채석장에서 약간의 암석을 엿보고 있었지만, 우리가 진짜로 보고 있었던 것은 '혁명'이었다. 암석은 역사를 기록한다. 그것은 사람들이 땅을 활보하기 오래전에 존재했던, 아주 깊은 부분에 대한 스토리를 이야기해준다. 그리고 우리 앞에 있는 바위에 적힌 내러티브는 충격적이었다. 그런 암석의 변화는 많은 훈련을 거친 과학자의 눈에만 탐지되며, 지구의 역사에서 가장 극적인 순간을 기록한다. 세상이 송두리째 바뀐 사례, 즉 지금으로부터 약 2억 5200만 년 전 마련된 전환점을 생각해보자. 그 사건은 우리, 털북숭이 매머드, 공룡이 지구상에 나타나기 전에 일어났지만, 오늘날까지 파문을 일으키고 있다. 만약 그때 상황이 약간 다르게 전개되었다면, 오늘날 세상은 어떻게 되었을까? 그것은 '만약 대공이 총을 맞지 않았다면* 어떻게 되었을까?'라고 묻는 것이나 마찬가지다.

만약 우리가 2억 5200만 년 전(지질학자들은 이 시기를 '페름기'라고 부른다) 그 자리에 서 있었다면, 주변에 아무것도 없었을 것이

---

* 오스트리아 황태자 페르디난트 대공이 사라예보에서 세르비아 청년에게 피살된 사건을 계기로 제1차 세계대전이 벌어진 것을 말한다.

다. 폐허가 된 공장이나 인적은 물론이고 하늘의 새나 우리의 발밑에서 종종걸음 치는 생쥐도, 꽃으로 뒤덮인 관목이나 피를 빨아먹는 모기도 없었을 것이다. 그도 그럴 것이, 이 모든 것은 나중에 진화했기 때문이다. 그러나 우리는 지금처럼 땀을 흘리고 있었을 것이다. 덥고 참을 수 없을 만큼 습도가 높아, 아마 한여름의 마이애미보다 견디기 어려웠을 테니 말이다. 그즈음 늠름했던 시비엥토크시스키에산맥은 구름을 뚫고 솟아올라 눈 덮인 수천 미터짜리 날카로운 봉우리를 뽐냈을 것이다. 산맥에서 발원한 거센 강물은 구과식물conifer 나무(오늘날 소나무, 향나무의 조상뻘)로 이루어진 광대한 숲을 휘돌아 인근의 커다란 분지로 흘러들었을 것이다. 그곳에는 호수가 점점이 박혀 있었는데, 우기에는 범람했지만 계절풍이 끝나면 바짝 말라붙었을 것이다.

그 호수들은 혹독한 더위와 바람 속에서 오아시스를 제공한 커다란 물웅덩이로, 지역 생태계에 혈액을 공급했다. 모든 종류의 동물이 그곳으로 모여들었겠지만, 그중에 우리가 아는 동물은 단 하나도 없었을 것이다. 먼저, 개보다 큰 도롱뇽이 물가에서 어슬렁거리다가 간혹 지나가는 물고기를 낚아챘을 것이다. 다부진 체격의 파레이아사우르pareiasaur는 네 발로 뒤뚱뒤뚱 기어 다녔는데 우툴두툴한 피부, 육중한 머리, 전체적으로 난폭해 보이는 인상이 '미친 파충류'처럼 호전적인 라인맨•을 연상시켰을 것이다. 뚱뚱하고 작은 디키노돈트dicynodont는 마치 돼지처럼 지저분한 곳을 샅샅이 뒤지다, 날카로운 어금니를 이용해 맛있는 뿌리를 캐냈다. 이 모든 동물을 지배한 것은 고르고놉스Gorgonops였다.

• 미식축구에서, 상대 팀의 공격을 제일선에서 막는 선수.

그들은 먹이사슬의 최정상에 군림하는 곰만 한 크기의 괴수로, 파레이아사우르의 내장과 디키노돈트의 살을 기병도 같은 송곳니로 갈기갈기 찢었다. 지금까지 언급한 동물들이 '공룡이 등장하기 직전에 세상을 지배한 괴짜들'이라는 연극의 출연진이다.

그다음에는 땅속 깊은 곳에서 우르르 소리가 나기 시작했다. 약 2억 5200만 년 전 그 사건이 일어났을 때, 지표면에 있던 당신은 아무것도 느끼지 못했을 공산이 크다. 그것은 80킬로미터(어쩌면 160킬로미터) 아래의 맨틀에서 일어나고 있었기 때문이다. 맨틀이란 '지각-맨틀-핵'이라는 지구의 샌드위치 구조에서 중간층을 이루는 단단한 암석을 말한다. 매우 뜨거운 데다 무지막지한 압력을 받고 있기 때문에 오랜 지질시대에 걸쳐 엄청나게 끈끈한 실리퍼티$^{Silly Putty}$(액체괴물 장난감)처럼 흐를 수 있다. 사실, 맨틀은 강물과 같은 흐름을 갖고 있다. 이 흐름은 판구조론$^{plate tectonics}$의 컨베이어 벨트 시스템을 추동하는 힘으로, 얇은 외부 지각을 깨뜨려 판으로 만든다. 이 판들은 시간이 경과하면서 서로에 대해 상대적으로 움직이게 된다. 맨틀의 흐름이 없다면, 산맥이나 바다나 거주 가능한 지표면이 없었을 것이다. 그러나 어쩌다 한 번씩 그 흐름이 제멋대로 군다. 액체 암석의 뜨거운 증기가 빠져나와 지표면으로 살금살금 올라가기 시작하여, 결국에는 화산을 통해 갑자기 분출한다. 이것을 열점$^{hot spot}$이라고 부르는데, 매우 드물지만 오늘날 활발한 열점의 사례로 옐로스톤^{Yellowstone}이 있다. 지구 깊은 곳에서 지속적으로 공급되는 열은 올드페이스풀$^{Old Faithful}$●을 비롯한 간헐천의 원동력이다.

● 옐로스톤 국립공원의 간헐천.

26

페름기 말에도 이와 똑같은 일이 일어났지만, 대륙 전체에 걸쳐 광범위한 규모로 일어났다. 시베리아의 지하에서 엄청나게 큰 열점이 형성되기 시작했다. 액체 암석의 흐름이 맨틀을 통과해 지각으로 나와 화산 밖으로 흘러넘쳤다. 그것은 오늘날 대부분의 사람들에게 익숙한 '평범한 화산'이 아니었다. 평범한 화산은 수십 년 동안 쉬고 있다 간혹 폭발하여 세인트헬렌스산이나 피나투보산처럼 화산재와 용암을 한바탕 내뿜는 원뿔형 흙더미로, 사람들이 과학 실험용으로 만드는 '식초와 베이킹소다 혼합물'과 달리 맹렬하게 분출하지 않는다. 그것들은 땅속에 있는 (길이가 보통 수 킬로미터에 이르는) 커다란 균열에 불과하며, 1년 또는 10년 또는 100년마다 한 번씩 지속적으로 용암을 내뿜는다. 그러나 페름기 말의 화산 폭발은 규모가 달랐다. 그것은 수십만 년(어쩌면 수백만 년) 동안 지속되었으며, 그동안 몇 번의 '커다란 폭발적 분출'과 몇 번의 '조용하고 느린 흐름'이 있었다. 대체로 페름기 말의 화산 폭발은 수백만 제곱킬로미터의 북부 아시아와 중앙아시아를 흠뻑 적실 정도로 많은 용암을 내뿜었다. 심지어 2억 5000여만 년이 지난 오늘날에도, 그때의 용암이 굳은 까만 현무암이 서유럽의 면적과 맞먹는 거의 260만 제곱킬로미터의 시베리아를 뒤덮고 있다.

용암에 새까맣게 탄 대륙을 상상해보라. 그것은 B급 영화의 종말론적 재앙이다. 말할 것도 없이, 시베리아 근처에 살던 파레이아사우르, 디키노돈트, 고르고놉스는 멸절했다. 그러나 상황은 그보다 훨씬 더 나빴다. 폭발하는 화산은 용암뿐 아니라 열, 먼지, 독성가스까지 내뿜는다. 용암과 달리 이 물질들은 지구 전체에 악영향을 미칠 수 있다. 페름기 말의 암울한 운명을 결정지은 핵심 요인은 바로 이 물질들로, 수백만 년 동안 지속된 연쇄적 파괴를 시작했다. 그 과정에서 세상은 비가역적으로 변화했다.

대기로 발사된 먼지는 높은 고도의 기류를 오염시킨 뒤 전 세계로 퍼져 나갔고, 햇빛을 차단해 식물의 광합성을 방해했다. 한때 무성했던 구과식물 숲이 감쪽같이 사라지자 파레이아사우르와 디키노돈트는 먹고살 식물이 없어졌고, 뒤이어 고르고놉스는 먹을 고기가 없어졌다. 먹이사슬은 붕괴하기 시작했다. 먼지 중 일부는 아래로 내려와 물방울과 결합해 산성비를 만들었고, 그렇잖아도 악화되던 지상의 상황은 더욱 악화됐다. 더 많은 식물이 죽어감에 따라 풍경은 황량하고 불안정해졌다. 이류^{mudslide}●가 썩어가는 숲을 쓸어버렸고, 그와 동시에 대규모 침식이 진행되었다. 자헤우미에 채석장의 '고운 이암^{泥巖}(잔잔하고 평화로운 환경을 암시한다)'이 갑자기 '거칠고 자갈 섞인 암석(빠른 유속과 맹렬한 폭풍우의 전형적 특징이다)'에 자리를 내준 것은 바로 이 때문이었다. 설상가상으로 들불이 흉터로 얼룩진 땅을 맹렬히 휩쓸고 지나가, 식물과 동물의 생존은 더욱 어려워졌다.

그러나 지금까지 언급한 것은 어디까지나 단기적인 효과로, '특별히 많은 용암'이 시베리아의 균열을 통해 분출한 지 며칠, 몇 주, 몇 개월 내에 일어난 현상이었다. 장기적인 효과는 훨씬 더 치명적이었으니, 용암과 함께 방출된 숨막힐 듯한 이산화탄소 구름이 그 주범이었다. 오늘날 우리가 잘 알고 있는 바와 같이 이산화탄소는 강력한 온실가스로서, 대기 중의 복사열을 흡수하고 지표면으로 되쏘아 지구를 덥

● 산사태 때 걷잡을 수 없이 흘러내리는 진흙 더미.

28

힌다. 시베리아의 화산이 폭발할 때 뿜어져 나온 이산화탄소는 기온을 겨우 몇 도만 올린 것이 아니다. 지구가 펄펄 끓을 정도로 막무가내의 온실가스 효과를 초래했다. 그러나 이산화탄소 방출의 결과는 그것으로 끝나지 않았다. 많은 이산화탄소가 대기 속으로 들어갔지만, 그중 상당 부분은 바다에 용해되었다. 바다에 용해된 이산화탄소는 연쇄적인 화학반응으로 바닷물의 산성도를 더욱 높였는데, 이는 용해되기 쉬운 껍질을 갖고 있는 해양 생물에 특별한 악영향을 미쳤다(식초에 목욕을 한다고 생각해보라). 또한 이러한 연쇄반응으로 많은 산소가 바다에서 방출되었는데, 이는 바닷속이나 바다 근처에 사는 생물에 또 다른 위험한 문제였다.

암석에 새겨진 파멸과 암울함을 모두 옮겨 적으려면 몇 페이지가 더 필요하지만, 요점만 간단히 말하면 '페름기 말기는 먹고살기가 매우 힘든 시기였다.' 페름기 말기에는 지구 역사상 최대의 떼죽음이 발생했는데, 그 내용인즉 모든 종의 약 90퍼센트가 사라졌다는 것이다. 고생물학자들은 이런 사건(지구 전체에서 단기간에 엄청난 양의 식물과 동물이 종적을 감춘 사건)을 일컫기 위해 대멸종mass extinction이라는 용어를 쓴다. 지구상에서는 지난 5억 년 동안 다섯 번에 걸쳐 특별히 심각한 대멸종이 발생했다. 그중에서 가장 유명한 것은 지금으로부터 6600만 년 전인 백악기 말기에 공룡이 몰살당한 사건이다(이 사건에 관해서는 나중에 자세히 설명한다). 백악기 말기의 대멸종이 끔찍했던 것은 사실이지만, 페름기 말기에 비하면 아무것도 아니었다. 폴란드의 채석장 지층에 '고운 이암에서 거친 암석으로 갑자기 바뀜'이라고 기록된 2억 5200만 년 전의 사건은 '생명을 완전 말살 일보 직전까지 몰고 간 위기'로 지구사에 길이 남았다.

모든 일이 그렇듯, 절체절명의 위기가 지나간 뒤 상황이 호전되었다. 생명은 회복력이 있으며, 설사 최악의 재앙이 닥쳐도 돌파하는 종이 꼭 있기 마련이다. 시간이 경과하면서 열점이 증기를 잃자, 수백만 년 동안 폭발했던 화산들도 이내 잠잠해졌다. 용암, 먼지, 이산화탄소가 더는 말썽을 부리지 않자 생태계가 점차 안정을 되찾았다. 식물은 다시 자라나 다양화하기 시작했다. 식물은 초식동물에 식량을 제공했고, 초식동물은 육식동물에 고기를 제공했다. 그에 따라 먹이사슬이 재확립되었다. 이렇게 복구되는 데 최소한 500만 년이 걸렸으며, 복구가 끝난 뒤 상황은 호전되었지만 매우 다른 양상이 전개되었다. 종전에 지구를 지배했던 고르고놉스, 파레이아사우르, 그리고 그 친척들은 폴란드의 호숫가는 물론 그 어느 곳에도 얼씬거리지 않았다. 반면에 용감한 생존자들이 지구 전체를 차지했다. 세상은 대체로 무주공산이었고, 서식자가 없는 변경이었다. 페름기가 막을 내리며 트라이아스기로 넘어갔으니, 상황이 판이하게 전개될 예정이었다. 이제 공룡이 등장할 차례였다.

젊은 고생물학자로서, 나는 페름기 말기 대멸종의 결과로 세상이 어떻게 변했는지 정확히 이해하고 싶었다. 누가 죽고 누가 살아남았으며, 그 이유는 무엇이었을까? 생태계는 얼마나 빨리 복구되었을까? 종말론적 암흑apocalyptic blackness 이후에 어떤 뜻밖의 신종新種이 등장했을까? 페름기의 용암 속에서 최초로 형성된 현대 세계는 어떤 모습이었을까?

이와 같은 의문을 해결하는 방법은 하나뿐이다. 현장에 나가 화석을 찾는 것이다. 살인 사건이 나면 수사관은 시체와 범죄 현장을 샅샅이 뒤져 지문, 체모, 실오라기 등의 단서를 찾아낸다. 그러한 단서들은 자초지종을 밝히고 범인을 찾는 데 도움이 된다. 고생물학자의 단서는 화석이다. 화석은 고생물학 분야의 화폐이며, 오래전 멸종한 생물의 생활과 진화 과정이 수록된 유일한 기록이다.

화석이란 '고생물의 모든 흔적'을 말하며, 다양한 형태를 띨 수 있다. 가장 익숙한 화석은 뼈, 이빨, 껍데기처럼 동물의 골격을 형성하는 딱딱한 부분이다. 이 딱딱한 조각들은 모래나 진흙 속에 파묻힌 뒤 점차 광물질로 대체되며, 결국에는 암석으로 변하여 화석을 남긴다. 때로는 잎이나 세균처럼 부드러운 것들도 화석이 될 수 있는데, 이런 것들은 종종 암석에 자국을 새긴다. 동물의 피부나 깃털, 심지어 근육이나 내장처럼 부드러운 부분도 사정은 마찬가지다. 그러나 우리가 이런 화석을 손에 넣으려면 억세게 운이 좋아야 한다. 그처럼 연약한 조직이 화석이 되려면 부패하거나 포식자에게 먹히지 않아야 하며, 그러기 위해서는 동물이 신속하게 땅에 묻혀야 하기 때문이다.

내가 지금까지 설명한 화석을 체화석body fossil이라고 하는데, 식물이나 동물의 일부가 암석으로 변한 것이 특징이다. 그러나 화석에는 또 한 가지가 있다. 바로 흔적화석trace fossil인데, 생물의 존재나 행동을 기록하거나 생물이 생성한 것을 보존하는 것이 특징이다. 가장 좋은 예는 발자국이고, 그 밖에도 굴窟, 깨문 자국, 분석糞石, coprolite(화석화한 배설물), 알, 둥지 등이 있다. 흔적화석은 고생물학에서 그 가치가 매우 높다. 멸종한 동물들이 서로(또는 환경과) 어떻게 상호작용을 했는지(무엇을 먹었는지, 어디에 살았는지, 어떻게 이동했는지, 어떻게 번식했는지)를 알려주기 때문이다.

나는 특히 공룡과 그 직전에 등장했던 동물들의 화석에 관심이 있다. 공룡은 트라이아스기, 쥐라기, 백악기라는 세 지질시대에 걸쳐 살았는데, 이 시대들을 통틀어 '중생대'라고 한다. 폴란드의 호숫가에서 섬뜩하고 불가사의한 동물들이 뛰놀던 페름기는 트라이아스기 바로 전 시대였다. 우리는 흔히 공룡을 까마득한 고참으로 생각하지만, 사실은 생명사에서 비교적 신참이었다.

지구는 약 45억 년 전 형성되었고, 그 후 수억 년이 지나 현미경으로만 볼 수 있는 세균이 처음 진화했다. 그로부터 약 20억 년 동안 지구는 세균의 세상이었다. 식물이나 동물은 전혀 없었으므로, 만약 우리가 그때 존재했다면 맨눈으로 볼 수 있는 것은 아무것도 없었을 것이다. 그리고 지금으로부터 18억 년 전쯤, 단세포생물들의 '무리 짓는 능력'이 발달하여 다세포생물이 등장했다. 그다음에는 전 지구적으로 빙하기(빙하가 지구 전체를 거의 뒤덮다시피 하며 적도까지 내려왔던 시기)가 왔다 갔고, 그 여파로 최초의 동물이 발동을 걸었다. 그들은 처음에는 단순했지만(해면이나 해파리처럼 찐득거리는 물질이 담긴 부드러운 주머니였다), 결국에는 껍질과 골격을 발명했다. 약 5억 4000만 년 전쯤인 캄브리아기에 이르러 이 골격화된 형태들이 폭발적으로 다양해지면서 극도로 풍부해졌고, 서로가 서로를 잡아먹기 시작하더니 복잡한 해양생태계를 형성했다. 이러한 동물들 중 일부가 '뼈로 이루어진 골격'을 형성했는데, 그들이 바로 최초의 척추동물이었으며 엉성하고 작은 피라미 같은 모습이었다. 그러나 그들 역시 다양화를 계속했다. 그중 일부는 궁극적으로 지느러미가 팔로 전환되어 손가락과 발가락이 생겼고, 약 3억 9000만 년 전 육지에 상륙했다. 이들이 최초의 사지동물이었고, 오늘날 육상 생활을 하는 모든 척추동물은 그들의 후손이다. 개구리와 도롱뇽, 악어와 뱀이 등장했으며, 나중에 공룡과 인간도 등장했다.

우리가 위와 같은 이야기를 알 수 있는 것은 화석 덕분이다. 고생물학자들이 대를 거듭하며 전 세계에서 수천 개의 골격과 치아와 발자국과 알을 발견했다. 우리는 화석을 찾는 데 몰두하고 있으며, 새로운 화석을 발견하기 위해 엄청난(때로는 어리석은) 노력을 기울이기로 악명이 높다. 폴란드의 석회암 채석장이 되었든, 월마트 뒤의 절벽이 되었든, 건설 현장의 암석 더미가 되었든, 고약한 냄새를 풍기는 쓰레기 매립지의 바위투성이 벽이 되었든 가리지 않는다. 화석이 발견될 가능성이 있다면, 최소한 일부 용감한(또는 멍청한) 고생물학자들이 더위와 추위, 비, 눈, 습기, 먼지, 바람, 벌레, 악취, 전쟁을 아랑곳하지 않고 덤벼들 것이다.

내가 폴란드로 출발한 것도 바로 그 때문이었다. 2008년 여름 폴란드를 처음 방문했는데, 그때 나는 스물네 살로 석사 학위를 받은 뒤 박사과정을 시작하기 전이었다. 그보다 몇 년 전 슐레지엔(폴란드, 독일, 체코가 여러 해 동안 영토 분쟁을 벌인 지역)에서 발견된 흥미로운 신종 파충류 화석을 연구하기 위해서였다. 그 화석들은 폴란드의 보물 창고라 할 수 있는 바르샤바 박물관에 보관되어 있었다. 베를린발 기차에 몸을 싣고 밤늦게 바르샤바 중앙역에 접근할 때 들었던 경적 소리를 지금도 기억한다. 전쟁 후 폐허에서 복구된 도시 바르샤바에 자리한 스탈린 시대의 흉물스러운 건축물은 어두운 밤그림자에 휩싸여 있었다.

기차에서 내린 나는 군중을 유심히 살폈다. 누군가가 내 이름이 적힌 종이를 들고 기다리기로 되어 있었기 때문이다. 나는 폴란드의 거물급 교수와 공식 이메일을 통해 방문 일정을 잡았는데, 그는 대학원생 한 명을 기차역으로 보내 나를 폴란드 고생물학 연구소의 작은 객실로 안내하겠노라고 했다. 나는 그 방에서 묵을 예정이었고, 화석은 그 방보다 몇 층 아래에 보관되어 있었다. 기다리는 사람의 신원을 전혀 몰랐고 기차가 한 시간 이상 연착했으므로, 나는 '그 대학원생이 필시 연구소로 돌아갔을 테니, 이제 어두컴컴한 외국 도시에서 방황하는 처량한 신세가 되었구나'라고 생각했다. 내가 아는 폴란드어라고는 여행 안내 책자의 용어 해설 페이지에 나오는 단어 몇 개가 전부였다.

공황에 빠지기 직전 바람에 나부끼는 흰 종이 한 장이 눈에 들어왔다. 종이에는 내 이름이 휘갈겨져 있었다. 그 종이를 들고 있는 사람은 젊은이였는데, 바싹 자른 군인 머리에 나처럼 머리가 막 벗겨지기 시작하고 있었다. 눈동자는 까맸고, 출구를 빠져나오는 승객들을 자세히 살펴볼 요량으로 눈을 가늘게 뜨고 있었다. 얼굴에는 까칠하게 자란 수염이 얇게 한 꺼풀 덮여 있었고, 내가 아는 대부분의 폴란드인들보다 피부가 좀 더 까매 보였다. 거의 선탠한 수준이었다. 뭔가 어렴풋이 불길한 예감이 들었지만, 그가 나를 알아보고 내 쪽으로 다가오기 시작하자 그런 느낌은 일순간에 사라졌다. 그는 너털웃음을 지으며 내 가방을 끌어당기고 내 손을 굳게 잡았다. "폴란드에 오신 것을 환영합니다. 내 이름은 그제고시입니다. 저녁 식사 어때요?"

우리는 모두 피곤했다. 나는 오랜 기차 여행에 지쳤고, 그제고시는 하루 종일 새로운 뼈 화석 한 무더기를 기술하느라 눈코 뜰 새가 없었다. 그는 몇 주 전 학부생 조수들과 함께 폴란드 남동부에서 그 화석들을 발견했는데, 그의 얼굴이 까맣게 그을린 것은 바로 그 때문이었다. 그러나 곧 의기투합한 우리는 맥주 여러 잔을 벌컥벌컥 들이키며 몇 시간 동안 화석에 관해 이야기했다. 그 친구는 나와 마찬가지로 공룡에 순수한 열정을 갖고 있었고, '페름기 말기 대멸종 이후에 일어난 일'에 대한 혁명적 아이디어로 충만해 있었다.

그제고시와 나는 금세 친구가 되었다. 우리는 그 주 내내 폴란드의 화석을 함께 연구했다. 나는 그 후 네 차례나 여름이 되면 폴란드로 돌아가 그와 함께 현장 연구를 진행했다(영국의 젊은 고생물학자 리처드 버틀러Richard Butler가 종종 합류해 삼총사가 되곤 했다). 우리는 그동안 많은 화석을 발견하여, '페름기 말기 대멸종 이후의 짜릿한 시기에 공룡이 진화의 시동을 건 과정'에 관한 새로운 아이디어를 생각해냈다. 그 4년 동안, 그제고시는 '열렬하지만 어쩐지 순진해 보이는 대학원생'에서 폴란드 고생물학계의 선두 주자로 변모했다. 그는 30대로 접어들기 몇 년 전 자혜우미에 채석장의 다른 모퉁이에서, 약 3억 9000만 년 전 바다에서 육지로 걸어 나온 최초의 물고기들 중 하나가 남긴 발자취(경로)를 발견했다. 그의 발견은 세계 최고의 과학 저널인 《네이처Nature》 표지에 실렸다. 그는 폴란드 수상과 함께 특별한 청중들 앞에 초대되어 TED 강연을 했다. 《내셔널 지오그래픽National Geographic》 폴란드 판에는 화석 대신 그의 강철 같은 얼굴이 실렸다.

그제고시는 과학계의 유명 인사가 되었지만, 그가 가장 좋아하는 것은 사교계가 아니라 자연계에 나가 화석을 찾는 일이었다. 그는 자신을 '들판의 동물'이라고 불렀는데, 이는 바르샤바의 상류사회 활동보다 들판에서 야영하고 덤불 헤치기를 더 좋아한다는 것을 의미한다. 그는 못 말리는 '들판의 동물'이었다. 시비엥토크시스키에산맥 지역의 핵심 도시인 키엘체 인근에서 성장한 그는 유년기 때부터 화석을 수집하기 시작했다. 그는 많은 고생물학자가 간과하는 화석, 즉 흔적화석을 찾아내는 특별한 재능을 연마했다. 발자국, 손자국, 꼬리자국은 공룡과 그밖의 동물이 사냥, 숨기, 짝짓기, 어울리기, 먹기, 어슬렁거리기 등과 같은 일상생활을 영위하기 위해 이동하는 동안 진흙이나 모래 위에 남긴 흔적을 말한다. 그는 '자국'에 푹 빠졌다. 그는 내게 종종 '한 마리의 동물은 하나의 골격을 갖고 있을 뿐이지만, 수백만 개의 발자국을 갖고 있다'는 점을 일깨워주곤 했다. 마치 첩보 공작원처럼, 그는 자국을 찾을 수 있는 최고의 장소를 모두 알고 있었다. 요컨대, 자국이 있는 곳은 그의 뒷마당이었다. 게다가 그런 곳은 동물들이 성장한 뒷마당이기도 했다. 왜냐하면 페름기와 트라이아스기 동안 키엘체 지역을 뒤덮고 있었던 (동물들이 우글거린) 계절성 호수는 자국을 보존할 수 있는 완벽한 환경이었기 때문이다.

우리는 네 번의 여름을 보내며 그제고시의 '자국 사랑'에 동참했다. 그제고시가 자신만이 아는 비밀 장소로 우리를 이끄는 동안, 리처드와 나는 그의 뒤를 따르며 태그를 붙였다. 그의 비밀 장소는 대부분 버려진 채석장으로, 개울 위로 암석 조각이 삐져나와 있거나, 그 일대에 새로 건설되고 있는 도로의 배수로를 따라 쓰레기 더미가 널려 있었다. 아마도 인부들이 아스팔트를 깔 때 절단한 암석 조각들을 그곳에 버린 것 같았다. 우리도 자국을 많이 발견하긴 했지만, 일등공신은 그제고시였다. 리처드와 나는 도마뱀, 양서류, 초기 공룡, 악어의 친척들이 남긴 작은 손자국과 발자국을 감별하는 눈을 길렀지만, 달인과 경쟁하는 것은 어림도 없었다.

그제고시가 20년에 걸친 수집 과정에서 발견한 '수천 개의 자국'과 리처드와 내가 우연히 발견한 '한 줌의 자국'은 마침내 멋진 스토리를 완성했다. 자혜우미에 채석장에는 수많은 종류의 자국이 있었으며, 그 자국은 엄청나게 많은 상이한 동물이 남긴 것이었다. 그리고 그 동물들은 한 시기에만 나타난 것이 아니라, 페름기에서 시작해 대멸종기를 경유하여 트라이아스기, 심지어 지질시대의 다음 단계인 쥐라기(약 2억 년 전부터 시작된다)까지 이어지는 수천만 년의 기간에 걸쳐 나타났다. 계절성 호수들은 말라붙으며 광대한 뻘밭mud flat[*]을 남겼고, 동물들은 그곳을 휘젓고 다니며 온갖 자국을 남겼다. 그 후 강물은 지속적으로 새로운 퇴적물을 가져와 뻘밭을 뒤덮었고, 자국들은 퇴적물에 파묻혀 돌로 바뀌었다. 그 주기는 해마다 반복되었으므로, 시비엥토크시스키에산맥의 발자취들은 켜켜이 쌓여 층을 이루게 되었다. 고생물학자들에게 그것은 노다지였다. 왜냐하면 동물과 생태계가, 특히 페름기 말기 대멸종 이후 시간 경과에 따라 변화한 과정을 차근차근 들여다볼 절호의 기회였기 때문이다.

어떤 동물이 어떤 발자취를 남겼는지 확인하는 방법은 비교적 간단하다. 발자취 속 자국의 형태를 손발의 형태와 비교해보면 되기 때문이다. 손가락과 발가락은 몇 개인가? 그중에서 가장 긴 것은 몇 번째이고, 어느 쪽을 가리키는가? 손가락과 발가락만 자국을 남겼나, 아니

● 물이 마른 호수의 진흙 바닥.

면 손바닥이나 족궁^{足弓}(발바닥의 안쪽 아치)도 자국을 남겼나? 왼쪽 자취와 오른쪽 자취의 간격은 가까운가(이것은 동물의 다리가 몸 아래로 길게 뻗었음을 의미한다), 아니면 먼가(이것은 동물의 다리가 짧고 좌우로 벌어졌음을 의미한다)? 이러한 체크리스트를 이용하면, 문제의 자취를 남긴 동물이 어떤 그룹에 속하는지 파악할 수 있다. 정확한 종을 짚어내는 것은 거의 불가능하지만 파충류와 양서류, 공룡과 악어를 구별하기에는 충분하다.

시비엥토크시스키에산맥의 페름기 발자취는 매우 다양하다. 그중 대부분은 양서류, 작은 파충류, 그리고 포유류의 조상인 초기 단궁류 synapsid가 남긴 것이었다. (단궁류는 파충류가 아닌데도 어린이용 그림책과 박물관 전시실에서 귀찮을 정도로 자주 그리고 부정확하게 '포유류형 파충류 mammal-like reptile'로 기술된다. 앞에서 언급한 고르고놉스와 디키노돈트는 원시 단궁류의 두 종류다.) 모든 정황을 미루어 보면 페름기 말의 생태계는 강인했다. 거기에는 동물의 변종이 많았는데, 그중에는 덩치가 작은 것도 있었고 큰 것도 있었다. 덩치가 큰 것은 길이가 3미터에 몸무게가 1톤을 넘었고, 군거생활을 했으며, 계절성 호수 주변에서 매우 건조한 기후를 견뎌내며 번성했다. 그러나 페름기 층에서 공룡이나 악어의 징후는 전혀 발견되지 않았으며, 심지어 그들의 '조상 비슷한 동물'의 자취도 전혀 발견되지 않았다.

페름기-트라이아스기 경계에서는 모든 것이 바뀌므로, 대멸종의 자취를 더듬는 것은 (한 장은 영어로, 다른 장은 산스크리트어로 쓰인) 신비로운 책을 읽는 것과 같다. 페름기 말기와 트라이아스기 초기는, 전혀 다른 별개의 세상인 것처럼 보인다. 이것이 놀라운 이유는, 동일한 장소 ·

환경·기후에서 전혀 다른 스타일의 자취들이 나타나기 때문이다. 페름기 말기와 트라이아스기 초기 사이에서 시곗바늘이 째깍째깍 돌아가는 동안, 폴란드 남부는 맹렬한 계류溪流의 혜택을 누리는 습한 호수 지방의 지위를 잃지 않았다. 그러므로 바뀐 것은 장소도 환경도 기후도 아니고, 동물들 자신이었다.

나는 트라이아스기 초기의 자취를 살펴보는 동안 소름이 오싹 끼치며, 아득히 먼 옛날에 드리웠던 죽음의 망령을 느꼈다. 지표면에는 아무런 자취도 없이 작은 자국들만 여기저기 드문드문 남아 있는 반면, 암석 속으로 깊숙이 파고 들어간 굴은 무수히 많았다. 지표면의 세계는 전멸하고, 이 '귀신 나올 듯한 풍경'에서 서식하는 동물들은 모두 지하에 숨어들고 있었던 것 같다. 거의 모든 굴은 작은 도마뱀과 (아마도 두더지보다 별로 크지 않은) 포유류 친척들의 것이다. 페름기의 다양한 자취(특히 원시적 포유류인 커다란 단궁류가 만들었던 자취) 중 상당수는 사라지고, 두 번 다시 나타나지 않는다.

자취들을 쫓으며 시간의 진행을 따라가다 보면 상황은 점차 나아지기 시작한다. 좀 더 많은 유형의 자취가 등장하는데, 그중 일부는 크기가 커지고 굴은 매우 드물어진다. 세상은 페름기 말기 화산의 충격에서 벗어나고 있었던 게 분명하다. 그러다가 약 2억 5000만 년 전, 그러니까 대멸종이 일어난 지 불과 200만 년 뒤 새로운 유형의 자취가 하나 등장하기 시작한다. 길이가 겨우 몇 센티미터로, 고양이 앞발만 하다. 자취의 좌우 폭은 좁고, 5개의 손가락이 달린 손자국이 그보다 조금 큰 발자국 앞에 위치한다. 중간에 있는 세 발가락은 길고, 좌우 가장자리 발가락은 매우 작다. 가장 많이 발견되는 곳은 스트리초비체라는 작은 폴란드 마을 근처로, 다리에 차를 주차한 다음 가시나무와 찔레나무를 헤치고 전진하면 좁은 개울이 나온다. 개울에는 동물의 발자국으로 뒤덮인 평평한 암석들이 산재하므로, 제방에 진을 치고 그 일대를 뒤지면 된다. 그제고시는 어린 시절 그곳을 발견했는데, 언젠가 어깨를 으쓱거리며 나를 그곳으로 데려간 적이 있다. 때는 7월의 어느 날이었는데 (기분 나쁜) 습도, 벌레, 비, 천둥이 버무려진 최악의 여름날이었던 것으로 기억한다. 우리는 몇 분 동안 잡초 사이를 뒤진 뒤 물에 빠진 생쥐 꼴이 되었고, 내 현장 노트는 비에 젖어 뒤틀리고 잉크가 번지는 바람에 엉망진창이 되었다.

그곳에서 발견된 자취를 토대로, 프로로토닥틸루스*Prorotodactylus*라는 학명을 가진 공룡의 전모가 밝혀졌다. 그제고시는 처음에 그 사실을 어떻게 해석해야 할지 확신하지 못했다. 주변에서 발견된 페름기 동물의 자취와는 분명 달랐다. 그러나 과연 어떤 동물이 그 자취를 만들었을까? 그제고시는 공룡과 모종의 관계가 있을 거라고 예감했다. 왜냐하면 하르무트 하우볼트Hartmut Haubold라는 원로 고생물학자가 1960년대에 그와 비슷한 자취를 보고하며, 초기 공룡이나 그와 가까운 친척이 만들었을 거라고 주장했기 때문이다. 그러나 그제고시는 그 아이디어를 납득하지 못했다. 그는 젊은 시절 경력의 대부분을 자취 연구에 할애했기 때문에, 실제 공룡의 골격을 연구하는 데는 다소 소홀했다. 따라서 자취와 '자취를 만든 동물'을 연결하는 것은 그에게 어려운 과제였다. 내가 폴란드에 도착한 시점이 바로 그때였다. 나는 석사 학위논문을 위해 트라이아스기 파충류의 가계도를 구축했는데, 그것은 최초의 공룡이 당대의 다른 동물들과 어떻게 관련되어 있었는지를 밝혀낸 일종의 '족보'였다. 나는 몇 달 동안 박물관에 틀어박혀 뼈 화석을 연구했으므로, 최초 공룡의 해부학에 정통해 있었다. 초기 공룡의 진화에 관해 박사 학위논문을 쓴 리처드도 사정은 마찬가지였다. 우리 셋은 프로로토닥틸루스의 자취를 만든 주범이 누구인지를 알아내기 위해 머리를 맞댄 결과, '공룡과 매우 비슷한 동물'이라는 결론에 도달했다. 우리는 2010년 논문을 출판해 우리의 해석을 발표했다.

물론, 단서는 자취의 세부 사항에 있었다. 내가 프로로토닥틸루스의 자취를 바라봤을 때 제일 먼저 눈에 띈 것은 '간격이 매우 협소하다'는 점이었다. 일렬로 늘어선 왼쪽 자취와 오른쪽 자취 사이에는 몇 센티미터에 불과한 좁은 공간만 있었다. 어떤 동물이 그런 식으로 걸어가는 방법은 단 하나, 팔과 다리를 몸통 바로 아래로 뻗은 상태에서 똑바로 걷는 것이다. 우리는 직립보행을 하므로, 해변에 발자국을 남길 때 왼쪽 다리와 오른쪽 다리 사이의 간격이 매우 좁다. 말도 마찬가지다. 다음에 농장에 가면(또는 경마장에서 돈을 걸 때), 구보하는 말이 남긴 말굽 자국을 유심히 살펴보라. 내 말뜻을 이해할 것이다. 그러나 이런 유형의 걸음은 실제로 동물계에서 매우 드물다. 도롱뇽, 개구리, 도마뱀은 다른 방식으로 걷는다. 그들의 팔과 다리는 몸에서 양쪽으로 돌출해 있다. 그들은 팔다리를 벌리고 어기적어기적 걷는데, 이것은 그들의 진행 경로가 매우 넓고, ('양 날개를 편 독수리' 같은 사지가 만든) 왼쪽 자취와 오른쪽 자취 사이의 간격이 매우 넓다는 것을 의미한다.

페름기의 세상을 지배한 것은 '쩍 벌린 동물들'이었다. 그러나 대멸종이 일어난 후, '쩍 벌린 동물들' 중에서 하나의 새로운 파충류 그룹이 진화했다. 그들은 '똑바로 서기' 자세를 개발한 조룡朝龍(지배 파충류)이

그제고시가 프로로토닥틸루스의 자취를 남긴 동물의 실물 크기 모형을 검토하고 있다. 프로로토닥틸루스는 원시 공룡으로, 공룡을 탄생시킨 조상과 매우 비슷하다. Courtesy of Grzegorz Niedźwiedzki.

폴란드에서 발견된, 발자국과 손자국이 겹쳐진 프로로토닥틸루스의 자취. 손자국의 길이는 약 2.5센티미터다.

었다. 그것은 기념비적인 진화적 대사건이었다. 쩍벌림은 (빨리 움직일 필요가 없는) 냉혈동물에게는 그럭저럭 괜찮다. 그러나 당신의 사지를 오므려 몸통 아래로 밀어 넣는다면 새로운 가능성의 세상이 열린다. 당신은 더 빨리 달릴 수 있고, 더 넓은 지역을 관할할 수 있고, 먹이를 훨씬 더 쉽고 효율적으로 잡을 수 있으며, 에너지를 덜 소비할 수 있다. 왜냐하면 원주圓柱형 사지가 (쩍 벌린 동물처럼 이리저리 뒤틀리는 것이 아니라) 앞뒤로 질서정연하게 움직이기 때문이다.

쩍 벌린 동물들 중 일부가 똑바로 걷기 시작한 이유를 정확히 알 수는 없지만, 그것은 아마도 페름기 말기 대멸종의 결과물인 것으로 보인다. 그런 새로운 자세가 멸종 이후의 혼돈 상태에서 조룡에게 이점을 주었을 거라고 상상하기는 어렵지 않다. 생태계가 화산의 연무에서 회복하려고 몸부림치고 있고 기온은 참을 수 없을 만큼 높은 상태에서, 지천에 널린 빈 틈새들이 '지옥 같은 풍경을 견딜 수 있는 개성 강한 동물들'에게 점령되기를 기다리고 있었다. 지구가 화산 폭발의 충격을 받은 후, 똑바로 걷는다는 것은 동물들이 회복할 수 있는(그리고 향상될 수 있는) 좋은 방법 중 하나였다.

똑바로 걷는 조룡은 단지 견뎌내기만 한 것이 아니라 번성하기까지 했다. 트라이아스기 초기의 만신창이 세상에서 태어난 미천한 동물이지만, 그들은 나중에 믿기 어려울 만큼 많은 종으로 다양화했다. 초기에는 두 가지 주요 혈통으로 갈라졌는데, 그들은 남은 트라이아스기 동안 진화적 군비경쟁 속에서 치열한 각축전을 벌였다. 놀랍게도 두 혈통은 오늘날까지 생존하고 있다. 첫째, 의사악어류Pseudosuchia는 나중에 악어를 탄생시켰으며, 간단하게는 '악어계 조룡crocodile-line archosaur'이라고

한다. 둘째, 조중족류^Avemetatarsalia 는 익룡^pterosaur(흔히 프테로닥틸^pterodactyl 이라고 불리는, 하늘을 나는 파충류)과 공룡, 더 나아가 조류로 발달했다 (나중에 살펴보겠지만, 조류는 공룡의 후손이다). 조중족류는 조류계 조룡^bird-line archosaur 이라고도 한다. 스트리초비체에서 발견된 프로로토닥틸루스의 자취는 화석 기록에 나타난 조룡의 첫 번째 징후 중 하나로, 모든 조류계 공룡의 현조^玄祖 할머니의 흔적이다.

그렇다면 프로로토닥틸루스는 정확히 어떤 종류의 조룡이었을까? 발자국의 어떤 특징들이 중요한 단서를 제공한다. 즉 프로로토닥틸루스는 발가락의 각인만 남기고 (족궁을 형성하는) 중족골^metatarsal bone 의 각인은 남기지 않았다. 2·3·4번 발가락은 길고 매우 가까이 모여 있고, 1번과 5번 발가락은 아주 작고 좌우로 벌어져 있으며, 발자국의 뒷부분은 곧고 매우 예리하다. 독자들은 웬 해부학 타령인가 하겠지만, 많은 면에서 실제로 그렇다. 의사들이 증상을 보고 질병을 진단하듯이, 나는 그런 해부학적 특징을 보고 공룡의 종류는 물론 공룡의 가장 가까운 친척까지 판별할 수 있다. 다음과 같은 특징은 공룡의 발 골격과 연관된다. 지행성^digitigrade(발가락만을 지면에 대고 걷는 방식), 매우 좁은 발(중족골과 발가락이 모여 있다), 측은할 정도로 위축된 바깥 발가락, 경첩과 유사하게 연결된 발가락과 중족골(공룡과 새의 특징적인 발목을 반영하는데, 조금의 뒤틀림도 없이 앞뒤로만 이동할 수 있다).

프로로토닥틸루스의 자취는 공룡의 가까운 친척인 조류계 조룡이 만든 것이었다. 과학자들의 말투로 하면 프로로토닥틸루스는 공룡형류^dinosauromorph 에 속한다. 공룡형류란 공룡과 '한 줌의 가까운 친척(계통수에 피어난 '공룡 꽃' 바로 밑에 있는 몇 개의 가지)'을 포괄하는 그룹을 말

44

한다. '쩍 벌린 동물' 중에서 '똑바로 걷는 조룡'이 진화한 이후, 공룡형류가 등장한 것은 제2의 진화적 대사건이었다. 공룡형류는 똑바른 사지로 위풍당당하게 설 수 있었을 뿐 아니라 긴 꼬리, 커다란 다리 근육, 특별한 엉덩이(다리와 몸통을 연결하는 뼈가 있는)를 갖고 있었다. 그들은 이 모든 것 덕분에 다른 '똑바로 걷는 조룡'들보다 훨씬 더 빠르고 효율적으로 움직일 수 있었다.

프로로토닥틸루스는 최초의 공룡형류 중 하나로서, 루시Lucy의 공룡 버전이라고 할 수 있다. 루시는 아프리카에서 발견된 유명한 화석으로, 인간과 매우 가까운 관계이지만 진정한 인간인 호모사피엔스의 일원은 아니다. 루시가 우리를 닮은 것처럼, 프로로토닥틸루스는 생김새와 행동이 공룡과 매우 비슷하지만 관례상 진정한 공룡으로 간주되지 않는다. 과학자들이 오래전에 공룡을 '식물을 먹는 이구아노돈Iguanodon과 고기를 먹는 메갈로사우루스Megalosaurus(1820년대에 발견된 최초의 공룡들 중 두 가지), 그리고 그들의 공통 조상의 모든 후손을 포함하는 그룹의 일원'이라고 정의했기 때문이다. 그런데 프로로토닥틸루스는 그런 공통 조상에서 진화하지 않고 약간 먼저 진화했으므로, 정의상 진정한 공룡이 아니다. 그러나 그것은 어디까지나 의미론적인 문제일 뿐이다.

프로로토닥틸루스에서 우리는 공룡으로 진화한 동물군이 남긴 흔적을 볼 수 있다. 덩치는 집고양이만 하고, 몸무게는 약 4.5킬로그램이었다. 네 발로 걸었고, 손자국과 발자국을 남겼다. 연속된 손바닥과 발바닥의 간격이 긴 것으로 미루어 보면, 사지가 상당히 길었던 것이 틀림없다. 다리는 특히 길고 날씬했던 것이 확실해 보이는데, 그 이유는 발자국이 종종 손자국 앞에 찍혀 있기 때문이다. 이는 다리가 손을 추월했음을 의미한다. 손은 작고 물건을 잘 움켜쥐었던 데 반해, 발은 길고 움츠리고 있어 달리기에 적합했다. 크고 여윈 체형이어서 치타의 속도로 달렸을 것 같지만, 나무늘보처럼 신체 비율이 엉성했다. 독자들이 기대하는 거대한 티라노사우루스*Tyrannosaurus*와 브론토사우루스*Brontosaurus*를 궁극적으로 탄생시킬 스타일의 동물은 아닌 듯싶다. 게다가 그들은 그다지 흔하지도 않았다. 스트리초비체에서 발견된 자취 중 5퍼센트 미만이 프로로토닥틸루스의 것이었는데, 이는 이 원시 공룡이 처음 등장했을 때 특별히 풍부하거나 성공적이지 않았음을 시사한다. 오히려 프로로토닥틸루스는 작은 파충류, 양서류, 심지어 다른 종류의 원시 조룡들에 비해 수적으로 크게 열세였다.

이 드물고 괴상하고 '진정한 공룡이 아닌' 공룡형류는 트라이아스기 전기와 중기에 세상이 치유되는 동안 진화를 계속했다. 마치 한 편의 일대기처럼 흔적들이 시간 순서대로 차곡차곡 쌓여 있는 폴란드의 자취 유적지에는, 그 과정이 모두 기록되어 있다. 비우리, 파웽기, 바라누프 같은 곳에서도 낯선 공룡형류(로토닥틸루스*Rotodactylus*, 스핑고푸스*Sphingopus*, 파라키로테리움*Parachirotherium*, 아트레이푸스*Atreipus*)의 자취가 발견되었고, 시간이 경과하면서 레퍼토리가 다양해졌다. 갈수록 더 많은 유형의 자취가 등장함에 따라 공룡형류의 몸집은 더욱 커지고 형태는 더욱 다양해졌으며, 심지어 바깥 발가락을 완전히 상실하고 중간 발가락만 남은 것들도 있었다. 어떤 자취에서는 손자국이 사라졌는데, 그런 공룡형류들은 뒷다리로만 걸었던 것으로 보인다. 2억 4600만 년 전쯤에는 늑대만 한 공룡형류들이 두 다리로 뛰어다니며, 발톱 달린 손으로 먹이를 움켜쥐는 등 티라노사우루스 렉스*Tyrannosaurus rex*(이하 T. 렉스)

의 소형 버전처럼 행동했다. 그들은 폴란드에만 서식하지는 않았다. 프랑스와 독일, 미국 남서부에서도 발자국이 발견되었고, 아프리카 동부에 이어 아르헨티나와 브라질에서도 뼈가 발견되었다. 그중 대부분은 고기를 먹었지만, 일부는 초식동물로 전향했다. 그들은 빨리 움직이고 빨리 자라고 대사율이 높았으며, 같은 지역에 서식했던 굼뜬 양서류나 파충류에 비해 왕성하고 활동적인 동물이었다.

어느 시점에서 이러한 원시적 공룡형류 중 하나가 진정한 공룡으로 진화했다. 그러나 그것은 명칭상으로만 급진적인 변화였다. 비非공룡과 공룡 간의 경계선은 애매하고, 심지어 인위적일뿐더러 과학적 관행의 부산물일 뿐이다. 당신이 일리노이주에서 인디애나주로 넘어갈 때 사실상 아무것도 변하지 않는 것처럼, '개만 한 공룡형류' 중 하나가 (공룡의 계통수상에서 경계선 너머에 있는) 다른 '개만 한 공룡형류'로 넘어갔을 때, 심오한 진화적 도약은 전혀 없었다. 이러한 이행은 몇 가지 새로운 특징의 발달만을 수반했다. 위팔에는 팔을 안팎으로 움직이는 근육이 고정되었던, '기다란 흉터' 같은 자국이 있다. 목뼈에는 더욱 강력해진 근육과 인대를 뒷받침하는 '덮개 비슷한 테두리'가 몇 개 있다. 허벅지뼈가 골반과 만나는 곳에는 '열린 창문과 비슷한 관절'이 있다. 이것들은 모두 경미한 변화이며, 솔직히 말해서 어떤 것이 '공룡형류 → 공룡' 이행을 추동했는지 정말로 모르겠다. 다만 한 가지 분명한 것은, '공룡형류 → 공룡' 이행이 중대한 진화적 도약이 아니라는 것이다. 그보다 훨씬 더 커다란 진화적 사건은, 다리가 튼튼하고 빨리 달릴 수 있고 빨리 성장할 수 있는 공룡형류 자체가 등장한 것이었다.

최초의 진정한 공룡은 2억 4000만~2억 3000만 년 전쯤에 등장했다. 진정한 공룡의 기원에 대한 불확실성은 두 가지 문제에서 비롯한다. 나는 이 문제들 때문에 골머리를 앓아왔지만, 지금은 차세대 고생물학자들이 해결할 수 있는 여건이 성숙해 있다고 본다. 첫째, 최초의 공룡은 사촌뻘인 공룡형류와 너무 비슷해 발자국은 고사하고 골격을 구별하기도 어렵다. 예컨대, 탄자니아의 약 2억 4000만 년 된 암석에서 팔 일부와 척추 몇 개가 발견된 불가사의한 니아사사우루스*Nyasasaurus*는 세계에서 가장 오래된 공룡일 수 있다. 그러나 그것은 공룡의 족보를 작성할 때 잘못 분류된 공룡형류일 수도 있다. 폴란드에서 발견된 발자국 중 일부, 특히 뒷다리로 걸은 대형 동물의 발자국도 마찬가지다. 어쩌면 그중 일부는 진짜로 진정하고 담백한 공룡이 실제로 남긴 것일 수 있다. '최초 공룡'의 자취와 '가까운 비공룡 친척'의 자취를 구별할 뾰족한 방법은 없다. 그들의 발 골격이 너무 비슷하기 때문이다. 그러나 진정한 공룡의 기원보다 공룡형류의 기원이 훨씬 더 중요하므로, 그것은 그다지 중요하지 않을 수도 있다.

훨씬 더 격렬한 논쟁을 일으킨 두 번째 문제는, 트라이아스기의 화석을 품고 있는 암석들 중 상당수, 특히 초기와 중기 사이에 해당하는 암석들의 연대측정 결과가 매우 부실하다는 것이다. 암석의 연대를 확인하기에 가장 좋은 방법은 방사성연대측정인데, 이것은 두 가지 상이한 유형의 원소(예를 들면 칼륨과 아르곤)가 암석에서 차지하는 비율을 비교하는 방법이다. 그 원리는 다음과 같다. 하나의 암석이 액체 상태에서 고체 상태로 냉각되면 광물질이 형성된다. 이 광물질들은 특정한 원소로 구성되는데, 이 경우에는 칼륨이라고 하자. 칼륨의 동위원소 중 하나인 칼륨-40(K-40)은 불안정하며, 방사성붕괴를 통해 서서히 아르곤-40(Ar-40)으로 전환되며 소량의 방사능을 내뿜는다(가이거 계수기에서 들리는 '삑' 소리는 바로 이 때문이다). 암석이 굳는 순간부터, 그 속의 불안정한 칼륨은 아르곤으로 전환되기 시작한다. 이 과정이 계속됨에 따라, 축적된 아르곤은 암석 내에 포획되어 연대측정의 대상이 된다. K-40이 Ar-40으로 전환되는 속도는 실험실 연구를 통해 확립되어 있으므로, 이 속도를 알면 암석에서 두 가지 동위원소의 비율을 측정함으로써 암석의 연대를 계산할 수 있다.

방사성연대측정법은 20세기 중반 지질학계에 혁명을 일으켰다. 그 선구자는 아서 홈스Arthur Holmes라는 이름의 영국인으로, 한때 에든버러 대학교의 광산에서 얼마 떨어지지 않은 곳에 연구실을 차리고 있었다. 오늘날 뉴멕시코 공과대학이나 (글래스고 근처에 있는) 스코틀랜드 대학교 환경연구센터가 운영하는 연구실은 최첨단 기술을 갖춘 초현대식 기관으로, 흰 가운 차림의 과학자들이 (맨해튼에 있는 내 낡은 아파트보다 큰) 수백만 달러짜리 기계를 이용해 미세한 암석 결정의 연대를 측정한다. 그 기법은 매우 정교해서, 수억 년 된 암석의 연대를 수만~수십만 년의 오차 범위 안에서 정확히 측정할 수 있다. 이러한 기법은 미세조정이 잘 되어 있어, 독립적인 연구소의 과학자들이 눈을 가리고 동일한 암석 샘플의 연대를 측정하면 동일한 결과가 나온다. 훌륭한 과학자들이 방법론의 건전성을 확인하기 위해 이 기법을 이용해 자신의 연구 결과를 체크해왔으며, 테스트가 누적됨에 따라 방사성연대측정의 정확성이 확립되었다.

그러나 여기에는 한 가지 유의할 것이 있다. 방사성연대측정은 용암에서 고형화된 현무암이나 화강암과 같은 액상 용융체에서 냉각된 암석에서만 작동한다. 그런데 공룡의 화석을 포함하는 이암이나 사암 같은 암석은 이런 식으로 형성된 것이 아니라, 퇴적층을 가져온 바람이나 물의 흐름을 통해 형성되었다. 따라서 이런 암석의 연대를 측정하는 것은 훨씬 더 어렵다. 간혹 운 좋은 고생물학자들은 2개의 '측정 가능한 화산암층' 사이에 끼인 공룡 뼈를 발견하여 공룡이 살았던 시기의 범위를 구할 수 있다. 사암과 이암에서 발견된 개별 결정의 연대를 측정하는 방법도 있지만, 비용과 시간이 많이 든다. 결론적으로 말해, 공룡의 연대를 정확히 측정하는 것은 보통 어렵다. 공룡 화석 기록의 일부는 연대가 잘 확립되었지만(충분한 화산암 사이에 끼어 있어 기간 범위를 구할 수 있거나, 개별 결정에 대한 연대측정이 성공한 경우), 트라이아스기는 그렇지 않다. 연대가 잘 확립된 화석은 한 줌에 불과하므로, '특정 공룡형류가 등장한 순서(특히 멀리 떨어진 지역에서 발견된 종들의 연대를 비교하려 할 경우)'와 '공룡형류의 무리에서 진정한 공룡이 나타난 시기'를 전적으로 신뢰할 수는 없다.

불확실한 것들을 모두 제쳐놓고 나면, 우리가 확실히 아는 것은 '2억 3000만 년 전 진정한 공룡이 지구상에 나타났다'는 것이다. 그 시기의 암석층에서는 의심할 여지 없는 공룡의 전형적 특징을 가진 종들의 화석이 여러 가지 발견된다. 진정한 공룡의 화석이 발견되는 곳은 아르헨티나 산악 지대의 협곡으로, 최초의 공룡형류들이 뛰놀던 폴란드에서 까마득히 멀리 떨어져 있다.

아르헨티나 산후안주 북동부의 이치괄라스토 주립공원은, 한눈에 봐도 오래전 옛날 공룡들이 넘쳐났던 것으로 보이는 곳이다. 그곳이 '발레

데 라 루나Valle de la Luna (달의 계곡)'라고 불린다는 이야기를 들으면, '바람에 깎인 버섯 모양의 돌기둥, 좁은 도랑, 적갈색 절벽, 흙먼지 날리는 황무지'가 가득한 다른 행성의 모습을 쉽게 상상할 수 있을 것이다. 공원의 북서쪽에는 안데스 봉우리들이 우뚝 솟아 있고, 남쪽에는 아르헨티나의 대부분을 뒤덮고 있는 건조한 평원이 아득히 펼쳐져 있다. 그 평원의 잔디를 소들이 배불리 먹는 덕분에 아르헨티나는 '소고기가 맛있는 나라'로 유명해졌다. 이치괄라스토는 수 세기 동안 (칠레에서 아르헨티나로 이동하는) 가축들에게 중요한 건널목이었고, 오늘날 그 지역에 사는 몇 안 되는 사람들 중 상당수는 목장주다.

이 놀라운 풍경을 가진 지역은, 세계에서 가장 오래된 공룡들을 찾기에 가장 좋은 곳이기도 하다. 왜냐하면 (깎이고 침식되어 마법 같은 형태를 지니게 된) 적색·갈색·녹색 암석은 트라이아스기에 형성되었으며, 이곳의 환경은 생명이 넘쳐나는 것은 물론 화석을 보존하기에도 안성맞춤이었기 때문이다. 이 지역의 풍경은 여러 면에서 (프로로토닥틸루스와 그 밖의 공룡형류의 자취를 보존한) 폴란드의 호수 지방과 유사했다. 폴란드보다 약간 더 건조한 데다 강력한 계절성 몬순에 두들겨 맞지 않았는데도 기후는 고온다습한 편이었다. 강물은 깊은 분지로 굽이굽이 흘러 들어갔지만, 어쩌다 한 번씩 폭풍우가 몰아치는 동안 강둑을 무너뜨리기도 했다. 강물은 600만 년에 걸쳐 사암층과 이암층을 차곡차곡 쌓았는데, 사암은 강물의 진행 경로에 형성된 것이고, 이암은 강물에서 탈출한 미세한 입자들이 주변의 범람원에 퇴적되어 형성된 것이다. 많은 공룡은 범람원에서 다른 많은 동물과 함께 즐겁게 뛰놀았다. 그중에는 커다란 양서류, 페름기 말기의 대멸종을 용케 견뎌낸 (돼지 비슷하게 생긴) 디키노돈트, 부리가 달린 초식성 파충류(조룡의 원시 사촌) 린코사우르rhynchosaur, 시궁쥐와 이구아나의 잡종처럼 보이는 작은 털북숭이 키노돈트cynodont가 있었다. 이런 낙원에 홍수가 간혹 불청객처럼 끼어들어 공룡과 친구들을 죽이고 그들의 뼈를 땅에 묻었다.

이 지역은 오늘날 매우 심하게 침식되어 있고 건물과 도로를 비롯한 인공물이 화석 관찰을 방해하지 않으므로, 세계의 다른 지역들에 비해 공룡을 발견하기가 비교적 쉽다. (어디까지나 상대적으로 그렇다는 말이다. 다른 지역의 경우, '뭐라도 하나 건졌으면' 하고 기도하며 이리저리 샅샅이 뒤지고 다녀 보았자 이빨 하나 발견하기도 어렵다.) 최초의 발견자들은 이곳의 카우보이와 현지인들이었고, 과학자들이 이치괄라스토의 화석을 수집·연구·기술하기 시작한 것은 1940년대였다. 강도 높은 탐사 활동이 시작된 것은 그로부터 몇 십 년이 더 흐른 뒤였다.

최초의 굵직한 수집 여행을 지휘한 인물은 20세기의 거인인 하버드의 앨프리드 셔우드 로머Alfred Sherwood Romer 교수였다. 로머는『척추동물 고생물학Vertebrate Paleontology』이라는 교재를 썼는데, 나는 아직도 그 책으로 에든버러의 대학원생들을 가르친다. 1958년 떠난 제1차 여행 기간에 이미 예순네 살이었던 로머는 '살아 있는 전설'로 여겨졌다. 그런데도 그는 흙먼지 자욱한 황무지에서 (곧 망가질 듯한) 승용차를 몰았다. 이치괄라스토가 조만간 공룡 분야의 '블루오션'으로 떠오를 거라는 예감이 들었기 때문이다. 그는 그 여행에서 탐사 일지에 겸손하게 기술한 것처럼 '중간 크기' 동물의 두개골 일부와 뼈대를 발견했다. 그는 뼈에 달라붙은 암석들을 최대한 붓으로 쓸어내고, 뼈를 신문지로 감싸고 소석고를 바른 뒤(소석고는 단단하게 굳어 뼈를 보호한다), 끝을 이용해 조심스럽게 발굴했다. 발굴한 뼈는 부에노스아이레스로 보낸 뒤 배에 실어 미국으로 운반했다. 그는 미국의 연구실에 도착한 뼈를 신중히 청소하고 면밀히 분석할 수 있었지만, 문제가 하나 있었다. 그 화석들은 부에노스아이레스 항구에 2년 동안 압류되었다가 세관원의 승인을 받아 겨우 반출되었다. 화석이 하버드에 도착했을 때 로머는 다른 연구를 하느라 정신이 없었고, 그 화석은 몇 년이 지난 뒤 다른 고생물학자들에 의해 '이치괄라스토에서 최초로 발견된 양호한 공룡 화석'으로 인정받았다.

일부 아르헨티나인들은 이를 달가워하지 않았다. 미국인이 아르헨티나의 화석을 수집해 반출한 뒤 미국에서 연구했기 때문이다. 이는 떠오르는 아르헨티나 토종 과학자 두 사람(오스발도 레이그^{Osvaldo Reig}와 호세 보나파르테^{José Bonaparte})을 자극했고, 그들은 자신들만의 탐사대를 조직했다. 그들은 팀을 꾸려 1959년에 한 번, 1960년대 초에 세 번 더 이치괄라스토를 방문했다. 레이그와 보나파르테의 대원들은 1961년 현지 목장주이자 예술가인 빅토리노 에레라^{Victorino Herrera}를 만났다. 그는 마치 이누이트^{Inuit}● 들이 눈^雪을 잘 아는 것처럼, 이치괄라스토의 언덕과 바위틈을 속속들이 알고 있었다. 그는 사암에서 빠져나온 뼈들이 굴러다니던 장면을 기억해내고, 젊은 과학자들을 그곳으로 안내했다.

에레라가 발견한 뼈 중에는 보존 상태가 양호한 것이 많았고, 공룡 엉덩이뼈의 일부임이 분명했다. 몇 년간 연구한 끝에 레이그는 그 화

● 그린란드, 캐나다 북부, 알래스카, 시베리아 등 북극해 연안에 주로 사는 부족을 일컫는다. 한때 '날고기를 먹는 사람들'이라는 뜻의 에스키모^{Eskimo}로 불렸지만, 야만인인 듯 비하하는 인종차별적 의미가 담겨 있다고 하여 지금은 '사람'을 뜻하는 그들의 언어인 '이누이트'로 대체되었다

석들을 신종 공룡의 것으로 기술하고, 에레라를 존중하는 뜻에서 헤레라사우루스*Herrerasaurus*라고 불렀다. 헤레라사우루스는 노새만 한 동물로, 뒷다리로 일어서 달릴 수 있었다. 후속 연구에서 세관에 압류당했던 로머의 화석도 동일한 공룡의 것으로 확인되었고, 그다음에 헤레라사우루스가 날카로운 이빨과 발톱을 무기로 가진 '사나운 포식자'였던 것으로 밝혀졌다. 이를테면 T. 렉스 또는 벨로키랍토르의 원시 버전이었던 것이다. 헤레라사우루스는 최초의 수각류^{theropod} 공룡 중 하나인데, 수각류는 '영리하고 민첩한 포식자 왕조'의 창립 일원으로, 나중에 먹이사슬의 정상에 올랐고 궁극적으로 조류로 진화하게 된다.

독자들은 레이그와 보나파르테의 발견에 고무된 아르헨티나 전역의 고생물학자들이 일종의 '미친 공룡 러시'에 휩싸여 이치괄라스토로 몰려갔을 거라고 생각할 것이다. 그러나 그런 일은 일어나지 않았다. 두 사람의 탐사 활동이 끝난 뒤, 한때 흥분했던 아르헨티나 고생물학계는 잠잠해졌다. 1960년대와 70년대는 공룡 연구의 황금기가 아니었다. 연구비 지원이 턱없이 부족했고, (믿거나 말거나) 대중의 관심도가 매우 낮았다. 그러다가 1980년대 후반 서른 살 남짓한 시카고의 고생물학자 폴 세레노^{Paul Sereno}가 또 다른 야심찬 신예들(주로 대학원생과 소장파 교수들)을 규합해 아르헨티나-미국 공동 탐사대를 결성하자, 고생물학계에 다시 붐이 일었다. 그들은 로머, 레이그, 보나파르테가 걸어온 길을 따랐고, 보나파르테는 그들과 만나 며칠 동안 자신이 즐겨 찾는 공룡 유적지로 안내했다. 그 여행은 큰 성공을 거뒀다. 세레노는 헤레라사우루스의 또 다른 뼈와 많은 다른 공룡의 뼈를 발견하여, 이치괄라스토가 여전히 화석의 보고임을 증명했다.

그로부터 3년 뒤, 세레노는 공동 탐사대 대원들을 이끌고 이치괄라스토를 다시 방문하여 새로운 지역을 탐사했다. 그를 도운 사람들 중에는 리카르도 마르티네스$^{Ricardo\ Martínez}$라는 재기 발랄한 대학생이 있었다. 어느 날 그 지역을 돌아보던 마르티네스는 철광석으로 뒤덮인 주먹만 한 암석 덩어리 하나를 주웠다. '또 하나의 허접한 돌멩이로군' 하고 생각하며 그 암석 덩어리를 내던지려는 순간, 마르티네스는 그 돌멩이에서 삐져나온 뭔가 '뾰족하고 반짝이는 것'에 주목했다. 그것은 이빨이었다. 너무 놀란 나머지 기가 막혀 땅바닥을 힐끗 돌아본 그는, 자기가 거의 완벽한 한 마리 공룡의 골격에서 머리를 떼어냈음을 깨달았다. 그것은 다리가 길고 체격이 작은 골든리트리버만 한 크기의 스피드광이었는데, 그와 세레노는 그것을 에오랍토르^{Eoraptor}(새벽의 약탈자)라고 명명했다. 이빨들이 두개골에서 삐져나온 것은 매우 이례적이었다. 턱 뒤쪽의 이빨은 날카롭고 (스테이크 나이프처럼) 톱니가 있는데, 이것은 살코기를 써는 데 사용되었던 게 분명하다. 그러나 주둥이 맨 앞의 이빨은 (치상돌기^{齒狀突起}라는 거친 돌기가 있는) 이파리 모양으로, 긴 목을 가진 배불뚝이 용각류^{sauropod} 공룡의 이빨과 동일한 유형이다(그들은 나중에 이 이빨을 식물 분쇄용으로 사용하게 된다). 위와 같은 특징으로 미루어 보면, 에오랍토르는 잡식성으로서 용각류 계통의 초초기^{初初期} 구성원, 즉 브론토사우루스와 디플로도쿠스^{Diplodocus}의 원시 사촌으로 추정된다.

나는 그로부터 몇 년 뒤 리카르도 마르티네스를 만났다. 그즈음 에오랍토르의 멋진 골격을 처음 구경했다. 나는 시카고 대학교의 학부생으로서 폴 세레노의 연구실에서 훈련을 받고 있었다. 그때 리카르도는 은밀한 프로젝트를 수행하기 위해 시카고 대학교를 방문했고, 나중에

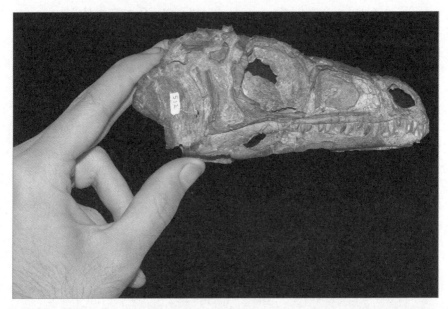

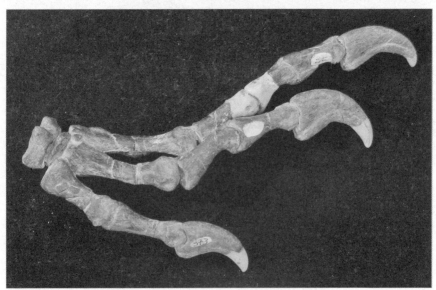

가장 오래된 공룡에 속하는 에오랍토르의 두개골(위)과 헤레라사우루스의 손뼈(아래).

이치괄라스토에서 또 하나의 신종 공룡인 테리어만 한 크기의 원시 수각류 에오드로마이우스^{Eodromaeus}를 발표했다. 나는 리카르도를 만나자마자 좋아하게 되었다. 폴은 레이크쇼어드라이브•에서 차가 막혀 한시간 늦은 상태였고, 리카르도는 연구실 한구석에서 등을 구부린 채 문자 그대로 엄지를 빙빙 돌리고 있었다. 내가 동경해왔던 '피가 뜨겁고, 말이 빠르고, 화석을 좋아하는 풍운아'임을 곧 드러내게 될 사람의 이미지와 전혀 안 어울리는 한가한 모습이었다. 그는 영화 〈위대한 레보스키$^{The\ Big\ Lebowski}$〉에 나오는 듀드처럼 보였다. 아무렇게나 헝클어진 머리칼, 입 주변의 두꺼운 턱수염, 흥미로운 패션 감각. 그는 내게 아르헨티나의 미개척지에서 일했던 이야기를 잔뜩 말해주었다. 배고픈 대원들이 간혹 ATVs••를 타고 길 잃은 소를 끝까지 추격하여 지질학용 암석망치의 끝부분으로 결정타를 날린 일을 말할 때는 연극배우처럼 손으로 제스처를 썼다. 그는 내가 아르헨티나에 낭만적 매력을 느끼고 있음을 눈치채고, 혹시 언젠가 아르헨티나에 방문하게 되면 자기를 찾아오라고 했다.

  5년 뒤에 나는 생애 최고로 짜릿한 과학회의에서 강연할 기회가 생겨 리카르도를 찾아갔다. 과학회의는 대부분 고리타분하다. 댈러스나 롤리 등의 도시에 있는 매리엇 호텔이나 하얏트 호텔에 과학자들이 모여, 여느 때라면 결혼식이 열렸을 휑뎅그렁한 연회장에서 연설을 듣고, 지나치게 비싼 호텔 맥주를 얻어 마시며 현장 소식과 정보를 귀동냥한

• 시카고시와 에반스톤(와이오밍주)을 이어주는 간선도로.
•• ATVs란 전지형 만능차$^{all-terrain\ vehicles}$로, 험한 지형에도 잘 달리게 고안된 소형 오픈카를 말한다.

다. 리카르도와 동료들이 아르헨티나의 산후안에서 개최한 그 회의는 전혀 고리타분하지 않았다. 마지막 날 저녁의 디너파티는 랩 비디오에 나오는 화려한 하우스 파티처럼 레전드급이었다. 띠를 두른 지역 정치인들이 개회사를 하며 참석한 외국인들에게 재치 있는 덕담을 건넸다. 주요리는 무제한 레드와인을 곁들인 전화번호부만 한 목초비육우 스테이크였다. 디너파티가 진행되는 몇 시간 동안 수백 병의 보드카, 위스키, 브랜디, 그리고 (이름을 기억할 수 없는) 지역 특산주를 갖춘 오픈 바*가 흥을 돋웠다. 새벽 3시쯤 되자 잠시 휴회가 선포되고, 실외에서 (속재료와 싸 먹는 방식에 따라 다채롭게 변주되는) 타코 바가 열려 음습해진 연회장 분위기를 바꿨다. 우리가 비틀거리며 호텔로 돌아간 것은 동 틀 무렵이었다. 리카르도가 옳았다. 나는 아르헨티나를 사랑하게 되었다.

그날 저녁 환상적인 디너파티가 열리기 전, 나는 사랑스러운 도시 산후안의 국립자연사박물관에 마련된 리카르도의 전시실에서 며칠을 보냈다. 이치괄라스토에서 발굴된 풍부한 화석 가운데 대부분(헤레라사우루스, 에오랍토르, 에오드로마이우스는 기본이고 그 밖에도 많은 다른 공룡)이 그곳에 보관되어 있다. 헤레라사우루스의 가까운 친척으로, 역시 사나운 포식자인 산유안사우루스^{Sanjuansaurus}도 거기에 있다. 또 주목할 만한 공룡으로는 판파기아^{Panphagia}와 크로모기사우루스^{Chromogisaurus}가 있는데, 판파기아는 훗날의 거대한 용각류의 원시 소형 사촌이라는 점에서 에오랍토르와 비슷하고, 크로모기사우루스는 (2미터까지 자랐고, 먹이사슬의 중간쯤에 자리 잡았던 초식동물인) 브론토사우루스의 친척이다.

● 파티나 행사에서 술과 음료를 무료로 제공하는 바.

거기에는 피사노사우루스*Pisanosaurus*라는 공룡의 단편적인 화석들도 있는데, 이들은 개만 한 동물로서 조반류*ornithischian* 공룡과 이빨 및 턱의 특징을 일부 공유한다(조반류는 나중에 뿔 달린 트리케라톱스*Triceratops*부터 오리부리 모양의 주둥이를 가진 하드로사우루스*Hadrosaurus*에 이르기까지 광범위한 초식종으로 다양화했다). 이치괄라스토에서는 아직도 새로운 공룡이 발견되고 있으므로, 당신이 우연히 그곳을 방문했다가 운 좋게 신종 공룡을 발견할 가능성을 전적으로 배제할 수는 없다.

표본이 보관된 캐비닛의 문을 열어 측정할 화석을 조심스레 꺼낸 뒤 사진을 찍을 때마다, 나는 마치 역사가가 된 듯한 느낌이 든다. 어두운 기록보관소에서 몇 시간 동안 머물며, 고대 문헌을 정밀하게 검토하는 학자 말이다. 이것은 매우 사려 깊은 비유라고 할 수 있다. 왜냐하면 이치괄라스토의 화석들은 명실상부한 역사적 유물로, 수도승들이 양피지에 기록을 남기기 시작하기 수백만 년 전 선사시대의 역사를 아는데 도움이 되는 1차 자료원이기 때문이다. 로머, 레이그, 보나파르테, 그리고 나중에 폴, 리카르도와 그 동료들이 이치괄라스토의 달빛 풍경에서 발굴한 뼈들은 (살며, 진화하며, 지배를 향한 긴 행진을 시작한) 진정한 공룡들의 1차 기록물이다.

이 최초의 공룡들은 아직 지배적이지는 않았고, (간혹 범람하는 트라이아스기의 건조한 평원에서 나란히 살았던 더 크고 다양한) 양서류, 포유류 사촌, 악어 친척의 그늘에 가려 맥을 추지 못하고 있었다. 심지어 헤레라사우루스도 먹이사슬의 정상을 넘보지 못하고, 그 자리를 7.6미터 길이의 사나운 악어계 조룡 사우로수쿠스*Saurosuchus*에게 양보했다.

그러나 공룡은 이미 무대에 데뷔해 있었다. 그즈음 세 주요 그룹, 즉 고기를 먹는 수각류, 목이 긴 용각류, 식물을 먹는 조반류는 이미 계통 수상에서 분기^{分岐}했고, 그 자손들은 자신만의 혈통을 형성하기 시작했다. 공룡들은 바야흐로 진화적 행군을 감행하고 있었던 것이다.

2

공룡의 발흥

_ 코일로피시스

────────── 국경선이 하나도 없는 세상을 상상해보라. 존 레논의 무정부주의 사상을 전파하려는 것이 아니다. 모든 땅이 연결되어 있는 지구를 상상해보라는 것이다. 대양과 바다로 갈라진 대륙들의 패치워크가 아니라, 남극부터 북극까지 쭉 뻗은 광대하고 보송보송한 하나의 땅덩어리 말이다. 시간이 충분하고 질긴 신발 한 켤레만 있다면, 북극에서 출발해 적도를 거쳐 남극까지 걸어서 여행할 수 있을 것이다. 만약 내륙으로 아주 깊숙이 들어가려고 작정한다면, 가장 가까운 해변까지의 거리가 수천 킬로미터(또는 심지어 수만 킬로미터)인 곳을 찾아낼 수도 있을 것이다. 만약 최장거리 수영을 상상한다면, 당신이 고향이라고 부르는 커다란 땅 덩어리의 한쪽 해변에서 출발해 (최소한 이론적으로는) 지구 한 바퀴를 돌아 반대쪽 해변에 도착하는 동안 광대한 대양에 몸을 푹 담그고 거침없이 헤엄칠 수 있을 것이다.

마치 동화에나 나올 법한 이야기 같지만, 그것은 공룡이 성장하던 시기의 실제 세상 풍경이었다.

지금으로부터 2억 4000만~2억 3000만 년 전 헤레라사우루스나 에오랍토르 같은 최초의 공룡들이 고양이만 한 공룡형류에서 진화했을 때 오스트레일리아, 아시아, 북아메리카와 같은 개별 대륙은 따로 없었다. 아메리카를 유럽과 갈라놓은 대서양도, 지구 반대편에 자리 잡은 태평양도 없었다. 그 대신 지구에는 견고하고 속이 꽉 찬 하나의 거대한 땅덩어리가 존재할 뿐이었는데, 지질학자들은 그것을 초대륙supercontinent이라고 부른다. 초대륙은 하나의 전 지구적 대양에 둘러싸여 있었다. 오늘날 우리는 초대륙을 판게아Pangea, 전지구적 대양을 판탈라사Panthalassa라고 부른다. 그 시기에는 지리학이 제일 쉬운 과목이었을 것이다.

공룡은 (우리가 보는 견지에서는) 완전히 외계 같은 세상에서 태어났다. 그런 곳에서 태어난 공룡들의 생활환경은 어땠을까?

첫째, 자연지리학적 특징을 생각해보자. 트라이아스기의 초대륙은 지구의 반구 전체를 북극에서 남극까지 일사천리로 내달았다. 그것은 거대한 C자처럼 생겼고, 한복판에는 판탈라사의 팔이 육지로 밀고 들어온 커다란 오목 자국이 하나 있었다. 높이 치솟은 산악 지대들은 특이한 각도로 풍경을 가로지르며 봉합선을 남겼는데, 그 자국은 한때 조그만 덩어리들(퍼즐을 구성하는 여러 개의 조각을 상상하면 된다)이 충돌해 거대한 대륙을 형성한 곳이었다. 그 퍼즐 조각들이 조립된 과정은 그리 쉽지도, 신속하지도 않았다. 지구 깊숙한 곳의 열이 (공룡보다 오래전에 태어난 수많은 동물의 고향이었던) 작은 대륙들을 수억 년 동안 밀고 당긴 결과, 모든 땅덩어리가 하나로 뭉쳐져 마침내 '문어발식 왕국'

이 형성된 것이었다.

둘째, 기후에 대해 생각해보자. 이에 대한 가장 적절한 표현은, 최초의 공룡들은 사우나에서 살았다는 것이다. 트라이아스기의 지구는 오늘날보다 훨씬 더웠다. 어느 정도는 대기에 이산화탄소가 더 많았기 때문이다. 대기에 이산화탄소가 많으면, 온실효과가 커져 더 많은 열이 육지와 바다에 복사된다는 것은 잘 알려진 사실이다. 그러나 판게아의 지리학은 상황을 더욱 악화시켰다. 지구의 한쪽에서는 건조한 땅덩어리가 북극에서 남극까지 이어졌지만, 다른 쪽에는 외해open ocean●가 자리 잡고 있었다. 사정이 이렇다 보니 해류가 적도에서 극지까지 아무런 방해를 받지 않고 흘러갈 수 있어, 저위도의 태양 아래서 뜨거워진 물이 고위도 지역을 덥히는 직접적인 경로가 존재했다. 이는 만년설이 형성되는 것을 막는 요인으로 작용했다. 오늘날과 비교할 때 북극과 남극의 기후는 훈훈해서 여름 기온은 런던이나 샌프란시스코의 여름 기온과 비슷했고, 겨울 기온은 영하로 내려가는 경우가 거의 없었다. 결론적으로, 북극과 남극은 초기의 공룡과 (그들과 지구를 공유하는) 다른 동물들이 쉽게 서식할 수 있는 곳이었다.

극지방이 그렇게 따뜻했다면, 세상의 나머지 지역들은 온실이었음이 틀림없다. 그러나 지구 전체가 사막이었던 것 같지는 않다. 판게아의 지리학은 다시 한번 상황을 훨씬 복잡하게 만들었다. 기본적으로 초대륙의 중심부에는 적도가 있었으므로, 육지의 절반이 여름의 뙤약볕에 그을리는 동안 다른 절반은 겨울의 한기에 뒤덮였다. 북쪽과

● 육지와 인접하지 않은 넓은 바다.

남쪽의 현저한 기온 차이는, 주기적으로 적도를 넘나드는 맹렬한 기류를 초래했다. 이러한 기류의 방향은 계절이 바뀔 때마다 달라졌는데, 이런 현상은 오늘날 세계의 일부 지역(특히 인도와 동남아시아)에서도 발생한다. 즉 기류의 변화는 몬순기후를 초래한다. 몬순기후란 건기와 우기(장기간에 걸친 폭우와 끔찍한 폭풍)가 교대로 반복되는 기후를 말한다. 신문이나 저녁 뉴스에서 다양한 영상(홍수에 떠내려가는 집, 성난 물결에 대피하는 사람들, 이류泥流에 파묻힌 마을)을 본 적이 있을 것이다. 현대의 계절풍은 국지적이지만, 트라이아스기의 계절풍은 전 지구적이었다. 트라이아스기의 계절풍이 너무나 강력하다 보니, 지질학자들은 그것을 기술하기 위해 '메가몬순mega-monsoon'이라는 과장된 용어를 발명했다.

아마도 수많은 공룡이 홍수에 떠내려가거나 진흙사태에 파묻혔을 것이다. 그러나 메가몬순은 또 하나의 효과를 발휘했으니, 판게아가 다양한 특징(다양한 퇴적물, 다양한 강도의 계절풍, 다양한 기온)을 가진 환경 구역으로 나뉘는 데 도움이 되었다는 것이다. 첫째, 판게아의 적도 지방은 극도로 고온다습한 열대 지옥이었다. 그에 비하면 오늘날 여름철의 아마존은 '새발의 피'에 불과하다. 둘째, 적도에서 남북으로 위도 30도까지는 광대한 사막이었다. 사하라사막처럼 허허벌판이지만 범위가 훨씬 더 넓었다. 사막의 기온은 (아마도 거의 매일) 섭씨 35도를 훌쩍 넘었고, (판게아의 다른 지역을 흠씬 두들겼던) 계절풍의 영향권 밖에 있었으므로 퇴적물이 쌓일 틈이 거의 없었다. 셋째, 중위도 지역은 계절풍의 영향을 크게 받았다. 사막보다 기온이 약간 낮지만 강우량과 습도가 훨씬 높았으므로 생명에 훨씬 호의적이었다. 헤레라사우루스와 에오랍토르를 비롯한 이치괄라스토의 공룡들은 바로 그런 환경, 즉 판게아 남부의 중위도 습윤대 한복판에서 살았다.

판게아는 통합된 땅덩어리였지만, 믿을 수 없는 날씨와 극단적인 기후 때문에 위험한 예측 불가능성이 수반되었다. 그것은 보금자리로 불릴 만큼 특별히 안전하거나 쾌적한 곳은 아니었다. 그러나 최초의 공룡들은 선택의 여지가 없었다. 페름기 말기의 끔찍한 대멸종에서 여전히 회복하고 있는 세상에 등장했고, 그 세상은 맹렬한 폭풍우의 채찍과 혹독한 기온의 마수에서 헤어나지 못했다. 대멸종이 지구를 싹쓸이 한 뒤 출발한, 수많은 신종 식물과 동물도 사정은 마찬가지였다. 이 모든 초보자들은 진화의 전장에 떠밀려 나왔는데, 그중에서 공룡이 승전보를 울릴 거라고 장담하기는 매우 어려웠다. 요컨대, 그들은 작고 온순한 동물로, 초기에 먹이사슬의 최정상 근처에는 얼씬할 수도 없는 존재였다. 그들은 중소 규모의 다른 파충류, 초기 포유류, 먹이사슬의 중간에 위치한 양서류와 어울리며, 권좌를 차지하고 있는 악어계 조룡을 두려워하고 있었다. 공룡에게 주어진 것은 아무것도 없었으므로, 그들은 모든 것을 스스로 획득해야 할 처지였다.

나는 여러 해의 여름에 판게아 북부 아열대 건조대 깊숙한 곳으로 화석 탐사 여행을 떠났다. 까마득히 오래전 사라진 초대륙은, 최초의 공룡들이 진화적 행군을 시작한 이후 2억 3000만여 년 동안 점차 쪼개지며 현대의 대륙으로 변모해왔다. 내가 현재까지 발굴해온 것은, 유럽 남서부 포르투갈의 한 모퉁이에 자리 잡은 양지바른 알가르브 지역에서 발견되는 옛 판게아의 유물이다. 트라이아스기의 메가몬순과 펄펄 끓는 열파^{heat wave}●가 맹위를 떨치던 공룡의 형성기 동안, 알 가르브의 위치는 북위 15도 내지 20도로 오늘날 중앙아메리카의 위도와 거의 비슷했다.

많은 고생물학 탐사 활동이 그렇듯이, 포르투갈이 나의 레이더망에 잡힌 것은 무작위적인 단서 때문이었다. 짧은 폴란드 탐사 여행에서 처음 만나 손발을 맞춘 다음 그제고시를 방문해 공룡 조상들(공룡형류)의 화석을 연구하던 영국인 단짝 친구 리처드 버틀러와 나는 뭔가에 단단히 중독되었다. 우리는 트라이아스기에 사로잡혀, 아직 어리고 취약한 공룡들이 우왕좌왕하던 시절에 세상은 어떻게 돌아갔는지 알고 싶어 견딜 수가 없었다. 그래서 우리는 '접근 가능한 트라이아스기 암석(공룡과 다른 동시대 동물들의 화석이 함께 묻혀 있을 만한 퇴적층)'이 존재하는 다른 장소를 물색하기 위해 유럽의 지도를 샅샅이 뒤졌다.

리처드는 한 이름 없는 과학 저널에 실린 짧은 논문을 찾아냈다. 그 내용인즉 '독일 출신 지질학과 학생이 1970년대에 포르투갈 남부에서 발견한 뼛조각이, 알고 보니 고대 양서류의 두개골이었다'는 것이었다. 그 학생은 암석 형성층 지도를 작성하기 위해 포르투갈에 머물고 있었는데, 그것은 지질학과 학부생들에게 일종의 통과의례였다. 그는 화석에 별로 관심이 없었으므로, 수집한 표본을 배낭에 아무렇게나 쑤셔 넣고 베를린으로 돌아왔다. 그리고 그 화석은 한 박물관 구석에 거의 30년 동안 방치되어 있다가, 한 고생물학자에 의해 고생대 양서류의 두개골 조각으로 판명되었다. 트라이아스기의 양서류라니! 그 사

● 더운 기단이 밀려 들어와 이상 고온이 되는 현상.

실 하나만으로도 충분히 흥미로웠다. 유럽의 아름다운 곳에서 트라이아스기 화석이 발견되었는데도, 지금까지 수십 년 동안 아무도 쳐다보지 않았다고? 우리는 당장 그곳으로 달려가야 했다.

리처드와 내가 포르투갈에 도착한 것은 2009년 늦여름의 어느 날이었는데, 그해의 최고기온을 기록했다. 우리는 또 한 명의 친구인 옥타비오 마테우스Octávio Mateus와 팀을 꾸렸다. 그는 당시 서른다섯 살도 채 되지 않았는데 이미 포르투갈 최고의 공룡 사냥꾼으로 손꼽히고 있었다. 옥타비오는 리스본 북쪽의 바람 부는 대서양 해안에 자리한 작은 마을 로리냥에서 성장했다. 아마추어 천문가 겸 역사가였던 그의 부모는 주말마다 시골 지역을 탐사하다 우연히 쥐라기 공룡의 화석이 산재한 곳에 이르렀다. 마테우스 가족과 지역의 어중이떠중이 애호가들이 수많은 공룡의 뼈와 이빨, 알을 수집하고 나니, 그것들을 보관할 장소가 필요해졌다. 그래서 옥타비오가 아홉 살 때, 그의 부모는 사설 박물관을 운영하기 시작했다. 그 박물관의 이름은 로리냥 박물관Museu da Lourinhã으로, 오늘날 전 세계에서 가장 중요한 공룡 컬렉션 중 하나를 보유하고 있다. 박물관의 소장품 중 상당 부분은 옥타비오 자신(그는 고생물학을 더욱 열심히 공부해 리스본의 교수가 되었다)과 그를 따르는 막강한 학생, 자원봉사자, 토박이 도우미 군단이 수집한 것이다. 옥타비오를 지지하는 세력의 규모는 지금도 계속 불어나고 있다.

옥타비오와 리처드, 내가 8월의 열기 속에서 탐사 활동을 시작한 것은 그 나름의 큰 의미가 있었다. 그도 그럴 것이, 우리는 판게아에서 가장 덥고 건조한 지역에 살던 동물의 화석을 찾고 있었기 때문이다. 그러나 인간적인 면에서 보면, 그것은 그다지 훌륭한 전략이 아니었다.

며칠 동안 태양이 작열하는 알가르브 언덕을 헤매다 보니, (우리를 보물 창고로 안내해줄 거라고 기대했던) 지질학 지도가 땀에 젖어 알아보기 힘들어졌다. 얼룩진 지도에 희미하게 표시된 트라이아스기 암석을 모두 체크하고, 지질학과 학생이 양서류 뼈를 수집했다던 장소도 여러 차례 확인해봤지만 모두 허사였다. 일주일로 정한 기한이 끝나갈 무렵, 우리는 심한 더위에 탈진하여 자포자기 상태였다. 패배를 인정하고 퇴각하기 일보 직전, 우리는 지질학과 학생이 화석을 발견한 곳을 한 번만 더 조사해봐야겠다고 생각했다. 그날은 모든 것을 태워버릴 듯 더웠다. 휴대용 GPS에 표시된 온도는 섭씨 50도였다.

우리는 한 시간 정도 그 지역을 훑어본 뒤, 담당 구역을 셋으로 나누고 각자 맡은 부분을 집중적으로 살펴보기로 했다. 산기슭 부근을 맡은 나는 땅바닥에 흩어진 뼛조각들을 필사적으로 샅샅이 조사했다. 그러나 안타깝게도 그중에 화석 비슷한 것은 단 하나도 없었다. 그런데 그때 산등성이 어딘가에서 흥분한 비명 소리가 들려왔다. 서정적인 포르투갈식 억양으로 보아, 옥타비오의 목소리가 분명했다. 소리가 났으리라 짐작되는 곳으로 부리나케 달려갔지만, 그곳에는 적막과 고요만이 있었다. 더위를 먹어 환청을 들은 게 아닌가 하는 생각이 들어 겸연쩍어 하던 중, 먼발치에 서 있는 옥타비오의 모습이 시야에 들어왔다. 그는 마치 한밤중에 걸려온 전화벨 소리에 놀라 깨어난 사람처럼 눈을 비비고 있었다. 그리고 비틀거리며 좀비처럼 희한한 신음 소리를 냈다.

옥타비오는 나를 보고 정신을 차리는가 싶더니, 난데없이 노랫가락을 흥얼거리기 시작했다. 뼈 하나를 손에 들고, 마치 실성한 사람처럼 "내가 이걸 발견했다네, 발견했다네, 발견했다네"를 수도 없이 반복했다. 그의 엽기적인 행동에 의아해하며 잠시 주춤했던 나는, 그의 허리춤에 물병이 없다는 것을 발견하고서야 모든 사정을 이해할 수 있었다. 그는 물병을 차에 두고 왔는데, 그렇게 더운 날 물병을 빠뜨렸다는 것은 치명적인 실수였다. 그런 상황에서 학수고대하던 양서류 뼈를 찾아내고 나니, 들뜬 기분과 탈수증상이 겹쳐 순간적으로 정신줄을 놓았던 것이다. 그러나 그는 곧 이성을 찾았고, 잠시 후 리처드가 덤불을 헤치고 달려와 우리와 합류했다. 흥분에 휩싸여 얼싸안고 손바닥을 맞부딪친 뒤, 우리 셋은 인근의 작은 카페로 자리를 옮겨 맥주로 수분을 보충하며 성공을 자축했다.

옥타비오는 50센티미터 두께의 이암층을 발견했는데, 그 속에는 뼈 화석이 가득했다. 그 후 몇 년 동안 그곳을 여러 차례 다시 방문하여 꼼꼼하게 발굴한 결과, 그곳은 핵심 지역이 아닌 것으로 밝혀졌다. 뼈가 매장된 지층은 산비탈 쪽으로 무한히 확장된 것처럼 보였기 때문이다. 한 지역에 그렇게 많은 화석이 집중적으로 매장되어 있는 사례는 내 평생에 처음이었다. 그곳은 양서류의 공동묘지였다. 무수한 메토포사우루스*Metoposaurus* (오늘날 도롱뇽의 초대형 버전으로, 작은 승용차만 했다)의 뼈가 뒤죽박죽 뒤섞여 있었다. 까마득한 옛날, 그곳에는 수백 마리의 메토포사우루스가 서식하고 있었음이 틀림없다. 그런데 약 2억 3000만 년 전 이곳에 있던 호수가 말라붙는 바람에, 거기에 살던 한 무리의 '끈적거리는 못생긴 괴물'들이 몰살당한 것이다. 그것은 판게아의 변덕스러운 기후로 인한 2차적 피해였다.

메토포사우루스와 같은 거대 양서류는 트라이아스기 판게아의 주연배우였다. 그들은 초대륙의 상당 부분(특히 아열대 건조대와 중위도 습

포르투갈의 알가르브에 묻혀 있는 메토포사우루스의 뼈를 발굴하는 옥타비오 마테우스, 리처드 버틀러, 그리고 우리 팀.

윤대)을 차지하고 있었던 강과 호수 주변을 배회했다. 만약 당신이 에오랍토르처럼 연약한 초기 공룡이었다면, 강가나 호숫가는 무슨 수를 써서라도 피하고 싶었을 것이다. 그곳은 '적의 영토'로, 얕은 물속에 숨은 메토포사우루스가 가까이 접근하는 동물이라면 무엇이든 습격하려고 기다리는 곳이었기 때문이다. 메토포사우루스의 머리는 소형 탁자만 했고, 턱에는 수백 개의 날카로운 이빨이 박혀 있었다. 크고 넓고 평평한 위턱과 아래턱은 맨 뒤에서 연결되어, 마치 양변기 뚜껑처럼 닫음으로써 원하는 것이라면 무엇이든 눈 깜짝할 사이에 집어삼킬 수 있

72

었다. 저녁 식사 때 맛있는 공룡은 몇 번 씹는 것만으로도 충분했다.

사람보다 큰 도롱뇽이라고 하면, 독자들은 '정신병자의 눈에 보이는 환각'쯤으로 여길 것이다. 그러나 아무리 괴상하게 생겼다고 해도, 그들(그리고 그들의 친척)은 외계 생물이 아니었다. 그 끔찍한 포식자들은 오늘날 우리가 보는 개구리, 두꺼비, 영원newt, 도롱뇽의 조상이었다. 정원에서 폴짝폴짝 뛰어다니거나 고등학교 생물학 시간에 해부했던 개구리의 혈관에는 메토포사우루스의 DNA가 흐르고 있다. 사실, 오늘날 가장 많이 알려진 동물들 가운데 상당수의 조상은 트라이아스기까지 거슬러 올라간다. 최초의 거북, 도마뱀, 악어, 심지어 포유류도 이 시기에 세상에 등장했다. (우리가 오늘날 고향이라고 부르는) 지구의 기본 구조를 구성하는 이 모든 동물은, 선사시대의 판게아라는 혹독한 환경에서 공룡들과 나란히 흥기興起했다. 페름기 말기의 대멸종이라는 대재앙은 '텅 빈 운동장'을 남김으로써 온갖 신종 동물들에게 진화할 공간을 제공했고, 신종 동물들은 5000만 년에 걸친 트라이아스기 동안 줄기차게 진화했다. 그것은 웅장한 생물학적 실험의 시대로, 지구를 영원히 바꿨으며 오늘날까지도 반향을 일으키고 있다. 많은 고생물학자가 트라이아스기를 일컬어 '현대 세상의 새벽'이라고 하는 것은 당연하다.

우리의 포유류 조상은 트라이아스기에 살았던 '생쥐만 한 털북숭이' 동물이었다. 그들의 눈에 보이는 것을 상상해본다면, 오늘날의 윤곽이 나타나기 시작하는 세상이 떠오를 것이다. 그렇다. 트라이아스기와 오늘날의 지구는 물리적으로 전혀 딴판이었다. 그때는 대륙이라고는 초대륙 하나만 있었고, 엄청난 더위와 혹독한 날씨가 지구를 지배했다. 그런데도 사막에 에워싸이지 않은 육지 부분은 양치식물과 침엽수로 뒤덮여 있었다. 숲의 캐노피*에서는 도마뱀들이 쏜살같이 달리고, 강에서는 거북들이 헤엄치고, 양서류가 이리저리 날뛰고, 수많은 익숙한 곤충이 윙윙거렸다. 그리고 그곳에는 공룡도 있었다. 그 시기의 무대에서는 단역배우에 불과했지만, 앞으로 훨씬 큰 배역을 맡을 유망주였다.

포르투갈에서 수년간 이 '슈퍼도롱뇽'의 공동묘지를 발굴하는 동안, 우리는 옥타비오가 운영하는 박물관의 워크숍을 가득 채울 정도로 많은 메토포사우루스 뼈를 수집했다. 우리는 선사시대의 호수가 증발했을 때 죽은 다른 동물들의 화석도 발견했다. 그중에는 육지와 물속에서 사냥했던 (긴 주둥이를 가진) 악어의 친척, 피토사우르phytosaur의 두개골 조각도 포함되어 있었다. 우리는 다양한 물고기의 이빨과 뼈도 많이 발굴했다. 그들은 아마도 메토포사우루스의 주요 식량원인 것 같았다. 그리고 수많은 작은 뼈는 오소리만 한 크기의 파충류를 암시했다.

그러나 공룡의 징후는 전혀 발견되지 않고 있다.

그것은 이상한 일이다. 메토포사우루스가 트라이아스기의 포르투갈 호수를 지배하던 시절, 적도 이남에 있는 이치괄라스토의 습윤한 하곡河谷에 공룡이 살고 있었다는 것은 익히 알려져 있는 사실이다. 또한 이치괄라스토에는 서로 다른 공룡이 많이 뒤섞여 있는데, 나는 아르헨티나 국립자연사박물관에 마련된 리카르도 마르티네스의 전시실에서

● 수풀이나 정글이 무성하게 우거져, 위쪽의 나뭇가지들이 지붕처럼 된 부분.

그 공룡들을 모두 연구한 바 있다. 헤레라사우루스나 에오드로마이우스처럼 고기를 먹는 수각류, 판파기아나 크로모기사우루스처럼 목이 긴 용각류의 전신, 그리고 초기 조반류(뿔공룡과 오리주둥이공룡의 사촌들). 그들은 먹이사슬의 정상에 서 있지 않았으며, 거대 양서류와 악어의 친척들에게 수적으로 압도당하고 있었다. 그러나 최소한 세상에 이름을 알리기 시작하고 있었다.

그렇다면 우리가 그들을 포르투갈에서 보지 못하는 이유가 무엇일까? 물론 우리가 그들을 아직 발견하지 못했을 수도 있다. 훌륭한 고생물학자라면 늘 스스로 환기하는 것처럼, '증거의 부재'가 반드시 '부재의 증거'인 것은 아니다. 다음번에 알가르브의 관목지를 다시 방문하여 골층bone bed●의 다른 부분을 파헤치면 공룡이 발견될 수도 있다. 그러나 '나는 발견할 수 없다'는 쪽에 돈을 걸겠다. 왜냐하면 고생물학자들이 전 세계에서 트라이아스기의 화석들을 점점 더 많이 발견할수록 뚜렷이 나타나는 패턴이 하나 있기 때문이다. 그 내용인즉, '공룡들은 2억 3000만~2억 2000만 년 전에 판게아(특히 남반구)의 온난습윤한 지역에 서식하다가 서서히 다양화한 것으로 보인다'는 것이다. 우리는 그들의 화석을 이치괄라스토는 물론 브라질과 인도의 일부 지역에서도 발견했는데, 그 지역들은 한때 판게아의 습윤대에 속해 있었다. 그에 반해, 적도에 좀 더 가까운 건조대에는 공룡이 전혀 존재하지 않았거나 극히 드물었다. 포르투갈과 마찬가지로 스페인, 모로코, 북아메리카의 동쪽 해안에는 거대한 화석 유적지가 존재한다. 그러나 양서류

● 척추동물의 뼈, 이빨, 물고기의 비늘 등을 다량으로 포함하고 있는 지층.

와 파충류의 화석은 수두룩하지만 공룡 화석은 단 하나도 없다. 이 모든 지역은 (비교적 견딜 만한 습윤 지역에서 공룡이 꽃을 피우기 시작하던) 1000만 년 동안 판게아의 몹시 건조한 지대에 위치했고, 최초의 공룡들은 사막의 열기를 견딜 수 없었던 것으로 보인다.

이러한 스토리는 전혀 예상 밖이다. 일부 감염성 바이러스와 달리, 공룡은 등장하는 순간부터 판게아 전체를 휩쓸지는 않았다. 그들은 일부 지역에 국지적으로 분포했는데, 그 원인은 (넘을 수 없는) 물리적 장벽이 아니라 (견딜 수 없는) 기후였다. 그들은 수백만 년 동안 초대륙 남쪽의 한 지역에 파묻혀 옴짝달싹 못 하는 시골뜨기 신세였다. 빛바랜 꿈을 지닌 시골 명문 고등학교 풋볼팀의 영웅으로, 뭔가가 되려면 일단 조그만 고향부터 벗어나야만 했다.

습윤한 지역을 선호했던 초창기 공룡들을 한마디로 표현하면 언더독underdog● 이었다. 그들은 별로 내세울 것 없는 패거리였을 것이다. 사막이라는 함정을 빠져나갈 수 없었을 뿐 아니라, 설사 서식 가능한 지역에 살더라도 (최소한 처음에는) 근근이 살아갈 뿐이었다. 물론 이치괄라스토에는 다양한 공룡이 살고 있었지만, 그래 봤자 생태계 전체에서 차지하는 비율이 고작 10~20퍼센트에 불과했다. 초기 포유류 친척(예컨대 식물의 뿌리와 잎을 먹었던, 돼지 비슷하게 생긴 디키노돈트)과 다른 종류의 파충류들(특히 날카로운 부리로 식물을 썰었던 린코사우르, 힘센 최상위 포식자 사우로수쿠스)이 엄청난 머릿수로 그들을 압도했다. 이치괄라스토보다 약간 동쪽에 위치한 브라질의 경우에도 스토리는 거의 마찬가

● 스포츠 경기에서 우승하거나 이길 확률이 낮은 팀이나 선수를 일컫는 말.

지였다. 그곳에는 이치괄라스토에 사는 공룡들과 근연 관계에 있는 공룡이 몇 종 있었다. 육식성 스타우리코사우루스*Staurikosaurus*는 헤레라사우루스의 사촌이었고, 작은 목긴공룡 사투르날리아*Saturnalia*는 판파기아와 매우 비슷했다. 그러나 그들은 매우 드물었고, 우글거리는 원시 포유류와 린코사우르 군단에 속절없이 압도당했다. 훨씬 동쪽에 있는 습윤대(오늘날의 인도)에도 목이 긴 원시 용각류(예컨대 남발리아*Nambalia*, 야클라팔리사우루스*Jaklapallisaurus*)가 몇 종 있었지만, 그들 역시 다른 종들이 지배하는 생태계에서 맥을 추지 못했다.

판에 박힌 생활에서 영영 벗어나지 못할 것 같던 암담한 시절, 공룡들에게 물꼬를 터준 두 가지 중요한 사건이 일어났다.

첫째, 습윤대를 지배하던 대형 초식동물인 린코사우르와 디키노돈트의 개체 수가 줄어들었으며, 어떤 지역에서는 완전히 사라졌다. 정확한 이유는 아직 알 수 없지만, 그 결과는 오해의 여지가 없었다. 그런 초식동물들의 몰락은 식물을 먹고 살던 원시 용각류 사촌들(판파기아, 사투르날리아)에게, 일부 생태계에서 새로운 틈새niche를 장악할 기회를 제공했다. 그리하여 머지않아 그들은 남반구와 북반구 모두의 습윤 지대를 주름잡는 초식동물이 되었다. 아르헨티나의 로스콜로라도스 지층 Los Colorados Formation(이치괄라스토의 공룡이 화석을 남긴 직후인 2억 2500만~2억 1500만 년 전에 형성된 암석층)에서는 용각류의 조상들이 가장 흔한 척추동물로 자리 잡았다. 이러한 '소와 기린의 중간 크기쯤 되는 대식가들 (예컨대 레셈사우루스*Lessemsaurus*, 리오야사우루스*Riojasaurus*, 콜로라디사우루스 *Coloradisaurus*)'은 다른 어떤 동물보다도 많은 화석을 남겼다. 전체적으로 공룡들은 생태계의 약 30퍼센트를 차지한 반면, 한때 지배적이었던 포유류 사촌들의 점유율은 20퍼센트 아래로 떨어졌다.

그것은 판게아 남부만의 이야기가 아니었다. 처음에는 원시 유럽의 적도 전체, 나중에는 북반구의 습윤대에서도 다른 목긴공룡들이 번성했다. 로스콜로라도스 지층의 경우와 마찬가지로, 그들은 자신의 서식지에서 가장 흔한 대형 초식동물로 자리 잡았다. 그중 하나인 플라테오사우루스*Plateosaurus*는 독일, 스위스, 프랑스를 통틀어 50군데 이상에서 발견되었다. 심지어 포르투갈의 메토포사우루스 골층을 방불케 하는 공동묘지도 발견되었는데, 그곳에는 수십 마리의 플라테오사우루스가 함께 묻혀 있었다(그들은 날씨가 거칠어지는 바람에 몰살당했는데, 이는 유럽 전역에서 얼마나 많은 공룡이 무리 지어 살았는지를 보여주는 증거다).

둘째, 약 2억 1500만 년 전 북반구의 아열대 건조 환경에 공룡들이 최초로 나타난 것이었다(그 지역은 당시 북위 10도였으며, 오늘날 미국 남서부의 일부다). 공룡들이 '안전하고 습윤한 보금자리'를 떠나 어떻게 그런 혹독한 사막으로 이동할 수 있었는지는 정확히 알 수 없다. 어쩌면 기후 변화와 관련이 있을지 모른다. 계절풍과 대기 중의 이산화탄소 농도가 달라지는 바람에 습윤 지대와 건조 지대의 차이가 완화되어, 공룡이 그 사이를 쉽게 이동할 수 있었을지 모른다. 이유가 어찌 되었든, 공룡들은 장구한 세월이 흐른 뒤 열대지방으로 진출함으로써 종전에 자신들을 배제했던 세계로 영역을 확장했다.

사막에 살았던 트라이아스기 공룡의 최고 기록은, 오늘날 또다시 사막이 된 지역에서 작성되었다. 우편엽서에 예쁘게 나오는 애리조나 북부와 뉴멕시코 풍경의 대종을 이루는 것은 빨간색과 자주색의 울긋불긋한 암석에 새겨진 버섯 모양의 돌기둥, 불모지, 협곡이다. 이것들은 친리 지층^{Chinle Formation}을 구성하는 사암과 이암의 집합체로, 트라이아스기 후기인 2억 2500만~2억 년 전 열대 판게아의 사구^{砂丘}와 오아시스에서 형성된 두께 540미터짜리 암석층이다. 공룡을 사랑하는 여행자들이 미국의 남서부 주들을 방문할 때 빼놓지 않는 페트리파이드 포레스트 국립공원^{Petrified Forest National Park}은 친리 지층 최고의 명장면 중 하나를 보유하고 있는데, 그것은 공룡들이 그 지역에 정착하기 시작할 때쯤 갑작스럽게 일어난 홍수에 뿌리째 뽑혀 매장된 수천 그루의 엄청난 규화목(화석화된 나무)으로 가득 찬 풍경이다.

최근 10년간의 고생물학 현장 연구에서 가장 흥미진진했던 것 중 하나가 친리 지층이었다. 이곳에서 이루어진 새로운 발견들은 '최초로 사막에 서식했던 공룡들의 모습'과 '그들이 광범위한 생태계에 적응한 과정'을 보여주는 주목할 만한 청사진을 새로 제시했다. 그 선봉에 젊은 연구자들이 있는데, 친리를 탐사하기 시작할 때는 모두 대학원생이었다. 그중에서도 핵심 사인방은 랜디 이르미스^{Randy Irmis}, 스털링 네스빗^{Sterling Nesbitt}, 네이트 스미스^{Nate Smith}, 앨런 터너^{Alan Turner}다. 이르미스는 안경을 쓴 내성적인 사람이지만, 일단 현장에 나가면 야수 같은 지질학자로 돌변한다. 네스빗은 화석 해부학 전문가로, 늘 야구모자를 쓰고 텔레비전 코미디쇼에 나오는 개그를 인용한다. 스미스는 말쑥한 복장의 시카고 출신으로, 통계학을 이용해 공룡의 진화를 연구한다. 터너는 멸종한 그룹의 계통수를 작성하는 전문가로 늘어뜨린 머리, 텁수룩한 수염, 어중간한 키 때문에 '작은 예수'라는 애칭으로 불린다.

네 사람은 고생물학 경력에서 나보다 반 세대 앞선다. 내가 학부생 신분으로 연구를 처음 시작했을 때, 그들은 박사과정을 밟고 있었다.

나는 젊은 학생으로서 그들을 마치 고생물학계의 랫팩[•]인 것처럼 경외했다. 그들은 무리를 지어 학술회의에 참석했고, 종종 친리에서 연구하는 다른 친구들과도 어울렸다. 그들과 어울린 친구들로는 세라 워닝 Sarah Werning(공룡과 다른 파충류의 성장 과정에 관한 전문가), 제시카 화이트사이드 Jessica Whiteside(오래된 지질학 연대의 대멸종과 생태계를 연구하는 총명한 지질학자), 빌 파커 Bill Parker(페트리파이드 포레스트 국립공원의 고생물학자로, 초기 공룡들과 함께 살았던 악어의 가까운 친척에 관한 전문가), 미셸 스토커 Michelle Stocker(다른 원시 악어류 전문가로, 나중에 ─물론 연구 현장에서─ 스털링 네스빗의 청혼을 받아들여 색다른 트라이아스기 드림팀을 형성했다)가 있었다. 그들은 잘나가는 젊은 과학자들이었고, 나는 그들을 선망하며 그런 스타일의 연구자가 되리라 마음먹었다.

랫팩 동아리는 수년 동안 뉴멕시코 북부의 아비큐라는 작은 마을 근처의 파스텔처럼 메마른 땅에서 시간을 보냈다. 1800년대 중반, 그곳은 인근의 산타페와 로스앤젤레스를 연결하는 통상로인 올드 스패니시 트레일 Old Spanish Trail상의 중요한 휴식처였다. 오늘날에는 겨우 수백 명의 주민이 남아 그 지역을 '세계에서 가장 산업화된 나라의 외딴 낙후 지역'처럼 느껴지게 한다. 그러나 그런 호젓함을 좋아하는 사람들도 있는데, 그중 한 명이 조지아 오키프 Georgia O'Keefe였다. 오키프는 미국의 모더니즘 화가로, 보는 이의 넋을 빼앗을 정도로 상세한 꽃 그림으로 유명했다. 그녀는 광범위한 풍경에도 눈을 돌려, 아비큐 지역의 삐어

● 랫팩 Rat Pack은 험프리 보가트를 중심으로 한 배우들의 총칭으로 프랭크 시나트라, 딘 마틴, 새미 데이비스 주니어, 피터 로퍼드, 조이 비숍이 여기에 해당한다. 1960년대 중반 등장한 단어로, 보가트가 사망한 후 그들은 스스로를 더 서밋 the Summit, 더 클랜 the Clan으로 불렀다.

난 아름다움과 자연광의 대체 불가한 색조에 큰 감동을 받았다. 그녀는 주변에 있는 '사막 속의 조용한 칩거지' 고스트랜치Ghost Ranch의 거친 땅 위에 집을 한 채 마련했다. 그러고는 그 집에 머물며 자연을 탐구하고, 누구의 방해도 받지 않고 새로운 회화 스타일을 실험했다. 그녀가 그린 그림의 주된 모티브는 작열하는 태양 아래의 시뻘건 절벽, 흰색과 붉은색 줄무늬가 울긋불긋하게 아로새겨진 협곡이었다.

오키프가 세상을 떠나고 1980년대 중반, 고스트랜치는 옛 거장에게 큰 영감을 주었던 사막의 분위기를 조금이나마 느껴보려는 미술 애호가들의 순례지가 되었다. 그 교양 있는 여행자들 중에서, 고스트랜치가 공룡 뼈로 가득한 곳임을 알아챈 사람은 거의 없었을 것이다.

그러나 랫팩은 알고 있었다.

1881년, 데이비드 볼드윈David Baldwin이라는 '과학계 용병'이 필라델피아의 고생물학자 에드워드 드링커 코프Edward Drinker Cope의 의뢰를 받아 뉴멕시코 북부를 방문했다. 그의 임무는 오직 예일의 라이벌 고생물학자 오스니얼 찰스 마시Othniel Charles Marsh에게 내세울 만한 화석을 발견하여 코프에게 납품하는 것뿐이었다. 코프와 마시는 (뼈 전쟁Bone Wars으로 역사에 기록된) 극심한 불화를 겪고 있었지만, 당시에만 해도 폭풍우나 북아메리카 인디언의 습격을 감수하면서까지 화석을 탐사하는 것을 원치 않았다(참고로, 아파치족의 마지막 추장 제로니모는 1886년까지 뉴멕시코와 애리조나 습격을 멈추지 않았다). 그래서 그들은 화석을 직접 찾기보다는 용병들에게 의존했다. 볼드윈은 고생물학자들에게 종종 고용되던 인물로, 불가사의한 외톨이였다. 의뢰인에게 의뢰를 받는 즉시 노새에 올라타 불모지 깊숙한 곳으로 진격했으며, 일단 탐사를 시작했으면 차디찬 겨울 날씨에도 아랑곳하지 않고 몇 달이 걸리더라도 반드시 공룡 뼈를 들고 나타났다. 사실, 볼드윈은 호전적인 동부 출신 고생물학자 둘 모두를 위해 일해왔다. 한때는 마시와 흉금을 털어놓는 절친한 친구였지만, 지금은 코프에게 충성을 바치고 있었다. 그러므로 볼드윈이 고스트랜치 근처 사막에서 발굴한 '작고 속이 빈 공룡 뼈들'의 운 좋은 수혜자는 코프였다. 그 뼈의 임자는 '개만 하고, 가볍고, 빨리 달리고, 날카로운 이빨을 가진 트라이아스기 원시 공룡'으로, 전혀 새로운 종이었다. 코프가 나중에 코일로피시스^{Coelophysis}라고 명명한 이 신종 공룡은, 아르헨티나에서 수십 년 뒤 발견된 헤레라사우루스와 마찬가지로 수각류 왕조의 창립 성원 중 하나였다. 수각류는 궁극적으로 T. 렉스, 벨로키랍토르, 그리고 조류를 배출하게 된다.

친리를 주름잡은 랫팩 동아리가 알고 있었던 사실이 또 하나 있었으니, 볼드윈이 코일로피시스를 발견한 지 반세기가 지난 뒤 또 한 명의 동부 출신 고생물학자 에드윈 콜버트$^{Edwin\ Colbert}$가 고스트랜치 지역을 좋아하게 되었다는 것이다. 그는 코프나 마시보다 훨씬 상냥하고 예의바른 사람이었다. 1947년 발굴팀을 이끌고 고스트랜치를 향해 출발했을 때 그의 나이는 40대 초반으로, 이미 해당 분야 최고의 직업 중 하나에서 두각을 나타내고 있었다. 그도 그럴 것이, 뉴욕에 있는 미국자연사박물관$^{American\ Museum\ of\ Natural\ History,\ AMNH}$의 척추동물 담당 큐레이터였으니 말이다. 그해 여름, 오키프가 겨우 몇 킬로미터 떨어진 곳에서 메사^{mesa}●와 암석에 새겨진 조각품들을 그리고 있을 때, 콜버트의 현

● 수평한 경암^{硬巖}층이 있는 대지에 침식이 진행되어, 꼭대기는 평탄하고 주위는 급사면을 이룬 탁자 모양의 대지.

장조수인 조지 휘터커George Whitaker는 놀라운 발견을 했다. 그가 발견한 것은 수백 개의 뼈가 묻힌 코일로피시스의 공동묘지로, 유별난 홍수에 휩쓸려 파묻힌 포식자 떼거리의 시체 더미였다. 그는 틀림없이 우리가 포르투갈의 메토포사우루스 골층을 발견했을 때 경험한 주체할 수 없는 기쁨을 느꼈을 것이다. 코일로피시스는 하룻밤 사이에 전형적인 트라이아스기 공룡이 되었다. 사람들이 최초 공룡들의 생김새와 행동 방식, 서식 환경을 상상할 때 즉시 떠오르는 동물 말이다. 미국 박물관의 탐사대는 수년 동안 발굴을 거듭한 끝에 몇 뭉텅이의 공룡 뼈를 캐내어 전 세계 박물관에 배포했다. 오늘날 열리는 대규모 공룡 전시회에 가면, 어디에서든 고스트랜치의 코일로피시스를 보게 될 것이다.

랫팩 동아리가 세 번째로 알고 있었던(어쩌면 가장 중요한) 것은 '사실'이 아니라 '단서'였다. 수많은 코일로피시스 뼈대가 뭉텅이로 발견되었으므로, 고스트랜치의 공동묘지 발굴 사업은 수십 년 동안 모든 사람의 관심을 독차지했다. 그것은 현장 연구에 투입된 자금, 시간, 탐사대의 에너지 가운데 대부분을 빨아들였다. 그러나 공동묘지는 '화석이 풍부한 친리 암석'에 뒤덮인 수십 제곱킬로미터짜리 광대한 고스트랜치의 한 지역에 불과했다. 고스트랜치에는 더 많은 화석이 묻혀 있을 것이 뻔했다. 그러니 2002년, 존 헤이든John Hayden이라는 은퇴한 삼림 감독관이 고스트랜치의 정문에서 800미터 남짓 떨어진 곳을 하이킹하다 약간의 뼈를 발견한 것은 전혀 놀라운 일이 아니었다.

그로부터 몇 년 후 이르미스, 네스빗, 스미스, 터너 사인방은 도구를 챙겨 들고 현장으로 돌아와 땅을 파헤치기 시작했다. 그것은 엄청난 시간과 땀이 들어가는 고역이었다. 언젠가 뉴욕에 있는 한 술집에서 사인

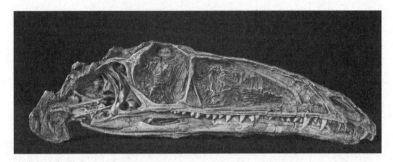

고스트랜치에서 풍부하게 발견된 원시 수각류 코일로피시스의 두개골. Courtesy of Larry Witmer.

방과 우연히 마주쳤을 때, 나를 알아본 네이트 스미스가 고개를 빳빳이 세우고 허세를 부리며 말을 내뱉었다. "우리가 그해 여름에 파낸 암석을 다 가져오면, 우와! 이 술집을 꽉 채울 수 있을걸?"

그러나 그들의 고역은 그만한 값어치가 있었다. 그들은 그곳에 정말로 화석이 묻혀 있다는 것을 확인하고는 작업을 계속 진행했고 수백, 수천 개의 화석을 더 찾아냈다. 그곳은 하도river channel의 퇴적지로, 약 2억 1200만 년 전 물결에 휩쓸린 수많은 불운한 동물의 뼈가 묻힌 곳이었다. 아직 학생인데도 자신들만의 힘으로 뭔가를 발견하고야 말겠다는 욕구가 훌륭한 탐사 작업과 적절히 결합되어, 랫팩 동아리는 트라이아스기 화석의 보고를 발견하는 쾌거를 이룬 것이다. 땅에서 삐져나온 최초의 화석을 발견한, 예리한 관찰력을 가진 삼림 감독관의 이름을 따서 헤이든 채석장이라는 별명을 얻은 그곳은 세계에서 가장 중요한 트라이아스기 화석 유적지가 되었다.

그 채석장은 공룡이 살 수 있었던 최초의 사막 중 하나로, 태곳적 생태계의 스냅사진을 보여준다. 그러나 그것은 당초 랫팩 동아리가 기대했던 그림이 아니었다. 그 젊은 이단아들이 2000년대 중반 발굴을 시작했을 때의 통념은, 트라이아스기 후기의 공룡들은 사막에 도착한 직후 사막을 정복했다는 것이었다. 다른 과학자들은 뉴멕시코, 애리조나, 텍사스의 트라이아스기 후기 암석층에서 풍부한 화석을 수집했다. 그것들은 다부진 체격의 최상위 포식자와 작은 육식동물부터, 뿔공룡과 오리주둥이공룡의 조상인 다양한 초식성 조반류에 이르기까지 10여 개의 공룡 종에 속하는 것처럼 보였다. 공룡은 어디에나 있었던 것처럼 보였다.

그러나 헤이든 채석장의 풍경은 그렇지 않았다. 그곳에는 포르투갈의 메토포사우루스와 가까운 친척인 괴물 양서류, 원시 악어와 그들의 친척인 긴 주둥이나 갑옷 차림의 동물, 다리가 짧은 빼빼 마른 파충류 반클레아베아*Vancleavea*가 있었고(이들은 비늘 덮인 닥스훈트처럼 보였다), 심지어 카멜레온처럼 나무에 매달리는 작고 우스운 파충류 드레파노사우르*drepanosaur*도 있었다. 사실, 채석장에서 흔한 동물은 공룡이 아니라 이들이었다. 랫팩이 발견한 공룡은 오직 세 가지, 볼드윈의 코일로피시스와 매우 비슷한 발 빠른 포식자, 또 하나의 발 빠른 육식공룡 타와*Tawa*, 약간 크고 다부진 체격의 킨데사우루스*Chindesaurus*(아르헨티나의 헤레라사우루스의 가까운 친척)였다. 그리고 각각의 공룡을 나타내는 화석은 몇 개씩밖에 없었다.

트라이아스기 후기의 열대 사막에 공룡은 드물었고, 육식동물들만 어슬렁거렸다니! 그것은 랫팩에 큰 충격이었다. 초식공룡은 하나도 없었고, 습윤대에 그토록 흔했던 원시 목긴공룡과 (트리케라톱스의 조상인) 조반류도 전혀 없었다. 온갖 종류의 크고, 험상궂고, 흔하고, 다양한 동물이 한 줌의 공룡들을 에워싸고 있었던 것이다.

그렇다면 미국 남서부 전역에서 다른 과학자들이 발견한 수십 종의 트라이아스기 공룡들은 어떻게 해석해야 할까? 이르미스, 네스빗, 스미스, 터너는 자신들이 찾아낼 수 있는 증거들을 면밀히 분석하고, 연구자들이 화석을 전시해 놓은 모든 소도시의 박물관을 샅샅이 뒤졌다. 그 결과 대부분의 표본은 지리멸렬한 이빨과 뼛조각이어서, 새로운 종을 명명할 만한 기반을 갖추지 못한 것으로 밝혀졌다. 그러나 놀라운 건 그것이 아니었다. 헤이든 채석장에서 더 많은 화석을 발견함에 따라, 그들의 머릿속에는 더욱 양호한 탐색상探索像, search image이 자리 잡았다. 따라서 그들은 거의 직감적으로 공룡과 악어와 양서류를 구별할 수 있게 되었다. 그리하여 일련의 '유레카'와도 같은 순간을 통해, 지금껏 공룡으로 간주되었던 (다른 사람들이 수집한) 화석 가운데 대부분은 공룡이 아니라, '공룡의 사촌뻘인 원시 공룡형류' 또는 '초기 악어와 (공교롭게도 공룡과 비슷하게 생긴) 그 친척들'이라는 사실을 깨달았다.

　요컨대, 공룡은 트라이아스기 후기의 사막에 드물었을 뿐 아니라, 태곳적 친척들(거의 4000만 년 전 폴란드에서 작은 발자국을 남겼던 동물과 똑같은 종류)과 나란히 살고 있었던 것이다. 그것은 충격적인 깨달음이었다. 그때까지 거의 모든 사람이 '원시 공룡형류는 별 볼 일 없는 조상뻘 동물로, 그들의 역사적 사명은 강력한 공룡이 탄생하는 데 징검다리가 되는 것이었다'고 생각했다. 그리고 그 사명을 완수한 뒤에는 조용히 사그라들다가 멸종하는 수순을 밟았으리라는 것이 지배적 통념이었다. 그러나 그들은 트라이아스기 후기의 북아메리카 전역에 버젓이 살아 있었으며, 심지어 헤이든 채석장에서는 푸들만 한 크기의 드로모메론Dromomeron이라는 신종 공룡형류가 약 2000만 년 동안 '정통파 공룡들'과 함께 살고 있었다.

아마도 그 발견에 충격을 받지 않은 사람은 또 한 명의 학생, 아르헨티나 출신 마르틴 에스쿠라$^{Martín\ Ezcurra}$밖에 없었을 것이다. 그는 미국의 네 대학원생들과 별도로, 구세대 고생물학자들이 수집한 이른바 '북아메리카 공룡들' 중 일부의 정체를 의심하고 있었다. 그러나 연구에 필요한 기반을 갖추고 있지 못했다. 왜냐하면 남아메리카 출신인 데다, 아직도 영어를 배우고 있었기 때문이다.

더구나 그는 10대였다.

그러나 그는 리카르도 마르티네스와 (박물관을 방문하고 싶어 하는 고등학생의 이례적인 요청에 긍정적으로 반응한) 다른 큐레이터들의 관대함 덕분에, 모국에서 원정 온 이치괄라스토 공룡 컬렉션에 접근할 수 있었다. 마르틴은 불가사의한 북아메리카 표본들의 사진을 많이 수집하여 아르헨티나의 공룡들과 신중하게 비교한 결과, 양자 간의 핵심적인 차이를 알아냈다. 특히 북아메리카의 빼빼 마른 육식동물 에우코일로피시스^{Eucoelophysis}의 경우, 수각류로 알려져 있었지만 사실은 원시 공룡형류였다. 그는 이 결과를 이르미스, 네스빗, 스미스, 터너가 최초의 발견을 출판하기 1년 전인 2006년 한 과학 저널에 발표했는데, 당시 그의 나이는 열일곱 살이었다.

공룡들은 사막에서 그럭저럭 살아간 반면, 다른 많은 동물은 나름대로 번성한 이유가 무엇인지는 헤아리기 어렵다. 그 의문을 해결하기 위해, 랫팩은 숙련된 지질학자 제시카 화이트사이드와 손을 잡았다. 제시카는 나의 포르투갈 발굴 작업에 참여했던 인물로, 암석을 읽는 데 일가견이 있었다. 그녀는 암석의 배열 상태를 분석하여 연대는 물론 형성 당시의 환경과 온도, 심지어 강우량까지 알아내는 데 타의 추종을 불허했다. 누구의 간섭도 받지 않고 화석 유적지를 자유롭게 누빈 뒤 나타나, 먼 옛날에 일어난 기후 변화·날씨 변화·진화적 폭발·대멸종 등에 관한 이야기를 줄줄 읊어대기로 유명했다.

고스트랜치에 도착한 제시카는 육감적으로 '헤이든 채석장에 살았던 동물들의 삶이 결코 호락호락하지 않았을 것'이라는 결론을 내렸다. 그들이 살았던 환경은 늘 사막이었던 것이 아니라, 계절성 기후가 극적으로 요동치는 곳이었다. 다시 말해, 1년 중 상당 기간은 극도로 건조했지만 다른 기간에는 좀 더 서늘하고 습윤했는데, 제시카와 랫팩은 이를 가리켜 초계절성hyper-seasonality이라고 했다. 초계절성의 주범은 이산화탄소였다. 제시카가 측정한 바에 따르면, 헤이든 채석장의 동물들이 살았던 판게아 열대지방의 대기 중 이산화탄소 농도는 오늘날의 6배를 넘는 수준이었다. 1분만 곰곰이 생각해보라. 오늘날 지구의 기온이 얼마나 빨리 상승하고 있으며, 기후 변화에 대한 우려는 또 얼마나 심각한가! 하물며 지금보다 이산화탄소 농도가 6배나 높은 그때임에랴! 트라이아스기 후기의 고농도 이산화탄소는 연쇄반응을 일으켰다. '기온 및 강우량의 엄청난 변동'과 '들불이 맹위를 떨치는 긴 건기와 냉량습윤한 짧은 우기'라는 악조건에서, 안정적인 식물군락은 지역에 뿌리를 내리느라 무진 애를 먹었다.

그곳은 판게아 중에서도 혼돈스럽고 예측 불가능하고 불안정한 지역이었다. 어떤 동물은 다른 동물들보다 그런 악조건을 잘 견딜 수 있었으리라. 공룡들은 근근이 버틸 수 있었지만, 번성할 정도는 아니었다. 덩치가 작은 육식 수각류는 어찌어찌 견뎌냈지만, 덩치가 크고 빨리 성장하는 초식공룡들은 꾸준하게 식량이 공급되어야 했으므로 그럴 수 없었다. 지구상에 등장한 지 약 2000만 년이 지난 뒤 습윤한 생태계의 커다란 초식 틈새를 접수하고 뜨거운 열대지방에 정착하기 시작한 공룡이었지만, 날씨에 적응하는 데는 아직도 어려움을 겪고 있었던 것이다.

만약 당신이 트라이아스기 후기의 홍수 기간에 안전한 땅 위에 서서 결국 헤이든 채석장에 묻히게 될 동물들이 계절성 홍수에 떠내려가는 것을 본다면, 그것들을 서로 분간하기가 어려울 것이다. 물론 거대한 슈퍼도롱뇽이나 카멜레온 비슷하게 생긴 괴상한 파충류를 알아보기는 쉬울 것이다. 그러나 코일로피시스나 킨데사우루스 같은 공룡들을 악어나 그 친척들과 구별하기는 힘들 것이다. 설사 살아 있는 동물들이 먹고 움직이며 상호작용하는 장면을 보더라도 사정은 마찬가지일 것이다.

왜 그럴까? 아메리카 남서부에서 화석을 발굴하던 선배 고생물학자들이 악어 화석들을 공룡으로 오해한 것과 똑같은 이유 때문이다. 유럽과 남아메리카에서 활동하던 다른 과학자들도 똑같은 실수를 저질렀다. 트라이아스기 후기에는 생김새로 보나 행동으로 보나 공룡과 거의 똑같은 동물이 부지기수였다. 상이한 생물종이 생활 방식과 환경의 유사성 때문에 서로 비슷비슷해지는 현상을 진화생물학에서는 수렴convergence이라고 한다. 새와 박쥐는 하늘을 날기 위해 날짐승이 되었고, 뱀과 벌레는 지하의 땅굴로 다니기 위해 다리가 없고 길쭉하고 날씬한 동물이 되었다.

공룡과 악어의 수렴은 놀랍고, 심지어 충격적이기까지 하다. 미시시피강에서 먹이를 찾아 살금살금 돌아다니는 악어^{alligator}와 나일강에 숨어 있는 악어^{crocodile}는 약간 선사시대 동물 티가 나지만, T. 렉스나 브론토사우루스처럼 보이지는 않는다. 그러나 트라이아스기 후기의 악어는 전혀 달랐다.

공룡과 악어가 모두 조룡의 후손이라는 점을 상기하라. 조룡이란 페름기 말 대멸종 이후 번창하기 시작한 대규모 직립보행 파충류 그룹('두 발'이 아니라, '네 발'로 똑바로 걸었다는 뜻이다)을 말한다. 그들이 번창한 것은, '다리를 양쪽으로 쩍 벌리고 걷던 동물들'보다 훨씬 빠르고 효율적으로 움직일 수 있었기 때문이다. 조룡은 트라이아스기 초기에 두 지파로 갈라졌는데, 하나는 공룡형류와 공룡이 된 조중족류이고, 다른 하나는 악어가 된 의사악어류다. 페름기 대멸종 이후에 진행된 중구난방의 진화 과정에서, 의사악어류는 수많은 아류를 배출했다. 그리고 의사악어류의 방계 후손들은 트라이아스기 동안 다양화하다가 멸종의 길을 걸었다. 그 결과 오늘날 악어나 (새의 탈을 쓴) 공룡과 달리 생존하지 못하는 바람에 대체로 잊혔으며, 머나먼 옛날 진화의 막다른 골목에 몰려 정상을 넘보지 못했던 별종^{別種}으로 간주되고 있다. 그러나 그것은 잘못된 고정관념이다. 왜냐하면 의사악어류(악어계 조룡)는 트라이아스기의 상당 기간을 주름잡았기 때문이다.

트라이아스기 후기에 살았던 주요 의사악어류의 대부분은 헤이든 채석장에서 발견된다. 그중에는 피토사우르에 속하는 마카이로프로소푸스^{Machaeroprosopus}가 있다. 그들은 주둥이가 길며 육지와 물속을 오가는 반수서성^{半水棲性} 매복 포식자로, 우리 팀이 포르투갈에서도 발견한 바 있다. 모터보트보다 덩치가 큰 그들은, 딱 벌린 턱 속에 박힌 수백 개의 날카로운 이빨로 물고기를(또는 지나가는 공룡까지도) 낚아챘다. 마카이로프로소푸스의 이웃 중에는 티포토락스^{Typothorax}도 있었는데, 그들은 전신이 갑옷으로 덮이고 목에는 골창^{spike}(가시 모양의 뼈 돌기)이 돋아난 탱크 같은 초식동물이었다. 티포토락스는 아이토사우르^{aetosaur}에 속했는데, 이 그룹은 엄청나게 성공한 중간층 초식동물로서 (그로부터 수백만 년 뒤 진화한 갑옷공룡인) 안킬로사우르^{ankylosaur}와 매우 비슷했다. 티포토락스는 땅파기의 명수였으며, 둥지를 짓고 방어하며 자손들을 극진히 돌본 것으로 보인다. 그다음으로 정통파 악어들이 있었지만, 그들 중에서 오늘날 우리에게 익숙한 것은 하나도 없었다. 이 원시적인 트라이아스기 종들(현생 악어를 진화시킨 조상 혈통)은 그레이하운드와 비슷해 보인다. 크기도 거의 똑같고, 네 발로 섰고, 슈퍼모델처럼 체격이 호리호리했으며, 단거리 달리기 챔피언처럼 폭풍 질주를 할 수 있었으니 말이다. 그러나 그들은 곤충과 도마뱀을 잡아먹었으니, 최상위 포식자는 아니었다. 최상위 포식자의 영예는 라우이수키아^{rauisuchia}에게 돌아갔다. 그들은 7미터 60센티미터까지 자라는 포악한 동물군으로, 오늘날 세계에서 가장 큰 바다악어$^{saltwater crocodile}$보다 컸다. 우리는 라우이수키아의 일종인 사우로수쿠스를 아르헨티나에서 만난 적이 있는데, 그들은 이치괄라스토 생태계의 일인자로서 최초 공룡들의 악몽 속에 등장했을 것이다. T. 렉스의 약간 작은 버전으로서 네 발로 걸어 다녔으며, '근육질 머리통과 목' '철도용 대못을 닮은 이빨' '뼈를 부수는 깨물기'가 전매특허였다.

또 하나의 악어계 조룡은 고스트랜치에서 발견되었지만, 헤이든 채

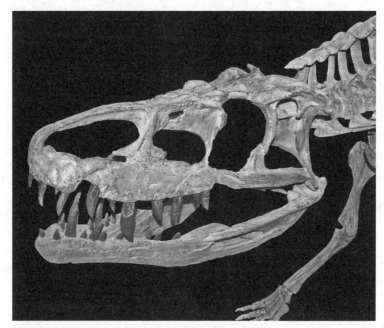

포악한 포식자인 바트라코토무스*Batrachotomus*. 초기 공룡들을 사냥했던 악어계 조룡인 라우이수키아의 일종이다.

석장이 아니라 코일로피시스의 공동묘지 근처에서 발견되었다. 그것은 1947년 휘터커가 골층을 발견한 지 얼마 지나지 않아(그러니까 발굴이 시작되고 몇 주 만에) 발견되었다. 코일로피시스 화석이 너무 많이 발굴되는 바람에 흥분이 가라앉고 약간 지루해질 무렵, 미국 자연사박물관 팀원들의 눈에는 모든 화석이 코일로피시스처럼 보이기 시작했다. 그래서 자신들이 수집한 골격 중 하나가 몸집이 비슷하고, '롱다리'와 '가벼운 체격'이 똑같다는 점만 빼면 코일로피시스와 다르다는 것을 간파하지 못했다. 특히 중요한 것은, '날카로운 이빨' 대신 '뾰족한 주둥이'를 가졌다는 점이었다. 설상가상으로 뉴욕의 전문가들도 그 차이점을 발견하지 못했다. 그들은 화석이 박혀 있는 암석 덩어리에서 표본을 꺼내는 작업을 시작했지만, '또 하나의 코일로피시스'일 뿐이라고 단정하고 이의를 제기하지 않았다. 결국 암석에서 나온 새로운 화석은 다른 화석들과 함께 창고에 보관되었다.

문제의 화석은 2004년까지 보호받지도 못하고 사랑받지도 못하며, 박물관 수장고收藏庫●의 서랍 속에 머물렀다. 그즈음 고스트랜치의 사인방 중 스털링 네스빗이 뉴욕의 컬럼비아 대학교에서 박사과정을 시작했다. 그는 트라이아스기 공룡에 관한 프로젝트를 계획하고 있었으므로, 콜버트와 휘터커 팀이 1940년대에 수집한 화석을 모두 재검토했다. 많은 화석이 아직도 회반죽 속에 들어 있어, 외부인의 손길이 닿을 수 없었다. 그러나 1947년에 발견된 화석은 이미 회반죽에서 나와 부분적으로 보존 처리가 되어 있었으므로, 스털링의 검토 대상에 포함되었다. 들뜬 시선과 반세기 전의 피곤했던 현장 인력에게는 없었던 열정으로, 스털링은 자신이 '또 하나의 코일로피시스'를 바라보고 있는 것이 아니라는 사실을 단박에 알아차렸다. 뾰족한 주둥이를 갖고 있다는 점 외에 신체 비율이 다르고 팔이 짧다는 점, 무엇보다도 발목의 모양이 악어와 매우 흡사하다는 데 주목했다. 그가 보고 있는 것은 공룡이 아니라, 공룡에 거의 수렴한 의사악어류였던 것이다.

그것은 기존의 통념에 얽매이지 않은 젊은 과학자가 나름의 문제의식을 품고 박물관 수장고의 서랍을 샅샅이 뒤지다 이룩한 쾌거였다. 하마터면 영영 잊힐 뻔한 화석을 재발견한 스털링은, 고심에 고심을

● 박물관에서 관람객에게 직접 공개하는 전시품 이외의 유물을 보관하는 곳.

거듭한 끝에 좋은 생각을 떠올리게 하는 이름으로 에피기아 오케에페아이*Effigia okeeffeae*를 선택했다. 속명屬名은 '유령'이라는 뜻의 라틴어에서 따왔는데, 발견지인 고스트랜치를 기념하기 위해서였다. 종명種名은 두 말할 것도 없이, 고스트랜치의 가장 유명한 거주자 오키프에게 경의를 표하기 위한 것이었다.

에피기아는 전 세계 언론의 머리기사를 장식했다. 언론은 에피기아의 어색한 생김새, 무치無齒, 공룡 흉내를 내려고 노력하는 듯한 오므린 팔에 큰 흥미를 보였다. 스티븐 콜버트Stephen Colbert는 심지어 자신의 쇼에서 한 코너를 할애하여, '여성 미술가가 아니라 에드윈 콜버트의 이름을 땄어야 한다'고 익살을 떨었다(에드윈 콜버트는 공교롭게도 코미디언과 성姓이 같았다). 학부 4학년 때 그 쇼를 본 기억이 난다. 나는 그때 대학원생으로서 미래를 설계하던 중 텔레비전을 보고 경외감을 느껴, '젊은 대학원생의 연구가 저토록 엄청난 사회적 파장을 일으킬 수 있다니!'라며 혀를 내둘렀다.

그 사건은 내게 동기부여가 되었다. 그날 이후로 오로지 공룡만을 연구한 나는 공룡이 권좌에 오른 과정을 이해하는 데 결정적으로 중요한 것은 에피기아와 다른 (공룡 코스프레를 하는) 의사악어류라는 사실을 깨닫기 시작했다. 나는 공룡 고생물학의 고전적 연구들을 섭렵하기 시작했는데, 그중에는 '공룡들은 특별했다'고 열변을 토한 로버트 바커Robert Bakker나 앨런 차릭Alan Charig 같은 대가들의 저술도 포함되어 있었다. "공룡들은 우월한 스피드, 민첩함, 신진대사, 지능을 갖추고 있어, 다른 모든 트라이아스기 동물들(예컨대 거대한 도롱뇽, 초기 포유류 유사 단궁류, 의사악어류)을 능가했다. 공룡들은 선택받은 존재로, 자기보다 나약한 종들과의 대결에서 연승함으로써 세계 제국을 건설하는 것은 그들의 숙명이었다." 바커의 저술에서는 어느 정도 종교적 느낌이 나는데, 그가 교회일치운동ecumenical movement 설교자였으며 마치 회중 앞에서 간증하는 듯한 힘 있는 강연으로 유명했다는 점을 감안하면 그리 놀라운 일은 아니다.

'공룡들이 적들을 압도한 것은 트라이아스기 후기 전쟁터에서였다'는 것은 멋진 스토리였지만, 내게는 잘 납득되지 않았다. 새로운 발견들은 내러티브를 뒤집는 것처럼 보였고, 그중 많은 부분은 의사악어류와 관련되어 있었다. 이 모든 사달은 많은 악어계 조룡들이 공룡을 쏙 빼닮은 데서 비롯된 것이었다. 또는 방향이 정반대일 수도 있었다. 다시 말해 트라이아스기의 공룡들이 의사악어류가 되지 못해 안달이었다는 것이다. 방향이 어찌 되었든 두 그룹이 여러모로 닮았다면, 당신은 무슨 근거로 공룡이 트라이아스기의 지배자였다고 주장하겠는가! 게다가 고생물학계에 혼란을 야기한 것은 공룡과 의사악어류의 수렴만이 아니었다. 트라이아스기 후기에는 종의 수로 보나, 개별 생태계에서 종의 풍부함으로 보나 공룡보다 의사악어류가 더 많았다. 고스트 랜치에서 숱한 악어 사촌들(피토사우르, 아이토사우르, 라우이수키아, 에피기아 유사 동물들, 진정한 악어)이 발견되었지만, 그것은 국지적 현상이 아니었다. 그들은 전 세계 많은 지역에서 번성했다.

그러나 이 모든 설명은, 과학자들이 종종 미묘한 문제로 설전을 벌일 때 그렇듯이, 꼼꼼하지만 설득력 없는 설명처럼 들린다. 트라이아스기 후기에 공룡과 의사악어류가 진화한 과정을 어떻게든 명확히 설명할 사람은 없을 것이다. 한 그룹이 다른 그룹보다 더 성공적이었는지, 시간이 경과함에 따라 전세가 역전되었는지를 확인할 방법도 없다. 나는 공룡에 몰두한 사람들에게는 익숙하지 않은 분야인 통계학 문헌을 파고들어 봤지만 뾰족한 방법을 찾을 수 없었다. 그러던 중 한 가지 방법을 알아냈는데, 20년 전 무척추동물 고생물학자들(조개나 산호처럼 뼈 없는 동물의 화석을 연구하는, 우리와 이복형제쯤 되는 고생물학자들)이 그것을 생각해냈지만 공룡 연구자들에게 무시되어왔다는 사실을 알고 황당하다는 생각이 들었다. 그것은 형태학적 차이morphological disparity라는 방법이었다.

'형태학적 차이'라고 하면 공상 속의 용어처럼 들릴지 모르겠지만, 그저 다양성diversity의 척도일 뿐이다. 다양성을 측정하는 방법에는 여러 가지가 있다. 첫째, 종의 가짓수를 세는 방법이 있다. 남아메리카가 유럽보다 다양하다고 할 수 있는 것은 더 많은 동물 종이 살고 있기 때문이다. 둘째, 풍부성abundance을 토대로 다양성을 계산할 수도 있다. 곤충이 포유류보다 다양하다고 할 수 있는 것은, 주어진 생태계에서 곤충이 포유류보다 더 많이 살고 있기 때문이다. 셋째, 형태학적 차이, 즉 '해부학적 특징'에 기초해 다양성을 측정할 수 있다. 예컨대 당신은 새가 해파리보다 훨씬 다양하다고 생각할 수 있는데, 그 이유는 새가 다양한 부위로 구성된 복잡한 신체를 보유하고 있는 데 반해 해파리는 '찐득거리는 물질이 담긴 주머니'에 불과하기 때문이다. 이런 유형의 다양성 척도는 진화에 대한 커다란 통찰을 제공한다. 왜냐하면 동물의 생물학·행동·섭식·성장·대사의 수많은 측면이 해부학에 의해 통제되기 때문이다. '하나의 그룹이 시간이 경과함에 따라 어떻게 변화했는지' 알고 싶거나 '두 그룹이 얼마나 다양한지' 비교하고 싶을 때, 형태학적 차이야말로 가장 강력한 도구라고 할 수 있다.

종의 가짓수나 개체의 풍부성을 헤아리기는 쉽다. 좋은 눈과 계산기만 있으면 되기 때문이다. 그런데 형태학적 차이는 어떻게 측정할까? 동물의 신체 복잡성을 모두 파악해서 그것을 통계량으로 전환하려면 어떻게 해야 할까? 나는 무척추 고생물학자들이 고안해낸 접근 방법을 따랐다. 먼저, 내가 비교하고 싶어 하는 트라이아스기의 공룡과 의사악어류를 총망라하는 목록을 작성했다. 다음으로 나는 그 종들의 화석을 몇 달 동안 연구해서, 수백 개의 상이한 골격 특징 목록을 작성했다. 예컨대 어떤 종들은 발가락이 다섯이고, 어떤 종들은 셋이다. 어떤 종들은 네 다리로 걷고, 어떤 종들은 두 다리로 걷는다. 어떤 종들은 이빨이 있고, 어떤 종들은 없다. 나는 이 모든 특징을 (컴퓨터 프로그래머들이 흔히 그렇게 하듯이) 스프레드시트에 '0'과 '1'로 표시했다. 예컨대 헤레라사우루스가 두 다리로 걷는다면 '0'으로, 사우로수쿠스가 네 다리로 걷는다면 '1'로 표시했다. 거의 1년에 걸친 작업이 끝난 뒤, 나는 76개 트라이아스기 동물 종이 보유한 470가지 골격 특징을 평가한 데이터베이스를 손에 쥐게 되었다.

악전고투 끝에 데이터 수집이 끝났으니, 이제 수학이 등장할 차례였다. 그것은 이른바 거리행렬distance matrix을 만드는 작업이었다. 나는 해부학적 특징의 데이터베이스를 토대로, 각각의 종들이 다른 모든 종들과 얼마나 다른지를 정량화定量化했다. 만약 두 가지 종이 모든 특징을 공유한다면, 그들은 동일하며 거릿값은 0이다. 만약 상이한 두 종이 아무런 특징도 공유하지 않는다면, 그들은 완전히 다르며 거릿값은 1이다. 거릿값이 0과 1사이에 있는 사례로서, 헤레라사우루스와 사우로

수쿠스를 비교해보자. 둘은 100가지 특징을 공유하지만 370개 특징이 서로 다르다. 그러면 370(상이한 특징의 수)을 470(모든 특징의 수)으로 나누어, 0.79라는 거릿값을 얻을 수 있다. 자동차 여행용 도로지도에 나오는 표들을 생각하면 이해하기 쉽다. 그 표를 보면 상이한 도시들 간의 거리가 나온다. 시카고는 인디애나폴리스에서 약 290킬로미터, 인디애나폴리스는 피닉스에서 약 2736킬로미터, 피닉스는 시카고에서 약 2897킬로미터……. 그 표가 바로 거리행렬이 아니고 무엇이겠는가!

여기서 잠깐 도로지도를 응용한 거리행렬의 간단하지만 훌륭한 트릭을 한 가지 소개한다. 도로지도의 표를 통계 소프트웨어 프로그램에 입력한 다음, 다변량분석multivariate analysis을 돌려보라. 그러면 그 프로그램은 그래프를 뽑아내는데, 각각의 도시는 그래프 위에서 점으로 나타나고, 그 점들 간의 거리는 실제 거리에 비례한다. 다시 말해, 그 그래프는 곧 지도다. 모든 도시의 위치와 상대적 거리가 정확하게 표시된, 지리학적으로 정확한 지도 말이다. 그렇다면 도로지도의 표 대신 트라이아스기의 공룡과 의사악어류의 골격 차이가 표시된 거리행렬을 프로그램에 입력하면 어떻게 될까? 통계 소프트웨어 프로그램은 각각의 종들이 점으로 표시된 그래프를 뽑아내는데, 과학자들은 그것을 형태공간morphospace이라고 부른다.

그것은 사실상의 지도로, 궁금한 동물들의 해부학적 다양성 분포를 시각적으로 보여준다. 그래프에서 가까이 있는 두 종은, 시카고와 인디애나폴리스가 지리학적으로 비교적 가까운 것처럼, 매우 비슷한 골격을 갖고 있다. 반면에 그래프에서 맞은편 구석에 표시된 두 종은, 시카고와 피닉스가 지리학적으로 매우 먼 것처럼, 매우 다른 골격을 갖고 있다.

우리는 이 '트라이아스기의 공룡과 의사악어류 지도'를 이용해 형태학적 차이를 측정할 수 있다. 우리는 지도(그래프)에 표시된 동물들을 그룹(공룡 또는 의사악어류)별로 나눠, 어느 그룹이 더 많은 면적을 차지하고 있는지 계산함으로써 해부학적 다양성을 비교·평가할 수 있다. 같은 맥락에서 우리는 동물들을 시기(이를테면, 트라이아스기 중기와 트라이아스기 후기)별로 더욱 자세히 나눠, 트라이아스기가 진행됨에 따라 공룡이나 의사악어류의 다양성이 증가했는지 또는 감소했는지 판단할 수 있다. 나는 그런 작업을 통해, 2008년 깜짝 놀랄 만한 결과가 담긴 논문을 출판했다(그 논문은 나의 경력이 본격적으로 시작되는 계기가 되었다). 그 내용인즉, 의사악어류의 형태학적 다양성은 트라이아스기 전체를 통틀어 시종일관 공룡을 압도했다는 것이다. 의사악어류는 지도에서 공룡보다 더 많은 공간을 차지했는데, 이는 해부학적 특징의 범위가 더 넓다는 것을 의미하며, 달리 표현하면 '더 많은 먹이·행동·생계 수단의 이점을 누렸다'는 것을 시사한다. 두 그룹 모두 트라이아스기가 진행됨에 따라 다양성이 증가했지만, 의사악어류가 공룡을 늘 앞질렀다. 의사악어류와 공존한 트라이아스기 3000만 년 동안, 공룡은 경쟁자들을 도륙하는 우월한 전사이기는커녕 그 그늘에 가려 빛을 보지 못했던 것이다.

트라이아스기에 살았던 포유류의 조상인 '조그만 털북숭이'의 입장에서, 트라이아스기가 2억 100만 년 전을 향해 다가가던 때의 판게아 풍경을 상상해보라. 당신의 눈에 공룡은 보이겠지만, 그들이 당신을 에워싸고 있지는 않을 것이다. 당신이 어디에 있느냐에 따라, 단 한 마리의 공룡도 보지 못할 수 있다. 예컨대 습윤 지대에 사는 공룡들은 비교적 다양했다. 그곳에서는 원시 용각류가 가장 풍부한 초식동물이었으며, 기린만큼 크게 자랐다. 그러나 육식공룡인 수각류와 초식/잡식공룡인 조반류는 비교적 덩치가 작고 덜 흔했다. 한편 건조대에는 초계절성 날씨와 메가몬순을 감당하기 버거운 작은 육식공룡, 초식공룡, 약간 큰 공룡들만 살았다. 요컨대, 트라이아스기 공룡들의 덩치는 브론토사우루스나 T. 렉스의 근처에도 갈 수 없었으며, 그들은 초대륙 전체를 통틀어 훨씬 다양하고 성공적이었던 의사악어류라는 경쟁자의 손아귀에 있었다. 당신은 공룡들을 상당히 부차적인 그룹 정도로 여길 것이다. 물론 그들은 나름대로 잘 살았지만, 새로 진화한 다른 많은 동물은 더 잘 살았다. 만약 도박을 하고 싶은 유혹을 느낀다면, 당신은 다른 동물들 중 하나(특히 악어계 조룡)가 우점종優占種이 되어 무럭무럭 자라, 궁극적으로 세상을 정복하게 될 거라는 데 돈을 걸 것이다.

지구상에 태어난 지 3000만 년쯤 지났지만, 공룡들은 전 지구적 혁명을 아직 시작하지 못하고 있었다.

3

혁명의 시작

_ 스코틀랜드 용각류

─────────── 트라이아스기 후기가 시작될 때, 그러니까 지금 으로부터 2억 4000만 년 전쯤 지구에 균열이 생기기 시작했다. 진정한 공룡은 아직 진화하지 않았으므로, 고양이만 한 그들의 조상인 공룡형류가 균열을 경험했을 것이다. 그러나 그것은 시작에 불과했으므로, 경험할 것이 별로 많지 않았다. 약한 지진이야 간혹 있었겠지만, 공룡형류의 화석과 함께 기록되지는 않았다. 그들은 그보다 더 중요한 일에, 이를테면 슈퍼도롱뇽을 상대하거나 메가몬순에서 살아남느라 여념이 없었다. 이러한 공룡형류에서 공룡이 탄생했을 때, 지하 수천 미터에서는 균열이 계속되고 있었다. 지표에선 감지되지 않았지만, 여러 균열들은 서서히 움직이고 성장하며 서로 합쳐져 헤레라사우루스, 에오랍토르, 그 밖의 초기 공룡들의 발밑에서 숨은 위험으로 존재했다.

판게아의 토대 자체가 갈라지고 있었고, 그것을 깨닫지 못한 '집주인'들의 무사태평 속에서 지하실 바닥의 균열은 집이 무너질 때까지 진행되었다. 공룡들은 자신들의 세상이 극적으로 변할 거라는 사실을 전혀 모르고 있었다.

　트라이아스기의 마지막 3000만 년 동안 최초의 공룡들이 파상적으로 진화하는 사이에, 엄청난 지질학적 힘이 판게아를 동쪽과 서쪽 모두에서 끌어당기고 있었다. 이 힘들은 지구적 규모의 중력·열·압력의 칵테일로, 여러 대륙을 조금씩 지속적으로 이동시킬 만큼 강력했다. 2개의 견인력이 정반대 쪽에서 작용했으므로, 판게아는 서서히 펼쳐지며 점점 더 얇아졌고, 그러는 가운데 작은 지진이 계속 일어나며 조금씩 틈을 벌렸다. 판게아가 거대한 피자인데, 허기진 친구 둘이 테이블 양쪽에 앉아 인정사정없이 잡아당긴다고 상상해보라. 크러스트는 점점 더 얇아지다 마침내 끊어져 두 동강이 날 것이다. 초대륙에서도 그와 똑같은 일이 발생했다. 동군과 서군이 수천만 년 동안 천천히 그리고 꾸준히 줄다리기를 한 결과, 지하 깊숙한 곳에서 시작된 균열이 마침내 지표면에 도달했다. 그리하여 거대한 땅덩어리가 마치 한복판에서 지퍼가 열리듯 양쪽으로 갈라지기 시작했다.

　북아메리카의 해안 지방이 서유럽에서 분리되고 남아메리카가 아프리카에서 떨어져 나간 것은, 판게아의 동쪽과 서쪽이 헤어졌기 때문이다. 분리된 땅덩어리 사이로 해수가 밀려들어와 형성된 바다가 바로 오늘날의 대서양이다. 다시 말해, 2억여 년 전의 힘과 균열이 현대의 지형을 형성한 것이다. 그러나 스토리가 그것으로 끝난 것은 아니었다. 헤어진 대륙들이 모든 문제를 단칼에 정리할 수 없었기 때문이다. 인간관계와 마찬가지로, 대륙들이 이별할 때도 매우 추잡한 일이 벌어지기 십상이다. 더욱이 집이 두 동강 난 후유증으로, 판게아에서 살던 공룡과 다른 동물들의 삶은 영원히 바뀌는 운명을 맞았다.

대륙이 헤어질 때 직면하는 핵심 문제는 피눈물이 아니라 '뜨거운 용암'을 흘린다는 것이다. 그것은 기본적인 물리학에 불과하다. 지구의 외부 지각이 당겨져 얇아지면, 더 깊숙한 곳의 압력은 감소한다. 압력이 낮아지면, 깊은 곳에 있던 마그마가 지표로 올라와 화산을 통해 분출한다. 만약 지각에 작은 틈이 하나 생겼다면(말하자면, 하나의 대륙에서 작은 조각들이 서로 갈라진다면), 결과는 그다지 나쁘지 않다. 그럴 경우 몇 개의 화산이 분출하여, 어떤 것은 용암과 화산재를 내뿜고 어떤 것은 국지적인 파괴를 초래하겠지만 결국에는 멈출 것이다. 오늘날 동아프리카에서 일어나는 사건들이 그런 종류이며, 재앙과는 전혀 거리가 멀다. 그러나 초대륙 전체에 금이 간다면 이야기가 달라진다. 그것은 재앙이 아니라 지구 종말의 수준이다.

트라이아스기가 막을 내리던 2억 100만 년 전, 세상은 맹렬한 새판짜기에 돌입했다. 판게아는 지난 4000만 년 동안 서서히 쪼개졌고, 마그마는 지하에서 계속 용솟음쳤다. 마침내 초대륙이 완전히 쪼개지고 나자, 마그마는 어디론가 흘러야 했다. 위험을 무릅쓰고 하늘을 누비는 열기구처럼, 액상 암석 저장소는 위로 솟구쳐 올라 판게아의 박살난 지표면을 뚫고 땅으로 콸콸 쏟아져 나왔다. 약 5000만 년 전 페름기 말기에 폭발하여 공룡과 조룡 친척의 등장을 허용한 화산들과 마찬가지로, 트라이아스기 말기의 화산 폭발은 인간이 지금껏 목격했던 어떤 것과도 달랐다. 나는 지금 뜨거운 화산재 구름을 하늘로 발사했던 피나투보 화산을 말하고 있는 것이 아니다. 약 60만 년에 걸쳐 네 번이나 일어났던, 엄청난 양의 용암이 판게아의 열곡대裂谷帶(지구대)를 마치 지옥에서 나오는 쓰나미처럼 돌파했던 종말론적 사건을 이야기하는 것이다. 이것은 전혀 과장이 아니다. 당시 분출했던 용암 중 일부를 합치면 두께가 1000미터쯤 되는데, 그 정도면 엠파이어스테이트빌딩을 두 번 파묻고도 남는 양이다. 전체적으로, 중앙 판게아의 770만 제곱킬로미터가 용암에 뒤덮였다.

그때가 공룡에게 불리한 시기였다는 것은 두말할 나위가 없다. 그 점에서는 어떤 동물도 마찬가지였다. 트라이아스기 말기의 화산 폭발은 지구 역사상 가장 커다란 화산 폭발이었다. 용암이 땅을 질식시켰을 뿐 아니라, 함께 분출된 독성가스가 대기를 오염하고 고삐 풀린 지구온난화를 초래했다. 이는 생명의 역사에서 가장 큰 대멸종 중 하나를 촉발하여, 모든 종의 30퍼센트 이상(어쩌면 그보다 훨씬 많았는지도 모른다)을 소멸했다. 그러나 역설적이게도, 공룡이 초기의 슬럼프에서 벗어나 우리의 상상력을 부추기는 '거대하고 군림하는 동물'이 된 것도 바로 이 대멸종 때문이었다.

만약 뉴욕시의 브로드웨이를 따라 걷다가 마천루 사이의 틈새를 우연히 발견한다면, 당신은 허드슨강 건너편에 자리 잡은 뉴저지를 곧바로 바라볼 수 있을 것이다. 당신은 뉴저지 쪽 강변이 (높이 30미터에 수직으로 균열이 있는) 칙칙한 갈색 암석의 깎아지른 절벽이라는 데 주목할 것이다. 현지인들은 그것을 팰리세이드^{Palisade}● 라고 부르는데, 여름철에는 빽빽한 숲과 (가파른 경사면에 용케도 달라붙은) 덤불

● 강가나 해안을 따라 울타리처럼 형성된 깎아지른 절벽.

에 뒤덮이므로 거의 알아볼 수가 없다. 절벽의 꼭대기에는 저지시티나 포트리 같은 베드타운이 자리 잡고 있고, 조지 워싱턴 브리지의 서단西端이 (깊숙이 뿌리박은 채) 단단히 고정되어 있다. 그 절벽은 세계에서 가장 붐비는 '수면 상공 건널목'의 든든한 고정판인 셈이다. 만약 원한다면, 당신은 스태튼아일랜드에서 출발해 허드슨 강변을 지나 업스테이트뉴욕 진입로까지 약 80킬로미터에 이르는 팰리세이드를 따라 산책할 수도 있다.

수백만 명이 매주 그 절벽을 바라보고, 수십만 명이 그 위에서 산다. 그런데 그것이 (판게아를 갈가리 찢어 공룡 시대를 연) 트라이아스기 말기 화산 폭발의 잔재임을 아는 사람은 거의 없다.

지질학자들은 팰리세이드를 일컬어 관입암상貫入巖床이라고 한다. 그것은 본래 지하 깊은 곳에서 두 암석층 사이를 뚫고 들어간 마그마이지만, 용암으로 분출하기 전에 굳어서 평평한 암석이 되었다. 관입암상은 화산의 내부 배관 시스템의 일부로, 암석으로 굳기 전에는 지하의 마그마를 운반하는 파이프다. 그것은 때로 마그마를 지표로 운반하는 도관이며, 때로는 화산 시스템의 막다른 연장선(마그마가 탈출할 수 없는 막다른 길)이다. 팰리세이드라는 관입암상은 트라이아스기 말기, 판게아가 '북아메리카의 동해안이 될 부분(오늘날 뉴욕시에서 몇 킬로미터 떨어진 지점)'을 따라 갈라질 때 형성되었고, 그 원천은 초대륙이 둘로 나뉠 때 지구 속 깊은 곳에서 흘러나온 마그마였다.

팰리세이드가 된 마그마는 지표로 올라오지 못해, 판게아 열곡대에서 쏟아져 나온 두께 1000미터짜리 용암판의 일부가 되지 못했다(이 두꺼운 용암판은 생태계를 집어삼키고 이산화탄소를 토해냄으로써 지구 대부분의 지역에 먹구름을 드리웠다). 그러나 그곳에서 서쪽으로 약 30킬로미터 떨어진 곳에서는 마그마가 분출했으며, 그로 인해 형성된 현무암은 뉴저지 북부의 워청산맥Watchung Mountains이라는 낮은 산악 지대에서 발견된다. 그곳을 산맥이라고 부르기는 좀 뭣하지만(겨우 해발 몇 백 미터에 불과하고, 북쪽에서 남쪽으로 약 65킬로미터에 이르는 지역에 걸쳐 있다), 세계에서 가장 도시화된 지역 중 하나에 자리하고 있어, '자연미를 간직한 오아시스'로 많은 이의 사랑을 한 몸에 받고 있다.

산맥 한복판에는 리빙스턴이라는 마을이 있다. 약 3만 명의 주민이 사는 베드타운이다. 1968년, 주민 몇이 마을에서 북쪽으로 3킬로미터 떨어진 채석장에서 공룡 발자국을 발견했다. 그 채석장은 버려져 있었지만, 한때는 (오래된 화산 근처의 강과 호수에서 형성된) 붉은 셰일shale이 채굴되던 곳이었다. 지역신문에 짤막한 기사가 나자, 한 어머니가 그 기사를 보고 열네 살짜리 소년 폴 올슨Paul Olsen에게 말해주었다. 자기 집에서 넘어지면 코 닿을 곳에 한때 공룡이 살았다는 사실을 알고, 올슨은 너무 놀라 정신을 차리지 못했다. 잠시 후 정신을 차린 그는 친구 토니 레사Tony Lessa를 불러, 함께 자전거를 타고 버려진 채석장으로 쏜살같이 달려갔다. 채석장이라고 해봐야 땅바닥에 아무렇게나 뚫린 암석투성이 구멍이었지만, 공룡 발자국이 발견되었다는 소식은 지역에 센세이션을 일으킨 터였다. 그래서 이미 수많은 아마추어 수집가들이 몰려와, 더 많은 자취를 찾기 위해 난리법석을 떨고 있었다. 올슨과 레사는 몇몇 아마추어들과 친구가 되어, 그들에게 화석 수집의 기초지식(공룡 발자국을 확인하여, 암석에서 분리하고 연구하는 방법)을 배웠다.

두 10대 소년은 공룡에 사로잡혔다. 그들은 수시로 채석장을 드나

들다 이윽고 밤늦도록 화석을 찾아 헤매게 되었고, 심지어 한겨울에도 난롯불 옆에서 공룡 발자국이 찍힌 암석판을 분리했다. 낮에는 학교에 가야 했으므로 야간작업 말고는 달리 방도가 없었다. 1년 넘게 고된 야간작업을 하는 동안 발견의 흥분이 점차 가라앉았고, 다른 지질학자들은 하나둘 채석장을 떠났다. 두 소년은 모든 종류의 공룡이 남긴 수백 개의 자취를 수집했는데, 그중에는 (고스트랜치에서 발견된 코일로피시스와 비슷한) 육식공룡, 초식공룡, 그리고 (서로 나란히 살았던) 비늘 덮인 동물과 털북숭이 동물들도 포함되어 있었다. 그러나 수집을 많이 하면 할수록 그들은 더욱더 커다란 낭패감에 빠졌다. 야간에 발굴 작업을 하는 동안에는 불법 쓰레기 투기를 일삼는 트럭에 몸살을 앓았고, 낮에 학교에 있는 동안에는 부도덕한 수집가들이 채석장에 몰래 들어와 (소년들이 아직 분리하지 않은) 발자국들을 훔쳐 가곤 했다.

1960년대의 10대 청소년들이, 자신들이 좋아하는 화석 유적지가 파괴될 때 할 수 있는 일은 무엇이었을까? 폴 올슨은 중개인을 생략하고 최고위층을 직접 상대하기로 했다. 그는 (아직 망신을 당하지 않은) 신임 대통령 리처드 닉슨Richard Nixon에게 편지를 쓰기 시작했다. 그것도 아주 많이. 그는 닉슨에게 "대통령의 힘을 이용해 채석장을 보호공원으로 지정해주세요"라고 간청하고, 심지어 수각류 발자국의 유리섬유 주형鑄型을 백악관에 보내기까지 했다. 또한 올슨은 언론 캠페인을 주도했고, 시사 화보 잡지 《라이프Life》의 기사에 그의 프로필이 실렸다. 그의 당돌함과 고집은 효과를 톡톡히 보았다. 1970년, 채석장을 소유했던 업체가 그 땅을 카운티에 기부했다. 덕분에 리커힐 공룡 유적지Riker Hill Fossil Site라는 공룡 공원이 생겼다. 다음 해에 그 유적지는 국가에서 공인한 랜드마크가 되었고, 올슨은 그 공로로 대통령상을 받았다. 올슨은 자신도 모르는 사이에 백악관 문턱 앞에 서 있었다. 닉슨의 이미지 메이킹 담당자들 중 일부가, 젊은 과학 마니아와 사진을 한 장 찍으면 대통령의 이미지 향상에 큰 도움이 될 거라고 생각했던 것이다. 그러나 그 아이디어는 채택되기 일보 직전 닉슨의 내정 담당 보좌관 존 에릭먼^{John Ehrlichman}에게 기각되었다. 에릭먼은 나중에 일어난 워터게이트 사건의 주동자다.

수많은 공룡 화석을 수집하고, 공룡 유적지를 공원으로 지정해 번창하게 했고, 미국 대통령과 펜팔 친구가 되었다. 이 모든 것이 한 어린이가 이룩한 엄청난 성과였다. 그러나 폴 올슨은 거기서 멈추지 않았다. 대학에 들어가 지질학과 고생물학을 공부하여 예일 대학교에서 박사 학위를 취득한 뒤, 리커힐을 떠나 허드슨강 건너편에 있는 컬럼비아 대학교에 교수로 임용된 것이다. 더 나아가 그는 세계적인 고생물학자가 되었고, 미국의 과학자로서 최고의 영예 중 하나인 국립과학아카데미 회원으로 선임되었다. 또한 내가 뉴욕에서 박사과정을 밟을 때, 바쁜 가운데도 시간을 할애하여 미천한 나의 박사 학위논문을 지도했다. 그는 내가 가장 신뢰하는 멘토였으며, 내가 시도 때도 없이 들이대는 '미친 아이디어'에 찬란한 공명판 역할을 했다. 나는 학부생들이 좋아하는 공룡 강좌에서 2년 동안 그의 조교로 활동했다. 강의실에는 늘 발 디딜 틈이 없었고, 학생들은 하얗고 두툼한 콧수염을 하고 강단을 활보하며 열정적으로 강의하는 명망 있는 과학자에게 매료되었다. 패기만만하고 활동적인 나의 강의 스타일은 대부분 그 시절 폴의 모습을 경외하는 마음으로 바라보다가 자연스레 몸에 밴 것이다.

폴 올슨은 10대 시절 시작한 일을 계속함으로써 성공 가도를 달렸다. 그가 수행한 연구 중 상당 부분은 공룡들이 뉴저지에 발자국을 남기던 시절 일어난 사건들에 집중되었다. 트라이아스기 말기의 판게아 분열, 상상을 초월하는 화산 폭발, 대멸종, 트라이아스기에서 쥐라기로 넘어가는 과정에서 세계적인 지배 세력으로 부상한 공룡.

비록 어린 시절 자전거를 타고 채석장에 처음 올라갔던 때가 정확히 언제였는지 기억하지는 못했지만, 폴은 트라이아스기 말기와 쥐라기 초기를 연구하기에 (세계에서 제일) 적당한 곳에서 성장했다. 그가 소년 시절 뛰놀던 땅은 뉴어크 분지Newark Basin라는 지질학적 구조의 일부다. 뉴어크 분지란 트라이아스기와 쥐라기의 암석으로 가득 찬 대야 모양의 함몰지를 말한다. 뉴어크 분지는 열개분지rift basin의 일종인데, 열개裂開라고 하는 이유는 판게아가 찢겨져 벌어질 때 북아메리카의 해안을 따라 1600킬로미터를 내려가며 형성되었기 때문이다. 그보다 북쪽에 있는 캐나다의 펀디만Bay of Fundy은 이런 분지 중 하나에 바닷물이 들어온 것이다. 훨씬 더 남쪽에서는 하트퍼드 분지Hartford Basin가 코네티컷주 중부의 상당 부분과 매사추세츠주를 관통한다. 뉴어크 분지의 바로 뒤에는 남북전쟁 때의 전투로 유명한 게티즈버그 분지Gettysburg Basin가 있다. 게티즈버그를 둘러싼 암석의 지형적 배치는 고지대 확보가 결정적인 군사 전략을 수립하는 데 매우 중요한 것으로 여겨졌다. 게티즈버그 남쪽에는 소규모 분지가 매우 많다. 그것들은 버지니아의 산간 오지와 노스캐롤라이나를 거쳐 캐롤라이나 내부의 거대한 디프강 분지Deep River Basin에서 절정을 이룬다.

위와 같은 열개분지들은 판게아 동부와 서부 사이의 균열을 따라 형성된 경계선이자 변경으로, 쉽게 말해 '초대륙이 찢어진 부분'이다. 동서의 견인력이 판게아를 잡아 찢기 시작했을 때, 지각 내부의 깊은 곳에서 단층이 생겨나 '그동안 단단한 암석이었던 것'을 절단했다. 견인이 일어날 때마다 지진이 발생해, 단층 양쪽에 있는 암석들의 상대적 위치가 조금씩 달라졌다. 수백만 년에 걸쳐 단층의 한쪽이 지표면에 도달했고, 다른 한쪽은 계속 침강하여 분지가 형성되었다. 단층의 침강 측면에는 함몰지가 생겼고, 가장자리의 융기 측면에는 고산지대가 생겼다. 북아메리카 열개분지들은 모두 이런 식으로 형성되었으며, 한마디로 하면 3000만 년 이상에 걸쳐 작용한 압력·장력·미진微震의 결과물이다.

지금 언급한 내용은 오늘날 동아프리카에서 일어나고 있는 사건과 정확히 일치한다. 왜냐하면 아프리카가 매년 약 1센티미터의 속도로 중동의 속박에서 벗어나고 있기 때문이다. 두 땅덩어리는 약 3500만 년 전 연결되어 있었지만 이제는 길고 가느다란 홍해로 분리되어 있으며, 이 홍해가 매년 조금씩 넓어져 언젠가는 대양이 될 것이다. 아프리카 본토에는 북쪽에서 남쪽으로 분지대들이 형성되어 있는데, 매번 아프리카와 아라비아를 양쪽에서 획 잡아당기는 지진이 일어날 때마다 제각기 너비와 깊이를 더한다. 그런 분지들 중 일부는 세상에서 제일 깊은 호수들(이를테면 깊이 1430미터의 탕가니카호)로 채워져 있다. 다른 분지에서는 성난 강물이 교차하는데, 그 강들은 주변의 산맥에서 우당탕탕 내려와 거대한 열대 생태계를 아프리카에서 가장 친숙한 식물과 동물로 가득 메운다. 곳곳에 무작위로 산재한 화산들(예컨대 킬리만자로산)은 땅덩어리가 갈라질 때 지하에 축적된 마그마의 배출구가 될 가능성을 늘 안고 있다. 간혹 그중 하나가 폭발해 분지와 그 거주자들을 용암과 화산재 속에 파묻는다.

폴 올슨의 뉴어크 분지와 북아메리카 동해안을 따라 늘어선 그 밖의 많은 분지는 모두 비슷한 진화 과정을 겪었다. 먼저 지진을 통해 서서히 형성되었고, 다양한 생태계를 뒷받침하는 강물들이 범람하다 보니 궁극적으로 깊숙이 파인 습지가 되었다. 습지에 가득 찬 물은 호수로 바뀌었지만, 기후 변화에 따라 호수가 말라붙고 강이 다시 형성되어 모든 과정이 처음부터 다시 시작되곤 했다. 이 같은 사이클이 무수히 반복되는 동안 공룡, 악어의 의사악어류 사촌, 슈퍼도롱뇽, 포유류의 초기 친척 들이 강변을 따라 번성하고 물고기 떼가 호수를 가득 메웠다. 이런 동물들은 수천 미터의 사암, 이암, 강과 호수에 축적된 그 밖의 암석들에 화석(뼈는 물론 폴 올슨이 10대 시절 수집하기 시작한 발자국까지)을 남겼다. 그리고 그다음, 판게아가 한껏 당겨지자 지각이 파열되며 화산이 폭발하기 시작해, 분지와 그 안에 살고 있는 생물들을 생매장했다.

화산 폭발이 처음 일어난 곳은 뉴어크 분지 지역이 아니었다. 화산 폭발이 맨 처음 일어난 곳은 오늘날의 모로코인데, 당시 모로코는 오늘날의 뉴욕시에서 수백 킬로미터밖에 떨어지지 않은 북아메리카 동부와 맞닿은 상태에서 약간 튀어 올라 있었다. 모로코에서 분출된 용암은 판게아가 쪼개고 있는 다른 지역, 즉 뉴어크 분지와 오늘날의 브라질, (우리가 포르투갈에서 발견한 슈퍼도롱뇽이 살았던 것과 동일한) 호수 환경으로 쏟아져 나가기 시작했다.

이 모든 지역은 지퍼선을 따라 도열해 있었고, 수백만 년 후 대서양으로 전환되었다. 용암은 네 번에 걸쳐 분출되었는데, 그때마다 한때 파릇파릇했던 열개분지를 그을리고, 지구 전체에 독성 연기를 퍼뜨려

사태를 더욱 악화시켰다. 50만 년 뒤(이 정도면 지질학에서는 눈 깜짝할 사이에 불과하다)에 가서야 화산 폭발이 멈췄을 때, 지구는 비가역적으로 탈바꿈한 상태였다.

열개분지에 살던 공룡, 의사악어류(악어계 조룡), 대형 양서류, 초기 포유류 친척들은, 바야흐로 무슨 일이 일어나는지도 모른 채 무사태평했다. 세상일이 급격히 틀어질 텐데 말이다.

모로코에서 일어난 최초의 화산 폭발들은 이산화탄소 구름을 방출했다. 이산화탄소는 강력한 온실가스로서 지구를 신속히 덥혔다. 지구는 너무 뜨거워져, 지구 전체의 대양에서 클래스레이트clathrate라고 하는 이상한 해저 얼음층이 일제히 녹아내렸다. 클래스레이트는 우리가 익히 아는 고형 얼음 덩어리(음료에 넣어 먹거나, 파티 장식으로 사용되는 팬시 조각품을 새겨 넣는 얼음)와 다르다. 그것은 동결된 물 분자의 격자 구조체로, 다른 물질을 안에 가둘 수 있는 다공성 물질이었다. 그런 물질 중에는 메탄이 포함되는데, 그것은 지구 깊은 곳에서 끊임없이 배어 나와 대양에 침투하지만, 대기로 누출되기 전에 클래스레이트 속에 갇힌다. 대기로 누출된 메탄은 '막돼먹은 놈'이다. 왜냐하면 이산화탄소보다 훨씬 더 강력한 온실가스로, 35배나 강력한 지구온난화 펀치를 휘두르기 때문이다. 그러므로 최초의 화산 폭발에서 분출된 이산화탄소가 지구의 기온을 높여 클래스레이트를 녹였을 때, 한때 그 속에 포획되었던 메탄가스 전체가 갑자기 방출되었다. 그것은 지구온난화의 폭주 열차에 시동을 걸었다. 대기 중 온실가스는 수만 년 만에 약 3배로 증가했고, 기온은 섭씨 3~4도 올랐다.

육지와 대양의 생태계는 그처럼 신속한 변화에 대응할 수가 없었다. 기온이 크게 올라가면서 수많은 식물의 생장이 불가능해져, 실로 95퍼센트 이상의 식물이 멸종했다. 그러자 식물을 먹고 살던 동물의 식량도 떨어져 수많은 파충류, 양서류, 초기 포유류 친척들이 마치 도미노가 먹이사슬을 따라 넘어지듯 자취를 감췄다. 연쇄적 화학반응은 대양의 산성도를 더욱 높여, 패류를 대량 살상하고 먹이사슬을 붕괴시켰다. 혹서에 이어 혹한이 찾아오는 현상이 몇 차례 일어나자, 기후는 위험하리만큼 가변성을 띠게 되었다. 이로 말미암아 판게아 북부와 남부의 기온차가 커져 메가몬순이 더욱 심해졌으며, 해안 지대는 훨씬 더 습윤해지고 대륙 내부는 훨씬 더 건조해졌다. 물론 판게아가 특별히 살 만한 곳이었던 적은 단 한 번도 없었지만 메가몬순, 사막, 의사악어류에 이미 치일 대로 치였던 초기 공룡들은 바야흐로 훨씬 더 심각한 상황에 직면했다.

그렇다면 진화사에서 비교적 초기 단계에 머물렀던 공룡은 그렇게 급변하는 세상에 어떻게 대처했을까? 그 단서는 폴 올슨이 지금까지 거의 50년간 연구해온 발자국에 있다. 폴이 뉴저지에서 탐사했던 채석장은, 미국과 캐나다의 동부 해안에서 공룡 발자국이 줄줄이 발견된 70여 군데 장소 중 하나다. 그 유적지들은 3000만 년 이상에 걸쳐 지질학적 순서대로, 즉 오늘날의 남아메리카에서 최초의 공룡들이 등장했을 때쯤부터(그러나 오늘날의 북아메리카에서는 여전히 감감 무소식이다) 트라이아스기 후기를 거쳐 화산 폭발로 말미암은 전멸기를 건너뛰어 뒤이은 쥐라기에 이르기까지 층층이 위치해 있다. 공룡과 다른 동물들은 열개분지에 축적된 사암과 이암의 주기적인 암상巖床 속에 자신들의 흔적을 대대손손 남겼다. 그리고 우리는 그 흔적들을 단계적으로 연구함으로써 그런 동물들이 진화해온 과정을 알아낼 수 있다.

암석들은 놀라운 스토리를 말해준다. 약 2억 2500만 년 전 열개분지가 막 형성될 때부터 시작된 트라이아스기 후기 동안, 공룡들은 자신들의 흔적을 희귀한 발자국 형태로 남기기 시작했다. 첫째, 그랄라토르 *Grallator*라고 불리는 '세 발가락 발자국'이 발견되는데, 길이가 5~15센티미터로 다양한 '작고, 빨리 달리고, 고기를 먹는 공룡'이 남긴 것이다. 이를테면 고스트랜치에서 발견된 코일로피시스처럼 두 발로 섰던 공룡 말이다. 둘째, 아트레이푸스라고 불리는 흔적이 발견되는데, 크기는 그랄라토르와 거의 같지만 '세 발가락 발자국' 옆에 작은 '손자국'이 찍혀 있다. 이는 자국을 남긴 동물이 네 다리로 걸었음을 시사하는 징후다. 그 동물들은 원시 조반류 공룡(뿔공룡과 오리주둥이공룡의 가장 오래된 사촌들) 또는 공룡과 가까운 공룡형류 사촌들이었을 것으로 추정된다. 공룡의 자취는 의사악어류, 대형 양서류, 원시 포유류, 소형 도마뱀들의 발자국에 수적으로 완전히 압도된다. 공룡들은 그곳에 있었지만, 트라이아스기가 막을 내리기 직전까지 열개분지 생태계의 핵심 구성원 지위를 유지한 동물들은 따로 있었다.

그러나 뒤이어 화산들이 활동을 개시했다. 그 결과 용암류 lava flow ● 위에 형성된 최초의 쥐라기 암석에서는 비공룡류 발자국의 다양성이 갑자기 극적으로 감소했다. 수많은 비공룡류의 자취가 갑자기 사라졌는데, 그중에는 가장 돋보였던 발자국, 바로 트라이아스기 내내 공룡보다 더 풍부하고 다양했던 (악어의 사촌뻘 되는) 의사악어류가 남긴 발

● 분화구에서 흘러내리는 용암, 또는 그것이 냉각되어 응고한 것.

116

자국이 포함되어 있다. 화산활동 이전에는 약 20퍼센트의 발자국만이 공룡 것인 데 반해, 그 직후에는 절반이 공룡 것이었다. 각양각색의 전혀 새로운 공룡 발자국이 화석 기록에 나타났다. 아마도 조반류가 만든 듯한 아노모이푸스^{Anomoepus}라는 손자국 한 쌍, 열곡$^{rift\ valley}$● 에 살았던 목이 긴 용각류의 전신이 만든 오토조움^{Otozoum}이라는 '네 발가락 발자국', 또 하나의 날쌘 포식자가 만든 에우브론테스^{Eubrontes}라는 '세 발가락 발자국.' 에우브론테스의 크기는 35센티미터가 조금 넘어, 그와 비슷하게 생긴 그랄라토르보다 훨씬 컸지만, 화산활동 전 시대인 트라이아스기에 살았던 육식공룡들에 비하면 훨씬 작았다.

지금 언급된 상황은 독자들의 기대와 딴판일 것이다. 지구 역사상 최대의 화산 폭발로 생태계가 위축되었는데 공룡은 더욱 다양하고 풍부하고 커다랗게 되었으니 말이다. 완전히 새로운 공룡 종이 진화하여 새로운 환경으로 퍼져나간 반면, 다른 동물 종들은 멸종의 길을 걸었다. 세상이 지옥으로 변해가고 있는데 공룡들만은 (어쩌면 주변의 혼돈 상태를 이용하여) 번성했다.

화산의 용암이 소진되어 60만 년에 걸친 '공포 정치'가 마감되자, 세상은 트라이아스기 후기와는 많이 달라져 있었다. 기온이 훨씬 높았고, 폭풍은 더욱 강했으며, 들불이 쉽게 일어났다. 새로운 종류의 양치식물과 은행나무가 한때 풍부했던 광엽 구과식물$^{broadleaf\ conifer}$을 대체했다. 그리고 카리스마 넘쳤던 트라이아스기 동물 중 상당수가 사라졌다. 돼지처럼 생긴 포유류의 친척 디키노돈트와 부리 달린 초식동물

● 2개의 평행한 단층애^{斷層崖}로 둘러싸인 좁고 긴 계곡.

린코사우르는 모두 멸종했고, 슈퍼도롱뇽과 대형 양서류는 거의 끝장났다. 그렇다면 의사악어류는 어떻게 되었을까? 트라이아스기의 마지막 3000만 년 동안 공룡들을 주눅 들게 하고, 힘으로 압도하고, 외견상 성공한 듯 보였던 그 악어계 조룡들 말이다. 단도직입적으로 말해, 의사악어류의 구성원들은 거의 모두 헛물을 켰다. 주둥이가 긴 피토사우르, 탱크처럼 생긴 아이토사우르, 최상위 포식자 라우이수키아, 그리고 (공룡을 닮은) 괴상망측한 에피기아 유사 동물들 중 누구의 소식도 두 번 다시 들을 수 없었다. 거대한 판게아 해체기를 통과한 유일한 의사악어류는 몇 가지 원시 악어로, 궁극적으로 현대의 아메리카악어와 아프리카악어로 진화했다. 그들은 몇 안 되는 역전의 용사이기는 하지만, 지구를 접수할 준비를 갖춘 듯 보였던 트라이아스기 후기의 영광은 영영 재현하지 못했다.

왜 그랬는지 모르겠지만, 트라이아스기 말기와 쥐라기 초기의 승자는 공룡이었다. 그들은 경쟁자들을 풍비박산 낸 판게아 해체, 화산활동, 사나운 기후 변화, 들불을 모두 견뎌냈다. 나는 그 정확한 이유를 알고 싶다. 나는 그 불가사의 때문에 문자 그대로 밤잠을 설쳤다. 그들이 멸종한 의사악어류와 다른 동물들보다 우위에 설 수 있었던 데는 뭔가 특별한 비결이 있었던 게 아닐까? 혹시 빨리 성장했거나, 신속하게 번식했거나, 대사율이 높았거나, 효율적으로 움직일 수 있었던 건 아닐까? 또는 호흡 및 은신 능력, 더위와 추위에 대한 내성이 우수했던 건 아닐까? 그럴 수도 있겠지만, 공룡과 의사악어류의 모습 및 행동이 거의 비슷했다는 점을 고려하면 그런 아이디어는 근거가 빈약하다. 어쩌면 그냥 운이 좋았을지도 모른다. 그렇게 갑작스럽고 충격적이고 전 지구적인 재앙이 일어날 때는, 아마도 통상적인 진화 법칙이 작동하지 않을 것이다. 예컨대 소행성이나 혜성이 지구에 충돌했는데, 공룡들은 다행히 그 자리에 없어서 무사했고 다른 수많은 동물들은 졸지에 몰살했는지도 모른다.

이유가 어찌 되었든, 그것은 차세대 고생물학자들의 해결을 기다리고 있는 수수께끼다.

'엄밀한 의미의 공룡 시대'의 서막이 열린 시기는 쥐라기였다. 물론 최초의 '진정한 공룡'은, 쥐라기가 시작되기 최소한 3000만 년 전 지구상에 등장했다. 그러나 지금껏 살펴보았듯이, 트라이아스기의 초기 공룡들은 '지배적이었다'고 주장하기에는 너무 약소했다. 트라이아스기 말기에 판게아가 갈라지기 시작해 종국에는 화산들이 왕성하게 활동했고, 쥐라기 초기의 공룡들은 잿더미 속에서 눈 비비며 나와 '새롭고 훨씬 텅 빈 세상'에 있는 자신을 발견하고 얼씨구나 하며 정복 작전을 진행했다. 쥐라기에 들어와 처음 수천만 년 동안, 공룡들은 아찔하리만큼 많은 신종으로 다양화했다. 완전히 새로운 하위 분류군들이 등장하여, 그중 일부는 향후 1억 3000만 년 이상 장수하게 된다. 그들은 몸집을 불리며 전 세계로 퍼져 나가 습윤 지대, 사막 그리고 그 사이의 모든 지역에 정착했다. 쥐라기 중기가 되면, 전 세계에서 주요 공룡 그룹이 발견된다. 박물관 전시회와 어린이 그림책에 단골로 등장하는 전형적인 이미지는 실제 있었던 상황을 반영한 것이다. 공룡들은 땅을 울리며 활보했고, 먹이사슬의 꼭대기에 군림했다. 난폭한 육식공룡들이 거대한 목긴공룡들, 갑옷 입은 초식공룡들과 어울려 세상을 누비는 동안, 조그만 포유류·도마뱀·개구리를 비롯한 비공룡류는 공포에 사로잡혀 몸을 움츠렸다.

판게아 열곡대에서 일어난 화산활동으로 쥐라기가 시작된 이후, 지구상에 등장한 수많은 공룡 중에서 우리에게 익숙한 것 몇 가지를 살펴보자. 첫째, 딜로포사우루스*Dilophosaurus* 같은 육식공룡은 두개골 위에 '이중 모히칸' 모양의 특이한 볏crest이 있었다. 딜로포사우루스의 길이는 약 6미터로, 나귀만 한 코일로피시스를 비롯한 다른 트라이아스기 육식공룡보다 훨씬 컸다. 둘째, 스켈리도사우루스*Scelidosaurus*나 스쿠텔로사우루스*Scutellosaurus*처럼 갑옷으로 뒤덮인 초식 조반류는 조만간 탱크를 방불케 하는 안킬로사우르와 등에 골판plate(부채 모양의 납작한 뼈 돌기)이 달린 스테고사우르stegosaur를 탄생시키게 된다. 셋째, 빠르게 움직였던 (아마도 잡식성 조반류로 보이는) 헤테로돈토사우루스*Heterodontosaurus*와 레소토사우루스*Lesothosaurus*는 궁극적으로 뿔공룡과 오리주둥이공룡을 탄생시키는 혈통의 초기 구성원이었다. 마지막으로, 트라이아스기에 일부 환경에만 존재했던 익숙한 공룡들, 즉 목이 긴 원시 용각류와 가장 원시적인 조반류가 마침내 지구 전체로 이동하기 시작했다.

지금 살펴본 쥐라기 초기에 다양성이 증가한 네 공룡 그룹 중에서, '혜성처럼 등장한 지배적 공룡'의 면모를 가장 압축적으로 보여주는 것은 용각류다. 용각류는 "긴 목, 원통형 사지, 볼록한 배, 초식성, 작은 뇌를 가진 베헤모스●"로 유명하므로, 오해의 여지가 없다. 모든 공룡 중에서 가장 유명한 것 몇 가지, 예컨대 브론토사우루스, 브라키오

● 구약성서에 등장하는 거대한 수륙양서 괴수.

플라테오사우루스. 용각류의 조상으로 알려진 고용각류의 일종이다.

사우루스^{Brachiosaurus}, 디플로도쿠스는 모두 용각류다. 그들은 거의 모든 박물관 전시회에 등장하며, 영화 〈쥐라기 공원〉의 스타다. 영화 〈고인돌 가족〉의 프레드 플린스턴은 용각류를 이용해 점판암을 채굴했고, 스탠더드오일$^{Standard Oil}$ 석유 회사는 수십 년 동안 용각류의 녹색 만화 캐릭터를 로고로 사용해왔다. 용각류는 T. 렉스와 함께 공룡의 대표 아이콘이었다.

용각류는 트라이아스기 말기에 등장한 고용각류^{prosauropod}(원시 용각류)라는 유구한 혈통에서 나왔다. 그들은 개와 기린의 중간 크기쯤 되는 초식공룡으로, 약 2억 3000만 년 전 이치괄라스토에 나타난 1세대 공룡군의 일원이었다. 그후 판게아의 습윤 지대에서 주요 초식공룡으로 자리매김했지만, 사막에 적응하지 못해 잠재력을 완전히 발휘하지 못했다. 그러나 쥐라기 초기에 들어서며 상황이 완전히 바뀌어, 용각류는 환경의 제한을 떨쳐버리고 지구 전체를 종횡무진으로 누볐다. 그리고 그들의 전매특허인 '구부러진 면발 모양의 목'을 진화시켰으며, 그 과정에서 가공할 만한 크기로 자랐다.

최초의 진정한 거대 용각류(몸무게는 10톤 이상, 길이는 15미터 이상, 목은 몇 층 건물 높이)의 화석 중 일부는, 지난 수십 년 동안 스코틀랜드 서해안의 아름다운 스카이섬Isle of Skye에서 발견되었다. 처음에는 다부진 사지 뼈limb-bone, 이빨, 꽁무니뼈가 드문드문 발견됐는데, 언뜻 보기에 대수롭지 않아 보여도 약 1억 7000만 년 전 살았던 거대한 동물을 암시했다. 1억 7000만 년이라면 쥐라기 중기로, 판게아 분열과 대규모 화산 폭발은 까마득히 먼 옛날의 일이었지만, 공룡들은 그때까지도 계속 번성하며 지구 정복에 마지막 박차를 가하고 있었다.

나는 2013년 에든버러 대학교에 부임하기 위해 스코틀랜드로 이사했을 때, 스카이섬에서 발견되었다는 용각류 화석에 호기심을 느꼈다. 당시는 뉴욕에서 박사 학위를 딴 직후여서, 나만의 연구실을 갖게 된다는 흥분에 사로잡혀 있던 터였다. 부임 후 처음 몇 주 동안 동료 마크 윌킨슨Mark Wilkinson, 톰 챌런즈Tom Challands와 어울려 시간을 보냈다. 마크는 철두철미한 현장 지질학자로, 말총머리와 꾀죄죄한 턱수염이 히피를 방불케 했다. 톰은 말갈기 같은 빨간 머리털의 소유자로, 4억 년 이상 된 미화석microfossil에 관한 학위논문을 써서 고생물학 박사 학위를 받았다. 톰은 그즈음 현실에 눈을 돌려, 에너지 회사와 손을 잡고 자신의 지질학 기술을 석유 탐사에 활용하고 있었다. 하지만 시간만 나면

침대와 작은 주방을 갖춘 캠핑카를 탐사 지역 어디든 원하는 곳에 주차해놓고 거기에 살다시피 했다. 최근 결혼을 하는 바람에 그런 생활 방식에 제동이 걸렸지만, 캠핑카는 아직도 현장 연구용으로 쓸모가 있었다. 그래서 주말에 종종 핸들을 잡고 안개 낀 스코틀랜드 해안을 이동하며, 공룡 화석을 찾을 요량으로 이곳저곳을 살펴보곤 했다. 톰과 마크는 모두 스카이섬에서 지질학 연구를 한 경력이 있었으므로, 그 지역의 지형을 잘 알고 있었다. 그래서 우리는 '신비에 싸인 거대 용각류'의 화석을 사냥하기로 뜻을 모았다.

먼저, 사전 조사를 위해 우리는 스카이섬에 관한 문헌을 뒤적였다. 그런데 이상한 점이 하나 있었다. 스카이섬에 관한 문헌을 읽으면 읽을수록, 한 사람의 이름이 점점 더 많이 등장하는 게 아닌가! 그 이름은 더걸드 로스Dugald Ross로, 내게는 전혀 생소한 이름이었다. 고생물학자나 지질학자는커녕 그 어떤 종류의 과학자도 아니었지만, 더걸드는 스카이섬에서 수많은 공룡 화석을 발견하고 그 특징을 기술한 사람이었다. 그는 스카이섬 북동쪽 가장자리에 있는 엘리섀더의 작은 마을에서 성장한 섬 소년이었다. 그 마을은 험준한 봉우리, 울창한 언덕, 토탄 빛깔 시냇물, 바람이 몰아치는 해변으로 이루어진, 그야말로 판타지 소설에나 나올 법한 살풍경이었다. 그는 게일어Gaelic를 사용하는 가정에서 자랐다. 게일어는 스코틀랜드 고지대의 토착어로서 오늘날 약 5만 명이 사용하고 있지만, 스카이섬 같은 외딴 섬의 도로표지판과 학교에서 여전히 존재감을 드러내고 있다. 더걸드는 열다섯 살 때 집 근처에서 화살촉과 청동기시대 유물을 발견했는데, 그 사건은 그에게 (성인이 될 때까지 지워지지 않은) 스카이섬의 역사에 대한 애착을 유발했다. 그는

스카이섬의 매혹적인 풍경.

그 후 스카이섬 토박이로 살며 건축가와 크로프터crofter로 자수성가했다 (크로프터란 '소규모 농민 겸 양치기'를 뜻하는 스코틀랜드 고지대의 용어다).

나는 더걸드의 이메일 주소를 백방으로 수소문해, '당신이 사랑하는 스카이섬에서 거대한 공룡 화석을 발견하고 싶다'는 꿈이 담긴 이메일을 보냈다. 그것은 내가 평생 보낸 이메일 중에서 가장 축복받은 것이었다. 왜냐하면 소중한 우정과 놀라운 협동 연구의 가교가 되었기 때문이다. 그로부터 몇 달 뒤 우리가 스카이섬을 방문했을 때, 더걸드(그는 '더기'라고 불리기를 더 좋아했다)는 우리를 거처로 초대했다. 우리는 스카이섬 북동부 해안을 따라 꾸불꾸불 이어진 2차선 주도로를 어렵사리 통과해, 좁고 긴 목장 스타일의 건물에서 그를 만났다. 그 집은 다양한 크기의 회색 화산암과 새까만 기와로 구성되었고, 주변 잔디밭에는 고풍스러운 농기구들이 널려 있었다. 건물 입구에는 게일어로 박물관

TAIGH-TASGAIDH이라고 적힌 푯말이 걸려 있었다. 더기는 지나치게 커다란 열쇠 뭉치를 들고 빨간 대형 화물차에서 내려 자신을 소개한 뒤, 자랑스러운 표정으로 우리를 내부로 안내했다. 숀 코너리 스타일의 스코틀랜드 억양과 아일랜드 사투리가 섞인 부드럽고 서정적인 말투로, 그는 교실 하나만 달랑 있는 폐교를 인수해 우리가 들어와 있는 스태핀 박물관Staffin Museum●을 지은 과정을 설명했다. 그는 열아홉 살 때 그 박물관을 세웠는데, 단 하나밖에 없는 전시실에는 오늘날 (대도시의 박물관에서 볼 수 있는 카페도, 기념품 가게도, 그 밖의 값비싼 세간살이도, 심지어 전기도 없이) 그가 스카이섬에서 발견한 공룡 화석들이 (스카이섬 주민들의 역사를 더듬을 수 있는) 인공물들과 나란히 전시되어 있었다. 거대한 공룡의 뼈와 발자국 바로 옆에 오래된 물레방아, 순무를 캐내기 위한 쇠꼬챙이, 한때 고지대 농민들이 사용했던 골동품 두더지덫이 놓여 있다니! 그것은 한마디로 초현실주의적인 경험이었다.

더기는 그 주 내내 자기가 가장 선호하는 사냥 지역으로 우리를 안내했다. 우리는 그곳에서 많은 쥐라기 화석을 발견했다. 그중에는 개만 한 악어, (돌고래를 닮았으며, 공룡이 육지를 점령하기 시작할 무렵 대양에 살았던) 이크티오사우르ichthyosaur라는 해양 파충류의 이빨과 척추가 포함되어 있었지만, 거대한 용각류의 화석은 전혀 없었다. 그 후로도 몇 년 동안 우리는 헛걸음을 계속했다.

2015년 봄, 우리가 찾던 것을 마침내 발견했다(심지어 처음에는 눈치채지도 못했다). 우리는 하루의 대부분을 바닷가에 넙죽 엎드려, 14세

● 스태핀Staffin은 동부the East Side라는 뜻의 지명이며, 게일어로는 'Stafain'이라고 쓴다.

스카이섬의 한 바위에서 공룡 뼈를 발굴하고 있는 더기 로스.

내가 스카이섬에서 톰 챌런즈와 함께 발견한 용각류 공룡 발자국들.

기 성城의 폐허 바로 밑에 자리 잡은 (북대서양의 빙해氷海 속으로 이어지는) 쥐라기 암석층에 파묻힌 작은 물고기의 이빨과 비늘을 찾는 데 허비했다. 그것은 톰의 머리에서 나온 아이디어였다. 그는 당시 물고기 화석을 연구하고 있었는데, 그가 나의 공룡 발견을 도와주는 대가로 나는 그의 물고기 화석 수집을 도와주고 있었다. 몇 시간 동안 실눈을 뜨고 암석을 들여다보고 있으면, 방수 옷을 세 겹이나 껴입었어도 온몸이 꽁꽁 얼어붙었다. 시간이 지날수록 밀물은 밀려들고, 저녁 해는 뉘엿뉘엿 넘어가고, 저녁 식사 생각은 더 간절해졌다. 결국 참다못한 톰과 나는 탐사 장비와 물고기 이빨이 담긴 가방을 주섬주섬 챙겨 들고, 해변 반대쪽에 주차된 캠핑카를 향해 터벅터벅 걷기 시작했다. 그런데 바로 그때, 우리의 시야에 뭔가가 포착되었다. 그것은 바위 위에 형성된 괴상망측한 함몰지로, 크기는 자동차 타이어만 했다. 우리가 그전에 그것을 놓친 이유는, 그보다 훨씬 작은 물고기 뼈에 온통 정신이 팔려 있었기 때문이다. 우리의 탐색상은 그처럼 큰 피사체를 탐지하기에는 부적절했던 것이다.

때마침 석양빛의 입사각이 낮아 암석의 명암이 뚜렷했으므로, 우리는 계속 걸어가는 동안 유사한 함몰지를 더 많이 발견했다. 그것들은 모두 거의 똑같은 크기였고, 우리가 가까이 다가갈수록 우리 주변의 모든 방향으로 퍼져 나갔다. 거기에는 일정한 패턴이 있는 것 같았다. 즉 개별적인 구멍들은 지그재그처럼 엇갈리며 2열 종대를 형성했다. 왼쪽 오른쪽, 왼쪽 오른쪽, 왼쪽 오른쪽……. 이 배열은 우리가 온종일 일했던 암석층 바닥의 상당 부분을 종횡무진으로 누볐다.

톰과 나는 서로를 물끄러미 쳐다보았다. 그것은 형제간의 의미 있는 눈짓으로, 몇 년 동안 공유한 경험에 기초한 무언無言의 접속이었다. 우리는 그런 종류의 피사체를 전에도 (스코틀랜드는 아니지만, 스페인이나 북아메리카 서부 등의 장소에서) 본 적이 있었다. 그러므로 우리는 그것이 무엇인지 잘 알고 있었다.

우리 앞에 널린 구멍들은 화석화된 자취였다. 그것도 어마어마하게 큰. 그것은 두말할 것도 없이 공룡의 자취였다. 더 자세히 살펴보니 발자국도 있고 손자국도 있었으며, 그중에는 발가락과 손가락 자국이 있는 것도 있었다. 그것들은 전형적으로 용각류가 남긴 자취의 형태였다. 우리는 1억 7000만 년 전 공룡들이 한바탕 춤을 췄던 무도회장을 발견한 셈이었다. 무대 위 주인공들은 자그마치 15미터의 길이와 코끼리 세 마리만 한 몸무게의 거대한 용각류였다.

그 자취는 쥐라기 중기의 석호潟湖에서 형성되었다. 석호는 통상적으로 용각류와 관련된 환경이 아니었다. 우리는 흔히 그런 거대한 공룡들이 육지를 활보하며, 한 발자국을 내디딜 때마다 작은 지진을 일으켰을 거라고 상정한다. 사실이 그랬다. 그러나 용각류는 쥐라기 중기에 들어와 매우 다양해져서, (거대한 체격을 유지하는 데 필요한 엄청난 양의 나뭇잎을 찾아) 다른 생태계로 세력을 확장하기 시작했다. 우리가 스카이섬에서 발견한 자취는 최소한 3개의 상이한 발자국 층으로 이루어져 있는데, 각각 다른 세대의 용각류들이 다양한 동물들, 이를테면 작은 초식공룡, 간혹 트럭만 한 육식공룡, 다양한 악어와 도마뱀, 평평한 꼬리를 가진 수영하는 포유류(예컨대 비버)와 함께 염분이 많은 석호를 거닐며 남긴 것으로 보인다. 당시 스코틀랜드는 지금보다 훨씬 따뜻했고, 확장 일로에 있는 대서양 한복판에 자리 잡은 (습지와 모래사장과 강으로 이루어진) 섬이었다. 대서양은 북아메리카와 유럽 사이에 자리 잡고 있었는데, 판게아가 계속 갈라지면서 두 땅덩어리는 더욱 까마득하게 멀어져가고 있었다. 그러니 대서양이 확장을 거듭하고 있었을 수밖에. 스코틀랜드를 완전히 지배한 세력은 용각류와 다른 공룡들이었고, 공룡의 지배는 드디어 전 지구적 현상이 되어 있었다.

'그들은 어마어마한 동물이었다.' 스코틀랜드의 태곳적 석호에 자취를 남긴 용각류를 일컫는 데 이보다 더 좋은 말은 없다. 문자 그대로, '어마어마하다'는 것은 '인상 깊고 가슴 벅차고 설렐 만큼 경외롭다'는 뜻이다. 만약 누가 내게 빈 종이와 연필을 내주며 상서로운 짐승을 그려보라고 한다면, 내 빈약한 상상력으로는 '진화가 창조해낸 용각류'를 떠올릴 수 없다. 그러나 그들은 실제로 존재했다. 그들은 지구상에 태어났고, 성장했고, 움직였고, 숨을 쉬었고, 포식자에게서 몸을 숨겼고, 잠을 잤으며, 결국에는 발자국을 남기고 죽었다. 그리고 오늘날 용각류와 비슷한 동물은 전혀 없다. 육상동물 중에서 그와 비슷하게 '기다란 목'과 '불룩한 배'를 가진 것은 없으며, 먼발치에서라도 그 커다란 몸집에 범접할 동물은 존재하지 않는다.

1820년대에 최초의 용각류 뼈 화석이 발견되었을 때, 과학자들은 상상을 초월하는 어마어마한 덩치에 야단법석을 떨었다. 그즈음 발견된 최초의 공룡들 중에는 육식공룡인 메갈로사우루스와 부리 달린 초식공룡인 이구아노돈이 있었다. 그들은 두말할 나위 없이 덩치 큰 동물이었지만, '거대한 용각류의 뼈를 남긴 동물' 근처에도 갈 수 없었다. 그래서 과학자들은 용각류를 공룡과 연관시키지 않았다. 그 대신,

그들은 용각류의 뼈를 (자기들이 아는 범위 내에서 그만큼 거대할 수 있었던 동물인) 고래의 일종으로 분류했다. 그처럼 어처구니없는 실수가 바로잡힌 것은 그로부터 몇 십 년이 지나서였다. 경이롭게도, 나중의 발견자들은 '많은 용각류가 대부분의 고래보다 훨씬 컸다'는 사실을 증명했다. 용각류는 일찍이 지구를 활보했던 동물 중에서 가장 컸고, '진화가 달성할 수 있는 것'의 한계를 확장했다.

이는 고생물학자들을 한 세기 이상 매혹해왔던 의문을 제기했다. 공룡들이 그렇게 커진 비결은 무엇일까?

그것은 고생물학계의 난제이지만, 그 문제를 풀기 전에 해결해야 할 더욱 근본적인 문제가 있다. 용각류는 도대체 얼마나 컸을까? 길이는 얼마나 길었고, 목은 얼마나 높이 뻗을 수 있었을까? 무엇보다도, 얼마나 무거웠을까? 이것은 대답하기 곤란한 문제이며, 특히 몸무게는 더욱 그렇다. 그도 그럴 것이, 공룡을 저울 위에 올려놓고 체중을 잴 수도 없는 노릇이니 말이다. 고생물학자들 사이에는 영업 비밀이 하나 있다. '그림책과 박물관 전시회에서 흔히 언급하는 환상적인 숫자들(예컨대, 브론토사우루스의 몸무게는 100톤이고, 덩치는 비행기보다 컸다!) 중에는 꾸며낸 게 수두룩하다'는 것이다. 개중에는 경험에서 우러나온 추측도 있지만, 그것은 극소수에 불과하다. 그러나 고생물학자들은 최근 뼈 화석을 기반으로 공룡의 체중을 더욱 정확히 예측하는 두 가지 접근 방법을 고안해냈다.

첫 번째 방법은 매우 간단하다. 기본적인 물리학, 즉 '무거운 동물일수록 몸무게를 지탱하기 위해 더 강한 사지가 필요하다'는 원리에 따른다. 이 논리적 원칙은 동물의 구조에 반영되어 있다. 즉 과학자들은 많은 현생 동물의 사지 뼈를 측정하여, "동물을 떠받치는 중요한 사지 뼈(두 다리로만 걷는 동물의 경우에는 허벅지뼈, 네 다리로 걷는 동물의 경우에는 '허벅지뼈+위팔뼈')의 두께와 동물의 체중 간에는 밀접한 통계적 상관관계가 있다"는 사실을 알아냈다. 다시 말해, 거의 모든 현생 동물에게 적용되는 기본적인 방정식이 존재하므로, 이 방정식에 사지 뼈의 두께를 입력하기만 하면 체중을 (허용되는 오차 범위 안에서) 계산해준다는 것이다. 이 방정식은 단순한 대수식이므로 기본적인 계산기로도 계산할 수 있다.

두 번째 방법은 더 철저한 주의가 필요하지만, 훨씬 더 흥미롭다. 과학자들은 공룡 골격의 3차원 디지털 모델을 구축하고 있고, 애니메이션 소프트웨어에 피부와 근육과 내장을 추가하고 있으며, 컴퓨터 프로그램을 이용해 체중을 계산하고 있다. 그것은 영국의 젊은 고생물학자들(칼 베이츠[Karl Bates], 샬럿 브래시[Charlotte Brassey], 피터 포킹엄[Peter Falkingham], 수지 메이드먼트[Susie Maidment])과 (현생 동물들을 전문적으로 연구하는 생물학자부터 컴퓨터과학자와 프로그래머에 이르기까지) 다양한 분야의 사람들이 협력해서 만들어낸 합작품이다.

몇 년 전 박사과정을 마무리하고 있을 때, 나는 칼과 피터의 초대로 '디지털 모델을 이용한 용각류 신체의 크기와 비율 연구'에 참가했다. 완벽한 골격을 갖춘 모든 용각류의 상세한 컴퓨터 애니메이션을 만들어, 그들이 얼마나 컸고 엄청난 거구로 성장하는 동안 신체는 어떻게 변화했는지를 밝혀내다니! 그것은 야심 찬 목표였다. 그들이 나를 초대한 것은 순수하게 실용적인 이유 때문이었다. 그 내용인즉, 세계에서 가장 양호한 용각류 화석 중 일부는 뉴욕의 미국자연사박물관에 진열되어 있는데, 때마침 공교롭게도 내가 거기에 근무하고 있었다. 그들이 자연사박물관과 관련해 특별히 원했던 것은 쥐라기 공룡인 브론토사우루스의 데이터였다. 그들은 내게 '모델 구축을 위한 정보 수집 방법'을 가르쳐주었는데, 나는 평상시에 사용하는 카메라와 삼각대와 축척 막대만 있으면 된다는 사실을 알고 깜짝 놀랐다. 나는 브론토사우루스의 골격 전시물을 가능한 한 모든 각도에서 100장 정도 촬영했는데, 그 과정에서 카메라가 삼각대 위에 고정되어 있고 이미지에 축척 막대가 포함되었는지 여부를 수시로 확인했다. 그다음으로 칼과 피터가 그 이미지들을 컴퓨터 프로그램에 입력하자, 컴퓨터는 사진 위의 상응하는 점들을 대응시킴과 동시에 축척을 토대로 점들 간의 거리를 측정하는 작업을 계속해서 수행했다. 그 결과 2차원 평면 이미지들이 마침내 3차원 입체 모델로 전환되었다.

사진측량법photogrammetry이라고 부르는 이러한 기법은, 우리가 공룡을 연구하는 방법에 혁명을 일으켰다. 그것이 창조한 초정확 모델은 세세한 부분까지 정밀하게 측정될 수 있다. 또는 애니메이션 소프트웨어의 모델에 탑재하여 달리고 점프하게 만듦으로써, 공룡들이 어떤 종류의 운동과 행동을 할 수 있었는지 결정할 수 있다. 심지어 영화나 텔레비전 다큐멘터리에 애니메이션을 삽입하는 데 사용될 수 있어, 가장 생생한 공룡들을 화면에 등장시킬 수 있다. 이러한 모델들은 공룡에 활기를 불어넣고 있다.

우리의 컴퓨터 모델링 연구와, 사지 뼈 측정에 기반을 둔 전통적 연구는 동일한 결론에 도달했다. 용각류 공룡들은 정말로 컸다. 플라테오사우루스 같은 고용각류는 트라이아스기에 비교적 커다란 몸집의 가

뉴욕에 있는 미국자연사박물관의 브론토사우루스 뼈대와 인간의 뼈대(축척용). American Museum of Natural History Library; see copyright page for full AMNH library credit information.

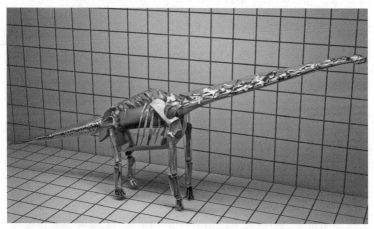

용각류의 일종인 기라파티탄*Giraffatitan*의 컴퓨터 골격 모델. 이것은 과학자들이 동물의 체중을 계산하는 데 도움이 된다. Courtesy of Peter Falkingham and Karl Bates.

능성을 타진하기 시작해, 그중 일부의 체중이 약 2~3톤까지 불어났다. 그 정도 크기라면 기린 한두 마리쯤에 해당한다. 그러나 판게아가 갈라지기 시작한 뒤 화산이 폭발하고 트라이아스기에서 쥐라기로 넘어가자 '진정한 용각류'는 훨씬 더 커졌다. 스코틀랜드의 석호에 자취를 남긴 용각류는 무게가 10~20톤이었고, 쥐라기 말기의 브론토사우루스나 브라키오사우루스처럼 유명한 야수들은 30톤 이상으로 팽창했다. 그러나 그들은 백악기를 호령한 드레아드노우그투스^{Dreadnoughtus}, 파타고티탄^{Patagotitan}, 아르겐티노사우루스^{Argentinosaurus}와 같은 초대형 종에 비하면 아무것도 아니었다. 그들은 티타노사우르^{titanosaur}라는 적절한 이름을 가진 하위 분류군의 구성원이며, 무려 50톤이 넘는 몸무게로 보잉 737 비행기를 압도했다.

오늘날 가장 크고 무거운 육상동물은 코끼리다. 그들의 덩치는 '사는 곳'과 '소속한 종'에 따라 다양하지만, 대부분 몸무게가 5~6톤 정도이고 역사상 최고 기록은 약 11톤이다. 그러니 코끼리는 도저히 용각류의 상대가 될 수 없다. 이쯤 됐으면 다시 본론으로 돌아가자. 공룡들이 (진화가 창조한 어떤 동물보다도) 월등한 크기에 도달할 수 있었던 비결은 무엇일까?

가장 먼저 고려할 사항은 다음과 같다. 대체 그렇게 커다래질 필요가 있는 동물이 무엇일까? 첫째, 무엇보다 분명한 것은 '많은 먹이를 먹을 필요가 있는 동물'이라는 것이다. 공룡들의 덩치와 쥐라기에 가장 흔했던 먹이의 영양학적 품질을 고려하면, 브론토사우루스 같은 대형 용각류는 매일 45킬로그램 정도(어쩌면 그 이상)의 잎, 줄기, 잔가지를 먹어야 했을 것으로 추정된다. 그러므로 그들은 그렇게 엄청난 양의 먹이를 섭취하고 소화할 방법이 필요했다. 둘째, 그들은 빨리 성장할 필요가 있었다. 매년 조금씩 꾸준히 성장하는 것도 좋지만, 그런 식으로 대형화하려면 한 세기 이상 걸릴 것이다. 그러는 동안 포식자에게 잡아먹히거나 폭풍우에 휘말린 아름드리나무에 깔리거나 질병에 걸려, 다 큰 성체로 성장하기 훨씬 전에 유명을 달리하게 될 것이다. 셋째, 그들은 매우 효율적으로 호흡할 수 있어야 했다. 그래야만 거대한 몸속에서 일어나는 모든 대사 반응에 동력을 공급하는 데 필요한 산소를 들이마실 수 있기 때문이다. 넷째, 그들은 뼈가 강하고 견고하되 운동에 방해가 되지 않도록 너무 뒤룩뒤룩하지 않아야 했다. 마지막으로, 그들은 과도한 체열을 방출할 필요가 있었다. 그때는 날씨가 너무 더워, 커다란 동물들이 과열로 사망하기 쉬웠기 때문이다.

용각류는 위와 같은 다섯 가지 요건을 모두 충족할 수 있었음이 틀림없다. 그러나 어떻게? 수십 년 전 이 수수께끼를 곰곰이 생각하기 시작했던 과학자들은 가장 쉬운 해답을 선호했다. 그 내용인즉, 아마도 트라이아스기, 쥐라기, 백악기의 물리적 환경에는 뭔가 다른 점이 있었으리라는 것이다. 이를테면 지금보다 중력이 약해, 덩치 큰 동물들이 더 쉽게 움직이고 성장할 수 있었을 것이다. 또는 오늘날보다 대기 중 산소가 더 많아, 거대한 용각류가 호흡을 거뜬히 함으로써 더욱 효율적으로 성장하고 대사 작용을 할 수 있었을 것이다. 이러한 추론들은 설득력 있게 들리지만, 면밀히 검토해보면 사실이 아닌 것으로 보인다. 공룡 시대에 중력이 실질적으로 달랐다는 증거는 없으며, 당시의 대기 중 산소 농도는 오늘날과 거의 비슷하거나 심지어 약간 낮았기 때문이다.

그렇다면 이제 납득할 만한 설명은 한 가지밖에 안 남았다. 용각류에는 뭔가 본질적인 것이 있어서, 다른 모든 육상동물들(포유류, 파충류, 양서류, 심지어 다른 공룡들)을 작은 크기로 제한했던 족쇄를 끊고 큰 크기로 도약할 수 있었을 것이다. 그 핵심은 아마도 그들만의 독특한 체제^{body plan}였던 것으로 보인다. 그것은 몇 가지 특징의 혼합체로, 트라이아스기와 쥐라기 초기에 조금씩 진화하여 '큰 덩치를 앞세워 번성하는 데 완벽하게 적합한 동물'을 탄생시킴으로써 절정을 이루었다.

모든 것은 목에서 시작되었다. 용각류만이 보유한 가장 독특한 특징을 하나만 든다면, 단연코 '길고, (가늘고 약한) 막대기 같고, 나긋나긋한 목'이다. '통상적인 목보다 긴 목'은 가장 오래된 트라이아스기의 고용각류에서 진화하기 시작해, 시간이 경과함에 따라 (목뼈의 기본 단위인 경추의 개수와 길이가 계속 늘어나며) 점점 더 길어졌다. 아이언맨의 갑옷과 마찬가지로, 기다란 목은 용각류에게 일종의 초능력을 선사했다. 용각류는 기다란 목으로 다른 초식동물보다 훨씬 높은 나무에 주둥이를 들이댐으로써 완전히 새로운 식량원에 접근할 수 있었다. 또한 그들은 한 장소에 몇 시간이고 버티고 서서, 마치 체리피커^{cherry picker}● 처럼 목을 상하좌우 자유자재로 움직이며 주변 식물들을 눈 깜짝할 사이에 싹쓸이할 수 있었다. 목을 체리피커처럼 움직였다는 것은, 다른 경쟁자들보다 에너지를 적게 소모하면서 더 많은 먹이를 먹을 수 있었음을 의미한다. 그것은 용각류의 적응우위^{adaptive advantage} 중 1번이다. 그들에게 과체중을 유지하는 데 필요한 엄청난 먹이를 먹을 수 있도록 허용한 것은 바로 목이었다.

● 높은 곳에서 작업할 수 있도록, 사람을 들어 올려주는 크레인.

두 번째로 생각할 수 있는 것은 그들의 성장 방법이다. 공룡의 조상인 공룡형류가 트라이아스기 초기에 그들과 나란히 다양화하고 있었던 많은 양서류와 파충류보다 높은 대사율·성장률·활동성을 진화시켰다는 점을 상기하라. 그들은 무기력하지 않았고, 이구아나나 악어만 한 성체로 성장하는 데 오랜 시간이 걸리지도 않았다. 공룡형류의 특징은 그들의 후손인 공룡에 그대로 대물림되었다. 공룡의 뼈 성장을 연구한 바에 따르면, 대부분의 용각류는 '기니피그만 한 새끼'에서 '비행기만 한 성체'로 성숙하는 데 겨우 30~40년밖에 걸리지 않았다고 한다. 그렇게 엄청난 변신에 소요된 30~40년은 믿기 어려울 만큼 짧은 시간이다. 이것은 용각류의 적응우위 2번이다. 용각류가 '고양이만 했던 옛 조상'에서 어마어마하게 큰 크기로 진화하는 데는 '빠른 성장 속도'가 필수였다.

세 번째로, 용각류는 트라이아스기의 조상과 다른 '무엇'을 획득했으니, 그것은 매우 효율적인 폐였다. 용각류의 폐는 조류의 폐와 매우 비슷하며, 우리 것과는 매우 다르다. 포유류는 (한 주기^{cycle}에 산소를 흡입하고 이산화탄소를 배출하는) 단순한 폐를 갖고 있지만, 새들은 이른바 단방향 폐$^{unidirectional\ lung}$를 갖고 있다. 따라서 새들의 폐에서는 공기가 일방통행을 하며, 들이마실 때는 물론 내쉴 때에도 산소를 섭취할 수 있다. 그것은 놀라운 생물공학적 특징으로, 폐와 연결된 일련의 풍선 같은 기낭^{氣囊} 덕분에 가능하다. 들숨을 쉴 때 기낭에 저장된 약간의 '산소가 풍부한 공기'가, 날숨을 쉬는 동안에 폐를 통과할 수 있기 때문이다. 독자들이여! 이해되지 않는다고, 괜히 자신의 우둔함을 탓할 필요는 없다. 그것은 너무나 신기한 폐여서, 생물학자들조차 작동 방식을 이해하는 데 수십 년이 걸렸다.

우리는 용각류도 새와 비슷한 폐를 가졌다는 사실을 알고 있다. 왜냐하면 그들의 흉강 뼈에 공압창pneumatic fenestrae이라는 커다란 구멍이 뚫려 있어서, 기낭이 그 속으로 깊숙이 팽창할 수 있었기 때문이다. 공압창의 구조는 현생 조류의 것과 정확히 일치하며, 기낭에 의해서만 만들어질 수 있다. 그러므로 그것은 용각류의 적응우위 3번이다. 용각류는 초고효율 폐를 갖고 있었으므로, 엄청난 대사율을 유지하기에 충분한 산소를 흡입할 수 있었다. 수각류도 새와 똑같은 스타일의 폐를 지니고 있었는데, 덕분에 티라노사우루스를 비롯한 거대한 사냥꾼들은 몸집이 커질 수 있었다. 반면 오리주둥이공룡, 골판공룡, 뿔공룡, 갑옷공룡 등의 조반류는 용각류만큼 거대해질 수 없었다.

기낭에는 또 한 가지 기능이 있었다. 즉 호흡 주기에서 공기를 저장하는 것 외에도 뼛속으로 밀고 들어가 뼈를 가볍게 해주는 기능이 있었다. 그것은 사실상 뼈를 비움으로써 '단단하면서도 강한 뼈'로 변신시켰다. '공기가 꽉 찬 농구공'이 같은 크기의 암석보다 가벼운 것처럼 말이다. 용각류가 '균형이 맞지 않는 시소'처럼 기우뚱거리지 않으며 기다란 목을 지탱할 수 있었던 방법을 알고 싶은가? 그것은 바로 모든 경추가 기낭에 에워싸여 있어, 깃털처럼 가볍지만 여전히 강력했기 때문이다. 이것이 용각류의 적응우위 4번이었다. 기낭은 용각류로 하여금 강인하면서도 이리저리 움직이기에 충분할 정도로 가벼운 뼈를 선사했다. 기낭이 없는 포유류, 도마뱀, 조반류는 그런 행운을 누리지 못했다.

마지막으로 용각류의 적응우위 5번은 '과도한 체열을 쉽게 배출하는 능력'이었는데, 폐와 기낭도 여기에 가세했다. 수많은 기낭이 뼈와 내장 사이를 비롯한 용각류의 전신에 분포되어, 열 발산을 위한 커다란 표면적을 제공했다. 그리하여 뜨거운 날숨 하나하나는 거대한 중앙 공기 조절 시스템으로 냉각되었다.

지금까지 설명한 5가지 요인들(기다란 목, 빠른 성장 속도, 효율적인 폐, 골격 경량화 시스템, 신체를 냉각하는 기낭)이 힘을 합쳐 '슈퍼 자이언트 공룡'을 구축할 수 있었다. 만약 그중 하나라도 없었다면, 용각류는 베헤모스의 현신現身이 될 수 없었을 것이다. 그것은 생물학적으로 불가능한 일이었지만, 진화가 모든 퍼즐 조각을 하나씩 수집해 순서대로 조립해 보였다. 그러다 쥐라기에 들어와 화산활동이 끝난 직후 조립이 마침내 완성되어, 용각류라는 전무후무한 동물이 갑자기 등장했다. 위대한 용각류는 세상을 주름잡았고, 가장 웅장하고 화려한 방법으로 세상을 지배했다. 그리고 그 후 1억 년 동안 지배자로 군림했다.

4

공룡 왕국의 번성

_ 스테고사우루스

──────────── 코네티컷주 뉴헤이븐의 녹음이 우거진 거리에 자리 잡은, 예일 대학교 캠퍼스의 북쪽 가장자리에는 성지聖地와 같은 곳이 하나 있다. 예일 대학교 피바디 박물관Peabody Museum에 마련된, 이름하여 공룡의 대전당Great Hall of Dinosaurs이다. 박물관 측에서는 '영적 순례의 장소'를 자처하지 않지만, 내게는 분명 그런 느낌이 든다.

나는 어린 시절 가톨릭 미사에 참석하기 위해 성당에 들어갈 때처럼 전율을 느낀다. 여느 성지와 달리 그곳에는 신상神像도, 깜박이는 촛불도, 향내도 없다. 또한 적어도 외부에서 볼 때는 특별히 웅장하거나 화려하지도 않다. 대학의 다른 강의동들과 뒤섞인 별다른 특징 없는 벽돌 건물 안에 다소곳이 위치하고 있으니 말이다. 그러나 내 입장에서 보면, 그곳에는 당신이 대부분의 종교 성지에서 발견하는 것들만큼이나 성스러운 유물, 즉 공룡이 보관되어 있다. 그곳에 가면 선사시대 세상의 경이로움에 몸을 맡길 수 있으므로, 그곳을 능가하는 곳은 지구상에 없다.

대전당은 원래 1920년대에 예일의 탁월한 공룡 컬렉션을 전시하기 위해 건립되었다. 석유 채굴 인부들은 수십 년간 미국 서부를 방방곡곡 돌아다니며 공룡 화석을 수집하여, '아이비리그 엘리트들의 연구용으로 쓰라'며 정당한 대가를 받고 동쪽으로 보냈다. 100주년이 다가오고 있는데도, 대전당은 본래의 아름다움을 그대로 간직하고 있다. 그곳은 컴퓨터 화면, 공룡의 홀로그램, 으르렁거리는 배경음이 난무하는 뉴에이지 전시회가 아니다. 그곳은 일종의 과학 신전으로, 은은한 조명 아래 가장 기념비적인 공룡 몇몇의 뼈대가 불철주야 근엄한 자세로 서 있어, 교회에서나 기대할 수 있는 고요함이 느껴진다.

동쪽 벽 전체는 길이 30미터, 높이 5미터가 넘는 벽화로 뒤덮여 있다. 그 벽화는 루돌프 잘링거^{Rudolph Zallinger}가 4년 반에 걸쳐 완성한 것이다. 잘링거는 시베리아에서 태어난 뒤 미국으로 이주하여 대공황 시기에 일러스트를 전문적으로 그렸다. 오늘날 활동하고 있다면, 그는 아마도 스토리보드 작가로 애니메이션 스튜디오에서 일하고 있을 것이다. 그는 장면을 설정하고 다양한 캐릭터들을 창조하는 데 천부적인 재능을 보였으며, 거기에 자신의 붓질을 가미하여 웅장한 스토리를 엮어냈다. 그의 작품 중에서 가장 유명한 것은 의심할 여지 없이 〈진보의 행진 The March of Progress〉인데, '주먹 쥐고 걷는 유인원'에서 '창을 든 인간'으로 서서히 변신해가는 인간의 진화사를 풍자하는 데 종종 사용되었다. 그 한 장의 그림은 전 세계의 모든 교과서, 학교 수업, 박물관 전시회를 합친 것보다 더 많이 진화 이론을 이해하거나 오해하게 만들었을 것이다.

그러나 잘링거는 인간을 그리기 전에 공룡에 심취한 시절이 있었다. 대전당의 벽에 그려진 〈파충류의 시대The Age of Reptiles〉는 그 시절의 최고 걸작품으로, 미국 우표에 등장하고 《라이프》에 특집 시리즈로 실렸으며, 온갖 종류의 공룡 용품 표면에 복제되거나 도용되었다. 그것은 고생물학의 〈모나리자〉로, 단일 작품 기준으로 지금껏 창조된 공룡 예술품 중에서 가장 많이 인구에 회자되었을 것이다. 그러나 사실 그것은 〈모나리자〉보다는 바이외 태피스트리Bayeux Tapestry●에 더 가깝다. 정복의 서사적 이야기를 보여주기 때문이다. 즉 물고기가 처음 육지에 상륙해 새로운 환경에 정착하고, 파충류와 양서류로 다양화한다. 그중에서 파충류가 포유류 계열과 도마뱀 계열로 갈라져, 원시 포유류가 먼저 번성하고 뒤이어 도마뱀이 번성하여 마침내 공룡을 탄생시킨다.

지금으로부터 2억 4000만 년 전에 해당하는 20미터쯤 되는 부분에서, 벽화는 비늘 덮인 원시 동물들이 기어 다니는 외계적 풍경을 마감하고 마침내 공룡이 북적이는 익숙한 풍경으로 넘어간다. 그것은 당신에게 슬그머니 다가간다. 말하자면 '도마뱀과 원시 포유류의 세상'에서 '공룡의 세상'으로 이행하는 과정이 캔버스를 가로지르며 점증적으로 펼쳐지는 것이다. 이제 화폭의 도처에서 온갖 형태와 크기의 공룡이 눈에 띄는데, 어떤 것은 어마어마하게 크고 어떤 것은 배경에 뒤섞여 잘 보이지 않는다. 벽화는 갑자기 뭔가 이상한 느낌을 자아낸다. 어떻게 보면 농민들 앞에서 손을 흔들어 보이는 스탈린이 그려진 소비에트의 선전용 포스터 같기도 하고, 어떻게 보면 사담 후세인의 궁전에 그려진 우스꽝스럽게 과장된 프레스코화 같기도 하다. 나는 공룡들의

● 1066년에 일어난 노르만인의 잉글랜드 정복 이야기를 그림으로 묘사한 자수刺繡 작품.

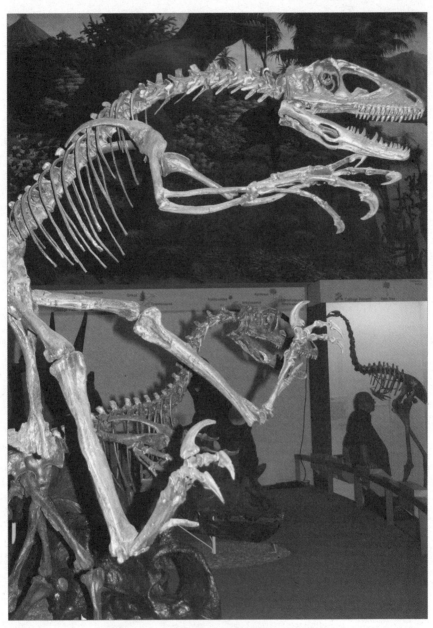

예일 대학교 부설 피바디 박물관에 있는 잘링거의 벽화를 옆에서 지켜보는, 수각류의 일종 데이노니쿠스*Deinonychus*.

모습을 흘깃 보고 강력한 인상을 받았다. 권력, 통제, 지배. 그들은 한때 권세를 움켜쥐었고, 이 세상은 그들의 것이었다는 생각이 들었다.

벽화의 이 부분은 '공룡이 진화적 성공의 최정상에 올랐을 때의 모습'을 눈이 부시도록 아름답게 집약했다. 무시무시하게 생긴 브론토사우루스는 전경前景의 늪 속에서 어슬렁거리며, 물가에서 자라는 양치식물과 상록수를 아삭아삭 먹어치운다. 늪의 가장자리에서는 버스만 한 알로사우루스*Allosaurus*가 날카로운 이빨과 발톱을 시뻘건 시체에 꽂으며, 피식자를 조금이라도 더 능욕하려는 듯 거대한 발로 먹잇감을 짓누른다. 스테고사우루스*Stegosaurus*는 안전거리를 확보한 채 평화롭게 풀을 뜯고 있지만, 육식공룡들이 딴 생각을 품을 경우를 대비해 골판과 골창이라는 무기로 완전 무장을 갖추고 있다. 먼 배경에서는 늪들이 눈 덮인 산봉우리들 속으로 까마득히 사라져가고, 또 다른 용각류들이 긴 목을 이용해 땅 위의 관목들을 폭풍 흡입한다. 그러는 가운데, 하늘 높은 곳에서는 두 종류의 익룡들이 서로 쫓고 쫓기며 푸른 하늘 속으로 침잠하고 있다.

우리는 공룡들을 생각할 때 십중팔구 이런 식의 이미지를 떠올린다. 그들은 한때 번영의 절정을 구가했던 동물이다.

잘링거의 벽화는 상상의 산물이 아니다. 예술품들이 그렇듯 이곳저곳에서 약간의 자유분방함이 엿보이지만, 그 벽화는 대체로 사실에 뿌리박고 있다. 그것은 대전당에서 바로 앞에 버티고 서 있는 공룡들, 즉 브론토사우루스·스테고사우루스·알로사우루스처럼 이름이 익숙한 공룡들에 기반한다. 그들은 약 1억 5000만 년 전, 그러니까 쥐라기 후기에 살았다. 그즈음 공룡들은 이미 육지에서 지배적인 세력이 되어 있었다. 그들이 의사악어류에 승리를 거둔 것은 이미 5000만년 전의 일이었고, 최초의 거대한 목긴공룡들 중 일부가 스코틀랜드의석호에서 첨벙거리고 돌아다닌 지 2000만 년이 족히 흐른 뒤였다. 공룡들의 앞길을 가로막는 동물은 더 이상 존재하지 않았다.

우리는 쥐라기 후기의 공룡들에 대해 많이 알고 있다. 왜냐하면 그시기의 화석이 전 세계의 많은 곳에서 풍부하게 발견되기 때문이다. 하지만 그것은 지질학의 얄궂은 점 중 하나일 뿐이다. 지질학적 시기중 일부는 다른 시기보다 화석 기록에 더 많이 수록되어 있으니 말이다. 그런데 그 이유가 무엇일까? 통상적으로 그 시기에는 다른 시기보다 더 많은 암석이 형성되었거나, 그 시기의 암석들이 침식, 홍수, 화산폭발, 그 밖의 (화석 발견을 어렵게 만들려고 음모를 꾸미는) 요인들의 가혹함을 더 잘 견뎌냈기 때문이다. 쥐라기 후기에 관한 한, 우리는 두 가지 행운을 누리고 있다. 첫째, 그 시기에는 전 세계의 강·호수·바다 주변에 엄청나게 다양한 공룡이 무리 지어 살고 있었다. 물가는 화석이퇴적층에 묻혀 나중에 암석으로 변하기에 안성맞춤이다. 둘째, 그 시기의 암석은 오늘날 고생물학자들이 탐사하기에 편리한 장소에 노출되어 있다. 즉 쥐라기 후기의 화석 유적지는 미국·중국·포르투갈·탄자니아의 인구밀도가 낮고 건조한 지역에 위치하고 있어, (화석을 뒤덮을 수 있는) 건물·고속도로·숲·호수·강·바다와 같은 골칫거리들의 방해를 받지 않는다.

잘링거의 벽화에도 등장하는, 쥐라기 후기의 가장 유명한 공룡들은미국 서부 전역에 노출되어 있는 두꺼운 암석층에서 나온다. 그곳을 전

와이오밍주에서 포즈를 잡은 폴 세레노.

문 용어로 모리슨 지층Morrison Formations이라고 부르는데, 그 이름은 다채로운 이암과 베이지색 사암이 아름답게 노출된 것으로 유명한 콜로라도의 작은 마을에서 유래한다. 모리슨 지층은 '지질학계의 괴물'로 일컬어진다. 왜냐하면 오늘날 미국의 13개 주에서 발견되며, 북아메리카 대륙 관목지 가운데 거의 100만 제곱킬로미터를 뒤덮고 있기 때문이다. 그 지층은 낮은 언덕과 기복이 있는 황무지를 쉽게 형성하는데, 서부영화에서 흔히 볼 수 있는 고전적인 배경을 생각하면 된다. 그 지층은 미국에서 가장 중요한 우라늄 광상鑛床 중 일부가 매장된 근원암source rock이기도 하다. 물론 모리슨 지층은 공룡의 온상이므로, 우라늄을 포

와이오밍주 셸 근처에 있는 모리슨 지층에서 용각류 뼈를 발굴하는 사람들. 한가운데에 있는 사람이 사라 버치인데, 나중에 T. 렉스 팔의 전문가가 되었다(6장 참조).

함한 공룡 뼈들이 가이거계수기의 경보음을 울리게 한다.

나는 학부 시절 두 여름 학기 동안 모리슨 지층에서 일했다. 그곳은 내가 공룡 뼈를 발굴하며 철이 든 곳이었다. 나는 시카고 대학교 폴 세레노 교수의 연구실에서 수습생 생활을 했는데, 우리가 마지막으로 만난 것은 그가 연구팀을 이끌고 아르헨티나로 탐사 여행을 떠날 때였다. 그는 그 여행에서 가장 오래된 공룡 중 일부인 트라이아스기의 헤레라사우루스, 에오랍토르, 에오드로마이우스를 발견했다. 그러나 폴은 모든 고생물을 다 연구하는 것 같았으며, 지금도 세계 방방곡곡에서 현장 연구를 수행한다. 예컨대 그는 아프리카에서 물고기를 먹는 육식공룡과 특이한 목긴공룡을 각각 발견했으며, 중국과 오스트레일리아를 탐사하며 악어·포유류·조류의 중요한 화석들을 기술했다.

더욱이 여느 학구적인 고생물학자들과 마찬가지로, 폴은 강의실에서도 많은 시간을 보냈다. 그는 매년 '공룡 과학'이라는 유명한 학부생 강좌를 열었다. 그것은 이론과 실습을 겸비한 강의였다. 시카고 인근의 어디에서도 공룡을 발견할 수 없으므로, 그는 매년 여름 학생들을 인솔하고 10일 동안 와이오밍으로 현장 실습 여행을 떠났다. 학생들은 그곳에서 유명 과학자와 함께 일생일대의 공룡 발굴 기회를 얻었다. 당시 나는 사전 경험이 별로 없었는데도 수업 조교 자격으로 동행하여, 폴의 오른팔로서 (의예과에서 철학과에 이르는) 다양한 학생을 이끌고 와이오밍 일대의 고지대 사막을 누볐다.

폴이 현장 실습지로 선정한 곳은 셸이라는 작은 마을 근처에 있었다. 셸은 동쪽의 빅혼산맥Bighorn Mountains 과 서쪽으로 160킬로미터 떨어진 옐로스톤 국립공원 사이에 고립된 한적한 곳이다. 최근 실시된 인

구조사에서 83명의 주민이 확인되었으며, 우리가 2005년과 2006년 그곳에 머물 때는 도로표지판에 겨우 50명의 주민이 거주한다고 적혀 있었다. 그러나 그것은 고생물학자들에게는 반가운 소식이다. 화석을 발굴하는 데는 걸리적거리는 사람이 적으면 적을수록 좋기 때문이다. 그리고 셸은 지도 위에 희미한 점으로 표시되어 무시되기 쉽지만, '세계적인 공룡의 수도首都'로 불리기에 전혀 손색이 없다. 셸은 모리슨 지층 위에 건설되었으며, 공룡이 가득 찬 연녹색·빨간색·회색 암석으로 빚어진 아름다운 언덕에 둘러싸여 있다. 너무나 많은 공룡이 꼬리에 꼬리를 물고 지금까지 발견되어 일일이 기억할 수 없지만, 그 수는 줄잡아 100건을 훌쩍 넘어섰을 것이다.

울퉁불퉁한 빅혼산맥을 가로지르는 위험천만한 도로에 자리 잡은 셰리든에서 출발해 서쪽으로 차를 모는 동안, 나는 '거인들의 발자국 위에 있다'는 느낌이 들었다. 역사상 가장 큰 공룡 중 일부는 셸 지역에서 발견되었다. 그중에는 브론토사우루스·브라키오사우루스 같은 목이 긴 용각류, 알로사우루스 같은 무시무시한 육식공룡이 포함되어 있다. 그러나 나는 또 다른 거인들의 발자취를 밟고 있다는 생각이 들었다. 그들은 19세기에 그 지역에서 최초의 공룡 뼈를 발견한 탐험가, 공룡 러시를 주도했고 예일 대학교 같은 상류층 기관의 급여 명부에 '용병 화석 수집가'로 이름을 올려 인생 역전의 기회를 잡은 철도원들과 노동자들이었다. 오합지졸이었던 그들은 카우보이모자에 콧수염과 헝클어진 머리를 한 '황량한 서부의 깡패들'이었다. 꼬박 몇 달 동안 땅속에서 거대한 뼈를 캐냈으며, 쉬는 시간에는 다른 사람의 구역에 침입해 불화와 태업과 음주와 총격을 일삼았다. 그러나 아무도 존재를 알지 못했던 선사시대의 풍경을 드러낸 사람들은 바로 그 '있음 직하지 않은 캐릭터들'이었다.

물론 최초의 모리슨 화석들은 미국 서부의 이곳저곳에 흩어져 살던 아메리카 원주민들에게 발견되었겠지만, 공식적으로 기록된 최초의 뼈는 1859년 실시된 측량 탐사 때 수집되었다. 그리고 진짜로 재미있는 일은 1877년 3월에 시작되었다. 사냥을 성공리에 마친 윌리엄 리드William Reed라는 철도 노동자가 소총과 가지뿔영양 한 마리의 시체를 밧줄로 끌며 귀가하던 도중, (와이오밍주의 이름 모를 벌판에 건설된 철로에서 그리 멀리 떨어지지 않은) 코모블러프Como Bluff라는 긴 산등성이 위로 튀어나와 있는 커다란 뼈들을 목격했다. 그는 그것이 무엇인지 몰랐지만, 그와 똑같은 시간에 남쪽으로 몇 백 킬로미터 떨어진 콜로라도주 가든파크에서 오라멜 루카스Oramel Lucas라는 대학생이 비슷한 뼈를 발견하고 있었다. 그리고 같은 달에 아서 레이크스Arthur Lakes라는 학교 선생님이 덴버 근처에서 뼈 무더기를 발견했다. 3월 말이 되자 발견의 열기가 서부 전체로 확산되어, 가장 외딴 마을과 철도 전초기지까지 붐이 일었다.

노다지를 노리는 러시가 으레 그렇듯이, 공룡에 대한 열광은 수많은 '의문의 캐릭터'를 와이오밍과 콜로라도의 오지로 끌어모았다. 그 중 상당수는 반백의 한탕주의자들로, 단 하나의 미션, 즉 공룡 뼈를 현금과 맞바꾸는 데 혈안이 되어 있었다. 그들이 '가장 큰 물주가 누구인지'를 깨닫는 데는 오랜 시간이 걸리지 않았다. 그들의 레이더망에 포착된 것은 동해안에서 활동하는 두 사람의 말쑥한 학자, 필라델피아의 에드워드 드링커 코프와 예일 대학교의 오스니얼 찰스 마시였다. 두학자는 2장에서 잠깐 언급했는데, 북아메리카 서부에서 발견된 최초의 트라이아스기 공룡들 중 일부를 연구하고 있었다. 한때 아주 다정했던 두 사람은 어느 틈엔가 이기심과 자존심이 발동하여 철천지원수가 되어 있었다. 그들은 반목이 극에 달해, '새로운 공룡의 이름을 누가 더 많이 짓는가' 하는 전쟁에서 1점 차이로라도 승리하기 위해서라면 물불을 가리지 않을 기세였다. 두 사람은 기회주의자이기도 해서, 목장 종업원이나 철도 짐꾼들이 보내오는 '모리슨의 황무지에서 새로운 공룡 뼈들이 추가로 발견되었다'는 내용의 편지를 먼저 가로채려고 했다. 그들은 고심 끝에 지금까지 학수고대했지만 아직 달성하지 못한 기회, 즉 상대편을 영원히 따돌릴 기회를 발견했다. 그러자 그들은 지체 없이 행동을 개시했다.

코프와 마시는 서부를 전쟁터로 간주하고, (종종 군대처럼 행동하고, 어디서나 화석을 캐내고, 가능하다면 수단과 방법을 가리지 않고 상대방의 작업을 훼방하는) 용병들을 고용했다. 그러나 충성심은 유동적이었다. 루카스는 코프를 위해 일했고, 레이크스는 마시와 손을 잡았다. 리드는 마시를 위해 일했지만, 그의 팀원들은 코프에게 충성을 맹세했다. 그들 간의 게임에서는 약탈과 가로채기와 뇌물이 난무했다. 그러한 광기는 10여 년간 계속되었으며, 전쟁이 끝났을 즈음에는 승자와 패자를 구분하기가 어려웠다. 긍정적인 측면에서, 이른바 '뼈 전쟁'은 가장 유명한 공룡들 중 일부를 발견하는 데 견인차 역할을 톡톡히 했다. 몇 가지만 예를 들면, 모든 초등학생의 입에서 줄줄 나오는 알로사우루스, 아파토사우루스*Apatosaurus*, 브론토사우루스, 케라토사우루스*Ceratosaurus*, 디플로도쿠스, 스테고사우루스 등이 있다. 반면 지속되는 전쟁에 수반

뼈 전쟁의 주인공, 에드워드 드링커 코프. AMNH Library.

되는 정신 상태(편집증)로 많은 결과물이 허접했다. 예컨대 화석이 무턱대고 발굴되어 성급히 연구되었고, 엉뚱한 뼈들이 새로운 종으로 잘못 명명되었으며, 동일한 공룡 뼈의 다른 부분들이 전혀 다른 공룡에 속하는 것으로 간주되었다.

뼈 전쟁은 영원히 지속될 수 없었으며, 19세기에서 20세기로 넘어갈 무렵 광기가 진정되기 시작했다. 서부에서는 여전히 새로운 공룡이 발견되고 있었고, 대부분의 일류 자연사박물관과 명문 대학교는 모리

코프가 1874년 작성한 현장 일지의 한 페이지. 뉴멕시코의 화석이 풍부한 암석들이 기술되어 있다. AMNH Library.

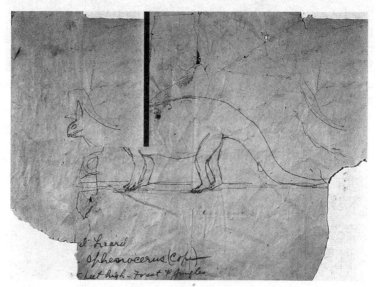

코프가 1889년 스케치한 케라톱시안ceratopsian(뿔공룡류)의 모습. 그가 '살아 있었던 공룡'의 모습을 얼마나 잘 상상했는지 짐작할 수 있다. 그는 예술가보다는 과학자가 더 적성에 맞았던 것 같다. AMNH Library.

코프의 뼈 전쟁 라이벌인 오스니얼 찰스 마시(뒷줄 가운데)와, 그가 1872년 조직한 미국 서부 탐사대에 자원한 학생들. Courtesy of the Peabody Museum of National History, Yale University.

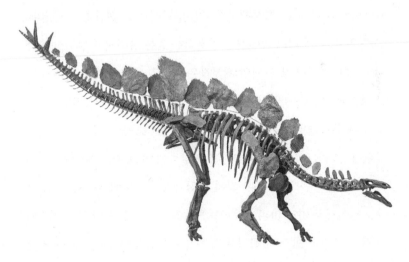

뼈 전쟁 기간에 모리슨 지층에서 발견된 가장 유명한 공룡 중 하나인 스테고사우루스. 이것은 런던 자연 사박물관에 전시되어 있는 골격이다. PLoS ONE.

슨 지층 어딘가에 대원들을 파견하여 화석을 발굴하고 있었다. 그러나 공룡 러시를 둘러싼 혼돈은 막을 내린 상태였다. 굵직굵직한 화석들이 여러 점 발견되었지만, 큰 소동을 일으키지는 않았다. 콜로라도주와 유타주의 경계선 부근에서 120여 마리의 공룡이 묻힌 묘지가 발견되어, 나중에 국립공룡화석유적지Dinosaur National Monument로 지정되었다. 유타주의 프라이스 남쪽에 있는 클리블랜드-로이드 공룡 채석장에서는 1만 개 이상의 뼈가 묻힌 구덩이가 발견되었는데, 그중 대부분은 초대형 포식자인 알로사우루스의 것이었다. 오클라호마의 팬핸들에 있는 골층은 도로 작업반이 발견하고 노동자팀이 발굴했는데, 그 노동자들은 대공황으로 실직했다가 프랭클린 델러노 루스벨트Franklin Delano Roosevelt 대통령의 뉴딜 정책에 따라 돈을 받고 공룡 발굴 작업에 투입된 사람들이었다. 현재 셸 근처의 유적지에서는, 폴 세레노가 나와 (특권을 누리는 대가로 비싼 수업료를 낸) 학부생들의 도움을 받아 발굴을 진행하고 있다.

폴은 전 세계 여러 곳에서 굵직굵직한 공룡 유적지가 발견되는 데 기여했다. 그러나 셸 근처의 채석장은 아니었다. 그곳에서 최초의 뼈를 보고한 사람은 지역의 여성 암석 수집가였다. 1932년, 그녀는 마을을 지나가던 뉴욕의 고생물학자 바넘 브라운Barnum Brown에게 그 사실을 알렸다. (우리는 다음 장에서 브라운을 만날 예정이다. 그가 이보다 훨씬 전에 T. 렉스를 발견했기 때문이다.) 암석 수집가의 이야기에 흥미를 느낀 브라운은 그녀를 따라 바커 하우Barker Howe라는 80대 노인이 운영하는 외딴 목장을 방문했다. 그 목장은 퓨마가 출몰하고 풀 뜯는 가지뿔영양이 뛰노는 '샐비어 향기 가득한 언덕'에 둘러싸여 있었다. 브라운은 풍경이 마음에 들어 일주일 동안 그곳에 머물렀다. 그의 발견에 눈독을 들인 싱클레어 오일Sinclair Oil 석유 회사는 1934년 전면적인 탐사 활동에 자금을 지원했고, 오늘날 하우 채석장이라고 불리는 유적지를 발굴하는 열매를 거뒀다.

그것은 공룡 발굴 역사상 가장 환상적인 프로젝트였다. 브라운의 대원들이 일단 발굴을 시작하자, 화석들은 마치 알토란처럼 켜켜이 사방팔방으로 꼬리에 꼬리를 물고 발견되었다. 농구장 면적에 육박하는 280제곱미터의 지역에서, 총 20여 개의 뼈대와 4000개의 뼈가 발견되었다. 화석이 너무 많다 보니, 모두 발굴하는 데 하루도 빠짐없이 꼬박 6개월이 걸렸다. 발굴팀은 2개월간 폭설을 견뎌낸 뒤, 11월 중순에 가까스로 캠프를 거두고 철수했다. 쥐라기의 생태계 전체가 암석 속에 고스란히 보존되어 있었다. 목이 긴 거대 초식공룡 디플로도쿠스와 바로사우루스Barosaurus, 이빨이 날카로운 알로사우루스, 두 발로 걸었던 작은 초식공룡 캄프토사우루스Camptosaurus가 뒤엉켜 있었다. 1억 5500만년 전, 그곳에서는 뭔가 끔찍한 일이 벌어진 것 같았다. 뼈대가 뒤틀린 각도를 고려하면, 공룡들의 죽음은 급사도 안락사도 아닌 듯했다. 일부 용각류는 똑바로 서 있었고, 그들의 무거운 다리는 마치 기둥처럼 오래된 진흙에 처박힌 채 우뚝 서 있었다. 아마도 그들은 홍수에서 간신히 살아남았지만, 물이 빠져나간 후 도망치려고 노력했을 때는 진흙탕 속에 처박혀 옴짝달싹하지 못한 것 같았다.

브라운은 뛸 듯이 기뻐하며, 그곳을 "완벽하게 박제된 공룡의 보물창고!"라고 불렀다. 그는 수많은 공룡 화석을 과시하며 의기양양하게 뉴욕으로 귀환했다. 그 화석들은 미국자연사박물관의 소장품 중에서 왕관 보석crown jewel●으로 자리매김했다. 그리고 1980년대에 스위스 출신의 유명한 수집가 커비 시버Kirby Siber가 와이오밍에 발을 들여놓을 때까지, 하우 채석장은 수십 년 동안 잠들어 있었다.

시버는 상업적 고생물학자로, 공룡을 발굴해 판매한다. 나를 비롯해 수많은 학구적 고생물학자들은 화석을 '그 무엇으로도 대체할 수 없는 자연의 유산'으로 간주하며, '연구자들이 연구하고 대중이 즐길 수 있도록 박물관에 잘 보관되어야지, 최고가 낙찰자에게 팔아넘긴다는 것은 어불성설'이라고 생각한다. 그러나 상업적 고생물학자들의 스펙트럼은 매우 광범위해서, 화석을 불법으로 수출하는 '총잡이 범죄자'가 있는가 하면, 학자에 버금가는 지식과 경험을 지닌 '근면하고 양심적이고 잘 훈련된 수집가'도 있다. 시버는 후자에 속하는 사람이다. 사실, 그는 그런 종류의 수집가의 전형이다. 그는 연구자들에게 큰 존경을 받고 있으며, 심지어 스위스 동부에 자신만의 공룡 박물관을 설립했다. 그의 자우리어 박물관Saurier Museum은 유럽에서 가장 괄목할 만한 공룡 전시물을 몇 점 소장하고 있다.

시버는 적절한 절차를 밟아 오래된 하우 채석장에 접근해봤지만, 공룡을 별로 많이 발견하지 못했다. 그도 그럴 것이, 브라운 팀이 거의 모든 화석을 싹쓸이한 지 오래였기 때문이다. 그래서 시버는 새로운 유적지를 찾아 주변 배수로와 언덕을 탐사하기 시작했다. 머지않아 옛 채석장에서 북쪽으로 약 300미터 떨어진 곳에서 훌륭한 화석 하나를 발견했다. 그의 굴착기가 약간의 용각류 뼈를 먼저 드러냈고, 뒤이어 커다란 육식성 수각류의 척추를 구성하는 일련의 척추뼈를 발견했다. 실

● 가장 가치 있는 자산.

패^{spool} 형태의 뼈들을 하나씩 추적하던 시버는, 이윽고 뭔가 특별한 것을 발견했음을 깨달았다. 그것은 모리슨 지층의 생태계에서 최상위 포식자로 군림했던 알로사우루스의 거의 완벽한 뼈대였다. 뼈 전쟁 시기에 마시가 처음 명명해 유명해진 이후, 120여 년 동안 발견된 단일 화석 중에서 상태가 가장 양호했다.

알로사우루스는 비유적으로나 문자 그대로나 쥐라기의 도살자였다. 그 사나운 포식자는 모리슨의 범람원과 강둑을 활보했는데, 영락없는 T. 렉스의 모습이었지만 그보다 덩치가 좀 작고 가벼웠다. 다 큰 알로사우루스는 체중이 2~2.5톤이고 길이가 9미터로, 달리기에 적합한 체격이었다. 그러나 도살자라는 칭호를 얻은 이유는, 고생물학자들의 생각에 따르면 머리를 손도끼처럼 이용해 먹잇감을 난도질해 죽였기 때문이다. 컴퓨터 모델을 이용해 분석해본 결과, 알로사우루스는 이빨이 얇아 씹는 힘이 그다지 강하지 않았지만, 두개골이 단단해서 엄청난 충격을 견뎌낼 수 있었던 것으로 밝혀졌다. 또한 알로사우루스는 턱을 터무니없이 넓게 벌릴 수 있었다. 배고픈 알로사우루스는 입을 딱 벌린 채 먹잇감을 공격한 뒤, 턱의 가장자리에 가윗날처럼 죽 늘어서 있는 얇지만 날카로운 이빨로 살과 근육을 썰었을 것이다. 많은 스테고사우루스와 브론토사우루스가 이런 공격에 속수무책으로 당했을 것으로 생각된다. 만약 피를 좋아하는 알로사우루스가 모종의 이유 때문에 '죽여주는 턱' 하나만 갖고서 희생자를 해치우는 게 여의치 않았다면, 날카로운 손톱이 달려 있는 손가락을 두어 번 후려쳐서 사냥을 마무리했을 것이다. 알로사우루스의 '세 손가락 팔'은 T. 렉스의 뭉툭하고 짧은 앞다리보다 길고 다재다능했다.

그렇게 완벽하게 잘 보존된 알로사우루스를 발견한 것은 시버의 경력에서 절정이었지만, 불길한 조짐이 보이기 시작했다. 한여름의 발굴 작업을 끝낸 시버가 화석 전시회를 열어 자신의 상품과 땅속에 아직 남아 있는 알로사우루스의 뼈대를 선전할 때, 미국 토지관리국^{Bureau of Land Management, BLM} 요원이 하우 채석장 근처의 와이오밍 북부 황무지 위를 비행하고 있었다. 그 요원은 화재의 징후를 체크하고 있었는데, 그 것은 그의 일상적인 임무(미국 정부가 관리하는 국유지 모니터링)였다. 그는 황무지 위를 높이 선회하다가 하우 채석장 주변의 흙길이 타이어 자국으로 심하게 훼손되어 있는 것을 발견했다. 그것은 그해 여름 그 곳에서 누군가가 중노동을 했다는 것을 의미했다. 하우 채석장은 사유지이므로, 땅 주인의 허락을 받은 시버가 그 땅에서 무슨 일을 하든 토지관리국이 상관할 바가 아니었다. 그러나 토지관리국 요원은 어디까지가 사유지이고 어디까지가 국유지인지 정확히 구분할 수가 없었다. 그것은 토지관리국의 승인을 받은 과학자가 판단할 문제였다. 그래서 두 과학자에게 실사를 의뢰한 결과, 시버가 토지관리국의 관할구역을 수백 미터 침범한 것으로 밝혀졌다. 시버는 국유지에서 작업할 권한이 없었으므로, 알로사우루스를 더 이상 발굴할 수 없었다. 그것은 고의성 없는 실수였지만 대가는 엄청났다.

아주 멋진 공룡의 뼈대가 땅에 묻혀 있는데, 그것을 발견해 발굴하기 시작한 사람들이 마무리를 하지 못하고 철수하다니! 이제 공은 토지관리국으로 넘어갔다. 생각다 못한 토지관리국 요원은 몬태나주 로키 박물관의 전설적인 고생물학자 잭 호너^{Jack Horner}에게 의뢰하여 발굴팀을 조직했다. (호너는 두 가지 업적으로 유명하다. 하나는 1970년대에 공룡의 둥지를 최초로 발견한 것이고, 다른 하나는 영화 〈쥬라기 공원〉에 과학 자문을 한 것이다.) 텔레비전 카메라 렌즈와 신문기자들의 눈이 지켜보는 가운데, 호너가 이끄는 발굴팀은 뼈대를 발굴하여 안전한 연구실에 신중히 보관하도록 몬태나주에 인계했다. 최종 결과물은 시버가 당초 상상했던 것보다 훨씬 더 장관이었다. 모든 뼈의 약 95퍼센트가 매몰되어 있었는데, 대형 포식 공룡의 뼈가 그렇게 무더기로 발견되었다는 것은 금시초문이었다. 그 알로사우루스의 길이는 약 8미터로, 겨우 60~70퍼센트 정도 자란 상태였다. 따라서 사람으로 치면 아직 10대였지만, 이미 산전수전을 다 겪은 몸이었다. 그 몸은 온갖 질병의 흔적으로 뒤덮여 있었다. 상처, 감염, 기형적인 뼈 등은 쥐라기 말기의 이전투구 양상을 적나라하게 보여주는 것이었다. 비록 가장 큰 포식자였다고 해도, 디플로도쿠스나 브론토사우루스 같은 베헤모스를 사냥하는 것은 결코 쉽지 않았으리라. 예컨대 가장 날카롭기로 유명한 알로사우루스의 이빨과 발톱은, 스테고사우루스의 필살기(골창 박힌 꼬리로 후려치기)에서 살아남는 데 아무런 도움이 되지 않았을 것이다.

그 알로사우루스는 '빅 알Big Al'이라는 별명을 얻어 인기 공룡이 되었다. 심지어 BBC가 텔레비전 특별 방송으로 제작해 전 세계로 송출하기도 했다. 한참 뒤 소동이 잠잠해졌다. 그러나 빅 알이 발견된 커다란 구멍 밑에는 아직도 온갖 종류의 화석이 가득 차 있었고, 폴 세레노는 토지관리국의 허가를 받아 그 유적지를 학생들에게 발굴 기법을 가르쳐주기 위한 현장 실험실로 사용했다. 우리가 학부생들이 가득한 세대의 대형 SUV를 몰고 그곳에 갈 수 있었던 것은 바로 그 때문이었다.

2005년 여름 와이오밍주에서 보낸 첫 여름 동안, 나는 고지대 사막에 차를 세워놓고 카마라사우루스^{Camarasaurus}의 뼈를 발굴하는 팀을 돕기 위해 팝콘처럼 생긴 이암 덩어리를 신중하게 제거했다. 유명한 공룡은 아닐지 모르지만, 카마라사우루스는 모리슨 지층에서 매우 흔한 종 가운데 하나다. 용각류의 일종으로 브론토사우루스, 브라키오사우루스, 디플로도쿠스의 가까운 친척이니 말이다. 카마라사우루스는 용각류의 일반적인 체형을 갖고 있었다. 여러 층 높이의 나무에 닿을 만큼 기다란 목, 나뭇잎을 뜯어먹기에 적당한 끌 모양의 이빨을 가진 조그만 머리, 길이 15미터에 몸무게 20톤의 육중한 체격. 빅 알을 비롯한 알로사우루스들이 잡아먹기에 적당한 '먹성 좋고 육질 좋은 초식공룡'의 일종이었겠지만, '워낙 큰 덩치' 때문에 아무리 무시무시한 육식공룡일지라도 쉽게 잡아먹지는 못했을 것이다. 빅 알에게 심한 상처를 입힌 장본인은, 아마도 카마라사우루스와 같은 거구들이었던 것 같다.

카마라사우루스는 모리슨 지층에서 발견된 수많은 슈퍼헤비급 용각류 중 하나로, 유명한 '덩치 큰 삼총사' 사촌인 브론토사우루스, 브라키오사우루스, 디플로도쿠스와 같은 그룹에 속한다. 그다음으로, 공룡 전문가들(또는 아마도 공룡에 쏙 빠져 있는 평균적인 유치원생)에게만 알려져 있는 무명의 용사들로는 아파토사우루스와 바로사우루스가 있다. 한 단계 더 내려가면 갈레아모푸스^{Galeamopus}, 카아테도쿠스^{Kaatedocus}, 디슬로코사우루스^{Dyslocosaurus}, 하플로칸토사우루스^{Haplocanthosaurus}, 수우와세아^{Suuwassea}가 있다. 그 밖에도 뼈 파편들을 토대로 명명된 각양각색의 용각류들이 있는데, 그들까지 합치면 종수는 더욱 늘어날 것이다. 요컨대, 모리슨 지층은 매우 오랜 기간에 걸쳐 엄청나게 넓은 지리학적 지역에 축적되었다. 그 용각류 공룡들이 모두 함께 살았던 것은 아니지만,

디플로도쿠스(왼쪽)와 카마라사우루스(오른쪽)의 두개골. 두 용각류 공룡은 각각 다른 형태의 두개골과 이빨을 가졌고, 상이한 종류의 식물을 먹었다. Courtesy of Larry Witmer.

그중 상당수는 실제로 그러했을 것이다. 동일한 지역에서 발견되었으며, 그들의 뼈대가 서로 뒤엉켜 있었으니 말이다. 모리슨 세상의 통상적인 상황을 상상해보면, 매우 다양한 용각류가 하곡에 어울려 살았으며, 그들을 먹여 살리는 하루 수십 킬로그램의 잎과 줄기를 찾아 땅을 샅샅이 훑는 육중한 발소리가 천지를 진동했을 것이다.

아프리카 사바나에서 북적이는 대여섯 종의 코끼리들을 상상해보라. 사자와 하이에나들이 배경 속에 숨어 호시탐탐 기회를 노리고 있는 가운데, 먹고살기에 충분한 먹이를 찾느라 분주한 코끼리들. 생각만으로도 긴장되는 상황이다. 그런데 모리슨 세상도 아프리카만큼이나 위험했다. 만약 용각류 한 마리가 주린 배를 채우기 위해 뒤뚱거리며 돌아다니고 있었다면, 십중팔구 한 마리의 알로사우루스가 덤불 속에 숨어 목긴공룡이 약점을 보이는 순간 덮칠 기회를 노리고 있었을 것이다.

알로사우루스 말고도, 먹이사슬 아래쪽에는 다른 포식자들이 수두룩했다. 케라토사우루스는 길이 6미터짜리 중간층 포식자로, 콧등에 무시무시한 뿔이 하나 달려 있었다. 말馬만 한 크기의 육식공룡 마르스호사우루스*Marshosaurus*는 뼈 전쟁 시대의 투사 이름(마시)에서 유래했고, 당나귀만 한 크기의 스토케소사우루스*Stokesosaurus*는 T. 렉스의 옛 친척이다. 그 밖의 도살자로는 날렵하고 빠른 코일루루스*Coelurus*, 오르니톨레스테스*Ornitholestes*, 타니콜라그레우스*Tanycolagreus*가 있었는데, 이들은 한마디로 치타의 모리슨 버전이었다. 그리고 이 모든 고기 걸신들이(심지어 알로사우루스까지) 두려워하는 괴물이 하나 있었으니, 먹이사슬의 최정상 근처에서 군림하던 토르보사우루스*Torvosaurus*였다. 화석이 매우 드물어서 자세히는 알 수 없지만, 우리가 갖고 있는 뼈를 토대로 그린 그림은 매우 끔찍하다. 10미터의 길이와 2.5톤 이상의 체중에 칼날 같은 이빨을 가진 최정상 포식자! 훨씬 나중에 진화할 거대한 티라노사우루스의 체격 조건과 크게 다르지 않았다.

그렇게 많은 포식자들이 모리슨의 생태계를 활보했던 이유를 이해하기는 어렵지 않다. 그곳에는 잡아먹을 용각류가 많았기 때문이다. 그런데 왜 그렇게 많은 용각류가 모여 살았을까? 그것은 훨씬 어려운 문제다. 심지어 까다로운 수수께끼라고 할 수도 있는데, 그 이유는 거대한 용각류 외에 (땅바닥에 더 가까운 덤불을 먹고 사는) 소형 초식공룡들도 많았기 때문이다. 등에 골판이 달린 스테고사우루스와 헤스페로사우루스*Hesperosaurus*, 탱크처럼 생긴 미모오라펠타*Mymoorapelta*와 가르고일레오사우루스*Gargoyleosaurus*, 작은 조반류 공룡인 캄프토사우루스, 빨리 달리며 양치식물을 먹고사는 조그마한 드린케르*Drinker*부터 오트니엘리아*Othnielia*와 오트니엘로사우루스*Othnielosaurus*와 드리오사우루스*Dryosaurus*까지! 용각류는 이 모든 초식동물들과도 공간을 공유하고 있었다.

그렇다면 용각류는 어떤 과정을 거쳐 그렇게 번성하게 되었을까? 단도직입적으로 말해, 그들이 성공하는 데 기여한 핵심 요인은 '다양성'이었다. 즉 용각류에는 수많은 종이 있었으며, 그들 모두는 각각 조금씩 달랐다. 어떤 것들은 엄청난 거구여서 브라키오사우루스는 약 55톤, 브론토사우루스와 아파토사우루스는 30~40톤이었다. 반면에 어떤 것들은 그보다 작았다. 디플로도쿠스와 바로사우루스는 (물론 용각류 기준에서 볼 때) 몸매가 호리호리하고 키가 작아, 체중이 겨우(?) 10~15톤이었다. 두말할 것도 없이 먹성 역시 제각각이어서, 어떤 종은 다른 종보다 더 많은 먹이를 먹어야 했을 것이다.

용각류는 목의 형태도 제각기 달랐다. 브라키오사우루스의 목은 기린처럼 호쾌하게 하늘로 쭉 솟아올랐으므로, 가장 높은 곳에 있는 나뭇잎을 먹는 데 안성맞춤이었다. 그러나 디플로도쿠스는 목을 어깨 위로 높이 치켜 올릴 수 없었으므로, 키 작은 나무와 관목의 잎을 마치 진공청소기처럼 흡입하는 데 적당했다.

마지막으로, 용각류는 머리와 이빨도 달랐다. 브라키오사우루스와 카마라사우루스는 '깊고, 근육으로 둘러싸인 두개골'과 '주걱 모양의 이빨이 죽 늘어선 턱'을 지니고 있어서, 두꺼운 줄기나 반질반질한 이파리처럼 딱딱한 먹이를 먹는 데 적합했다. 그러나 디플로도쿠스는 '섬세한 뼈로 구성된 길쭉한 머리'와 '주둥이 앞부분에 모여 있는 가느다란 연필 모양의 이빨 한 세트'를 갖고 있어서, 너무 딱딱한 먹이를 먹으려다가는 치아가 망가질 수 있었다. 그래서 그들은 머리를 (마치 갈퀴처럼) 앞뒤로 천천히 흔들며, 나뭇가지에 매달린 작은 이파리들을 따먹는 데 치중했다.

쥐라기의 무성한 숲에는 우뚝 솟은 구과식물, 양치식물과 소철류 덤불, 그 아래에 우거진 관목이 가득했는데, 상이한 용각류 종들은 상이한 먹이를 먹는 데 특화되었다. 다시 말해 용각류는 동일한 식물을 먼저 먹으려 경쟁하지 않고, 식량 자원을 적당히 나눠 먹었다. 이것을 과학 용어로 생태적 틈새 분할niche partitioning이라고 부른다. 그 내용인즉 '공존하는 종들이 약간씩 다른 행동과 섭식 활동을 통해 상호 경쟁을 회피한다'는 것이다. 모리슨 세상은 고도로 분할되어 있었는데, 이는 그 동네에 사는 공룡들이 번성했음을 보여주는 징후다. 공룡들은 생태계의 매 틈새마다 자리 잡고, 중생대 북아메리카의 온난습윤한 숲과 습지와 해안에서 아찔하리만큼 복잡다기한 생태계를 형성했다.

그런데 전 세계 다른 곳들의 쥐라기 후기 상황은 어땠을까? 우리가 오늘날 화석을 통해 감상하고 있는 풍경과 거의 같았던 것으로 보인다. 즉 쥐라기 후기 화석들이 풍부한 중국, 동아프리카, 포르투갈 같은 지역에서 모리슨 지층에 비견되는 다양한 용각류, 스테고사우루스 비슷한 소형 초식공룡, 케라토사우루스나 알로사우루스 같은 크고 작은 육식공룡이 발견되고 있다.

한마디로, 이 모든 것은 '지리학'으로 요약된다. 판게아는 수천만 년 전 해체되기 시작했지만, 초대륙이 갈라지기까지는 오랜 시간이 걸렸다. 땅덩어리들은, 우리 손톱이 자라는 것과 거의 같은 속도로, 매년 겨우 몇 센티미터씩 서로 멀어져간다. 따라서 쥐라기 말기가 되도록, 전 세계 대부분의 지역들 사이에는 아직도 커다란 연결 고리가 존재하고 있었다. 한 덩어리로 뭉친 유라시아는 일련의 섬을 통해 북아메리카와 연결되어 있어서, 공룡들은 도보로 유라시아와 북아메리카를 쉽게 오갈 수 있었다. 유라시아와 북아메리카로 구성된 판게아 북부를 로라시아Laurasia라고 부르는데, 이것은 오스트레일리아·남극·아프리카·남아메리카·인도·마다가스카르로 구성된 곤드와나Gondwana라는 판게아 남부와 갈라지기 시작했다. 로라시아와 곤드와나는 해수면이 낮을 때 육교land bridge들을 통해 간헐적으로 연결되었고, 심지어 해수면이 높은 기간에는 다른 섬들이 남북 간의 편리한 이동 경로를 제공했다.

요컨대, 쥐라기 후기는 전 세계적인 획일성의 시대였다. 다시 말해, 지구의 모든 지역을 지배하는 공룡 그룹의 구성은 동일했다. 그들 가운데서 위풍당당한 용각류가 먹이를 적당히 나눠 먹으며, 지구사에서 어떤 대형 초식동물들도 감히 넘볼 수 없을 정도로 다양성의 극치를 이루었다. 그들의 그늘에서는 상대적으로 작은 초식공룡들이 번성했고, 크고 작은 육식공룡들이 모든 초식공룡의 살코기로 배를 채웠다. 알로사우루스와 토르보사우루스는 최초의 '진짜로 거대한 수각류'였고, 오르니톨레스테스는 궁극적으로 벨로키랍토르와 새들을 탄생시키는 왕조의 시조였다. 지구는 찌는 듯이 더웠고, 공룡들은 자신이 원하는 곳이라면 어디로든 갈 수 있었다. 〈쥐라기 공원〉은 실제 상황이었다.

1억 4500만 년 전, 지구는 쥐라기에서 공룡 혁명의 마지막 단계인 백악기로 넘어갔다. 지질시대 사이의 전환은 때로 메가화산mega-volcano들이 트라이아스기를 마감했던 것처럼 시끌벅적하게 일어난다. 그러나 때로는 거의 구별할 수 없는 과학적 부기scientific bookkeeping 수준의 문제일 수도 있다. 즉 지질학자들은 '굵직한 변화나 파국 없이 길게 펼쳐진 시기'를 둘로 쪼개기도 하는데, 쥐라기와 백악기 사이의 경계선은 그런 분할의 결과물이다. 쥐라기가 끝날 때는 소행성 충돌이나 커다란 화산 폭발과 같은 대재앙도 없었고, 식물과 동물의 갑작스러운 멸종도 없었으며, 멋진 신세계도 없었다. 그보다는 차라리 역사의 시계가 째깍거리는 가운데 거대 용각류, 골판공룡, 크고 작은 육식공룡들로 이루어진 다양한 쥐라기 생태계가 백악기로 넘어갔을 뿐이다.

그렇다고 해서 모든 것이 그대로였던 건 아니다. 쥐라기-백악기 경계선 주변에서 지구에 수많은 사건이 일어나고 있었기 때문이다. 즉 종말론적인 재앙은 없었지만, 2500만 년에 걸쳐 비교적 더딘 변화가 대륙과 대양과 기후에 일어났던 것이다. 쥐라기 후기의 온실 같던 세상에서는 일시적 한파에 이은 건조한 기후가 펼쳐진 뒤, 백악기 전기에 이르러 정상적인 상태로 복귀했다. 해수면은 쥐라기 말기 동안 하강하기 시작해 전환기 내내 낮은 수준을 유지했고, 약 1000만 년 뒤 다시 상승하기 시작하며 백악기로 접어들었다. 해수면이 낮아 더 많은 육지가 노출되었고, 그 덕분에 공룡과 다른 동물들은 쥐라기 후기 때보다 훨씬 더 쉽게 이동할 수 있었다. 판게아는 계속 해체되었고, 초대륙의 단편들은 시간이 경과하면서 서로 더 멀리 헤어졌다. 남쪽의 광대한 땅덩어리 곤드와나는 마침내 갈라지기 시작했고, 그 균열들이 오늘날 남반구 대륙들의 형태를 규정하기 시작했다. 먼저 '아프리카+남아메리카' 덩어리가 '남극+오스트레일리아'가 포함된 곤드와나 부분에서 떨어져 나왔고, 뒤이어 '남극+오스트레일리아'가 포함된 부분도 갈라지기 시작했다. 갈라진 지각의 틈으로 화산이 분출했는데, 페름기나 트라이아스기 말기의 초대형 화산 폭발만큼 거창하지는 않았지만, 환경을 해칠 정도로 심각한 용암과 가스를 내뿜었다.

이러한 변화들을 하나씩 뜯어보면 특별히 치명적인 것은 없었지만,

총체적으로는 점진적으로 심각한 위험을 초래했다. 기온과 해수면의 장기적인 변화는 공룡의 인식을 벗어나는 요인이었으며, 설사 우리가 그곳에 있었더라도 평생 감지할 수 없었을 것이다. 더욱이 '공룡끼리 서로 잡아먹는' 쥐라기 후기와 백악기 전기의 세상에서, 조석점tide line● 이나 겨울 날씨의 작은 변화는 브론토사우루스와 알로사우루스에게 별로 대수로운 스트레스 요인이 아니었을 것이다. 그러나 충분한 시간이 주어진다면, 이러한 변화들이 누적되어 침묵의 살인자가 된다.

쥐라기가 끝난 지 약 2000만 년 뒤인 1억 2500만 년 전쯤 전혀 새로운 공룡 그룹이 지배하는 새로운 세상, 백악기가 도래했다. 가장 뚜렷한 변화는 가장 두드러진 공룡, 즉 초대형 용각류와 관련이 있었다. 쥐라기 후기의 모리슨 생태계에서 한때 다양성의 절정에 이르렀던 목긴 공룡들은, 백악기 전기에 들어와 나락으로 추락했다. 브론토사우루스, 디플로도쿠스, 브라키오사우루스처럼 익숙한 종들은 거의 모두 멸종하고, 티타노사우르라는 공룡 그룹이 번성하기 시작하더니 결국에는 백악기 중기의 아르겐티노사우루스 같은 초대형 공룡으로 진화했다. 아르겐티노사우루스는 길이가 30미터이고 체중이 50톤으로, 지구상에 살았던 동물 중에서 가장 컸다. 그러나 백악기 신종의 기이한 덩치에도 불구하고, 용각류는 쥐라기 후기의 영예를 두 번 다시 누리지 못했다. 그들의 목과 두개골과 이빨이 그다지 다양하지 않아, 수많은 생태적 틈새ecological niche를 제대로 활용할 수 없었기 때문이다.

용각류가 고통을 받자, 그보다 작은 초식공룡인 조반류가 융성하여

● 바닷물이 만조일 때 이르는 지점.

전 세계 생태계에 보편적으로 존재하는 중형 초식동물로 자리매김했다. 조반류 중에서 가장 유명한 것은 단연 이구아노돈으로, 1820년대에 영국에서 발견된 뒤 공룡이라 불린 최초의 화석 중 하나였다. 이구아노돈은 길이가 약 10미터, 체중은 수 톤이었다. 엄지 부분에 있는 못 같은 뿔을 방어용으로 사용했고, 입의 앞부분에 있는 절단용 부리로 식물을 싹둑 잘랐으며, '네 발로 걷기 모드'와 '뒷다리로 질주하기 모드'를 자유자재로 전환할 수 있었다. 이구아노돈이 속한 계열은 궁극적으로 하드로사우르hadrosaur(오리주둥이공룡류)를 탄생시켰는데, 이들은 경이로울 정도로 성공적인 초식공룡으로서 백악기 말에 강적 T. 렉스와 나란히 번성했다. 하드로사우르와 T. 렉스가 등장하려면 수천만 년이 더 지나야 했지만, 그 씨앗은 이미 백악기 초기에 뿌려졌다.

이구아노돈이 소형 용각류의 역할을 대신하는 동안, 땅바닥에서 먹고사는 초식공룡들 사이에서도 변화가 일어나고 있었다. 등에 골판이 달린 스테고사우르는 장기적으로 몰락의 길을 걸으며 점차 쇠약해지더니, 백악기 초기 언제쯤에 이르러 마지막 종이 멸종함으로써 그 기념비적 그룹의 생을 영원히 마감했다. 스테고사우르를 대체한 것은 안킬로사우르였는데, 그들은 골격이 마치 장갑차처럼 갑옷으로 뒤덮인 별난 동물이었다. 그들은 본래 쥐라기에 탄생하여 대부분의 생태계에서 미미한 대역 배우로 머물렀지만, 스테고사우르가 쇠퇴하면서 폭발적으로 다양화했다. 안킬로사우르는 가장 느리고 우둔한 공룡 중 하나였지만, 양치식물을 비롯해 낮게 깔린 식물들을 우적우적 씹어 먹으며 행복한 삶을 영위했다. 몸에 두른 갑옷이 포식자의 공격에서 그들을 보호해주었기 때문이다. 가장 날카로운 이빨을 가진 포식자라도, 몇 센티미터 두께의 단단한 뼈를 깨물어야 할 때는 속수무책이었다.

다음 차례는 육식공룡들이었다. 쥐라기에서 백악기로 넘어가는 동안 그들의 먹잇감인 초식공룡들에게 커다란 변화가 일어나고 있었으므로, 수각류 역시 극적인 변화를 경험한 것은 전혀 놀랄 일이 아니다. 엄청나게 다양한 소형 육식공룡이 등장했으며, 그중 일부는 고기 대신 견과류, 씨앗, 벌레, 조개를 먹는 기이한 식습관을 실험하기 시작했다. 심지어 낫처럼 생긴 발톱을 가진 테리지노사우르therizinosaur는 완전한 초식공룡으로 전향했다. 덩치 스펙트럼의 반대쪽 끝에는 스피노사우루스과Spinosauridae 공룡들이 있었다. 이 특이한 대형 수각류들은 등에 돛 모양의 뼈 돌기가 달렸고 기다란 주둥이에 옥수수 모양의 이빨이 가득 차 있었으며, 물로 진출하여 악어처럼 행동하며 물고기를 잡아먹기 시작했다.

그러나 수각류의 경우에는 늘 그렇듯이, 가장 시선을 사로잡는 스토리는 뭐니 뭐니 해도 최정상 포식자에 관한 것이다. 덩치 작은 형제들과 마찬가지로, 먹이사슬의 정상에 군림하는 슈퍼 육식공룡들도 쥐라기-백악기 경계선에서 대격변을 경험했다. 그들은 내가 선호하는 공룡들 중 일부인데, 그것은 내가 학부생 시절 폴 세레노와 함께 와이오밍주의 쥐라기 후기 지층을 파헤치던 여름 학기 동안 제일 먼저 연구한 공룡들이 백악기 전기 아프리카에 살았던 거대한 수각류이기 때문이다.

나는 10대 시절 여느 10대들과 마찬가지로 영화를 보고, 음악을 듣고, 야구 경기를 보았다. 그러나 나의 영웅은 운동선수나 영화배우가 아니라 고생물학자 폴 세레노였다. 폴은 〈내셔널 지오그래픽

익스플로러^{National Geographic Explorer}〉 전속 출연자, 탁월한 공룡 사냥꾼, 전세계 탐사 여행의 지휘자이며,《피플^{People}》이 선정한 '50명의 가장 아름다운 사람들' 중 한 명으로 톰 크루즈와 함께 표지에 실렸던 인물이다. 공룡에 사로잡힌 고등학생이었던 나는 세레노의 연구 결과를 록 스타의 소녀 팬처럼 줄줄 꿰고 있었다. 그는 내가 사는 곳에서 그리 멀지 않은 시카고 대학교의 교수였고, 내 사촌들이 사는 일리노이주 네이퍼빌에서 성장했다. 개구쟁이 동네 꼬마에서 유명한 과학자 겸 모험가가 된 그는 나의 우상이었다.

열다섯 살 때, 지역 박물관에서 강연하던 나의 우상을 만났다. 나는 그가 소년 팬을 만나는 데 이골이 났을 거라 확신했지만, 복사한 잡지 페이지들로 가득 차서 봉할 수도 없는 종이봉투를 그의 얼굴에 들이댔을 때 그가 보인 반응은 전혀 뜻밖이었다. 독자들도 알다시피, 나는 당시 촉망받는 저널리스트였으므로(적어도 내 딴에는 그렇게 생각했다), 아마추어 고생물학 잡지와 웹사이트에 무더기로 기사를 (게다가 터무니없이 빠른 속도로) 실었다. 그중 상당수는 폴과 그의 발견에 관한 것이었고, 나는 그가 그 글을 읽어주기를 바랐다. 그에게 봉투를 건네는 내 목소리가 떨렸다. 어색했다. 그러나 폴은 그날 오후 내게 매우 친절했다. 오랫동안 정답게 이야기를 나눈 뒤, 앞으로 계속 연락하며 지내자고 말해주었다. 나는 그 후 2년 동안 그를 몇 번 더 만났다. 우리는 이메일을 수도 없이 교환했다. 저널리즘을 포기하고 고생물학에 투신하기로 결심했을 때, 내가 진학하고 싶었던 대학교는 오직 하나, 시카고 대학교뿐이었다. 그래야만 폴의 문하에서 공부할 수 있었기 때문이다.

시카고는 나의 지원서를 선뜻 받아주었고, 나는 2002년 가을 학기에 등록했다. 나는 신입생 오리엔테이션 주간에 폴을 만나, 지하실에 있는 그의 화석 연구소에서 일하게 해달라고 간청했다. 그곳에는 아프리카와 중국에서 발굴한 최신 화석이 보관되어 있었는데, 모래 알갱이가 뼈에서 제거되자 완전히 새로운 공룡들이 모습을 드러냈다. 나는 마룻바닥을 걸레질하든 선반을 청소하든, 무슨 일이든 하겠다고 했다. 고맙게도 폴은 내 열정을 다른 곳에 쏟을 수 있도록 배려해주었다. 그는 먼저 화석을 보관하는 방법과 목록을 작성하는 방법을 가르쳐준 뒤, 어느 날 내게 깜짝 놀랄 만한 소식을 전했다. 그는 나를 죽 늘어선 캐비닛 쪽으로 데리고 가다가 물었다. "신종 공룡 하나를 기술해보지 않겠나?"

폴이 내 눈앞에서 열어젖힌 서랍에는 폴과 그의 팀이 근래에 사하라 사막에서 가져온 백악기 전기부터 중기까지의 공룡 화석이 빼곡히 들어 있었다. 약 10년 전 헤레라사우루스, 에오랍토르 같은 원시 공룡들이 묻혀 있던 아르헨티나를 탐사해 대성공을 거둔 뒤, 폴은 북아프리카로 관심을 돌렸다. 당시에는 아프리카산 공룡에 대해 알려진 것이 거의 없었다. 식민지 시대에 유럽인들이 주도한 몇 번의 탐사 여행을 통해 탄자니아와 이집트 등에서 흥미로운 화석이 몇 점 발견되었지만, 유럽인들이 떠난 이후 공룡 화석 수집에 대한 흥미도 대부분 사라졌다. 그뿐 아니라 아프리카 컬렉션에서 가장 중요한 것 중 일부(독일 귀족 에른스트 슈트로머 폰 라이헨바흐Ernst Stromer von Reichenbach가 이집트에서 발견한 백악기 전기부터 중기까지의 화석)는 더 이상 세상에 존재하지 않았다. 뮌헨의 나치 본부에서 겨우 몇 블록 떨어진 박물관에 소장되어 있었던 탓에, 1944년 연합군의 공습에 파괴되었기 때문이다.

폴이 아프리카로 눈을 돌렸을 때, 길잡이로 삼을 수 있는 것이라고는 약간의 사진, 논문, 그리고 제2차 세계대전 동안 공습에 파괴되지 않은 유럽의 박물관들에 남아 있는 뼈뿐이었다. 그러나 그는 그런 어려움에 굴하지 않고, 1990년 사하라사막 한복판에 있는 니제르로 정찰 여행을 떠나는 강수를 두었다. 그의 탐사팀은 수많은 화석을 발견한 데 이어, 1993년과 1997년은 물론 그 후에도 여러 번 니제르를 다시 방문했다. 그것은 인디아나 존스 스타일의 고된 탐험으로, 툭하면 몇 달 동안 강행군을 하는가 하면 간혹 노상강도의 습격이나 내전에 시달리기도 했다. 1995년에는 한숨 돌릴 겸 1년 동안 모로코를 방문했는데, 거기서도 풍부한 공룡 뼈와 마주쳤다. 그중에는 멋지게 보존된 거대 육식공룡 카르카로돈토사우루스_Carcharodontosaurus_의 두개골도 포함되어 있었다. 그것은 본래 슈트로머가 (뮌헨 박물관에 소장되어 있다가 불타버린) 이집트에서 발견한 두개골과 골격 일부를 토대로 명명한 것이었다. 폴은 아프리카 탐사 여행에서 모두 합해 약 100톤의 공룡 뼈를 수집했다. 그중 상당수는 지금도 시카고의 창고에서 연구를 기다리고 있다.

창고로 보내지지 않은 공룡들은 폴의 연구실 캐비닛에 보관되어 있었다. 내 눈앞에 펼쳐진 뼈들의 임자가 바로 그런 공룡들 중 일부였다. 어떤 뼈들은 니게르사우루스_Nigersaurus_라는 기이한 용각류의 것이었다. 그것은 턱의 앞쪽 가장자리에 수백 개의 이빨이 촘촘히 박혀 있는 '식물 흡입기'였다. 거기에는 물고기를 먹었던 것으로 알려진 수코미무스_Suchomimus_(스피노사우루스과에 속한다)의 길쭉한 척추뼈가 여러 개 있었는데, 그 역할은 등을 따라 늘어선 긴 돛 모양의 뼈 구조물들을 지지하는 것이었다. 그 근처에는 루곱스_Rugops_라는 육식공룡의 (야릇한 질감을 가진) 두개골이 놓여 있었다. 그들은 아마도 먹이를 사냥하는 것만큼이나 죽은 동물의 시체를 청소하는 데 시간을 할애했던 것으로 보인다.

화석은 공룡들만 있었던 건 아니었다. 그중에는 사람 것만 한 두 개골도 있었는데, 12미터 길이의 사르코수쿠스*Sarcosuchus*라는 악어목 동물의 것이었다(미디어 감각이 뛰어난 세레노는 사르코수쿠스에 '슈퍼크록 SuperCroc'이라는 별명을 붙여주었다). 그 밖에 커다란 익룡 날개 뼈, 심지어 일부 거북과 물고기의 뼈도 눈에 띄었다. 그 모든 것은 백악기 전기에 서 중기에 이르기까지 약 1000만~1500만 년에 걸쳐 강의 삼각주와 따뜻한 열대 바다의 (맹그로브 숲이 늘어선) 해변을 따라 형성된 암석에 서 나온 것이다. 그때는 사하라가 사막이 아니라 '찌는 듯이 덥고 질퍽 거리는 정글'이었다.

폴이 서랍을 열 때마다 새로운 캐릭터가 쏟아져 나오는 통에, 내 눈 길은 화석들 사이에서 중심을 잡지 못하고 갈팡질팡했다. 그러다 폴이 갑자기 동작을 멈추더니, 이윽고 뼈 하나를 집어 들었다. 그것은 T. 렉 스와 맞먹는 덩치를 지닌 거대한 육식공룡의 얼굴뼈 조각이었다. 그 서 랍에는 다른 뼈도 들어 있었다. 그중에는 아래턱 뼈 하나, 이빨 몇 개, 두개골 뒷부분의 (뇌와 귀를 둘러쌌을 듯한) 융합된 뼈 덩어리 하나가 있 었다. 폴은 몇 년 전 니제르의 이기디라는 황무지에서 표본을 발견한 과정을 설명했다. 이기디는 사막의 오아시스 바로 서쪽에 자리한 곳으 로, 1억~9500만 년 전에는 강 때문에 빨간 사암으로 덮여 있었다. 그 에 따르면, 그 공룡은 모로코에서 발견된 카르카로돈토사우루스와 비 슷하게 생겼을 것 같지만, 그 비교는 완벽하다고 할 수 없었다. 그래서 그는 내가 그 차이를 알아내기를 바랐다.

열아홉 살짜리에게 그것은 공룡을 확인하는 작업의 전초전에 해당하는 수색 작업을 경험할 첫 번째 기회였다. 나는 그 일에 흠뻑 빠져 남은 여름 학기 내내 뼈를 정밀 조사하고, 측정하고, 촬영하고, 다른 공룡들의 것과 비교하는 데 몰두했다. 나는 '니제르에서 발견된 뼈가 모로코에서 발견된 카르카로돈토사우루스 사하리쿠스^{Carcharodontosaurus} ^{saharicus}와 매우 비슷하지만, 차이점도 많아 동일한 종에 속한다고 할 수 없다'는 결론을 내렸다. 폴은 내 의견에 동의하며, '니제르의 화석은 모로코의 화석과 가깝지만 구별되는 친척'이라는 내용의 논문을 작성했다. 우리는 그 화석을 카르카로돈토사우루스 이구이덴시스 $^{Carcharodontosaurus\ iguidensis}$라고 명명했다. C. 이구이덴시스는 백악기 중기 아프리카 해변의 습한 생태계에서 살던 길이 12미터, 체중 3톤의 최상위 포식자로, 폴이 사하라에서 조사해온 공룡들을 모두 압도했다.

백악기 전기에서 중기까지, 전 세계에는 카르카로돈토사우루스와 비슷한 공룡 대가족이 존재했다. 고생물학자들은 그들을 통틀어 (어쩌면 독창성이 없을 수도 있지만) 카르카로돈토사우르^{carcharodontosaur}라고 부른다. 그 가족 중 기가노토사우루스^{Giganotosaurus}, 마푸사우루스 ^{Mapusaurus}, 그리고 무시무시한 티라노티탄^{Tyrannotitan}은 모두 백악기 전기부터 중기까지 아프리카에 연결되어 있었던 남아메리카 출신이다. 더 멀리 떨어진 곳에 사는 형제자매로는 북아메리카의 아크로칸토사우루스^{Acrocanthosaurus}, 아시아의 샤오칠롱^{Shaochilong}과 켈마이사우루스 ^{Kelmayisaurus}, 유럽의 콘카베나토르^{Concavenator}가 있었다. 그리고 사하라에는 에오카르카리아^{Eocarcharia}라는 또 한 가지 공룡 그룹이 있었는데, 그들은 폴과 내가 니제르의 다른 지역에서 발견한 두개골을 토대로 기술되었다. 에오카르카리아는 카르카로돈토사우루스보다 1000만 살이나 많지만, 크기는 겨우 절반밖에 되지 않았다. 공룡 중에서 가장 잔혹해서 양쪽 눈 위의 뼈와 피부에 튀어나온 혹을 이용해 사악하게 위협했으며, 때로는 그 혹으로 먹잇감에게 박치기를 날려 항복을 받아냈다.

카르카로돈토사우르는 내 마음을 사로잡았다. 무엇보다도, 그들은 몇 천만 년 뒤에 나타난 티라노사우르tyrannosaur(과학 용어로는 티라노사우루스상과Tyrannosauroidea)가 한 일, 즉 초대형으로 몸집 불리기, 포식용 최종 병기 개발하기, 자타가 공인하는 먹이사슬의 최강자로서 모든 생물에 테러 가하기를 일찌감치 다 해냈다. 그들은 어디에서 왔을까? 어떻게 전 세계로 퍼져 나가 세상을 지배했을까? 그리고 그다음에 그들에게 무슨 일이 일어났을까?

이러한 질문에 답하는 방법은 단 하나, 가계도(또는 족보)를 그리는 것이었다. 나를 비롯한 모든 사람은 가계도에 사로잡혀 있는데, 그 이유는 가계도가 가문의 역사를 이해하는 열쇠이기 때문이다. 친척들 간의 관계를 알면, 가문이 시간 경과에 따라 변화해온 과정을 밝혀낼 수 있다. 조상들은 언제 어디에 살았고, 언제 이주나 예기치 못한 사망이 발생했고, 어떻게 다른 가문들과 결혼을 통해 결합되었는지를 말이다. 공룡도 인간과 다르지 않다. 공룡의 가계도(생물학자들은 이것을 계통발생phylogeny이라고 부른다)를 읽을 수 있다면, 그들의 진화 과정을 밝힐 수 있다. 그러나 공룡의 가계도를 어떻게 작성한다? 카르카로돈토사우루스의 출생증명서가 있는 것도 아니고, 기가노토사우루스가 아프리카를 떠나 남아메리카로 갈 때 비자를 발급받은 것도 아니니 말이다. 그러나 화석에는 가계도 작성에 필요한 다른 형태의 단서가 새겨져 있다.

진화는 시간이 흘러가면서 변화를 초래한다. 특히 생물의 겉모습이 그렇다. 두 종은 미세한 차이로 분기하는 것이 보통이므로, 그들을 한 눈에 분간하기가 여간 어렵지 않다. 그러나 두 혈통이 오랜 기간에 걸쳐 각자 제 갈 길을 가게 되면, 그들 간의 차이가 점차 뚜렷해진다. 내가 아버지와 거의 비슷하지만 팔촌과는 차이점이 많은 것도 똑같은 이치다. 종분화speciation에 이어 진화가 간혹 부리는 두 번째 재주는 진화적 신기성evolutionary novelty을 만들어내는 것이다. 이를테면 덧니가 나온다든지, 이마에서 뿔이 튀어나온다든지, 변이로 인해 손가락이 없어진다든지 하는 것이다. 이런 신기성은 후손들에게 대물림되어 더욱 발달하지만, 이미 분기되어 제 갈 길로 접어든 사촌들에게서는 찾아볼 수 없다. 나는 부모에게서 모든 특징을 물려받았고, 내 자녀들은 나에게서 그 특징을 물려받을 것이다. 그러나 내 사촌들에게 갑자기 변이가 생겨 날개 한 쌍이 돋아난다면, 그 날개는 내 후손들에게 대물림되지 않을 것이다. 왜냐하면 그들과 나 사이에 직계 후손이 없기 때문이다. 휴, 내 자손들에게 날개가 없다니 천만다행이다!

가계도는 위와 같은 방식으로 작성된다. 전체적으로 보면, '골격이 비슷한 공룡들'이 '골격이 전혀 다른 공룡들'보다 더 가까운 관계일 것이다. 그러나 두 공룡들이 정말로 가까운 형제지간인지 알고 싶다면, 진화적 신기성을 찾아내야 한다. 왜냐하면 공통 조상에게서 '어떤 신기성(예컨대 덧니)'을 물려받았다면, 그 신기성이 독특한 특징으로 발달하여 진화적 도미노 효과를 통해 대대손손 대물림되었어야 하기 때문이다. 즉 '덧니가 있는 종'은 같은 혈통에 속하고, '덧니가 없는 종'은 계통수의 다른 가지에 속한다고 봐야 한다. 그러므로 공룡의 족보를 작성하려면, 먼저 그들의 뼈를 자세히 분석해서 '얼마나 비슷한지 또는 다른지'를 평가하는 방법을 개발해야 한다. 그런 다음 그 방법을 이용해 진화적 신기성을 확인하고, 의문의 공룡들이 그것을 공유하고 있는지를 평가해야 한다.

카르카로돈토사우르에 흥미를 느꼈을 때, 나는 각각의 종에 대해 가능한 한 많은 정보를 수집하기 시작했다. 먼저 골격을 연구하기 위해 박물관들을 방문하고, 비용이 부족한 학부생이 접근하기에는 너무 먼 장소에서 발견된 이국적인 화석들에 대한 사진·삽화·문헌·비망록을 열람했다. 정보를 많이 수집할수록, 종들 간에 다양한 뼈의 특징을 더 많이 인식하게 되었다. 어떤 종들은 뇌를 둘러싼 굴^{sinus}●이 깊은 반면, 어떤 종들은 그렇지 않았다. 카르카로돈토사우루스와 같은 거대한 종은 (상어와 비슷한) '큰 칼날 같은 이빨'을 가졌지만(카르카로돈토사우루스라는 이름의 어원적 의미는 '상어 이빨을 가진 도마뱀'이다), 그보다 작은 종들은 '훨씬 작고 앙증맞은 이빨'을 가졌다. 나는 이런 식으로 목록을 계속 작성해서 이 포식자 그룹을 구별하는 99가지 방법을 완성했다.

다음 순서는 이러한 정보를 의미 있게 활용하는 것이었다. 나는 내가 작성한 목록을 스프레드시트에 옮겨 각 행에는 종을, 각 열에는 해부학적 특징을 적었다. 그리고 각 칸에는 각 특징의 상이한 버전을 나타내는 0, 1, 2(예컨대 에오카르카리아의 '앙증맞은 이빨'은 0, 카르카로돈토사우루스의 '상어 이빨'은 1)라는 숫자를 기입했다. 그다음으로 ('미로처럼 얽히고설킨 데이터'를 검색해 가계도를 그려내는 알고리즘이 있는) 컴퓨터 프로그램에서 스프레드시트를 열었다. 그 알고리즘은 '신기성에 해당하

● 머리뼈 내의, 공기로 채워진 빈 공간을 의미한다.

는 해부학적 특징'을 골라낸 다음, '그 신기성을 공유하는 종'을 찾아낸다. 얼핏 들으면 간단한 것 같지만, 신기성의 분포가 매우 복잡하므로 컴퓨터의 도움을 받지 않고 가계도를 작성하는 것은 사실상 불가능하다. 어떤 신기성을 공유하는 종들은 수두룩하고(뇌를 둘러싼 커다란 굴은 대부분의 카르카로돈토사우르가 공유하는 특징이다), 어떤 신기성을 공유하는 종들은 훨씬 드물다(상어 이빨은 카르카로돈토사우루스, 기가노토사우루스, 그리고 그들의 가까운 친척들에서만 볼 수 있다). 컴퓨터 알고리즘은 이 모든 복잡성을 고려하여, 러시아인형* 스타일의 패턴을 인식할 수 있다. 만약 두 종끼리만 많은 신기성을 공유한다면, 그들은 가장 가까운 친척이 틀림없다. 만약 두 종이 제3의 종과 다른 신기성을 공유한다면, 그 '세 종들끼리'는 '나머지 종들보다' 가까운 관계임이 틀림없다. 이런 식으로 관계를 지어가다 보면 최종적으로 완벽한 가계도가 완성되는데, 이 분야의 전문가들은 이러한 과정을 분기학적 분석cladistic analysis이라고 부른다.

내가 작성한 가계도는 카르카로돈토사우르의 진화 과정을 밝혀내는 데 기여했다. 첫째, 내 가계도는 '거대한 육식공룡의 기원'과 '그들이 권세를 누리게 된 과정'을 명확히 했다. 그들은 쥐라기 후기에 등장했으며, 쥐라기 최고의 포식자(일명 도살자)인 알로사우루스의 매우 가까운 친척이었다. 요컨대, 그들은 이미 최정상 포식자의 지위를 차지하고 있던 초대형 육식공룡 군단에서 진화한 다음, 환경과 기후가 장기간에 걸쳐 변화한 암흑기인 1억 4500만 년 전 쥐라기 말기에 이르러

● 러시아의 대표적 민예품인 목제 인형 마트료시카를 말한다. 인형의 몸체는 상하로 분리되고, 인형 안에 크기가 더 작은 인형이 3~5개 반복적으로 들어 있는 구조다.

자신들의 조상이 멸종하자 더 크고 강하고 사납게 진화함으로써 세력을 더욱 확장한 것이다. 그렇다면 그들이 다른 알로사우르^{allosaur}를 멸종시킨 것일까, 아니면 알로사우르가 다른 이유로 멸종했을 때 기회를 포착한 것일까? 정답은 아직 알 수 없다. 그러나 정답이 뭐가 되었든, 카르카로돈토사우르는 조상들의 권좌를 빼앗을 방법을 발견했으므로, 백악기가 밝아올 때 왕국은 이미 그들의 것이었다. 그리고 백악기 중기가 한창 진행될 때까지 5000만 년 동안 세상을 지배했다.

둘째, 내 가계도는 '살코기를 난도질한 괴물들'이 자신들의 서식처에 머물게 된 이유에 대한 통찰을 제공했다. 그들은 대부분의 대륙이 아직 연결되어 있던 쥐라기 후기에 탄생했으므로, 최초의 카로카로돈토사우르는 전 세계로 쉽게 확산될 수 있었다. 시간이 지나면서 대륙들은 더욱 갈라졌고, 상이한 종들은 상이한 지역에 고립되었다. 가계도의 구조가 대륙의 이동을 반영한다. 즉 마지막으로 진화한 카로카로돈토사우르 일부는 '남아메리카-아프리카계 패거리'였다(남아메리카와 아프리카는 '북아메리카+아시아+유럽'과의 연결 고리가 끊어진 지 한참 뒤까지 연결되어 있었다). 이 패거리(내가 소레노와 함께 연구한 니제르 출신의 기가노토사우루스, 마푸사우루스, 카르카로돈토사우루스)는 유례없는 덩치의 대형 육식공룡으로 성장했다.

그러나 그토록 사나운 카르카로돈토사우르도 최정상의 자리에 영원토록 머물지는 못했다. 그들의 곁에는 또 하나의 육식공룡 혈통이 그들의 그늘에 가려진 채 도사리고 있었기 때문이다. 그들은 카르카로돈토사우르보다 더 작고 빠르고 영리했으며, 조만간 행동을 개시하여 새로운 공룡 제국을 건설하게 된다.

5

폭군 공룡들

_ 키안조우사우루스

———————— 2010년 어느 무더운 여름날, 중국 남동부 장시성江西省의 간저우贛州에서 일하던 굴착기 기사는 커다란 우두둑 소리를 듣고 순간적으로 최악의 사태를 직감했다. 그는 동료들과 함께 공업단지 조성을 마치기 위해 총력전을 벌이고 있었다. 공업단지란 제멋대로 뻗어나가는 '공장과 창고의 집합체'로서, 지난 10년 동안 중국 전역에서 불쑥 등장하는 단조로운 풍경이었다. '아마도 단단한 기반암, 또는 노후 급수관, 또는 그 밖의 (프로젝트를 방해할 수 있는) 말썽거리와 부딪혔다'고 생각했다. 이유 여하를 막론하고, 일정 지연은 막대한 금전적 손실을 의미했다.

그러나 자욱한 먼지와 연기가 가라앉은 뒤 자세히 살펴보니, 훼손된 파이프나 전선 따위는 전혀 보이지 않았다. 기반암도 보이지 않았고, 그 대신 뭔가 전혀 다른 것이 시야에 들어왔다. 화석화된 뼈였다. 그것도 아주 많이. 그리고 그중 일부는 매우 컸다.

공사는 중단되었다. 고생물학 분야의 학위가 있는 것도 아니고 무슨 훈련을 받은 것도 아니었지만, 작업자는 자기가 뭔가 중요한 것을 발견했음을 깨달았다. 그는 공룡이 틀림없다고 생각했다. 그도 그럴 것이 중국은 새로운 공룡 발견의 중심지로 부상해서, 그즈음 새로 발견되는 공룡의 절반을 차지하고 있었기 때문이다. 그가 현장감독에게 보고하는 순간 일은 벌어졌다.

그 공룡은 6600만 년 이상 그곳에 매장되어 있었지만, 최종 운명은 위기일발의 순간에 내려지는 신속한 의사 결정에 달려 있었다. 소문은 일파만파로 퍼져나갔고, 패닉에 빠진 현장소장은 고향 친구를 불렀다. 그는 화석 수집가이자 공룡 애호가로, '미스터 셰'로만 알려졌다. 미스터 셰(존경스럽고 모호한 호칭이, 마치 제임스 본드 영화에 나오는 불가사의한 캐릭터를 연상케 한다)는 발견의 중대성을 파악하고 작업 장소로 부리나케 달려와, 마을의 광물자원지소(지역자치단체의 하위 부서)에 근무하는 친구들에게 전화를 걸었다. 전화가 꼬리에 꼬리를 물고 이어진 끝에 광물자원지소는 소규모 발굴팀을 파견해서 뼈를 수집했다. 발굴하는 데 걸린 시간은 불과 여섯 시간이었지만, 대원들은 사소한 것 하나도 남기지 않고 모두 수집했다. 그들은 25개의 자루에 꽉 찬 공룡 뼈를 마을의 박물관에 인계하며 안전한 보관을 요청했다.

그런데 타이밍이 불길하게도 완벽했다. 발굴팀이 구슬땀을 흘리던 바로 그때, 서너 명의 화석 밀매꾼이 현장에 나타났던 것이다. 마치 블러드하운드*처럼, 밀매꾼들은 신종 공룡의 냄새를 맡고 직접 구매하

● 사람을 찾거나 추적할 때 이용하는 후각이 발달한 큰 개.

려고 시도했다. 그 신종 공룡을 이국적인 화석을 좋아하는 부유한 외국 사업가에게 팔 수만 있다면, 웬만큼 웃돈을 주더라도 남는 장사였다. 그런 뒷거래는 중국은 물론 다른 나라에서도 (보통 불법으로 규정되어 있지만) 비일비재하다. 불법 거래와 조직적인 범죄가 횡행하는 암시장으로 흘러들어간 화석들을 생각하면 가슴이 미어진다. 그러나 이번에는 '좋은 사람들'이 악당을 물리쳤다.

지역 박물관에 안전하게 보관된 화석을 면밀히 검토하며 뼛조각을 조립하기 시작한 과학자들은, 새로 발견된 화석이 얼마나 놀라운 것인지를 금세 깨달았다. 그것은 그냥 무작위적인 뼈 뭉치가 아니라 한 마리 육식공룡의 거의 완벽한 뼈대였다. 그 임자는 영화와 텔레비전 다큐멘터리에서 악당 역할을 해도 될 듯한, 날카로운 이빨을 가진 거대한 베헤모스였다. 그리고 그 골격은 지구 반 바퀴 건너편에서 발견되는 유명한 공룡, T. 렉스와 비슷해 보였다. 이것이 도대체 어찌 된 일일까? 굴착기 기사가 기초공사를 하기 위해 파헤치던 간저우의 붉은 암석이 형성될 때쯤, T. 렉스는 북아메리카의 숲속을 활보했을 텐데 말이다.

단도직입적으로 말해, 그 괴물은 T. 렉스의 가장 가까운 친척이었다. 과학자들은 지금으로부터 6600만 년 전 간저우의 울창한 밀림을 지배했던 흉포한 동물, 즉 아시아판 티라노사우루스를 보고 있었던 것이다. 항상 습기 때문에 끈적거리고, 양치식물과 소나무와 구과식물 사이에 늪과 간헐적인 모래 함정이 흩어져 있었던 그 땅은 도마뱀, 깃털 달린 잡식성 공룡, 용각류, 오리주둥이공룡 떼가 우글거리던 생태계였다. 그들 중 일부는 질퍽거리는 '죽음의 웅덩이'에 빠져 화석으로 보존되었다. 그나마 운 좋게 살아남은 공룡들은 방금 전 굴착기 기사에게 순전히 우연하게 걸려든 괴물, 아시아판 T. 렉스의 맛있는 먹이가 되었다.

그 굴착기 기사는 복이 있나니, 고생물학자라면 누구나 꿈꾸는 것을 발견했다. 나는 복이 있나니, 내 자신이 열심히 노력하지 않았는데도 그 발견의 일익을 담당할 수 있었다.

늦여름의 광기가 간저우를 스치고 지나간 지 몇 년 후 겨울, 나는 일리노이주 북부의 얼어붙은 황무지에 자리 잡은 버피 자연사박물관^{Burpee} Museum of Natural History에서 열린 콘퍼런스에 참여했다. 그 박물관은 내가 성장한 시카고에서 얼마 떨어지지 않은 곳에 있었다. 전 세계의 과학자들이 모여들어 공룡의 멸종에 관해 열띤 토론을 벌였다. 어느 날 아침, 중국의 뤼준창이 발표한 내용에 크게 감명을 받았다. 슬라이드가 한 장씩 넘어갈 때마다 중국에서 발견된 아름다운 화석 사진이 화면을 가득 채우는 것을 보고, 눈이 휘둥그레지며 넋이 빠질 지경이었다. 나는 뤼 교수의 명성을 익히 알고 있었다. 그는 널리 알려진 중국 최고의 공룡 사냥꾼으로, 각종 발견을 통해 중국을 '세계에서 가장 뜨거운 공룡 연구의 중심지'로 부각시킨 일등 공신이었다.

뤼 교수는 스타였다. 나는 일개 소장파 연구자였지만, 놀랍게도 뤼 교수가 먼저 내게 다가왔다. 나는 그와 악수를 나누고 그의 강연을 축하한 뒤, 몇 가지 사교적인 인사를 나눴다. 그의 목소리에서 긴박감이 엿보였다. 그의 손에는 사진으로 가득 찬 서류철이 들려 있었다. 뭔가 심상찮은 일이 진행되고 있었던 것이다.

뤼 교수가 내게 말했다.

"몇 년 전 중국 남부에서 건설 노동자가 발견한 '멋진 신종 공룡'을 연구하는 임무를 진행하고 있어요. 그것이 티라노사우르인 건 알겠는데, 독특한 점이 있어요. T. 렉스와 다른 점이 제법 많은 것으로 보아, 새로운 종이 틀림없는 것 같아요."

어떻게 보면, 그것은 내가 몇 년 전 대학원생 시절에 기술한 괴상한 티라노사우르(몽골에서 발견한, 몸매가 날씬하고 주둥이가 긴 알리오라무스 알타이*Alioramus altai*라는 육식공룡)와 비슷했다. 그러나 뤼 교수는 내 의견을 납득하지 못했다. 그는 다른 의견을 원했고, 물론 나는 어떤 식으로든 도와주겠다고 제안했다.

뤼 교수(나는 곧 그의 이름이 준창인 줄 알게 되었다)는 내게 자신의 이력을 전부 말해주었다. 중국 동부 해안의 산둥성山東省에서 성장했고, 문화혁명기인 소년 시절에는 산나물로 허기를 달랬다고 했다. 그 후 정치적 상황이 변하자 대학에서 지질학을 공부한 뒤, 미국으로 건너가 텍사스에서 박사 학위를 받았다. 그리고 베이징으로 돌아와 중국 고생물학계의 노른자위인 중국지질과학원 교수에 취임했다.

소작농 출신의 교수인 준창은 나와 친구가 되었고, 콘퍼런스에서 만난 지 얼마 지나지 않아 나를 중국으로 초청했다. 나는 그와 손을 잡고 이 새로운 티라노사우르 공룡을 연구하는 한편, 그 골격을 기술하는 논문을 작성했다. 우리는 골격의 각 부분을 면밀히 조사해서 다른 티라노사우르와 비교·분석했다. 우리는 그것이 T. 렉스의 가까운 사촌임을 확인했고, 그 후 1년이 좀 더 지난 2014년 '굴착기 기사의 우연한 발견'의 베일을 완전히 벗겼다. 우리는 티라노사우르의 새 가족을 키안조우사우루스 시넨시스*Qianzhousaurus sinensis*라고 명명했다. 공식적인 이름을 발음하면 혀가 꼬였으므로, 우리는 '피노키오 렉스*Pinocchio rex*'라

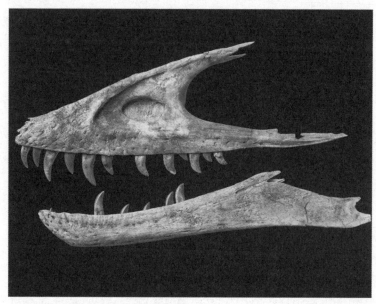

내가 박사과정 중일 때 몽골에서 발견한 신종 공룡 알리오라무스 알타이의 안면 뼈. 주둥이가 긴 티라노사우르 공룡이다.

는 별명을 붙였다. 그 소문은 금세 언론에 퍼졌고(저널리스트들은 우스꽝스러운 별명을 선호하는 것 같았다), 공식 발표가 끝난 다음 날 아침 영국의 타블로이드 신문에 준창과 내 얼굴이 대문짝만 하게 실렸다. 우리는 과히 기분이 나쁘지 않았다.

키안조우사우루스는 지난 10여 년간 부쩍 많이 발견되면서 '가장 기념비적인 육식공룡'에 관한 이해에 혁명을 가져온, 티라노사우르의 새로운 구성원이다. T. 렉스 자체는 지난 한 세기 동안 각광을 받아왔는데, 그 이유는 1900년대 초에 처음 발견되었기 때문이다. 그들은 '공룡의 왕'이며, 길이가 12미터, 체중이 7톤으로 거대하다. 전 세계에서 남녀노소를 불문하고 T. 렉스를 모르는 사람은 없을 것이다. 과학자들은

20세기 후반에 T. 렉스의 가까운 친척을 몇 가지 발견했는데, 그들 역시 T. 렉스 못지않게 인상적인 덩치를 갖고 있음을 알고 '이 거대한 포식자들은 공룡의 족보에서 티라노사우르라는 일가를 이루었구나'라고 생각하게 되었다. 그러나 고생물학자들은 그 환상적인 공룡들이 언제 탄생했는지, 어떤 조상에서 진화했는지, 그렇게 크게 자라 먹이사슬의 정상에 등극한 비결이 무엇인지를 이해하느라 무진 애를 먹었다. 그 수수께끼는 오늘날까지 풀리지 않고 있다.

지난 15년 동안, 연구자들은 전 세계 약 20군데에서 신종 티라노사우르를 발견해왔다. 키안조우사우루스를 배출한 중국 남부의 흙먼지 날리는 공사장은 신종 티라노사우르의 불모지 중 하나였다. 다른 신종들은 영국 남부의 해식 절벽, 북극권의 꽁꽁 얼어붙은 설원, 고비사막의 모래 덮인 황무지에서 발견되었다. 나와 동료들은 이러한 발견을 토대로, 그들의 진화를 연구하기 위해 티라노사우르 가계도를 만들 수 있었다.

결과는 놀라웠다.

티라노사우르는 T. 렉스보다 1억 년 먼저 탄생한 유서 깊은 가문으로 밝혀졌다. 그때로 말할 것 같으면 공룡들이 번성한 쥐라기 중기라는 황금기로, (스코틀랜드의 석호에 발자국을 남긴 공룡들과 한통속인) 용각류라는 목긴공룡들이 우르릉 쿵쾅 소리를 내며 땅을 활보하던 시기였다. 최초의 티라노사우르 공룡은 그다지 인상적인 체격은 아니었으며, 겨우 사람만 한 크기의 '그저 그런' 육식공룡이었다. 그들은 이런 체격을 8000만 년쯤 유지하며, 덩치 큰 포식자들(처음에는 알로사우루스와 그 쥐라기 친척들, 그다음에는 백악기 전기부터 중기까지의 사나운 카르카로돈토사우르 공룡들)의 그늘에 묻혀 살았다. 이처럼 (지겹고 짜증날 정도로) 오래 계속된 진화 기간을 무명으로 지낸 뒤, 티라노사우르는 마침내 크고 강하고 사납게 변화하기 시작했다. 그리하여 먹이사슬의 최정상에 올라, 공룡 시대의 마지막 2000만 년 동안 세상을 지배했다.

티라노사우르의 스토리는 20세기 초에 T. 렉스가 발견된 사건에서 시작된다. T. 렉스를 연구한 과학자는 시어도어 루스벨트Theodore Roosevelt 대통령과 막역한 사이로, 테디(루스벨트의 애칭)와 '자연 및 탐험 사랑'을 공유한 소꿉친구였다. 그의 이름은 헨리 페어필드 오즈번Henry Fairfield Osborn! 1900년대 초 미국에서 가장 돋보이는 과학자였다.

오즈번은 뉴욕에 있는 미국자연사박물관과 미국예술과학아카데미를 이끌었고, 1928년에는 《타임Time》의 표지까지 장식했다. 그러나 오즈번은 결코 평범한 과학자가 아니었다. 그의 몸에는 파란 피가 흘렀다. 아버지는 철도계의 거물이었고, 삼촌은 기업 사냥꾼인 J. P. 모건이었으니 말이다. 그는 당대의 모든 '널빤지를 두르고, 담배 연기가 자욱하고, 백인 남성들만 출입하는 막후 협상 클럽'의 회원인 듯 보였다. 사정이 그렇다 보니, 그는 뼈 화석을 측정하지 않을 때면 어퍼이스트사이드의 펜트하우스에서 뉴욕의 사회적 엘리트들과 어울렸다.

오즈번은 오늘날 그다지 호의적인 인물로 기억되지는 않는다. 사실, 그는 인품이 훌륭한 사람은 아니었다. 재산과 정치적 인맥을 이용해, 우생학과 인종적 우월성에 대한 '득의得意의 사상'을 밀어붙였다. 이민자, 소수자, 가난한 자들은 적으로 간주했다. 한번은 가장 오래된 인류의 화석을 찾을 요량으로 '아시아를 향한 과학 탐사대'를 조직했는데, 그 목표는 백인이 아프리카에서 기원하지 않았을지도 모른다는 생각을 증명하는 것이었다. 그는 자신이 열등한 인종의 진화적 후손임을 상정할 수 없었다. 그가 오늘날 종종 '한물간 독선자'로 치부되는 것은 전혀 놀랍지 않다.

내가 도금시대$^{Gilded\ Age}$●의 뉴욕에 살았다면, 오즈번은 내가 더불어 맥주(좀 더 현실적으로 말하면 팬시 칵테일) 한잔 기울이고 싶어 할 사람은 아닐 것이다. (그러나 이것은 어디까지나 내 생각일 뿐이다. 그는 소수민족 냄새가 물씬 풍기는 이탈리아식 이름이 미심쩍어, 내 곁에 앉으려 하지도 않을 것이다.) 그럼에도 오즈번이 영리한 고생물학자에 뛰어난 과학 행정가였음을 부인할 수는 없다. 오즈번이 자신의 경력에서 가장 훌륭한 인재 중 한 명을 뽑은 것은, 미국자연사박물관(센트럴파크 서쪽에 성당처럼 서 있는 엄숙한 시설로, 나는 나중에 박사 학위논문 자료를 수집하기 위해 이곳을 방문했다) 관장으로서의 능력 덕분이었다. 그는 예리한 눈을 가진 화석 수집가 바넘 브라운을 서부로 파견해 공룡을 찾게 했다.

우리는 4장의 한 대목에서 브라운을 잠깐 만난 적이 있다. 거기에서는 훨씬 나이 든 브라운이 와이오밍주의 하우 채석장에서 쥐라기 공룡들을 발굴하고 있었다. 그러나 1900년대 초반에만 해도 그는 전혀 뜻밖의 영웅이었다. 그는 캔자스 평원의 작은 마을에서 태어났는데, 그 마을은 겨우 수백 명의 주민이 사는 탄광촌이었다. 그의 부모가 이름을 이색적으로 지은 것은, 아마도 미국의 흥행사이자 서커스왕 P. T.

● 마크 트웨인이 C. D. 워너와 합작하여 1873년에 발표한 풍자소설의 제목. 남북전쟁 후의 미국이 농업국에서 공업국으로 변모하는 과정에서 악몽과 같은 물욕에 사로잡혀 각종 사회적 부정이 속출하는 시대를 통렬한 필치로 비판한 작품이다. 미국에서 1865~1890년경에 이르는 시대를 '도금시대'라고 부르는 것은 이 작품에서 유래한 것이다.

1897년 와이오밍에서 공룡 뼈를 발굴하고 있는 바넘 브라운과 헨리 페어필드 오즈번. AMNH Library.

바넘에게서 영감을 얻었기 때문인 것으로 보인다. '힘들고 단조로운 시골 생활에서 탈출해 인생을 역전시키라'고 말이다. 어린 바넘은 주변에 대화할 사람이 별로 없었지만, 자연에 둘러싸여 있다 보니 암석과 뼈에 푹 빠졌다. 심지어 집 안에 작은 박물관을 차리기도 했다. (문득 공룡에 심취했던 내 남동생이 떠오른다. 그 역시 조용한 중서부 마을에서 성장했고, 극장에서 〈쥬라기 공원〉을 보고 난 뒤 집안에 작은 박물관을 차렸다.) 대학에 진학해 지질학을 공부한 브라운은 20대에 삼류 마을에서 뉴욕시로 진출했다. 그는 거기서 오즈번을 만나 현장 보조원으로 고용되었고, 몬태나나 다코타 같은 미개척 황무지부터 맨해튼의 휘황찬란한 곳에 이르기까지 다양한 장소에서 거대한 공룡을 발굴하는 임무를 맡았다. 야외에서 하룻밤도 보내보지 않은 사교계 사람들은, 망망한 벌판에서 정체불명의 물체들을 보면 기겁하여 눈이 휘둥그레질 것이다.

1902년 몬태나 동부의 황량한 불모지에 도착한 브라운의 상황이 그러했다. 이 언덕 저 언덕을 탐사하던 브라운은 아무렇게나 나뒹구는 뼈들과 맞닥뜨렸다. 두개골과 뼈의 일부, 약간의 척추뼈와 갈비뼈, 어깨뼈와 팔뼈 조각, 거의 형체를 갖춘 골반 등 모든 뼈가 하나같이 거대했다. 골반의 크기를 고려하면 공룡의 키는 (센티미터 단위가 아니라) 미터 단위였을 것이고, 최소한 사람보다는 훨씬 더 컸을 것으로 추정되었다. 그리고 제반 사항을 고려하면, 뼈의 임자는 분명 육식공룡의 전형적 체형(두 발로 선 채 비교적 빨리 달릴 수 있는 근육질 체형)을 갖고 있었을 듯했다. 종전에도 다른 육식공룡들, 이를테면 '쥐라기 후기의 도살자' 알로사우루스가 발견된 적이 있다. 그러나 브라운이 새로 발견한 초대형 야수에 비하면 어림도 없었다. 이제 막 30대에 들어선 브라운은 자신의 여생을 송두리째 규정할 걸작을 발견한 셈이었다.

브라운은 자신의 발견품을 배에 실어 오즈번이 애타게 기다리고 있는 뉴욕으로 보냈다. 덩치가 워낙 크다 보니, 말끔히 청소한 뒤 일부분이나마 대중에게 전시할 수 있는 골격으로 조립하는 데 몇 년이 걸렸다. 1905년 말 작업이 거의 끝나자, 오즈번은 새로운 공룡을 발견했음을 전 세계에 선포했다. 그는 공식적으로 출판한 과학 논문에서 새로운 공룡의 이름을 '티라노사우루스 렉스'라고 붙였다. 그것은 '폭군

Tyrannos + 도마뱀Sauros + 왕Rex'이라는 뜻을 가진, 그리스어와 라틴어의 아름다운 조합이었다. T. 렉스는 과학자들 사이에 널리 알려진 자연사 박물관에 전시되었고, 곧 큰 열풍을 일으키며 모든 미국 신문의 머리기사를 장식했다. 《뉴욕 타임스New York Times》는 T. 렉스를 가리켜 "지구역사상 가장 무시무시한 격투 동물"이라고 했다. 박물관에 몰려들어 폭군을 마주했을 때, 군중은 가공할 만한 덩치에 경악하고 '약 800만 살'이라는 엄청난 나이에 말문이 막혔다(오늘날 우리는 그보다 훨씬 더 많은 6600만 살로 알고 있다). T. 렉스는 일약 '셀럽celeb (유명 인사)'으로 등극했고, 바넘 브라운도 덩달아 이름을 알렸다.

브라운은 늘 'T. 렉스를 발견한 사람'으로 기억된다. 그러나 그에게 그것은 경력의 시작에 불과했다. 화석에 대한 안목을 예리하게 갈고닦은 그는 화석을 수집하는 저임금 단순 노동자에서 자연사박물관의 척추고생물학 큐레이터로 꾸준히 성장했다. 자연사박물관의 척추고생물학 큐레이터로 말할 것 같으면, 세계에서 가장 훌륭한 공룡 컬렉션을 책임지는 과학자다. 오늘날 자연사박물관의 장엄한 공룡 전시관을 방문한다면, 당신이 감상하는 화석 가운데 상당수는 브라운이 지휘하는 발굴팀의 손을 거친 것이다. 브라운의 전기를 쓴 (뉴욕 시절 내 동료였던) 로웰 딩거스Lowell Dingus가 그를 일컬어 '사상 최고의 공룡 수집가'라고 한 것은 전혀 놀랄 일이 아니다. 동료 고생물학자들 가운데 많은 이들이 같은 마음이다.

브라운은 최초의 '셀럽' 고생물학자로, 라이브 강의와 매주 방영되는 CBS 라디오쇼로 호평을 받았다. 그는 기차를 타고 서부의 여러 도시를 거쳐 갈 때마다 팬들을 몰고 다녔고, 만년에는 월트 디즈니의 애니메이션 〈판타지아Fantasia〉에 등장하는 공룡들의 디자인을 거들었다. 잘나가는 '셀럽'들이 대체로 그렇듯이, 브라운에게는 유별난 구석이 있었다. 그는 한여름에 기다란 모피코트를 입고 화석을 사냥했고, 정부와 석유 회사를 위해 첩보 활동을 수행할 비자금을 조성했으며, 색을 너무 밝힌 바람에 '서부 평원 전체에서 그가 뿌린 씨앗의 후손들이 무럭무럭 자라고 있다'는 소문이 오늘날까지 파다하게 퍼져 있다. 지금까지 살아 있다면, 그는 틀림없이 충격적인 리얼리티쇼의 스타가 되어 있었을 것이다. 그리고 아마도 정치를 하고 있지 않을까?

T. 렉스가 뉴욕을 뒤흔든 지 몇 년 후, 브라운은 모피코트 차림으로 업무에 복귀해 몬태나의 황무지를 배회했다. 그의 목적은 단 하나, 더 많은 화석을 찾는 것이었다. 늘 그렇듯 그는 소기의 목적을 달성했다. 이번에는 상태가 훨씬 양호한 티라노사우루스를 발견했는데, 두개골 길이가 사람 키와 비슷하고 50개가 넘는 (철도용 대못만 한) 날카로운 이빨이 있었다. 그가 처음 발견한 T. 렉스는 너무 단편적이어서 전신의 크기를 제대로 추정할 수 없었다. 그러나 두 번째 화석에 따르면, T. 렉스는 진짜로 왕rex이었다. 족히 10미터가 넘는 길이에 체중도 수 톤에 이르는 것이 확실해 보였다. 이제 T. 렉스가 '지구 역사상 가장 크고 무시무시한 육상 포식자'라는 사실은 의심의 여지가 없었다.

그 후 몇 십 년 동안 T. 렉스는 최고의 인기를 구가하며 전 세계의 영화와 박물관 전시회 스타로 떠올랐다. 영화 〈킹콩〉에서 거대한 고릴라와 겨뤘고, 아서 코난 도일Arthur Conan Doyle의 『잃어버린 세계The Lost World』를 각색한 영화에서는 관객들을 겁먹게 했다. 그러나 그

명성은 한 가지 수수께끼를 은폐하고 있었으니, 과학자들은 20세기를 거의 통틀어 'T. 렉스를 공룡의 진화라는 커다란 그림 안에 어떻게 집어넣을 것인가'라는 문제를 전혀 해결하지 못하고 있었다. 그도 그럴 것이 T. 렉스는 덩치가 너무 크고 생김새가 (다른 알려진 육식공룡들과) 극단적으로 달라, 그의 사진을 공룡의 가족 앨범에 끼워 넣기가 여간 어렵지 않았다.

브라운의 발견이 있고 처음 수십 년 동안, 고생물학자들은 북아메리카와 아시아에서 T. 렉스의 근친近親들을 한 줌 발굴했다. 물론 두말할 것도 없이, 그중에서 가장 중요한 것 몇 가지는 브라운 자신이 발견한 것이었다. 특히 주목할 것은 1910년 앨버타에서 발견된 대형 티라노사우르의 공동묘지였다. T. 렉스의 사촌 삼총사인 알베르토사우루스*Albertosaurus*, 고르고사우루스*Gorgosaurus*, 타르보사우루스*Tarbosaurus*는 T. 렉스와 덩치가 매우 비슷하고, 골격도 거의 똑같았다. 20세기 후반에 암석의 연대측정법이 발달하면서, 이 '사촌 삼총사'도 T. 렉스와 거의 같은 시기(즉 백악기 끝물인 8400만~6600만 년 전)에 살았던 것으로 밝혀졌다. 그러자 과학자들은 큰 의문에 휩싸였다. 공룡의 역사가 절정에 달했던 시기에, 먹이사슬의 최정상에서 거대한 티라노사우르 패거리가 번성했다고? 그들은 도대체 어디에서 왔을까?

그 미스터리는 근래에 와서야 겨우 해결되었다. 사실, 공룡의 진화에 대한 우리의 지식은 최근 몇 십 년 동안 부쩍 늘었다. 티라노사우르의 진화에 관한 새로운 통찰은 새로 발견된 풍부한 화석에서 비롯했다. 그런 화석 중 상당수는 예기치 않은 곳에서 발견되었다. 그중에서도 가장 뜻밖인 것은 아마 현재 가장 오래된 티라노사우르 공룡으로 인식되고 있는 킬레스쿠스*Kileskus*일 것이다. 킬레스쿠스는 2010년 시베리아에서 발견된 작고 소박한 공룡이다. 시베리아는 공룡과 전혀 무관한 것같지만, 공룡 화석은 오늘날 전 세계에서 발견되고 있으며 러시아 최북단도 예외는 아니다. 시베리아를 찾은 고생물학자들은 혹독한 겨울은 물론 모기떼가 인정사정없이 덤벼드는 습한 여름도 견뎌내야 한다.

그런 고생물학자들 중에는 상트페테르부르크에 있는 러시아 과학아카데미 산하 동물학연구소에 근무하는 내 친구 알렉산드르 아베리아노프*Aleksandr Averianov*도 있다. 사샤(우리는 모두 아베리아노프를 이렇게 부른다)는 공룡 곁에(좀 더 엄밀히 말하면 '밑'에) 살았던 '작고 연약한 포유류'에 관한 세계적 권위자다. 또한 그는 자신이 그토록 사랑하는 포유류를 억눌렀던 공룡도 연구한다. 사샤는 옛 소련이 붕괴하던 시절에 경력을 쌓기 시작했고, 수많은 화석을 발견하고 해부학적으로 세심하게 기술하여 새로운 러시아의 선도적 고생물학자로 자리매김했다.

몇 년 전 개최된 콘퍼런스에서 나를 만난 사샤는 우즈베키스탄에서 발굴된 신종 공룡 화석을 보여주었다. 그는 내 손을 잡아끌고 자신의 방으로 들어가, 마치 무슨 세리머니를 하듯 오렌지색과 초록색으로 알록달록 예쁘게 칠해진 판지 상자를 열었다. 그러고는 육식공룡의 두개골 일부를 꺼내 보여준 뒤 다시 상자에 넣어 내게 통째로 건넸다. 그러면서 하는 말이, 에든버러에 가지고 가서 CT 촬영을 해달라는 것이었다. 그러나 한 가지 조건이 있었다. 그는 내 눈을 똑바로 쳐다보며, 첩보 영화에 나오는 악당들의 느릿느릿한 러시아식 억양으로 이렇게 말했다. "화석을 조심히 다뤄야 하지만, 상자는 더욱 조심해야 해요. 이건 소비에트 상자인데, 더 이상 생산되지 않는 귀한 물건이거든요." 그는 장난기 어린 표정으로 히죽 웃더니, 이번에는 어디선가 시커먼 액체가 들어 있는 작은 병을 꺼내며 이렇게 말했다. "이제 다게스탄산 코냑으로 건배를 합시다." 우리는 그의 티라노사우르 공룡을 위해 세 순배를 돌았다.

브라운이 처음 발견했던 T. 렉스의 화석과 마찬가지로, 사샤가 발견한 킬레스쿠스 화석은 골격의 일부분에 불과했다. 즉 주둥이의 일부, 얼굴의 측면, 이빨, 아래턱뼈 한 덩어리, 무작위적인(부위를 특정하기 어려운) 손뼈와 발뼈 조각들이 전부였다. 그 뼈들은 사샤의 팀이 시베리아 중부 크라스노야르스크 지역에 있는 채석장에서 수년간 작업한 끝에, 2제곱미터짜리 구역에서 발굴한 것이었다. 크라스노야르스크는 러시아를 구성하는 80여 개의 연방주체federal subject 중 하나다. 포스트 소비에트 헌법에서는 연방주체를 주州(미국의 경우 state, 캐나다의 경우 province)의 등가물로 규정한다. 그러나 면적으로 따지면, 크라스노야르스크는 델라웨어보다 크고 심지어 텍사스보다 크며, 믿기 힘들겠지만 심지어 알래스카보다도 크다. 크라스노야르스크는 러시아 중부의 거의 전부, 그러니까 북쪽으로는 북극해까지, 남쪽으로는 몽골과의 접경 지역까지 이르는 광대한 면적을 차지한다. 좀 더 구체적으로 말하면, 크라스노야르스크의 면적은 260만 제곱킬로미터보다 조금 작으므로, 알래스카보다 훨씬 더 크고 그린란드보다는 약간 더 크다. 공간은 엄청나게 넓지만 인구는 매우 적어, 전체 인구가 시카고 인구와 거의 같다. 사샤가 세계에서 가장 오래된 티라노사우르를 발견한 곳은 바로 이처럼 망망한 황무지였다. 그가 붙인 킬레스쿠스라는 이름은 '도마뱀'이라는 뜻의 토착 언어, 그러니까 지구상의 고립된 지역에 사는 수천 명이 사용하는 말에서 유래했다.

그 발견은 언론의 주목을 별로 받지 못했다. 사샤가 고생물학자들의 레이더에는 대체로 잡히지 않는 조그마한 러시아 저널에 논문을 투고한 까닭에 많은 과학자의 시선도 비켜갔다. 킬레스쿠스라는 이름도 별로 재미가 없어서, 나중에 영화 〈쥐라기 공원〉에 출현하지 않을 게 뻔했다. 매년 전문적인 과학 논문에 발표되는 신종 공룡 이름이 50개쯤 되는데, 대부분 곧 잊히기 십상이어서 극소수의 전문적인 고생물학자가 발견한 것이 아니라면 주목받기가 어렵다. 그러나 내가 보기에, 킬레스쿠스는 최근 10년간 발견된 공룡 가운데 가장 흥미롭다. 그것은 '티라노사우르가 일찌감치 진화하기 시작했다'는 명백한 증거이기 때문이다. 킬레스쿠스는 약 1억 7000만 년 전 쥐라기 중기에 형성된 암석에서 발견되었다. 그 시기는 T. 렉스와 그 밖의 거대 친척들이 북아메리카와 아시아에서 최전성기를 구가할 때보다 1억 년 이상 앞선다.

나는 우선 사샤의 어두운 연구실에서 킬레스쿠스의 뼈를 정밀 검토했다. 그 연구실은 4월 초인데도 얼음이 완전히 녹지 않은 네바강 근처의 웅장하고 고풍스러운 건물에 자리 잡고 있었다. 킬레스쿠스는 중요할지 모르지만, 시선을 끌 만큼 감동적이지는 않다. 사샤의 화석은 고작 몇 개의 뼈에 불과한데, 그것은 그다지 예외적인 사례가 아니다. 신종 공룡 가운데 대다수는 겨우 몇 개의 뼈가 어수선한 상태로 발견되기 마련이다. 골격의 아무리 작은 부분이나마, 땅속에 묻힌 채 수백만년의 세월을 견뎌냈다는 것은 실로 엄청난 행운이다. 내가 킬레스쿠스에서 강한 인상을 받은 부분은 덩치가 매우 작다는 점이었다. 뼈를 모두 모아봤자 구두 상자 2개를 채우고 남을 정도였으므로, 그 상자를 선반 위에 쉽게 올려놓을 수 있었다. 그에 반해, 만약 내가 뉴욕에서 T. 렉스의 두개골을 들어 올리고 싶다면 포클레인 한 대를 동원해야 한다.

킬레스쿠스처럼 작고 온순한 동물이 T. 렉스처럼 크고 사나운 동물을 탄생시킬 수 있었다는 사실을 믿기는 어렵다. 뼈가 단편적이어서 정확한 크기를 측정하기는 어렵지만, 킬레스쿠스의 길이는 2~2.5미터이고 그중 대부분을 차지하는 것은 가느다란 꼬리다. 키는 고작해야 60센티미터로, 커다란 반려견처럼 당신의 허리나 가슴까지 올 정도다. 몸무게는 45킬로그램 남짓했을 것이다. 만약 길이 12미터, 키 3미터, 체중 7톤의 T. 렉스가 쥐라기 중기 러시아에 살고 있었다면, 작고 연약한 팔로도 별 힘을 들이지 않고 킬레스쿠스를 데리고 놀 수 있었을 것이다. 킬레스쿠스는 야수 같은 괴물도, 최상급 포식자도 아니었다. 그들은 아마도 늑대나 자칼처럼 다리가 긴 경량급 사냥꾼으로, 조그만 먹잇감을 빠른 속도로 추격하여 제압했을 것이다. 킬레스쿠스가 발견된 크라스노야르스크의 채석장에 작은 도마뱀, 도롱뇽, 거북, 포유류 화석이 수두룩하다는 것은 결코 우연의 일치가 아니다. 최초의 티라노사우르가 잡아먹었던 것은 목이 긴 용각류나 자동차만 한 스테고사우르가 아니라 바로 그들이었기 때문이다.

몸집과 사냥 습관 면에서, 킬레스쿠스는 T. 렉스와 달라도 너무 다르다. 그렇다면 킬레스쿠스가 티라노사우르의 일원임을 어떻게 알 수 있을까? 만약 킬레스쿠스가 T. 렉스와 동시에 발견되었다면, 과학자들은 양자를 관련시키지 않았을지도 모른다. 심지어 킬레스쿠스가 몇십 년 전에 발견되었더라도, 원시 티라노사우르(T. 렉스의 고조부모)로 등록되지 않았을 공산이 크다. 그러나 이제 우리는 킬레스쿠스가 티라

노사우르의 일원이라는 것을 아는데, 그것은 또 하나의 새로운 화석이
발견되었기 때문이다.

사샤는 억세게 운 좋은 사람이었다. 왜냐하면 그가 킬레스쿠스
를 발견하기 4년 전, 내 동료 쉬싱^{徐星}이 중국 서부의 쥐라기 중기 지층
에서 킬레스쿠스와 매우 비슷한 소형 육식공룡을 발견했기 때문이다.
그런데 고맙게도, 쉬의 발굴팀은 부러진 뼈 2개만 발견한 것이 아니었
다. 그들은 2개의 거의 완벽한 뼈대를 발견했는데, 하나는 '어른'의 것
이고 다른 하나는 '청소년'의 것이었다. 그 공룡들이 함께 발견된 사연
을 글로 쓰면, 재난 영화의 시나리오로도 손색이 없을 것이다. 그 '청소
년'은 우왕좌왕하던 '어른'에게 짓밟혀 몇 미터 깊이의 구덩이에 빠졌
기 때문이다. 게다가 둘은 모두 진흙과 화산재로 뒤덮여 있었다. 뭔가
끔찍한 일이 벌어졌던 것이 틀림없지만, 두 공룡에게는 '가혹한 형벌'
이 고생물학자들에게는 '기막힌 행운'이었다.

쉬가 이끄는 연구팀은 새로운 공룡에 구안롱^{Guanlong}이라는 이름을
붙였다. 중국어로 관룡^{冠龍}, 즉 '왕관을 쓴 용'이라는 뜻이다. '왕관'은 정
수리에서 이마로 내려오는 모히칸 스타일의 사치스러운 볏(골즐^{骨櫛})을
지칭한다. 이 '볏'은 정찬용 접시보다 얇고, 수많은 구멍이 뚫려 있다.
그것은 어설프고 비실용적인 것처럼 보이는 물건으로, 기능은 아마도
단 하나, 배우자를 유혹하거나 경쟁자에게 겁을 주는 과시용 장식물이
었던 것 같다. 암컷에게 보여주는 것 외에는 아무짝에도 쓸모없는, 수
컷 공작의 화려한 꽁지가 대표적인 예다.

나는 베이징에 며칠 동안 머물며 구안롱의 뼈를 자세히 살펴보았다.

처음에는 볏이 내 관심을 사로잡았지만, 이윽고 뼈의 다른 특징들이 (구안롱을 계통수에 올려놓고 킬레스쿠스, T. 렉스와 연결 지어주는) 결정적인 단서들을 주었다. 먼저, 구안롱은 킬레스쿠스와 매우 비슷했다. 둘은 크기가 엇비슷하고, 주둥이 앞부분에 커다란 창문 같은 콧구멍이 있으며, 기다란 위턱뼈가 있다. 그리고 위턱뼈에 박힌 이빨 윗부분에 깊은 함몰부가 있는데, 이는 이빨 속에 커다란 굴^{sinus}이 있었음을 시사한다. 한편 구안롱은 많은 육식공룡 중에서도 유독 T. 렉스를 비롯한 대형 티라노사우르에서만 볼 수 있는 특징을 많이 갖고 있었다. 다시 말해, 4장에서 언급했듯이 가계도를 이해하는 데 핵심 열쇠는 진화적 신기성이다. 예컨대, 구안롱의 주둥이 꼭대기에서는 코뼈가 심하게 융기되어 있고, 주둥이의 앞부분이 넓고 둥글둥글하며, 눈 앞쪽으로 작은 뿔이 하나 있으며, 골반의 앞부분에 2개의 커다란 근육이 부착되었던 자국이 있다. 그 밖에도 유사한 해부학적 세부 내용을 일일이 열거하면 지루할 정도로 너무도 많다. 어쨌든 나와 동료들은 구안롱이 원시 티라노사우르임이 틀림없다는 결론을 내렸다. 그리고 구안롱의 완벽한 뼈대는 킬레스쿠스의 단편적인 뼈와 공통적인 특징을 매우 많이 갖고 있었으므로, 킬레스쿠스 역시 원시 티라노사우르가 확실시되었다.

킬레스쿠스가 티라노사우르임을 증명하는 데 기여한 것 외에도, 구안롱의 완벽한 골격은 초기의 가장 원시적인 티라노사우르의 모습과 행동 방식, 생태계 적응 방식을 명확히 기술하는 데 큰 도움이 되었다. 사지의 크기를 고려했을 때(현생 동물의 경우, 사지의 크기와 체중은 밀접한 상관관계가 있는 것으로 알려져 있다), 구안롱의 체중은 약 70킬로그램이었던 것으로 추정되었다. 유연하고 호리호리한 몸매에 길고 가느다란 다리, 균형을 유지하기 위해 몸 밖으로 길게 뻗은 꼬리! 누가 봐도 날랜 사냥꾼이 틀림없었다. 입 안에는 포식자에 걸맞게 스테이크 칼 모양의 이빨이 가득할 뿐 아니라, 3개의 '발톱 달린 손가락'이 있는 긴 팔을 이용해 극강의 힘으로 먹잇감을 움켜쥘 수 있었다. 그들의 '강력한 세 손가락 팔'은 T. 렉스의 '맥없는 두 손가락 팔'과 차원이 달랐다.

구안롱은 속도, 날카로운 이빨, 치명적인 발톱이라는 3종 세트를 이용해 사냥을 할 수 있었지만 최상위 포식자는 아니었다. 자기보다 덩치가 훨씬 큰 모놀로포사우루스*Monolophosaurus*, 신랍토르*Sinraptor*와 공존했는데, 모놀로포사우루스는 길이가 4.5미터 이상이었고, 신랍토르는 알로사우루스의 가까운 친척으로 길이가 9미터이고 체중은 1톤 이상이었다. 구안롱은 그들의 그늘에서 살았으며, 아마도 그들을 두려워했을 것이다. 구안롱은 고작해야 '넘버투'나 '넘버스리'였으므로, 다른 공룡들이 지배하는 먹이사슬에서 눈에 잘 띄지 않았을 것이다. 그 점에서는 킬레스쿠스나 (최근 발견된) 다른 소형 원시 티라노사우르도 마찬가지였을 것이다. 중국에서 발견된 그레이하운드만 한 딜롱*Dilong*이 그랬고, 한 세기 전 영국에서 발견된 프로케라토사우루스*Proceratosaurus*도 그랬을 텐데, 프로케라토사우루스는 (구안롱과 비슷한 모히칸 스타일의 볏을 갖고 있다는 이유로) 근래에 들어 겨우 원시 티라노사우르로 인정받았다.

이 '아담한 티라노사우르'는 딱히 내세울 것도 없고 누군가의 악몽에 등장하지도 않았겠지만, 뭔가 '구르는 재주'가 있었음이 틀림없다. 더 많은 화석을 발견함에 따라, 우리는 그들이 얼마나 번성했는지를 더욱 분명히 깨달았다. 쥐라기 중기부터 시작해 백악기에 깊숙이 진입할 때까지 약 5000만 년 동안, 그러니까 지금으로부터 1억 7000만 년

원시 티라노사우르에 속하는 개만 한 크기의 딜롱.

5 cm

원시 티라노사우르에 속하는 사람만 한 크기의 구안롱. 머리 꼭대기에 사치스러운 볏(골즐)이 있었음을 알 수 있다.

전부터 1억 2000만 년 전까지, 아담한 티라노사우르는 전 세계에 널리 퍼져 있었다. 쥐라기-백악기 경계선 부근에서 환경 변화와 기후 변화가 합세하여 알로사우루스, 용각류, 스테고사우르를 몰락시키는 동안, 그들은 용케도 살아남은 것이 분명했다. 오늘날 우리는 아시아 전역, 영국의 여러 유적지, 미국 서부, 심지어 오스트레일리아에서도 아담한 티라노사우르의 화석을 볼 수 있다. 그들이 그렇게 널리 퍼질 수 있었던 것은 초대륙 판게아가 아직 분리되기 전에 살았기 때문일 텐데, 이는 그들이 (아직 멀리 이동하지 않은) 대륙들을 연결하는 육교 사이를 쉽게 뛰어넘었음을 의미한다. 이 초기 티라노사우르는 덤불 속에 사는 중형 포식자로, 자신에게 알맞은 틈새를 개척하는 데 일가견이 있었던 것으로 보인다.

그러나 어느 시점에, 티라노사우르는 단역배우에서 우리 모두가 사랑하는 유명한 최정상 포식자로 변신했다. 이런 대변신의 조짐을 처음 보인 것은 약 1억 2500만 년 전 백악기 초기의 화석이었다. 그 시기에 살던 티라노사우르는 대부분 덩치가 작았다. 자그마한 딜롱은 극단적인 예로, 몸무게가 겨우 9킬로그램에 불과했다. 개중에는 좀 더 큰 것도 있었는데, 영국의 에오티라누스*Eotyrannus*와 그들의 사촌형뻘인 유라티란트*Juratyrant*, 스토케소사우루스가 대표적인 예다. 이 삼총사는 딜롱, 구안롱, 킬레스쿠스보다 덩치가 커서, 길이는 3~3.5미터였고 몸무게는 약 450킬로그램이었다. 만약 타임머신을 타고 그 시대로 가서 이 중형 포식자들을 길들일 수 있다면, 당신은 그들을 말처럼 부릴 수 있을 것이다. 그러나 그들은 아직 먹이사슬의 최정상에 선

동물이 아니었다.

2009년, 또 하나의 퍼즐 조각이 발견되었다. 한 무리의 중국 과학자들이 중국 북동부에서 매우 이례적인 화석을 하나 발견해 시노티라누스Sinotyrannus라고 명명했다. 늘 그렇듯, 새로 발견된 공룡은 단편적이었다. 뼈의 극히 일부분만 보존되어 있었는데, 거기에는 주둥이와 아래턱의 앞부분, 척추의 일부, 몇 조각의 손뼈와 골반이 포함되어 있었다. 그 뼈들은 구안롱은 물론 (그로부터 몇 달 뒤 기술되는) 킬레스쿠스와 매우 비슷했다. 즉 주둥이의 부서진 부분에서 높이 솟은 골즐의 기부base와 커다란 콧구멍이 눈에 띄었으며, 이빨 윗부분에는 깊은 (굴을 의미하는) 함몰부가 있었다. 그러나 중요한 차이가 하나 있었으니, 시노티라누스의 덩치는 구안롱보다 10배 이상 컸다. 다른 육식공룡 화석들과 골격을 비교해본 결과, 시노티라누스의 길이는 약 9미터이고 체중은 1톤 이상으로 추정되었다. 시노티라누스는 1억 2500만 년 전쯤에 등장한 대형 티라노사우르의 원조였던 것이다.

대학원생 시절, 육식공룡의 진화에 대한 박사 학위 프로젝트를 시작한 지 1년 뒤에 신종 공룡이 발견되었다는 소식을 들었다. 그 공룡이 대형 티라노사우르라고 확신했지만, 구체적으로 어떻게 해석해야 할지 몰랐다. 그 화석은 너무 단편적이어서, '얼마나 큰지' '가계도에서 정확히 어떤 부분에 배치해야 할지' 확신할 수 없었다. 약 8400만~6600만 년 전 백악기의 피날레를 장식한 '초대형, 깊은 두개골, 조막손'을 가진 육식공룡 군단(티라노사우루스, 타르보사우루스, 알베르토사우루스, 고르고사우루스)의 간판타자인 T. 렉스와 매우 가까운 친척이었을까? 만약 그렇다면, 공룡계의 아이콘들이 그렇게 거대하고 막강해질 수 있었던

백악기 말기에 존재한 덩치 큰 티라노사우르에 속하는 고르고사우루스의 두개골. T. 렉스의 가까운 친척
이었다.

과정을 설명해줄 수 있을지도 모른다. 그러나 혹시 '다른 무엇'일 수도
있지 않을까? 예컨대, 동년배들보다 웃자란 원시 티라노사우르일 수
도 있지 않을까? 어쨌든 시노티라누스는 T. 렉스보다 6000만 년 전에
살았다. 그 시기는 우리가 아는 다른 티라노사우르들이 픽업트럭의 적
재함에 쏙 들어갈 때였다.

그 한 건의 발견이 티라노사우르의 역사를 다시 쓸 수 있었을까? 나
는 '이 화석이 오랫동안 문제로 남아 있을 것 같다'는 느낌을 받았다.
사실, 공룡 연구 분야에서 그런 경우는 다반사다. 엄청난 진화적 스토
리를 암시하는 화석(주요 공룡 그룹의 원조이거나, 매우 중요한 행동이나 특
징을 보여주는 최초의 화석)이 불쑥 나타날 수 있지만, 너무 파손되었거

나 불완전하거나 연대측정을 제대로 할 수 없어 확신할 수 없는 경우 말이다. 제2의 화석이 추가로 발견되지 않아서, 미결 상태로 남아 해결을 기다리는 사례가 부지기수다.

그러나 그리 비관할 필요가 없었다. 불과 3년 후, 중국의 쉬싱(구안룽과 딜롱을 기술한 인물과 동일인이다)이 《네이처》에 충격적인 논문을 발표했기 때문이다. 쉬가 이끄는 연구팀은 유티라누스^{Yutyrannus}라는 또 다른 신종 공룡을 발견했다고 보고했다. 그들은 그저 뼛조각 몇 개가 아니라 3개의 골격을 발견했다. 유티라누스는 티라노사우르가 분명했으며, 시노티라누스와 매우 비슷했다. 즉 둘은 크기와 뼈가 비슷했으며, 특히 머리의 화려한 골즐과 커다란 콧구멍이 인상적이었다. 유티라누스의 크기는 추정치가 아니라 실측치였다. 왜냐하면 쉬와 연구팀은 몇 개의 파손된 뼈를 토대로 방정식을 이용해 완전한 골격의 크기를 추정한 시노티라누스와 달리 줄자를 이용해 신종 공룡의 치수를 잴 수 있었기 때문이다. 덕분에 시노티라누스를 둘러싼 미스터리는 해결되었다. 백악기 초기에 대형 티라노사우르가 정말로 존재했던 것이다. 적어도 중국에는 말이다.

유티라누스에는 그것 말고도 뭔가 특이한 점이 있었다. 골격의 보존 상태가 매우 양호하여, 연조직$^{soft\ tissue}$의 세부가 가시화되었기 때문이다. 피부, 근육, 기관은 화석이 돌 속에 묻혀 뼈, 이빨, 껍질과 같은 경조직$^{hard\ tissue}$만 남기 전에 부패해 사라지는 것이 일반적이다. 그러나 유티라누스의 경우에는 억세게 운이 좋았다. 화산이 폭발한 직후 골격이 신속하게 매장되는 바람에, 연조직 중 일부가 부패할 겨를이 없었던 것이다. 그 결과, 각각 15센티미터쯤 되는 가느다란 섬유의 치밀한 뭉치가 뼈 주변을 빽빽이 에워쌌다. 중국 북동부의 동일한 암석층에서 발견된 조그만 딜롱의 경우에도, 유티라누스와 비슷한 구조가 보존되어 있었다.

연구팀이 발견한 '가느다란 섬유'는 깃털이다. 단, 오늘날 새들의 날개를 구성하는 '깃펜형 깃털'이 아니라 머리카락에 더 가까운 '단순한 깃털'이다. 그것은 새들의 깃털을 진화시킨 원조로, '많은(어쩌면 모든) 공룡이 그런 깃털을 갖고 있었다'는 것이 오늘날의 통설이다. 유티라누스와 딜롱은 '티라노사우르는 깃털공룡의 일부가 아니었다'는 의심을 불식했다. 새와는 달리, 티라노사우르가 날지 않았던 것은 분명하다. 그보다는 차라리 티라노사우르는 깃털을 과시나 보온 용도로 사용했다. 그리고 우람한 유티라누스와 왜소한 딜롱이 모두 깃털을 갖고 있었다는 점을 고려하면, 모든 티라노사우르의 공통 조상은 깃털을 보유하고 있었다고 유추할 수 있다. 그렇다면 거대한 T. 렉스 역시 깃털을 갖고 있었을 가능성이 매우 높다.

털북숭이 유티라누스의 골격은 '깃털공룡'을 국제 언론계의 스타덤에 올려놓았다. 그러나 깃털에 대해서는 나중에 다시 논의할 예정이다. 적어도 내게 유티라누스의 진정한 의미는, '티라노사우르가 거대한 덩치를 진화시킬 수 있었던 메커니즘을 더 잘 이해하는 데 도움이된다'는 데 있었기 때문이다. 유티라누스와 시노티라누스는 몸집이 컸으며, (T. 렉스와 사촌 삼총사가 대권을 장악한) 백악기 끝물 직전에 살았던 다른 어떤 티라노사우르보다도 훨씬 컸다. 그러나 중국에서 발견된 티라노사우르 듀오는 진짜로 거대하지는 않았다. 그들은 알로사우루스나 (구안롱을 사냥했던) 거대 포식자 신랍토르와 덩치가 비슷했는데,

알로사우루스와 신랍토르는 길이 12미터, 체중 7톤을 자랑하는 T. 렉스와 근친들에 비하면 어림도 없었다. 그뿐 아니라 유티라누스의 완벽한 골격을 T. 렉스의 뼈대와 일대일로 비교해본 결과, 둘은 크게 다른 것으로 밝혀졌다. 장식용 골즐, 커다란 콧구멍, 기다란 '세 손가락 팔'을 고려하면, 유티라누스는 웃자란 구안롱처럼 보였다. 그리고 유티라누스에게는 T. 렉스의 전형적인 특징, 즉 '깊고 근육질인 두개골' '두꺼운 철도용 대못 모양의 날카로운 이빨' '애처로운 조막손'이 없었다.

그렇다면 우리는 예상치 못한 결론에 도달하게 된다. '몸집은 커다랗지만 유티라누스와 시노티라누스는 T. 렉스와 그다지 가까운 친척이 아니었으며, 백악기 최후의 티라노사우르의 거대한 크기 진화와 별로 관련이 없었다.' 그 대신 그들은 단지 원시적인 티라노사우르로서, 나중에 등장할 사촌들과는 독립적으로 커다란 몸집을 실험하고 있었던 것으로 보인다. 달리 말해, 그들은 진화의 막다른 골목^{evolutionary dead}^{end}에 있었으며, 우리가 아는 한 백악기 초기에 중국의 한구석에만 존재했다(물론 이러한 주장은 새로운 화석이 발견되어 틀린 것으로 증명될 수 있다). 그들은 (쥐라기와 백악기 초기에 번성한) 훨씬 더 흔한 소형 공룡들과 한데 어울려 살았다.

비록 T. 렉스의 직계 조상은 아니지만, 유티라누스와 시노티라누스를 결코 소홀히 할 수는 없다. 이 백악기 초기의 공룡들은 티라노사우르가 '크게 될 놈'임을 진화사에서 일찌감치 보여주었기 때문이다. 우리가 아는 범위 안에서, 유티라누스와 시노티라누스는 자신들의 생태계에서 가장 큰 포식자였다. 그들은 먹이사슬의 최정상에서 군림하며, (여름에는 습윤하고, 겨울에는 눈 속에 파묻히기 십상인) 울창한 숲 속을 호령했다. 숲은 가파른 화산의 가장자리에 우거졌고, 원시 조류와 깃털 달린 랩터raptor●의 재잘거림으로 활기가 넘쳤다. 그들이 좋아한 먹이는 두 가지였다. 평소에는 사방에 널려 있는 (부리가 달린, 양만 한 크기의 초식공룡인) 프시타코사우루스Psittacosaurus를 잡아먹었고, 특별히 배가 고플 때는 오동통하고 목이 긴 용각류를 잡아먹었다. 프시타코사우루스는 트리케라톱스의 원시 사촌인데, 트리케라톱스로 말할 것 같으면 6000만 년 뒤 북아메리카 서부의 범람원에서 T. 렉스와 일전을 벌이게 된다.

백악기 초기 중국의 숲과는 시간적·공간적으로 떨어진 다른 장소에서, 중소 규모의 티라노사우르는 덩치 큰 포식자들의 위세에 눌려 맥을 추지 못했다. 신랍토르는 쥐라기 중기의 중국에서 구안롱을 압도했다. 알로사우루스는 쥐라기 후기의 북아메리카에서 노새만 한 스토케소사우루스를 힘으로 밀어붙였다. 카르카로돈토사우르 일원인 네오베나토르Neovenator는 백악기 초기의 영국에서 에오티라누스를 지배했다. 그 밖에도 이와 유사한 사례는 많다. 기회만 주어진다면 대형화할 수 있을 것처럼 보였지만, 전제 조건이 하나 있었다. 그것은 자기보다 큰 포식자가 주변에 존재하지 않아야 한다는 것이었다.

지금까지 자세히 살펴보았는데도 아직 해결되지 않은 의문이 있다. 'T. 렉스와 최근친最近親들이 그처럼 상상을 초월하는 몸집으로 급

● 랩터는 맹금류를 뜻하는 영어로, 약탈자를 뜻하는 라틴어 랍토르raptor에서 유래했다. 드로마이오사우루스과Dromaeosauridae 공룡의 애칭이지만, 학명에서는 꼭 드로마이오사우루스과에 속하는 공룡한테만 붙여야 한다는 제약이 없으므로, 드로마이오사우루스과에 속하지 않아도 속명 뒤에 랍토르가 붙는 공룡(예를 들어 에오랍토르)이 존재한다.

성장한 메커니즘은 무엇일까?' T. 렉스의 체제를 보유한 '진짜로 거대한 티라노사우르'가 최초로 등장한 때가 언제인지 알고 싶다면, 화석 기록을 주의 깊게 살펴볼 필요가 있다. 내가 여기서 말하는 T. 렉스의 체제란 '10미터 이상의 길이, 1.5톤 이상의 몸무게, 크고 깊은 두개골, 근육이 잘 발달한 턱, 바나나만 한 이빨, 애처로운 조막손, 우람한 다리근육'을 말한다.

이런 체제를 가진 티라노사우르, 즉 기록적인 몸집의 명실상부한 최정상 포식자는 약 8400만~8000만 년 전 북아메리카의 서부에 맨 처음 등장했다. 일단 출현하고 나자, 그들은 북아메리카와 아시아의 도처에서 불쑥불쑥 나타나기 시작했다. 바야흐로 폭발적인 다양화가 일어난 것이다.

우리가 알기로, 이 같은 대전환big switch이 일어난 때는 백악기 중기에 해당하는 1억 1000만 년 전과 8400만 년 전 사이의 언제쯤이었다. 그전에는 전 세계에 중소 규모의 티라노사우르가 바글바글하는 가운데, 유티라누스처럼 웃자란 공룡이 드문드문 나타났다. 그 후에는 거대한 티라노사우르가 북아메리카와 아시아 전역에 군림했으며(단, 이 두 지역에 한정되었다), 소형 버스보다 작은 종은 씨가 말랐다. 이것은 극적인 변화였으며, 공룡의 역사를 통틀어 가장 커다란 변화 중 하나다. 그러나 안타깝게도 그런 변화가 일어난 과정을 보여주는 화석 기록은 거의 남아 있지 않다. 백악기 중기는 공룡의 진화사에서 암흑기라고 할 수 있으며, 2500만 년이라는 기간에 속하는 극소수의 화석이 발견된 것은 화석으로서는 순전히 불운 때문이었다. 그래서 우리는 머리를 긁적이고 있다. 범죄 현장에 지문, DNA 데이터, 그 밖의 어떤 가시적인 증거도 보존되어 있지 않은 가운데, 범죄를 해결해달라는 의뢰를 받은 탐정처럼 말이다.

점차 증가하는 '백악기 중기 지구의 모습'에 대한 이해를 바탕으로 우리가 말할 수 있는 것은, 그 시기는 공룡에 그리 녹록한 시기가 아니었던 듯하다는 것이다. 백악기의 하위 구분인 세노마눔절Cenomanian과 튀롱절Turonian의 사이에 해당하는 약 9400만 년 전, 지구에는 급격한 환경 변화가 일어났다. 기온이 급상승하고, 해수면이 맹렬히 요동치고, 깊은 대양에는 산소가 고갈되었다. 그 이유는 알 수 없지만, 한 가지 그럴듯한 이유는 '화산활동이 급증하여 엄청난 양의 이산화탄소와 그 밖의 독성가스가 대기 중으로 뿜어나오는 바람에 온실가스 효과가 폭주하고 지구가 오염되었다'는 것이다. 공룡의 대권 장악에 보탬이 되었던 페름기와 트라이아스기 말기의 대멸종만큼 대단하지는 않았지만, 쥐라기-백악기 경계선에서 일어났던 사건에 버금가는 일이 일어난 듯하다. 어찌 됐든, 그 정도의 사건이라면 공룡 시대를 통틀어 최악의 대멸종 중 하나를 초래할 만했다. 그 결과 바다에 사는 무척추동물들이 영원히 사라졌고, 다양한 파충류도 덩달아 자취를 감췄다.

백악기 중기의 화석 기록이 극단적으로 불량하다 보니, 이러한 극적인 환경 변화가 공룡에게 미친 영향을 알아내기는 매우 어렵다. 그러나 최근 고생물학자들은 천신만고 끝에 백악기의 공백에서 중요한 표본을 여럿 발굴했다. 그 결과 한 가지 뚜렷한 패턴이 나타났다. 그 내용인즉 '2500만 년이라는 기간을 들여다보니, 대형 포식자 중에서 티라노사우르는 단 하나도 없더라'는 것이었다. 그 시기에 나타난 대형 포식자들은 케라토사우르ceratosaur, 스피노사우르spinosaur, 카르카로돈토사우르에 속한 육식공룡들이었다. 특히 카르카로돈토사우르는 최상위 포식자로 (4장에서 살펴보았듯이) 백악기 전기를 완전히 지배했으며, 백악기 중기에도 꽤 오랫동안 지배권을 유지했다. 예컨대 길이 10미터짜리 시아즈^{Siats}는 약 9850만 년 전 북아메리카 서부의 최상위 포식자였다. 아시아의 경우, T. 렉스와 거의 덩치가 같은 킬란타이사우루스^{Chilantaisaurus}와 그보다 좀 작은 샤오칠롱이 약 9200만 년 전 일인자의 자리를 차지했다. 아이로스테온^{Aerosteon}은 약 8500만 년 전 남아메리카를 지배했다.

반면, 앞서 언급한 카르카로돈토사우르와 나란히 살았던 티라노사우르는 적어도 외모상으로는 아직 그다지 특별하지 않았다. 그들의 화석을 그리 많이 보유하고 있는 것은 아니지만, 최근 몇몇 화석들이 발견되기 시작했다. 그중 대표적인 것은 우즈베키스탄에서 나왔다. 그곳에서는 사샤와 동료 한스디터 주에스$^{Hans-Dieter Sues}$(독일 출신 고생물학자로, '늘 머금는 미소'와 '감염성 있는 웃음'이 주특기이며, 현재 스미스소니언 협회에서 선임연구자로 일하고 있다)가 10여 년 동안 황량한 키질쿰사막에서 고군분투해왔다.

사샤가 몇 년 전 내게 조심스레 건네준 소비에트 시대의 상자에는 한스와 함께 발굴한 티라노사우르 화석 중 일부가 들어 있다. 내가 그 화석들을 에든버러로 가져와 CT 촬영을 한 것은 그중 두 표본이 (뇌와 귀를 둘러싼 두개골의 뒷부분에서 융합된 뼈들의 퍼즐인) 뇌실^{braincase}이었기 때문이다. 만약 뇌와 감각기관을 수용하고 있었을 안쪽 빈 공간(뇌강^{brain} ^{cavity})을 들여다보고 싶다면, 뇌실을 톱으로 썰어 열 수도 있다(일찍이 오즈번은 과학이라는 명목 아래 최초의 T. 렉스 두개골을 톱으로 썰어 영구적으로 손상한 바 있다). 그러나 오늘날 우리는 CT 촬영기와 강력한 엑스선을 이용할 수 있으므로 굳이 표본을 손상할 필요가 없다. 우리는 우즈베크에서 발굴된 뇌실을 CT로 촬영했고, 그것이 티라노사우르의 것임을 확인했다. '척수를 둘러싼 뼈의 구조'와 '기다란 관 모양의 뇌실'이 T. 렉스, 알베르토사우루스, 그 밖의 티라노사우르의 것과 똑같았기 때문이다. 심지어 매우 기다란 달팽이관도 포함되어 있었는데, 그것은 티라노사우르의 전형적인 특징 중 하나였다. 티라노사우르는 달팽이관 덕분에 저주파 소리를 더 잘 들을 수 있었다. 그러나 우즈베크에서 발견된 티라노사우르 공룡은 그 몸집이 아직 유소년 수준으로, 겨우 말만 한 크기였다.

2016년 사샤, 한스, 나는 우즈베크에서 발견된 공룡에 티무를렝기아 에우오티카*Timurlengia euotica*라는 학명을 붙였다. 그 학명은 (타메를란 *Tamerlane*으로도 알려진) 티무르*Timur*를 기념하기 위한 것이었다. 그는 14세기에 우즈베키스탄과 주변의 땅을 지배한 악명 높은 중앙아시아의 군벌 지도자였다. 그 이름은 (중간 정도의 몸집이라서, 먹이사슬의 최정상에서 몇 계단 아래에 존재할망정) 명색이 티라노사우르인 공룡에 적당했다. 비록 몸집은 거대하지 않았지만, 티무를렝기아는 다른 육식공룡들보다 더 큰 뇌와 정교한 감각(후각, 시각, 청각)을 발달시켰다. 이는 궁극적으로 (나중에 등장할) 거대한 티라노사우르에 '편리한 포식용 무기'를 제공한 적응이라고 할 수 있다. 티라노사우르는 몸집을 불리기 전에 똑똑해지고 있었지만, 아무리 똑똑하다고 해도 티무를렝기아와 전우들은 백악기 중기의 진정한 군벌 지도자, 카르카로돈토사우르의 손아귀에 있었다.

시곗바늘이 8400만 년 전을 가리키며 화석 기록이 다시 풍부해졌을 때, 북아메리카와 아시아에서 카르카로돈토사우르는 사라지고 거대한 티라노사우르가 그 자리를 차지하고 있었다. 중대한 진화적 반전이 일어난 것이었다. 세노마눔절-튀롱절 경계선에서 일어난 기온과 해수면 변화의 지속적인 영향 때문이었을까? 그것은 갑작스러웠을까, 아니면 점진적이었을까? 티라노사우르가 카르카로돈토사우르와 활발히 경쟁하는 과정에서 힘으로 밀어붙여 멸종시켰을까, 아니면 커다란 두뇌와 예민한 감각을 이용해서 궁지에 빠뜨렸을까? 아니면 환경 변화가 다른 대형 포식자들을 멸종시키고 티라노사우르만 살려놓아, 요행히 대형 포식자의 자리를 꿰차게 만들었을까? 확실한 증거는 부족하지만, 정답이 무엇이 되었든 '지금으로부터 8400만 년 전 백악기 끝물인 캄파니아절Campanian이 시작될 즈음, 티라노사우르가 먹이사슬의 최정상에 등극해 있었다'는 사실을 부인할 수는 없다.

　　백악기의 마지막 2000만 년 동안, 티라노사우르는 번성하며 북아메리카와 아시아의 하곡, 호숫가, 범람원, 숲, 사막을 지배했다. 전형적인 외모(거대한 머리, 탄탄한 몸, 애처로운 조막손, 근육질 다리, 기다란 꼬리) 때문에, 고생물학자들이 헷갈릴 여지는 전혀 없었다. 깨무는 힘은 워낙 강력해서 먹잇감의 뼈가 으스러졌고, 성장 속도는 매우 빨라 10대 시절에는 체중이 매일 약 2킬로그램씩 불어났다. 그리고 너무 치열한 삶을 산 나머지, 서른 살 이후에 죽은 개체는 지금껏 발견되지 않았다. 그들의 다양성은 매우 인상 깊은 수준이어서, 지금까지 발견된 백악기 말기의 우람한 티라노사우르는 거의 20종이며 앞으로도 더 많이 발견될 것이 확실해 보인다. (중국의 공사장에서 아직 무명이던 굴착기 기사가 우발적으로 발견한) 피노키오의 코를 가진 키안조우사우루스는 최근에 발견된 거대 티라노사우르다. 100여 년 전 티라노사우르 하나를 처음 관찰한 브라운과 오즈번이 완전하게 이해했듯이, T. 렉스와 그 형제들은 공룡 세계의 진정한 왕이었다.

티라노사우르가 다스린 세상은 그들이 성장하던 시절의 지구와 매우 달랐다. 킬레스쿠스, 구안롱, 유타라누스가 먹잇감에 몰래 접근하던 시절, 초대륙 판게아는 근래에 갈라지기 시작하고 있었으므로 티라노사우르가 지구의 어디로든 쉽게 이동할 수 있었다. 그러나 백악기 말기에는 대륙이 훨씬 더 멀리 떨어져나가, 오늘날 차지하고 있는 것과 비슷한 위치에 도달해 있었다. 당시의 세계지도는 오늘날과 매우 비슷했겠지만, 몇 가지 중요한 차이가 있었다. 백악기 후기의 해수면 상승으로, 북아메리카는 북극에서 멕시코만까지 뻗은 해로에 의해 동서로 양분되어 있었고, 범람하는 유럽은 몇 안 되는 작은 섬들의 집합체로 전락해 있었다. T. 렉스가 사는 지구는 단편화된 행성으로, 상이한 공룡 그룹들이 여러 개의 격리된 지역에 살고 있었다. 결과적으로, 한 지역의 챔피언이 다른 지역을 점령할 수 없는 이유는 단 하나, 그곳에 갈 수 없기 때문이었다. 거대한 티라노사우르는 유럽이나 남반구 대륙에서 거점을 확보할 수 없었고, 그 지역에서는 다른 종류의 대형 포식자 그룹이 번성했다. 그러나 북아메리카와 아시아에서는 티라노사우르에 대적할 상대가 없었다. 그들은 우리의 상상을 초월하는 공포의 대상이었다.

6

공룡의 왕

_ 티라노사우루스 렉스

──────── 트리케라톱스는 안전했다. 그들은 강 건너편에
있었으므로, 반대편 강둑에서 급박하게 진행되는 불가피한 위험
과 격리되어 있었다. 그러나 그들은 알고 있었다. 모종의 사건이 진행
되고 있으며, 그것을 멈추기에는 자신들이 너무나 무기력하다는 것을.

15미터 남짓 떨어진 곳, 물 반대편에 퇴적된 모래와 진흙의 돌출한
부분에서는 에드몬토사우루스*Edmontosaurus* 세 마리가 무리를 지어 배회
하고 있었다. 그들은 오리의 부리처럼 생긴 날카로운 주둥이를 이용
해 강가에 드리운 꽃관목의 잎을 따 먹었다. 그들의 오동통한 뺨은 씹
는 동작을 연신 반복하며 좌우로 씰룩였다. 늦은 오후의 태양은 물결
너머에서 희미하게 빛났고, 나무 높은 곳에서 들려오는 새들의 속삭임
소리가 평화롭고 고요한 분위기를 사방에 발산했다.

그러나 만사 오케이라고 생각했다면 오산이다. 트리케라톱스는 먼
강가에, 에드몬토사우루스가 볼 수 없는 뭔가가 도사리고 있는 것을

목격했다. 정글의 가장자리와 사주(모래톱)가 만나는 부분에는 높은 나무들이 우뚝 솟아 있었다. 그 나무 밑에 제3의 동물이 숨어 있었다. 초록색 비늘이 덮인 피부는 나뭇잎과 거의 구별할 수 없는 완벽한 위장 도구였다. 그러나 그들의 눈만큼은 야욕을 숨기지 않았다. 둥글납작한 두 눈망울은 기대에 가득 차 번득이고 있었다. 몇 분의 일 초 간격으로 좌우로 구르며, 세 마리의 '멋모르는 초식동물'들을 예의주시하고 있었다. 적절한 시점을 기다리고 있었던 것이다.

마침내 기다리던 순간이 오자, 눈 깜박할 사이에 피도 눈물도 없는 폭력이 자행되었다.

시뻘건 눈과 녹색 피부를 가진 괴물이 덤불 속에서 튀어나와, 초식동물의 경로로 뛰어들었다. 그것은 정말로 끔찍한 장면이었다. 숨어 있던 포식자는 길이가 13미터로 시내버스보다 길었고, 몸무게가 최소한 5톤이었으니 말이다. 목과 등을 뒤덮은 비늘 사이에서는 지저분하고 북실북실한 솜털들이 삐져나와 있었다. 꼬리는 길고 근육질이며 다리는 다부지지만 팔은 우스울 정도로 작아서, 에드몬토사우루스 무리를 향해 머리를 앞세운 채 턱을 딱 벌리고 돌진할 때는 좌우에 조막손이 건성으로 매달려 있었다.

딱 벌린 입 안에는 약 50개의 뾰족한 이빨이 들어 있었다. 하나같이 철도용 대못만 한 크기였다. 그 이빨로 에드몬토사우루스 한 마리의 꼬리를 꽉 깨물자, 뼈 으스러지는 소리와 비명 소리가 뒤섞여 숲 전체에 메아리쳤다.

공격을 받은 에드몬토사우루스는 포식자의 아가리에서 벗어나 나무들 사이로 뒤뚱뒤뚱 들어가려고 필사적으로 몸부림쳤다. 잘린 꼬리는 포식자의 부러진 이빨을 전쟁의 흉터로 간직한 채 뒤에 대롱대롱 매달려 있었다. 에드몬토사우루스는 '깊은 숲속 은밀한 곳'에서 상처에 무릎을 꿇을까, 아니면 살아남을까? 트리케라톱스가 결말을 알 리 만무했다.

실패한 공격에 당황한 맹수는, 셋 중에서 덩치가 가장 작은 오리주둥이공룡에 눈을 돌렸다. 그러나 어린 공룡은 이미 숲속으로 멀리 달아나, 나무와 덤불 사이를 날쌔게 요리조리 달리고 있었다. 덩치 큰 육식공룡은 포획 가능성이 없음을 깨닫고, 깊은 회한의 울부짖음을 토해냈다.

그러나 아직 에드몬토사우루스 한 마리가 모래톱 한 구석에 남아 있었다. 그는 공교롭게도 구석에 몰려 있었다. 한쪽에는 물이 있고, 다른 쪽에는 살코기를 탐하는 괴물이 있었다. 포식자가 강을 향해 머리를 돌렸을 때, 포식자와 피식자의 눈이 마주쳤다. 탈출은 불가능했으므로, 불가피한 일이 벌어질 수밖에 없었다.

머리는 쏜살같이 전진했고, 이빨은 야들야들한 살코기에 닿았다. 초식동물의 목이 산산조각 날 때, 뼈는 으스러지고 피는 강물로 흘러들어가 하얀 거품을 품은 흐름과 뒤섞였다. 희생자를 갈가리 찢던 포식자의 이빨이 부러지며 허공을 갈랐다.

그런 다음, 숲속의 후미진 곳에서 바스락거리는 소음이 들려왔다. 나뭇가지가 꺾이고 잎이 이리저리 흩날리는 소리였다. 겁에 질린 트리케라톱스가 쳐다보았을 때, 네 마리의 다른 야수가 강둑을 향해 뛰어오고 있었다. 머리가 크고 못을 닮은 이빨이 달린 초록색 맹수였다. 첫번째 맹수와 덩치와 형태가 엇비슷했다. 그들은 한 패거리였고, 공격자는 그들 중의 우두머리였다. 이제 부하들이 전과戰果를 공유할 차례였다. 다섯 마리의 굶주린 동물은 가장 좋은 부분을 차지하기 위해 다투었고, 코를 힝힝거리고 이빨을 드러내며 으르렁거리다 결국에는 서로 물어뜯고 상대방의 얼굴을 깨물었다.

반대편 강가의 안전지대에 머물고 있는 트리케라톱스는, 자신이 목격하고 있는 사건의 진상을 정확히 파악했다. 그도 그럴 것이, 그것은 그 근방에서 으레 발생하는 일이었기 때문이다. 그도 한때 게걸스러운 살육자의 아가리에 걸려들었다가, 예리한 뿔로 그 턱을 들이받아 간신히 벗어난 적이 있었다. 살육자의 정체를 모르는 트리케라톱스는 아무도 없었다. 그 살육자는 트리케라톱스의 최대 숙적으로, 나무 사이에서 유령같이 나타나 모든 초식동물을 살육하는 공포의 대상이었다. 이름하여 티라노사우루스 렉스! 공룡의 왕이자, 45억 년 지구 역사상 가장 큰 포식자였다.

T. 렉스는 영화나 만화에 단골로 등장하는 캐릭터로서, 악몽에도 자주 출몰하지만 지구상에 실재했던 동물이기도 하다. 고생물학자들은 그들에 관해 상당히 많은 것(어떻게 생겼는지, 어떻게 움직이고 숨 쉬고 세상을 감지했는지, 무엇을 먹었는지, 어떻게 성장했는지, 왜 그렇게 거대해졌는지)을 알아냈는데, 그 한 가지 비결은 '많은 화석을 소장하고 있다는 점'이다. 고생물학자들은 50여 개의 T. 렉스 골격을 확보했다. 그중 일부는 상태가 거의 완벽해 다른 어떤 공룡보다도 연구 여건이 양호하다. 그러나 그것이 무엇보다도 중요한 까닭은 매우 많은 과학자가, 마치 많은 사람이 영화나 스포츠 스타에 열광하는 것처럼, '공

룡의 왕'의 위엄에 사로잡혀 있기 때문이다. 과학자들이 뭔가에 매혹되면 수중에 있는 모든 도구, 실험, 분석 방법을 동원하여 수작을 걸기 시작한다. 고생물학자들은 도구상자 전체를 T. 렉스에 투자했다. CT 촬영기를 이용해 뇌와 감각기관을 촬영하고, 컴퓨터 애니메이션을 이용해 자세와 운동을 이해하고, 공학용 소프트웨어를 이용해 섭식 과정을 모델링하고, 현미경을 이용해 뼈의 성장 과정을 연구했다. 결국, 고생물학자들은 많은 현생 동물보다 '백악기의 공룡' 하나에 관해 더 많은 지식을 쌓게 되었다.

T. 렉스는 어떻게 살고, 호흡하고, 섭식하고, 움직이고, 성장했을까? 나는 지금부터 '공룡의 왕'에 대한 비공인 전기傳記를 공개하여 독자들의 호기심을 한껏 풀어보려 한다.

먼저 핵심적인 통계 수치부터 시작하기로 하자.

새삼스러운 이야기이지만, T. 렉스는 거대했다. 성체의 길이는 13미터이고 체중은 7~8톤인데, 이 수치는 3장에서 언급한 (허벅지의 두께를 기준으로 체중을 계산하는) 방정식을 활용해 산출한 것이다. 이러한 수치는 육식공룡 중에서 단연 최고였다. 쥐라기의 지배자들(도살자 알로사우루스, 토르보사우루스, 그리고 그들의 친척)은 길이가 약 10미터이고 체중이 수 톤이었으므로, 한 덩치 했음이 틀림없다. 그러나 T. 렉스에 비하면 어림도 없었다. 기온과 해수면의 변화 때문에 백악기로 접어든 뒤, 아프리카와 남아메리카의 카르카로돈토사우르 일부는 쥐라기 조상들보다 크게 성장했다. 예컨대 기가노토사우루스의 경우, 길이는 얼추 T. 렉스만 했고 체중은 약 6톤이었다. 그러나 렉스에 비하면 1~2톤 가벼웠으므로, '공룡의 왕'은 공룡 시대 동안(아니, 지구 역사를 통틀어)

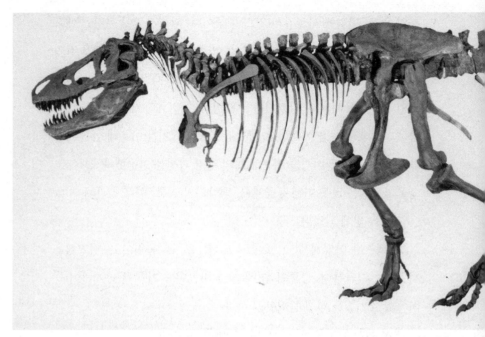

뉴욕 미국자연사박물관에 소장된 T. 렉스의 골격.

육지에 살았던 '순수한 육식동물' 중에서 넘버원의 지위를 유지했다.

유치원생들에게 T. 렉스의 그림을 보여주면 대번에 그 정체를 알아볼 것이다. 그림 속의 렉스는 전형적인 스타일과 독특한 체격(과학 용어로 독특한 체제)을 갖고 있다. 보디빌더처럼 짧고 튼튼한 목 위에는 거대한 머리가 올라앉아 있다. 특대형 머리와 균형을 이루는 것은 (갈수록 가늘어지는) 기다란 꼬리인데, 마치 시소처럼 수평으로 쭉 뻗어 있다. 렉스는 뒷다리로만 서 있었으므로, 근육이 잘 발달한 허벅지와 종아리가 운동에 동력을 제공했다. 렉스는 발레리나처럼 발끝으로 균형을 잡았으므로, 족궁과 발바닥을 땅바닥에 거의 대지 않은 상태에서 3개의 튼실한 발가락으로만 모든 체중을 떠받쳤다. 렉스의 앞다리는 무용지

물인 것처럼 보였다. 2개의 짧고 뭉툭한 발가락을 가진 조막손이어서, 신체의 나머지 부분과 우스꽝스러울 정도로 균형이 맞지 않았기 때문이다. 그리고 몸 자체는 목이 긴 용각류처럼 뚱뚱하지 않았지만, 빨리 달리는 벨로키랍토르처럼 삐쩍 마르지도 않았다. 렉스는 자신만의 고유한 체형을 지니고 있었다.

렉스의 권좌權座는 머리였다. 그것은 먹잇감에게 살육 기계이자 고문실이었다. 한마디로 모든 위험 요소를 골고루 갖춘 '일체형 악마 가면'이었다. 주둥이에서 귀까지의 길이가 약 1.5미터였으므로, 두개골의 길이는 사람의 평균 키와 거의 비슷했다. 50여 개의 날카로운 나이프 모양 이빨은 사악한 미소를 짓는 데 안성맞춤이었다. 자세히 보면 주둥이의 앞부분에는 절단용 치아가 별로 없고, 위턱과 아래턱의 좌우 가장자리를 따라 한 줄로 박혀 있는 바나나만 한 크기와 모양의 이빨들에는 톱니가 나 있다. 턱을 여닫는 근육은 머리 뒷부분의 병뚜껑만 한 구멍(귀 역할을 한다) 근처에서 불쑥 튀어나왔다. 양쪽 눈알은 자몽만 했고, 그 앞에는 피부로 뒤덮인 거대한 굴계$^{sinus\ system}$가 있어서 머리를 가볍게 하는 데 도움이 되었다. 주둥이 끝에는 커다란 다육질 뿔이 하나 솟아 있고, 양쪽 눈의 앞쪽과 뒤쪽에는 조그만 뿔들이 돌출되어 있었다. 양쪽 볼에서는 각각 하나의 혹이 아래를 향하고 있었는데, 그것은 케라틴(우리의 손톱을 구성하는 물질이다)으로 덮인 멋들어진 뼈마디였다. 렉스의 이빨이 당신의 뼈를 짓뭉개 파괴하기 직전, 마지막으로 기억에 남는 것이 바로 이 흉측한 얼굴이라고 상상해보라. 많은 공룡이 그런 식으로 최후를 맞이했다.

비늘 덮인 두꺼운 가죽이 머리, 조막손, 다부진 다리부터 꼬리 끝까지 전신을 뒤덮고 있다. T. 렉스는 이런 면에서 도마뱀과 비슷하며, 웃자란 악어나 이구아나를 닮았다. 그러나 한 가지 핵심적인 차이가 있으니, 렉스는 비늘 사이로 삐져나온 깃털을 갖고 있었다. 5장에서 언급했듯이, 이 깃털들은 새의 날개깃처럼 커다랗거나 가지를 치지도 않았으며, (머리칼과 형태 및 느낌이 똑같은) 단순하고 가느다란 섬유에 불과했다. 그리고 더 큰 깃털은 호저^{porcupine}의 가시처럼 뻣뻣하다. T. 렉스가 날지 않았던 것은 분명하며, 그들의 조상이 깃털의 전구체를 최초로 진화시킨 것도 아니다. 나중에 살펴보겠지만, 깃털은 외피의 단순한 가닥으로 출발했으며, T. 렉스와 같은 동물들은 보온용이나 과시용(배우자 유혹, 경쟁자 위협)으로 이용했다. 고생물학자들은 T. 렉스의 화석화된 깃털을 아직 발견하지 못했지만, 그들이 약간의 솜털을 갖고 있었다고 믿고 있다. 원시 티라노사우르(5장에서 만나본 딜롱과 유티라누스)가 머리칼 비슷한 깃털로 뒤덮여 있었던 것으로 밝혀졌기 때문이다. 조상들이 그랬다면 T. 렉스도 그랬을 가능성이 매우 높다. 참고로, 깃털이 화석화되려면 (연조직이 화석화될 수 있는) 희귀한 조건이 형성되어야 하며, 다른 많은 수각류가 그런 조건에서 깃털을 화석으로 남긴 바 있다.

　T. 렉스는 6800만~6600만 년 전에 살았다. 그들의 영토는 북아메리카 서부의 숲으로 뒤덮인 해안평야와 하곡이었다. 그들은 그 지역에서 (뿔 달린 트리케라톱스, 주둥이가 오리부리를 닮은 에드몬토사우루스, 탱크처럼 생긴 안킬로사우루스, 머리가 돔형인 파키케팔로사우루스^{Pachycephalosaurus} 등의) 풍부한 피식자 종을 포함하는 다양한 생태계를 지배했다. 그들과 먹이를 놓고 다툰 경쟁자라고는, 덩치가 훨씬 작은 드로마이오사우르^{dromaeosaur}(이를테면 벨로키랍토르)밖에 없었다. 다시 말해, 렉스의 주변에는 이렇다 할 경쟁 상대가 없었다.

　그보다 1500만~1000만 년 전 수많은 다른 티라노사우르가 동일한 환경에서 번성했지만, 그들은 T. 렉스의 조상이 아니었다. 렉스의 가장 가까운 사촌은 타르보사우루스나 주청티라누스^{Zhuchengtyrannus}와 같은 아시아계 종이었다. 그렇다. T. 렉스는 아시아계 이주민이었다. 즉 중국이나 몽골에서 출발해 베링육교를 껑충껑충 뛰어넘고, 알래스카와 캐나다를 거쳐 오늘날 아메리카의 심장부로 남하했다는 이야기다. 새로운 고향에 도착했을 때, 젊은 렉스는 모든 것이 여물어 수확할 때가 되었음을 깨달았다. 그는 북아메리카 서부를 휩쓴 악랄한 침입종으로, 캐나다에서 뉴멕시코와 텍사스까지 훑고 내려가며 중대형 포식 공룡들을 소탕하고 대륙 전체를 장악했다.

그리고 나서 어느 날 모든 것이 끝장났다. 6600만 년 전 하늘에서 소행성이 떨어져 백악기를 격렬하게 종식하고 모든 '날지 않는 공룡'을 말살했을 때, T. 렉스도 그 자리에 있었다. 자세한 스토리는 나중에 다루기로 하자. 지금 당장 중요한 사실은 단 하나뿐이다. 아시아 출신의 왕은 북아메리카에서 권좌에 올랐고, 권력의 절정에서 칼을 마구 휘둘러댔다.

'공룡의 왕'에게 걸맞은 메뉴는 무엇이었을까? 우리는 T. 렉스가 최상급 육식동물, 순수한 육식동물이었음을 안다. 그것은 우리가 모든 공룡에 대해 할 수 있는 가장 간단한 추론 중 하나이며, 그것을 이해하는 데는 어떠한 복잡한 실험이나 기계장치도 필요하지 않다. T. 렉스의 입 안에는 두껍고 (가장자리가) 톱니처럼 들쭉날쭉하고 (끝부분이) 면도날처럼 날카로운 이빨이 줄지어 있었다. 그들의 손과 발은 크고 뾰족한 손발톱을 자랑했다. 어떤 동물이 이 같은 이빨과 손발톱을 가질 이유는 단 하나, 살코기를 조달하고 처리하는 무기로 사용하기 위해서였을 것이다. 만약 당신의 치아가 칼날 같고 손가락과 발가락이 갈고리 같다면, 당신이 양배추를 즐겨 먹을 리 만무하다. 내 말을 의심하는 독자들이 있다면, 다른 증거도 무수히 많다. 먼저, 티라노사우르의 골격에서 위[胃] 부분과 티라노사우르가 떨군 배설물 화석을 분석해보면 동물의 뼈가 보존되어 있다. 그리고 북아메리카 서부에는 초식공룡들(특히 트리케라톱스와 에드몬토사우루스)의 골격이 널려 있는데, 그 골격을 자세히 살펴보면 (T. 렉스의 이빨과 크기 및 형태가 일치하는) 교흔^{咬痕}(깨문 자국)이 남아 있다.

렉스는 고기를 게걸스럽게 먹는 대식가였다. 과학자들은 '다 큰 T. 렉스가 생명을 유지하려면 얼마나 많은 먹이를 먹어야 했는지' 추정하기 위해, 렉스와 같은 크기의 현생 동물 포식자를 가정하고 먹이 섭취량을 계산해보았다. 그 결과는 구역질이 날 정도였다. 만약 T. 렉스가 파충류와 대사율이 같다면, 하루에 5.5킬로그램의 트리케라톱스 고기를 먹었어야 한다! 그러나 과학자들의 추정치는 매우 과소평가되었을 가능성이 높다. 왜냐하면 (나중에 살펴보겠지만) 공룡의 행동과 생리는 파충류보다 조류에 훨씬 가까웠고, 많은 공룡이 우리처럼 온혈동물이었을 수 있기 때문이다. 그것이 사실이라면, T. 렉스는 매일 약 110킬로그램의 고기를 폭풍 흡입했어야 한다. 그것은 현대의 육식동물 가운데 가장 왕성하고 굶주린 대형 수사자 서너 마리의 식사량과 맞먹으며, 기름기를 얼마나 좋아했느냐에 따라 수만~수십만 칼로리의 열량을 섭취했을 것이다.

어쩌면 어디선가 다음과 같은 소문을 들은 적이 있을 것이다. 'T. 렉스는 죽은 고기와 썩은 고기만 좋아했다.' '렉스는 7톤의 시체를 수집하는 청소부였다. 싱싱한 먹이를 사냥하기에는 너무 느리고, 멍청하고, 덩치가 컸으니까.' 이런 혐의는 몇 년마다 한 번씩 되살아나서 간혹 과학 기자들을 현혹한다. 그러나 그런 헛소문은 절대 믿지 말라. '칼날 같은 이빨이 장착된 자율 주행 승용차급 머리를 가진 명민하고 정력적인 동물이 먹이를 사냥할 생각은 하지 않고, 그까짓 잔반을 긁어모으기 위해 어슬렁거렸다'는 것은 상식에 어긋나는 말이다. 천부적인 해부학적 구조는 뒀다 어디에 쓰려고? 그런 낭설은 현대 육식동물에 관한 우리의 상식에도 어긋난다. 육식동물 중에서 순수한 청소부는 극소수에 불과하며, 심지어 하이에나도 순수한 청소부는 아니다. 하이에나는 대부분의 먹이를 추격해 획득하며, 특출한 청소부는 땅이 아니라 하늘에 있다. 예컨대 콘도르는 하늘 높이 비행하며 광범위한 지역을 시찰하다가, 썩어가는 시체를 보고(또는 냄새 맡고) 쏜살같이 내려와 낚아챈다. 반면 육식동물은 대부분 활발하게 사냥을 하며, 기회가 있을 때마다 수시로 청소부 노릇을 한다. 사자가 됐든 표범이 됐든 늑대가 됐든, 공짜 고기를 마다할 동물은 이 세상에 없다. 요컨대, T. 렉스도 그런 동물들과 마찬가지로 '능동적인 사냥꾼'과 '기회주의적 청소부'를 겸했을 것이다.

이렇게 말했는데도, '렉스가 제 발로 걸어 다니며 사냥을 했다'는 말에 고개를 가로젓는 독자들이 있을까? 그렇다면 'T. 렉스가 최소한 간헐적으로라도 사냥을 했다'는 사실을 증명하는 화석 증거를 살펴보자. T. 렉스의 이빨 자국이 나 있는 트리케라톱스와 에드몬토사우루스의 뼈 중 상당수에서는 치유와 재생의 징후가 보이는데, 이는 그들이 살아 있는 동안 T. 렉스의 공격을 받고 살아남았음을 강력히 시사한다. 그 중에서 가장 자극적인 표본은 에드몬토사우루스의 꼬리뼈 2개가 붙어 있고, 그 사이에 T. 렉스의 이빨이 끼어 있는 것이다. 아마도 상처가 치유되는 과정에서 2개의 뼈를 융합한 흉터 조직의 덩어리가 T. 렉스의 이빨을 기가 막히게 에워싸면서 그런 걸작을 탄생시킨 것 같다. 그 불쌍한 오리주둥이공룡은 T. 렉스의 무자비한 공격을 받고 심각한 부상을 입었지만, 죽다 살아난 기념으로 포식자의 이빨을 간직하게 되었다.

렉스의 교흔 중에는 독특한 것이 많다. 대부분의 수각류는 먹잇감의 뼈에 간단한 섭식 흔적을 남긴다. 그것은 '수평을 이루는 몇 개의 길고 얕은 찰과상'으로, 포식자의 이빨이 피식자의 뼈를 살짝 스치고 지나 갔음을 보여주는 징후다. 그것은 그리 놀랍지 않다. 공룡의 이빨이 우리와 달리 평생 다시 돋아난다고는 하지만, 초식동물을 잡아먹을 때마다 이빨이 부러지기를 원하는 포식자는 하나도 없을 것이기 때문이다. 그러나 T. 렉스는 달랐다. 그들의 교흔은 좀 더 복잡해서, 마치 총알구 멍같이 '깊고 동그란 구멍'에서 시작되어 '좁고 기다란 골furrow'로 마무리된다. 이것은 렉스의 이빨이 희생자의 몸 깊숙이 파고들며, 종종 뼈에 이빨을 박은 상태로 거칠게 잡아당겼다는 것을 의미한다. 고생물학자들은 이러한 유형의 섭식을 '천공 견인 섭식puncture-pull feeding'이라고 부른다. 천공 국면puncture phase이 진행되는 동안, 렉스는 문자 그대로 먹잇감의 뼈에 구멍이 뚫릴 정도로 매우 세게 아가리를 다물었다. T. 렉스가 남긴 배설물 화석에 뼛조각이 가득한 것은 바로 이 때문이다. 뼈 으스러뜨리기는 통상적인 섭식 행동은 아니며, 하이에나 같은 일부 포유류에서 볼 수 있다. 그러나 대부분의 현생 파충류는 먹이의 뼈까지 으드득으드득 씹어 먹지는 않는다. 우리가 아는 범위에서, 그처럼 특이한 행동을 할 수 있는 공룡은 T. 렉스 같은 대형 티라노사우르밖에 없었다. 그것은 '공룡의 왕'을 궁극적인 살육 기계로 만든 괴력 중 하나였다.

그렇다면 T. 렉스는 어떻게 그렇게 할 수 있었을까? 먼저, T. 렉스의 이빨은 그런 섭식 행동에 완벽히 적응해 있었다. 두꺼운 못처럼 생긴 이빨은, 뼈와 부딪혀도 쉽게 부서지지 않을 정도로 튼튼했다. 그다음으로, 그런 이빨을 뒷받침하는 힘을 생각해보자. T. 렉스의 턱 근육은 거대하게 툭 불거져 나온 힘줄 덩어리와 연결되어 있어 트리케라톱스, 에드몬토사우루스, 그 밖의 먹잇감의 사지와 등과 목을 산산조각

낼 수 있는 에너지를 공급하기에 충분했다. 두개골의 근부착부(근육이 부착되는 부분)에 넓고 깊게 파인 고랑을 고려하면, 렉스는 공룡 중에서 가장 크고 강력한 턱 근육을 갖고 있었음이 틀림없다.

실험을 통해 이러한 턱 근육의 움직임을 시뮬레이션할 수 있다. 나의 동료인 플로리다 주립대학교의 그레그 에릭슨^{Greg Erickson}은, 1990년대 중반 대학원 과정을 마친 직후 매우 기발한 실험을 설계했다. 그레그는 나와 함께 많은 시간을 보내는 절친한 사이다. (운동만 좋아하고 공부는 소홀히 하는) 겉멋 든 고등학생 스타일의 억양으로 이야기하며, 종종 해어진 야구모자를 쓰고 시원한 맥주잔을 손에 들고 있는 편이 더 어울려 보인다. 그는 몇 년 전 케이블 텔레비전 프로그램에 고정 출연하여, 기이한 동물의 섬뜩한 출몰 사건을 쉴 새 없이 이야기했다. 이를테면, 악어가 하수관을 통과해 이동 주택 단지^{trailer park}에 느닷없이 침입한다는 이야기다. 나는 그레그의 이런 엽기발랄함도 좋아하지만, 과학자로서 보이는 통찰을 깊이 흠모한다. 고생물학에 색다른 접근 방법, 즉 현생 동물과의 엄밀한 비교를 토대로 하는 실험적·정량적 접근 방법을 도입했기 때문이다.

공학자들과 많은 시간을 보내던 그레그는 어느 날 문득 '미친 아이디어' 하나를 떠올렸다. 그 내용인즉, 뭐든 있는 재료를 가지고 T. 렉스의 실험실 버전을 만들어서 깨무는 힘이 얼마나 강력했는지를 확인해 보자는 것이었다. 그들은 렉스가 남긴 1.3센티미터 깊이의 구멍이 뚫려 있는 트리케라톱스의 골반을 구한 다음, 다음과 같은 간단한 의문을 제기했다. 이만큼 깊은 구멍을 뚫으려면 얼마나 큰 힘이 필요할까? '진짜 T. 렉스'를 섭외해 '진짜 트리케라톱스'를 깨물게 할 수는 없었지만, 시뮬레이션하는 방법은 있었다. 청동과 알루미늄으로 T. 렉스 이빨의 주형을 제작해서 유압식 부하 장치에 장전한 다음, (형태와 구조가 트리케라톱스의 뼈와 매우 유사한) 암소의 골반을 강타할 수는 있었기 때문이다. 그들은 1.3센티미터 깊이의 구멍이 뚫릴 때까지 렉스의 이빨에 가해지는 유압을 계속 높인 결과, 궁금증을 해결하는 데 성공했다. 정답은 1만 3400뉴턴, 즉 1360킬로그램중이었다(1킬로그램중=9.80665뉴턴).

그것은 믿기 어려운 수치였다. 1360킬로그램중이라면 구형 픽업트럭의 무게와 비슷하기 때문이다. 다른 동물들과 비교해보면, 인간의 어금니는 최대 800뉴턴, 아프리카 사자의 이빨은 약 4200뉴턴의 힘으로 깨물 수 있다. T. 렉스의 깨무는 힘에 근접하는 현생 육상동물은 악어밖에 없으며, 렉스와 마찬가지로 약 1만 3400뉴턴이다. 그러나 방금 언급한 T. 렉스의 깨무는 힘은 '이빨 하나의 힘'이라는 점을 명심하라. 철도용 대못만 한 이빨 50여 개로 깨무는 힘은 상상할 수조차 없다. 그리고 그 힘은 화석에서 관찰된 교흔 하나를 만드는 데 필요한 힘이므로, 렉스의 최대 저작력咀嚼力은 과소평가될 가능성이 높다. 렉스는 아마도 지금껏 지구상에 살았던 육상동물 중에서 저작력이 가장 강력했을 것이다. 그들의 이빨은 먹잇감의 뼈를 쉽게 으스러뜨릴 수 있었으며, 승용차 한 대를 거뜬히 씹어 먹을 정도로 강력했을 것이다.

이와 같은 힘은 모두 턱 근육에서 비롯한 것이다. T. 렉스의 턱 근육은 이빨에 '뼈를 파괴하는 깨물기'의 동력을 제공하는 엔진이었다. 그러나 그것이 전부라고 생각하면 오산이다. 근육이 먹잇감의 뼈를 부수

● 다양한 용도를 위해 칸막이를 최소한으로 줄인 건축 평면.

기에 충분한 힘을 준다면, 그 힘이 렉스 자신의 두개골도 파괴할 수 있을 테니 말이다. 작용과 반작용의 법칙은 물리학의 기본이다. 따라서 거대한 이빨과 턱 근육을 가진 것만으로는 부족했으며, 그들에게는 (매번 턱을 다물 때마다 발생하는) 엄청난 스트레스를 견뎌낼 수 있는 두개골이 필요했다.

그 원리를 이해하려면, 공학자들과 (복잡한 숫자의 세계를 넘나드는) 또한 명의 고생물학자를 수소문해야 한다. 영국 브리스틀 대학교에 있는 에밀리 레이필드Emily Rayfield의 넓고 환한 연구실은 일렬횡대로 배열되어 있는 여러 대의 컴퓨터와 커다란 창문, 산들바람 부는 오픈플랜open plan*이 실리콘밸리의 연구실을 연상시킨다. 선반에는 다양한 소프트웨어 패키지의 매뉴얼만 즐비할 뿐, 화석이라고는 단 하나도 없다. 다른 고생물학자들과 달리, 에밀리는 통상적으로 화석을 수집하지 않는다. 그 대신 화석의 컴퓨터 모델(이를테면 T. 렉스의 두개골 모델)을 제작한 다음, 유한요소해석finite element analysis, FEA이라는 기법을 이용해 그것들이 움직이는 역학적 메커니즘을 연구한다.

FEA는 공학자들이 개발한 기법으로, 어떤 구조물의 디지털 모델에 다양한 시뮬레이션 부하가 가해질 때 스트레스와 긴장이 어떻게 분포하는지를 계산해준다. 쉽게 말해, 그것은 '뭔가에 어떤 유형의 힘이 가해질 때, 무슨 일이 일어날지'를 예측하는 방법이다. FEA는 공학자들에게 매우 유용하다. 예컨대 현장 노동자들이 교량을 건설하기 전에, 공학자들은 중장비들이 건너갈 때 교량이 붕괴하지 않을 거라고 확신하고 싶을 것이다. 교량이 붕괴할지 체크하기 위해, 공학자들은 교량의 디지털 모델을 제작한 뒤 컴퓨터를 이용해 진짜 자동차가 가하는 스트레스를 시뮬레이션함으로써 교량의 반응을 예측한다. '교량은 자동차의 무게와 힘을 쉽게 흡수할 것인가, 아니면 압력을 못 이겨 균열하기 시작할 것인가?' 만약 모델이 균열하기 시작한다면 컴퓨터가 약점을 발견할 것이므로, 공학자들은 진짜 교량의 설계도에서 그 부분을 찾아 수정할 수 있다.

에밀리는 교량 대신 공룡을 대상으로 공학자들과 똑같은 임무를 수행한다. 그녀가 지금껏 가장 좋아하는 주제는 T. 렉스다. 그녀는 잘 보존된 화석의 CT 영상을 토대로 렉스의 두개골에 대한 디지털 모델을 작성했다. 그런 다음 FEA 프로그램을 이용해, 피식자의 뼈를 산산조각 내는 저작력을 시뮬레이션하고 두개골의 반응 메커니즘을 분석했다. 그녀가 심사숙고 끝에 내린 결정은 다음과 같다. 'T. 렉스는 엄청나게 강력한 두개골을 지니고 있다. 그것은 한 번 깨물 때마다 이빨 하나에 가해지는 1360킬로그램중이라는 극단적 추진력/견인력을 견뎌내도록 최적화되었다.' 그것은 비행기의 동체처럼 구성되어, 개별 뼈는 (스트레스를 받아도 분리되지 않도록) 서로 단단히 봉합되어 있다. 주둥이 위의 코뼈는 '기다란 아치형 튜브'로 융합되어 스트레스의 흡수원으로 작용한다. 눈 주변의 뼈에는 두꺼운 지지대가 있어, 견고성과 강도를 뒷받침한다. 그리고 강인한 아래턱의 단면은 거의 원형이어서, 모든 방향에서 가해지는 높은 압력을 견뎌낸다. 지금까지 언급한 특징 가운데 여느 수각류의 두개골에서 찾아볼 수 있는 특징은 하나도 없다. 다른 수각류들은 다양한 뼈가 느슨하게 연결된 앙증맞은 두개골을 갖고 있다.

두개골은 퍼즐의 마지막 조각이며, T. 렉스로 하여금 강력한 깨물기를 통해 '식용 뼈에 대한 천공 견인 섭식'을 가능케 하는 도구상자의 마

T. 렉스의 두개골. Courtesy of Larry Witmer.

지막 구성 요소다. 두꺼운 못처럼 생긴 이빨, 우람한 턱 근육, 견고하게 구성된 두개골! 이 세 가지는 필승 조합이었다. 그중 하나라도 없었다면, T. 렉스는 먹잇감을 조심스럽게 자르고 써는 '평범한 수각류'였을 것이다. 그것은 다른 거구들, 즉 알로사우루스, 토르보사우루스, 카르카로돈토사우루스의 섭식 방법이었다. 그들은 뼈 으스러뜨리기에 필요한 무기를 갖고 있지 않았기 때문이다. '공룡의 왕'은 이런 면에서 또다시 타의 추종을 불허했다.

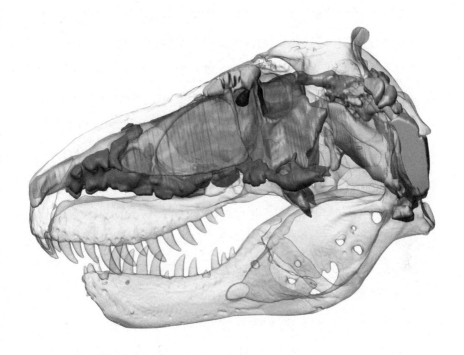

CT로 촬영한 T. 렉스의 두개골 안에 있는 뇌강과 굴. Courtesy of Larry Witmer.

길이 12미터짜리 에드몬토사우루스를 포식하든 당나귀만 한 조반류인 테스켈로사우루스*Thescelosaurus*를 간식으로 먹든, T. 렉스는 원하는 것을 거의 모두 먹어치울 수 있었다. 그러나 이 모든 것은 먹이를 사냥한 뒤에나 가능한 일이었다. 렉스는 맨 처음 먹이를 어떻게 낚아챘을까? 단도직입적으로 말해, 특출하게 날랜 편은 아니었다.

T. 렉스는 여러 면에서 특별한 공룡이었지만, 특별하지 않은 구석이 하나 있었다. 그것은 바로 쾌속 질주를 할 수 없었다는 점이다. 영화 〈쥬라기 공원〉에 나오는 유명한 장면을 떠올려보라. 피에 굶주린 T. 렉스

가 인육에 대한 채울 수 없는 식욕에 사로잡혀, 몸을 부르르 떨며 고속 주행하는 지프를 추격하지 않는가! 그러나 영화의 마술을 믿지 말라. 진짜 T. 렉스라면, 지프가 3단 기어를 넣고 먼지에 휩싸인 채 까마득히 멀어져갈 것이다. T. 렉스는 뒤뚱뒤뚱하며 숲속을 꾸준히 걷는 노력형과는 거리가 멀어도 한참 멀었다. T. 렉스는 명민하고 정력적이었으며, 발끝으로 살금살금 걸어 숲을 가로지르고 먹잇감에 접근할 때는 머리와 꼬리의 균형을 유지하며 합목적적으로 움직였다. 그러나 T. 렉스의 최대 속도는 아마도 시속 16∼40킬로미터쯤이었을 것이다. 물론 우리가 달리는 속도보다는 빠르지만 경주마만큼 빠르지는 않으며, 탁 트인 도로를 달리는 승용차보다 느린 것만은 분명하다.

고생물학자들이 T. 렉스의 운동 메커니즘을 연구할 수 있었던 것은 이번에도 역시 최첨단 컴퓨터 모델링 덕분이었다. 이 연구는 2000년대 초에 존 허친슨John Hutchinson이 시작했다. 그는 영국으로 이주한 미국인이며, 현재 런던 근처에 있는 왕립수의과대학에서 교수로 재직하고 있다. 그는 동물을 연구하는 데 모든 시간을 쏟아붓는다. 대학의 연구 캠퍼스에서 사육하는 가축들을 관찰하고, 코끼리의 자세와 운동을 연구하기 위해 눈금이 표시된 트랙을 달리게 하고, 타조나 기린 같은 이국적인 동물들을 해부한다. 존은 자신의 모험을 유명한 블로그에 연재하는데, '존의 냉동고 속에는 무엇이 있을까?'라는 제목이 경이로우면서도 어쩐지 혼란스럽다. 또한 그는 텔레비전 다큐멘터리에 해설자로 빈번히 등장한다. 종종 자주색 셔츠로 한껏 멋을 내지만 그 때문에 시청자의 집중력이 떨어지는 불상사는 없다. 그레그 에릭슨과 마찬가지로, 존은 내가 오랫동안 찬미해온 과학자다. 공룡을 연구하는 그의 관점이 매우 독특하기 때문이다. 그에게 현재는 과거를 들여다보는 열쇠다. 다시 말해, 현생 동물들의 해부학과 행동을 열심히 연구하면 공룡을 이해하는 데 도움이 된다는 것이 그의 지론이다.

존의 연구실을 방문해보면, 그의 냉동고 속에 전 세계에서 보내온 갖가지 동물의 냉동 시체가 실제로 보관되어 있다는 것을 알 수 있다. 십중팔구 그중 한둘은 냉동고에서 나와 해부 테이블 위에 놓여 해동되고 있을 것이다. 그러나 존의 연구실에는 '이건 아니다' 싶은 물건도 놓여 있는데, 바로 컴퓨터다. 그는 컴퓨터를 이용해 디지털 공룡 모델을 만든다. 우리가 3장에서 살펴본, 목이 기다란 용각류의 체중과 자세를 예측하기 위해 만든 모델 같은 것이다. 우선 그는 CT 영상, 레이저 표면 영상, (앞에서 배운) 사진측량법을 이용해 T. 렉스 골격의 3차원 입체 모델을 만들었다. 다음으로, 현생 동물에 관한 지식을 참조해 T. 렉스의 골격에 살을 붙였다. 즉 근육(그 크기와 위치는 뼈 화석에서 파악한 근부착부를 바탕으로 추론했다)과 다른 연조직을 붙인 다음, 그것들을 '피부로 감싸 실제로 그랬음 직한 자세로 고정했다. 그다음은 컴퓨터가 마술을 부릴 차례다. 컴퓨터는 그 모델을 이용해 온갖 종류의 운동을 시뮬레이션하면서, 진짜 공룡이 얼마나 빨리 움직일 수 있었는지를 계산했다. 내가 앞에서 언급한 시속 16~40킬로미터의 속도를 알려준 것도 존의 모델링 분석이었다.

컴퓨터 모델에 따르면, 렉스가 말처럼 빨리 달리려면 터무니없이 큰 다리근육이 필요했다. 그렇게 되면 허벅지가 체질량의 85퍼센트를 차지해야 하는데, 그건 불가능했다. 간단히 말해, T. 렉스는 덩치가 너무 커서 쾌속 질주가 불가능했다. 엄청난 몸집은 또 한 가지 부담을 초래했는데, 바로 신속한 방향 전환이 불가능했다는 것이다. 만약 그러려고 했다면 급커브를 도는 트럭처럼 넘어졌을 것이다. 그러므로 우리는 스필버그의 잘못을 바로잡아야 한다. 요컨대 T. 렉스는 스프린터(단거리 육상 선수)가 될 수 없었으며, 치타처럼 먹잇감을 맹추격하기보다는 숲속에 매복했다가 전광석화처럼 일격을 가했을 것이다.

먹잇감을 기습하려면 순간적으로 많은 에너지가 필요하다. T. 렉스는 다행히도 소매 속에(정확히 말하면, 흉강 속에) 한 가지 트릭을 숨기고 있었다. 혹시 용각류가 그렇게 엄청난 덩치를 갖기 위해 초효율적인 폐를 지니고 있었다는 사실을 기억하는가? T. 렉스도 용각류와 똑같은 폐를 갖고 있었다. 현생 조류의 폐와 마찬가지로, 그들의 폐는 숨을 들이쉴 때는 물론 내쉴 때도 산소를 섭취할 수 있었다. 우리의 폐는 흡기 때만 산소를 받아들이고 호기 때는 산소를 배출하지만, 그들의 폐는 달랐다. 그것은 생물공학의 놀라운 걸작이다. 오늘날의 새를 살펴보면(T. 렉스도 마찬가지다), 숨을 들이쉴 때 '산소가 풍부한 공기'가 폐로 들어온다. 여기까지는 당신이 예상한 것과 마찬가지다. 그러나 들이마신 공기 중 일부는 즉시 폐로 들어가지 않으며, 폐와 연결된 '주머니 시스템'으로 이동한다. 그러고는 거기서 대기하고 있다가, 숨을 내쉴 때 폐로 들어가 (이산화탄소가 배출되고 있는데도) 산소가 풍부한 공기를 배달한다. 에너지 생성에 필요한 산소를 지속적으로 공급받음으로써, 본전의 2배를 뽑는 것이다. 수천 미터를 거뜬히 비행하는 새 떼를 보고 신기한 적이 있다면, 그들의 폐가 바로 비밀 병기였다. 창공에는 산소가 희박해 숨을 쉬기가 매우 어렵지만(비행 도중 머리 위에서 산소 마스크가 내려오는 경험을 했던 사람에게 물어보라), 새들의 가슴에는 전천

후 풀무가 장착되어 있어 장거리 비행을 하는 데 아무런 문제가 없다.

고생물학자들은 아직 T. 렉스의 화석화한 폐를 발견하지 못했으며, 앞으로도 그럴 것으로 보인다. 그 얇은 조직은 화석화하기에는 너무나 연약하기 때문이다. 그러나 우리는 렉스가 새처럼 초효율적인 폐를 갖고 있었음을 안다. 그런 유형의 호흡 시스템은 뼈에 각인을 남기기 마련이며, 뼈는 화석화할 수 있기 때문이다. 이 모든 것은 기낭(공기주머니)과 관련되어 있다. 기낭이란 '새 스타일의 폐'에 통합된 공기 저장 구획을 말한다. 이러한 기낭은 풍선과 마찬가지로 부드럽고 얇은 벽으로 둘러싸이고 신축성 있는 주머니이며, 호흡 주기 동안 팽창과 수축을 반복한다. 많은 기낭은 폐에 연결되어 있고, 폐는 흉강 속의 다른 기관들 사이에 자리 잡고 있다(다른 기관으로는 기도, 식도, 심장, 위장, 창자가 있다). 때로 기낭은 공간이 부족해 최후의 가용 공간, 즉 뼈를 밀치게 된다. 그 과정에서 기낭은 뼈 속의 커다란(부드러운 벽으로 둘러싸인) 구멍을 파고 들어가 방[주]을 만든다. 이러한 흔적을 화석에서 확인하기는 어렵지 않으며, T. 렉스를 비롯해 많은 공룡(이를테면, 앞 장에서 언급했던 거대한 용각류)의 척추에는 그런 흔적이 남아 있다. 그러나 포유류, 파충류, 양서류, 어류, 그 밖의 어떤 동물에서도 그런 흔적이 발견된 적은 없다. 그것은 현생 조류와 멸종한 공룡(그리고 몇몇 근친)에서만 발견되는 흔적으로, 독특한 폐의 존재를 암시하는 숨길 수 없는 증거다.

독특한 폐 이야기는 이 정도로 하고, 이번에는 'T. 렉스의 기습'이라는 드라마에 초점을 맞춰보자. 초효율적인 폐가 엄청난 에너지를 제공하면, 그 에너지는 근육에 전달되어 렉스를 폭발적인 속도로 전진하게 한다. 렉스는 기겁한 먹잇감을 향해 순식간에 달려들 텐데, 그다음에는 무슨 일이 벌어질까? 다른 것은 모두 제쳐두고, T. 렉스가 '육지의 거대한 상어'라는 점만 상상하기 바란다. 백상아리와 마찬가지로, 렉스의 모든 행동은 머리와 함께 시작되었다. 머리를 앞세운 렉스는 클램프clamp● 처럼 강력한 턱으로 먹잇감을 움켜잡아 제압한 뒤 숨통을 끊었다. 그러고는 살코기와 내장과 뼈를 으드득으드득 씹은 뒤 꿀꺽 삼켰다. T. 렉스가 머리를 앞세워 저돌적으로 사냥할 수밖에 없었던 이유는, 애처로울 정도로 작은 팔을 가졌기 때문인 것으로 보인다. '공룡의 왕'은 구안롱이나 딜롱과 같은 조그만 조상들에서 진화했는데, 그 조상들은 훨씬 기다란 팔을 이용해 먹잇감을 움켜잡았다. 그러나 티라노사우르의 진화 과정에서 머리는 커지고 팔은 작아졌으며, 팔이 수행하던 모든 사냥 기능을 두개골이 점차 접수하게 되었다.

그런데 T. 렉스가 여전히 팔을 갖고 있었던 이유는 무엇일까? 고래가 육상 포유동물에서 해양 포유동물로 진화할 때 (더 이상 필요 없어진) 뒷다리를 버린 것처럼 팔을 완전히 상실하지 않은 이유가 무엇일까? 이 미스터리는 오랫동안 과학자들의 마음을 사로잡았고, 만화가와 코미디언들에게 끊임없는 말장난의 소재가 되어왔다. 그러나 과학적으로 해명되었듯이, 어리석어 보일 정도로 작은 그 조막손은 아무짝에도 쓸모없는 것이 아니었다. 아무리 짧아도, 그 팔은 다부지고 근육질이었으며 필시 어떤 목적을 갖고 있었던 것이 분명해 보였다.

조막손의 존재 이유를 밝혀낸 사람은 사라 버치Sara Burch였다. 그녀는 나와 함께 시카고 대학교 폴 세레노의 연구실에서 수학했는데, 우

● 공작물을 공작기계의 테이블 위에 고정하는 장치.

리는 그곳에서 친구가 되었지만 그 후 진로가 달라졌다. 나는 공룡의 계통학과 진화를 연구하는 길로 들어섰고, 그녀는 동물의 뼈와 근육에 매혹되었다. 그녀는 해부학과에서 박사과정을 밟으며 동물원 하나 분량의 동물을 해부했다. 박사 학위를 딴 뒤에는 고생물학자들에게 (지금은 일반화되었지만) 낯설었던 경로, 즉 의대생들을 대상으로 한 인간 해부학 교육을 개척해왔다. 사라는 공룡의 해부학적 구조(뼈들 간의 연결 관계, 각각의 뼈에 부착된 근육의 종류)를 어떤 현생 동물에 대해서보다 더 많이 알고 있다. 그녀는 T. 렉스를 비롯한 많은 수각류의 아래팔 근육을 재구성한 다음, 뼈에 보존된 부착 부위를 분석하고 현생 파충류 및 조류와 비교해서 '어떤 근육이 존재했고, 그 크기는 얼마나 컸는지'를 결정했다. 그 결과 외견상 애처로운 렉스의 팔은 사실 강력한 어깨와 팔꿈치 근육을 지니고 있었던 것으로 밝혀졌다. 이 근육들은 도망치려 하는 것을 단단히 붙들고, 가슴과 가까운 거리에 두는 데 필요했다. T. 렉스는 '짧지만 강력한 팔'을 이용해 발버둥치는 먹잇감을 제압하는 한편, 턱을 이용해 먹잇감의 뼈를 으스러뜨린 것으로 보인다. 그렇다면 렉스의 팔은 살상용 보조 기구였던 셈이다.

　'초효율적인 폐'와 '짧지만 강력한 팔'에 이어, T. 렉스의 사냥법을 둘러싼 이야기에는 마지막 반전이 도사리고 있다. 고생물학자들 사이에서는 '렉스가 먹잇감을 찾기 위해 혼자 배회하지 않고 무리를 지어 돌아다녔다'는 의견이 점차 힘을 얻고 있다. 그 증거는 캐나다의 에드먼턴과 캘거리 사이에 있는 화석 유적지(이곳은 오늘날 드라이 아일랜드 버팔로 점프 주립공원Dry Island Buffalo Jump Provinvial Park이라고 불린다)에서 나왔다. 그것은 1910년 바넘 브라운이 발견했는데, 그는 불과 몇 년 전 몬태나에서 T. 렉스의 골격을 최초로 발견한 터였다. 브라운은 캐나다 대초원의 심장부를 여행하고 있었는데, 보트에 몸을 싣고 레드디어강^{Red} Deer River을 따라 흘러 내려가다가 강둑에 공룡 뼈가 삐져나와 있는 것을 볼 때마다 닻을 내리곤 했다. 그는 드라이 아일랜드에 도착했을 때, T. 렉스의 사촌 형뻘인 알베르토사우루스의 뼈를 잔뜩 발견했다. 알베르토사우루스로 말할 것 같으면, 렉스가 아시아에서 이주해 오기 직전 북아메리카의 최상위 포식자였다. 뉴욕으로 돌아갈 시간이 촉박해 일정이 빠듯했던 브라운은 부랴부랴 서둘러 소량의 샘플만 수집했다.

알베르토사우루스의 뼈는 자연사박물관의 지하 납골당에 수십 년 동안 머물다, 1990년대에 와서야 캐나다 최고의 공룡 사냥꾼 필 커리^{Phil Currie}의 눈에 띄었다. 브라운의 발자취를 더듬어 드라이 아일랜드에 도착한 필은 본격적인 발굴을 시작했다. 필이 이끄는 발굴팀은 그 후 10년 동안 1000여 점의 뼈를 수집했다. 그 주인공은 (사람의 나이로 환산하면 청소년부터 어른에 이르기까지) 총 10마리 이상의 알베르토사우루스였다. 동일한 종에 속하는 많은 개체의 시신이 단체로 보존될 방법은 단 한 가지밖에 없다. 그들은 살아도 함께 살고 죽어도 함께 죽었음이 틀림없다. 그로부터 몇 년 뒤, 필의 발굴팀은 몽골에서 드라이 아일랜드의 묘지와 비슷한 공동묘지를 발견했다. 그곳에서는 T. 렉스의 아시아계 사촌인 타르보사우루스가 무더기로 발굴되었다. 알베르토사우루스와 타르보사우루스가 군거생활을 했다면, 렉스도 그랬을 거라고 추론할 수 있다. 만약 뼈를 으드득 씹어 먹는 체중 7톤짜리 포식자 한 마리의 기습이 두렵지 않다면, 이번에는 10마리 이상이 떼거리로 덤벼든다고 생각해보라. 그럼 좋은 꿈 꾸길!

이번에는 '공룡의 왕'의 두뇌에 대해 생각해보자. 그들의 두뇌는 무엇을 생각했을까? 세상을 어떻게 감지했을까? 먹잇감의 위치를 어떻게 확인했을까? 물론 이런 질문에 답하기는 매우 어렵다. 설사 현생 동물일지라도, 그들의 입장에 서서 '그들의 삶이 어땠을지'를 느끼는 것은 거의 불가능하다. 화석으로 남은 그들의 뇌와 감각기관을 연구할 수 있다면 뭔가 단서를 얻을 수 있으련만, 뇌와 눈과 신경과 눈/코 조직은 부드러워서 쉽게 손상되거나 부패하므로 화석화라는 혹독한 시련을 견뎌낼 수 없다. 그렇다면 어떻게 한다?

이번에도 과학기술이 불가능한 것을 가능하게 할 수 있다. 공룡의 뇌, 귀, 코, 눈은 사라진 지 오래이지만, 그 기관들이 뼈에서 차지했던 공간, 이를테면 뇌강·눈구멍 등은 남아 있다. 우리는 이러한 공간들을 연구해서 그 속에 자리 잡았던 감각기관에 대해 감을 잡을 수 있다. 그러나 문제가 또 하나 있다. 그런 공간 중 상당 부분은 뼈 속에 존재하므로 외부에서 관찰할 수 없다는 것이다. 과학기술이 필요한 것은 바로 이 때문이다. 즉 고생물학자들은 CT를 이용해 공룡 뼈의 내부를 가시화할 수 있다. CT는 일종의 고출력 엑스선 촬영술로, 의학계에서 널리 사용된다. 만약 당신이 소화관이나 뼈의 통증을 호소한다면, 의사는 절개하지 않더라도 CT를 이용해 당신의 몸 안에서 무슨 일이 일어나고 있는지 살펴볼 것이다. 공룡의 경우에도 마찬가지다. 고생물학자들은 엑스선을 이용해 일련의 내부 영상을 촬영한 다음, 다양한 소프트웨어 패키지를 이용해 그것들을 이어 붙여 3차원 모델을 만들어낸다. 이러한 절차는 고생물학에서 사실상 일상적인 일이 되었으므로, (에든버러 대학교에 있는 나의 연구실을 비롯해) 많은 연구실에서는 CT 장비를 하나씩 구비하고 있다. 우리가 보유한 CT 장비는 내 동료 이언 버틀러[Ian Butler]가 손수 제작한 것이다. 그는 본래 지구화학을 전공했지만 화석을 CT 촬영하다가 고생물학의 매력에 깊이 빠져들었다.

나와 이언은 화석 영상화 분야의 신입생으로, 이 분야의 몇몇 거장의 발자취를 따르고 있다. 오하이오 대학교의 래리 위트머[Larry Witmer], 아이오와 대학교의 크리스 브로추[Chris Brochu], 그리고 에이미 밸러노프[Amy Balanoff]와 게이브 비버[Gabe Bever] 부부가 바로 그들이다. 밸러노프와 비버는 텍사스 대학교에 있다가 뉴욕의 자연사박물관으로 자리를 옮겼고 (나는 박사과정 중에 이곳에서 그들을 만났다), 지금은 볼티모어에 있는 존 스홉킨스 대학교에 자리를 잡았다. 그들은 CT 판독의 대가로서, 언어학자가 고문서를 해독하는 것처럼 능수능란하게 CT 영상을 읽어낸다. 그들은 흑백으로 출력된 엑스선 사진 속의 반점들을 해석하여 6600만 년 전 살았던 공룡들로 하여금 지적·감각적 기량을 발휘하게 한 내부 구조들을 이해한다. 그들이 선호하는 주제는 T. 렉스 같은 티라노사우르다. 그들은 (마치 신경과 전문의가 환자를 진단하듯이) 티라노사우르 공룡의 행동과 인지 능력을 진단한다.

CT 영상은 우리에게 많은 것을 이야기해준다. 우선, T. 렉스는 독특한 뇌를 지니고 있었다. 우리의 동그란 뇌와 달리, 그들의 뇌는 길쭉한 튜브에 가까운 형태를 띠었다. 뒷부분은 약간 구부러졌고, 광범위한 굴망[network of sinuses]으로 둘러싸여 있었다. 또한 그들의 뇌는 공룡치고는 큰 편이었다. 이는 그들의 지능이 상당히 높았음을 시사한다. 그런데 지능을 어떻게 측정해야 할까? 오늘날 지능을 측정한다는 것은, 심지어 인간의 경우에도 불확실성으로 점철되어 있다. IQ 테스트, 시험,

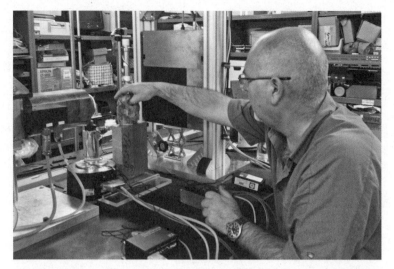

이언 버틀러가 에든버러 대학교에서 원시 티라노사우르인 티무를렝기아의 두개골을 CT 촬영하고 있다.

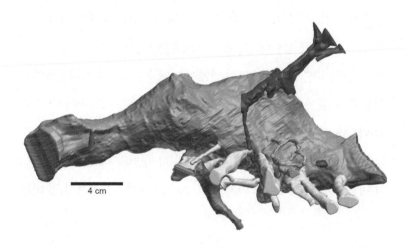

CT 영상을 사용해 재구성한 T. 렉스의 뇌, 내이, 그와 관련된 신경 및 혈관들. Courtesy of Larry Witmer.

SAT 점수, 그 밖의 지능 측정 방법을 생각해보라. 그러나 과학자들은 간단한 척도를 이용해 상이한 동물들의 지능을 개략적으로 비교한다. 그것을 대뇌화지수encephalization quotient, EQ라고 부른다. EQ란 간단히 말해 뇌가 신체에서 차지하는 비율을 나타낸다. (대형 동물이 큰 뇌를 보유한 것은 몸집이 크기 때문이다. 코끼리는 우리보다 큰 뇌를 갖고 있지만, 우리보다 지능이 높지 않다. 따라서 뇌의 절대적인 크기는 지능의 지표가 될 수 없다.) 티라노사우르에서 가장 큰 T. 렉스의 EQ는 2.0~2.4인 반면, 우리는 약 7.5, 돌고래는 4.0~4.5, 침팬지는 2.2~2.5, 개와 고양이는 1.0~1.2, 생쥐와 시궁쥐는 약 0.5다. 이러한 수치를 고려하면, T. 렉스는 침팬지와 비슷하고 개와 고양이보다는 높은 지능을 갖고 있었다고 말할 수 있다. 이 정도의 지능이라면 공룡에 대한 고정관념을 깨기에 충분하다.●

티라노사우르의 뇌에서 특별히 큰 부분이 하나 있었다. 바로 후각망울olfactory bulb이다. 후각망울이란 후각을 제어하는 뇌 영역의 최전선에 위치한 엽葉을 말한다. T. 렉스가 보유한 2개의 후각망울은 골프공보다 약간 크며, 절대적인 크기 면에서 어떤 수각류의 후각망울보다도 훨씬 크다. 물론 T. 렉스는 수각류 중에서도 제일 크므로, 극단적인 덩치 덕분에 엄청나게 큰 후각망울을 지닌 것은 당연하다고 할 수 있다. 그렇다면 상대적인 크기는 어떨까? 캐나다 캘거리 대학교에 재직 중인 내 친구 달라 젤레니츠키Darla Zelenitsky가 그 과제에 도전했다. 그녀는

● 파충류와 포유류의 EQ는 각각 계산하는 공식이 다르므로, 직접적인 비교는 큰 오류다. 즉 T. 렉스의 지능이 침팬치와 비슷한 수준이라고 말할 수 없다. 다행히 2020년 1월 22일(수요일)에 공개된 논문(https://doi.org/10.1002/ar.24374)에서 이것이 틀렸음이 언급됐고, 24일(금요일) 저자가 트위터(https://twitter.com/SteveBrusatte/status/1220391171953954816?s=20)를 통해 이 부분이 잘못됐음을 인정했다. 그럼에도 티라노사우르는 파충류 중에서는 지능이 높은 편이었을 것이다.

다양한 수각류의 CT 영상을 입수해 후각망울의 크기를 계산한 다음, 몸의 크기로 나눠 정규화했다. 그 결과 티라노사우르의 후각망울 크기는 상대적으로도 월등한 것으로 나타나, 랩터와 나란히 최고 수준을 기록했다. 따라서 티라노사우르는 모든 육식공룡 중에서 후각이 가장 예민했던 것으로 보인다.

티라노사우르는 후각뿐 아니라 다른 감각도 최고 수준이었다. 고생물학자들은 CT를 이용해 렉스의 내이^{inner ear}를 들여다본다. 내이란 프레첼^{pretzel} 모양의 튜브 네트워크로서 청각과 균형을 제어하는 역할을 한다. 내이의 꼭대기에서 프레첼 모양을 형성하는 것은 반고리관^{semicircular canal}이다. T. 렉스의 반고리관은 현생 동물에 비해 이상하리만큼 길었다. 이는 렉스가 민첩했으며, 머리와 눈의 움직임이 고도로 협응적^{協應的}이었음을 의미한다. 프레첼에서 아래로 돌출한 것이 달팽이관인데, 이것은 내이에서 청각을 담당하는 부분이다. T. 렉스의 달팽이관은 대부분의 다른 공룡들 것보다 길었다. 현생 동물의 경우에는 '달팽이관이 길수록 저주파음에 민감하다'는 법칙이 성립한다. 다시 말해, 렉스는 상당히 예민한 청각의 소유자였다고 할 수 있다.

시력은 어땠을까? T. 렉스의 커다란 안구는 부분적으로 측방과 전방을 향했다. 이는 그들의 시각이 양안시^{binocular vision}●였다는 것을 의미한다. 다시 말해, 그들도 우리처럼 세상을 3차원으로 바라보고 심도를 인식할 수 있었다는 이야기다. 영화 〈쥬라기 공원〉의 또 한 가지 장면에

● 단안시^{單眼視}에 대응하는 용어다. 양쪽 안구의 협응 작용에 의해 양안^{兩眼}으로 동일한 피사체를 주시하여 하나의 물체로 보게 된다. 단안시에 비해 맹점^{盲點}을 보완하고 시력을 향상하며, 더욱이 공간의 퍼짐을 인지하고 입체시^{立體視}를 더 완전하게 할 수 있다.

서, 자존심 강한 고생물학자 앨런 그랜트는 흥분한 사람들에게 "잠자코 있어요"라고 했다. 움직이지 않으면, T. 렉스가 볼 수 없다나 뭐라나. 그것은 난센스다. T. 렉스는 심도를 감지할 수 있으므로, 진짜 렉스였다면 안타깝게도 그릇된 정보를 곧이곧대로 믿은 사람들을 냉큼 잡아먹었을 것이다.

결론적으로, T. 렉스는 힘만 장사가 아니었다. 그들은 체력은 물론 머리도 좋았다. 높은 지능, 세계 최상급의 후각, 예리한 청각과 시각. 여기에 앞에서 언급한 막강한 무기까지 덧붙이면 단연 천하무적이었다. T. 렉스는 이 모든 것을 이용해 희생자를 겨냥하고 '죽어야 할 불쌍한 공룡'을 선택했다.

T. 렉스를 진짜 동물로 상정했을 때, 나를 가장 놀라게 한 것은 '알에서 깨어난 아주 작은 새끼에서 삶을 시작했다'는 점이었다. 내가 아는 한, 모든 공룡은 알에서 깨어났다. T. 렉스의 알은 아직 발견되지 않았지만, 근연 관계에 있는 수각류의 알과 둥지는 많이 발견되었다. 그런 공룡 중 대부분은 둥지를 지켜냈고, 새끼에게 최소한의 양육 서비스를 했던 것으로 보인다. 최소한의 양육이 없었다면 새끼 공룡들은 절망적이었을 것이다. 크기가 작아도 너무 작았기 때문이다. 우리가 알기로는 공룡알 중에서 야구공보다 큰 것은 단 하나도 없었으며, T. 렉스처럼 막강한 공룡의 경우에도 세상에 처음 나왔을 때는 기껏해야 비둘기만 했다.

우리 부모님들이 초등학교 시절 공룡에 관해 배울 때만 해도, T. 렉스와 그 친척들은 이구아나처럼 성장했을 거라는 통념이 지배했다. 그들은 평생 성장을 계속했으며, 점진적으로 무한히 커졌다는 것이다. 렉스가 그렇게 커질 수 있었던 것은 수명이 엄청나게 길었기 때문이다. 약한 세기가 지나면, '길이 13미터, 체중 7톤'이라는 최종 크기에 도달하여, 마지막으로 어기적거리며 돌아다니다 세상을 하직했다. 이런 생각은 내가 어린 시절 읽었던 공룡 책에도 쓰여 있었다. 그러나 한때 사람들의 마음속에 간직되었던 수많은 공룡 개념이 그렇듯, 그런 생각은 거짓이었다. 사실, T. 렉스 같은 공룡의 성장 패턴은 도마뱀보다는 새에 더 가까웠으며, 조금씩 야금야금 성장한 것이 아니라 급속히 성장했다.

그 증거는 공룡의 뼈 속 깊숙이 묻혀 있었다. 그레그 에릭슨 같은 고생물학자들은 그것을 캐내는 방법을 발견했다. 뼈는 체내에 박혀 있는 '정적인 막대기와 덩어리'가 아니라 '역동적이고 성장하는 생체 조직'으로, 지속적인 자가 수리와 자체적인 리모델링이 이루어진다. 당신의 뼈가 골절되었을 때 시간이 경과하면 치유되는 것도 바로 이 때문이다. 대부분의 뼈는 성장할 때 사방으로 확대되고 중심부에서 외부로 확장하지만, 신속한 성장은 1년 중 특정한 시기에만 한정되는 것이 상례다. 그 시기는 여름철이나 우기인데, 그 이유는 그때 먹이가 풍부하기 때문이다. 그와 반대로, 겨울철이나 건기에는 성장 속도가 느려진다. 뼈의 절단면을 살펴보면, 성장 속도가 주기적으로 빨라졌다 느려진 흔적을 확인할 수 있다. 어떤 사람들은 '마치 나이테 같다'고 말할지도 모른다. 그렇다. 뼈도 나무와 마찬가지로 나이테를 갖고 있으며, 나이테에서는 1년에 한 번씩 계절 변화가 관찰된다. 그렇다면 1년에 한 번씩 나이테가 그려질 테니, 나이테의 개수를 세면 공룡이 몇 살에 세상을 떠났는지 알 수 있다.

캐나다 앨버타 소재 왕립티렐고생물박물관에 전시되어 있는 T. 렉스의 골격.

　그레그는 박물관의 승인을 받아 수많은 T. 렉스와 그 친척(알베르토사우루스, 고르고사우루스)의 골격을 절단해 보았다. 그랬더니 놀랍게도 30개 이상의 나이테를 가진 뼈는 단 하나도 없었다. 이는 티라노사우르가 30년 만에 성숙한 성체의 크기에 도달한 뒤 죽었음을 의미한다. T. 렉스처럼 거대한 공룡은 수십 년(또는 수백 년) 동안 서서히 성장한 것이 아니라, 그보다 훨씬 짧은 기간에 빠르게 성장했음이 틀림없다. 그렇다면 얼마나 빨리?

　이 의문을 해결하기 위해 그레그는 성장곡선을 작성했다. 즉 그는 골격의 나이테에서 알아낸 '나이'와 (앞 장에서 배운, 사지의 치수와 체중

방정식을 이용해 계산한) '몸 크기' 간의 관계를 그래프로 그렸다. 그러고
는 이 그래프(성장곡선)를 이용해서 T. 렉스가 매년 얼마씩 성장했는지
계산할 수 있었다. T. 렉스의 성장 속도는 이해할 수 없을 만큼 빨랐다.
청소년기인 열 살부터 스무 살까지 매년 760킬로그램씩 성장했는데,
그렇다면 하루에 2.1킬로그램씩 성장했다는 이야기가 된다. T. 렉스가
엄청난 대식가여야 했다는 것은 두말할 필요도 없다. 폭풍 흡입한 에드
몬토사우루스와 트리케라톱스의 뼈와 살코기가 10대 시절의 '미친 성
장'에 불을 붙여, 병아리만 한 새끼를 '공룡의 왕'으로 변신시킨 것이다.

우리는 T. 렉스를 '공룡계의 제임스 딘'이라고 부를 수 있다. 빨리 성
장하고 젊은 나이에 죽었기 때문이다. 그런 치열한 삶은 그들의 몸에
엄청난 부담을 주었을 것이다. 골격은 폭풍 성장하는 동안 매일 2.1킬
로그램씩 증가하는 체중 부담을 견뎌내야 했다. 체형이 '앙증맞은 새
끼'에서 '흉측한 괴물'로 변신했을 테니, T. 렉스가 성숙함에 따라 골
격이 극적으로 바뀐 것은 결코 놀랍지 않다. 유소년 시절에는 치타처
럼 윤기가 자르르 흘렀고, 10대 시절에는 키가 크고 여윈 스프린터였
으며, 성인이 되어서는 버스보다 길고 무거운 '무제한급 챔피언'이었
다. 소장파는 노장파보다 훨씬 빨리 달릴 수 있어 먹잇감을 추격했겠
지만, 노장파는 덩치가 너무 커서 스피드보다는 '매복에 이은 한 방 승
부'에 더 의존했을 것이다. 특별히 놀라운 점은, 청소년과 어른이 무리
를 지어 함께 생활한 듯하다는 것이다. 이는 그들이 사냥을 할 때 팀으
로 움직이면서, 먹잇감을 지옥으로 보내기 위해 상호 간에 기술을 보
완했다는 것을 의미한다.

절친한 고생물학자 친구 가운데 T. 렉스의 성장에 따른 변화 과정을

전문적으로 연구한 사람이 있다. 그는 캐나다 출신의 토머스 카[Thomas Carr]인데, 현재 위스콘신의 카시지 칼리지에서 교수로 재직하고 있다. 토머스는 수 킬로미터 밖에서도 알아볼 수 있다. 1970년대 전도사 스타일의 패션 감각과 CBS의 텔레비전 드라마 〈빅뱅 이론〉에 등장하는 셸던 쿠퍼와 비슷한 버릇을 갖고 있기 때문이다. 토머스는 늘 까만 벨벳 슈트를 입고, 으레 까만색이나 검붉은색 셔츠를 받쳐 입는다. 길고 부스스한 구레나룻과 한 뭉치의 흰머리가 있으며, 손에는 은색 해골 반지를 끼고 있다. 그는 뭔가에 쉽게 몰두하며 압생트,* 도어스[the Doors],** 그리고 T. 렉스에 오랫동안 몰입해왔다.

토머스는 평소에도 입을 열었다 하면 T. 렉스에 관한 이야기를 끝없이 늘어놓는다. 가장 좋아하는 주제가 T. 렉스이기 때문이다. 그는 젊은 시절부터 줄곧 '폭군'을 연구하고 싶어 했고, 결국에는 'T. 렉스가 성숙하는 동안 두개골이 변화하는 과정'에 관해 1270쪽짜리 박사 학위논문을 썼다. 그의 성격에 걸맞게 세심했지만, 그가 쓴 학술 논문 중에서는 짧은 편이다.

토머스는 T. 렉스의 뼈를 하나씩 열거하며, 탈바꿈 과정을 시간순으로 서술했다. 사춘기를 맞아 소년에서 남자, 소녀에서 여자로 변신함에 따라, 그들의 머리 전체가 재형성되었다. 두개골이 길고 낮아지는 과정에서 '길게 뻗은 주둥이' '얇은 이빨' (턱 근육을 위한) 얕은 함몰부'가 생겼다. 10대 시절을 통틀어, 그들은 더욱 크고 깊고 강해졌다.

● 　독한 술의 일종. 빈센트 반 고흐가 즐겨 마신 술로도 유명하다.
●● 　미국의 록 그룹. 시적인 가사와 사이키델릭 록 · 블루스 록 · 하드 록 등을 구현했고, 1960년대에 가
　　장 영향력 있었던 록 그룹 중 하나로 꼽는다.

뼈 사이의 봉합선은 더욱 단단히 형성되었고, 턱과 근육이 연결되는 함몰부는 훨씬 더 깊어졌으며, 이빨은 '뼈를 박살내는 못'으로 바뀌었다. 천공 견인 섭식은 청소년기에는 불가능하고 성인기에만 가능했는데, 그것이 가능한 시기는 '빠른 추격자'에서 '느린 복병'으로 변신한 시기와 얼추 비슷했다. 이 시기에는 다른 변화도 있었으니, (무거워진 머리를 가볍게 하기 위해) 두개골 내부의 굴이 확장되었고, 눈과 뺨 위의 조그만 뿔들이 더 커지고 튀어나왔으며, 성호르몬의 혈중농도가 상승함에 따라 조그만 요철 부분들이 울긋불긋하게 채색되어 배우자를 유혹하는 장식품으로 사용되었다.

그것은 대단한 혁신이었다. 3가지 혁신(수십 년간의 기하급수적인 성장, 두개골의 완벽한 재구성, 쾌속 질주 능력과 맞바꾼 천공 견인 섭식 능력)이 완료되고 나면, 렉스는 어엿한 수컷 또는 암컷으로 거듭나고 왕좌를 차지할 만반의 준비를 갖추었다.

이쯤 되었으면, 독자들은 역사상 가장 유명한 공룡의 삶과 시대를 일별했을 것이다. T. 렉스는 먹잇감의 뼈를 박살낼 정도로 무지막지하게 깨물었고, 어른이 되면 쾌속 질주가 불가능할 정도로 몸집이 거대해졌다. 10대 시절에는 10년간 하루에 2.1킬로그램씩 쾌속 성장했고, 커다란 뇌와 예리한 감각의 소유자였다. 여럿이 떼 지어 몰려다녔으며, 심지어 깃털로 뒤덮여 있었다. 어쩌면 이것은 독자들이 애초에 기대했던 'T. 렉스의 전기'가 아닐 수도 있다.

바로 그것이 문제다. 우리가 새로 알게 된 T. 렉스에 관한 지식은 하나같이(사실, 모든 공룡에 관한 지식이 다 그렇다) '믿을 수 없을 만큼 환경에 잘 적응했고 찬란하게 진화하여 당대를 지배했다'는 것이다. 다시 말해, 렉스는 실패는커녕 승승장구를 거듭한 진화의 기린아였다는 것이다. 또한 렉스는 현생 동물들, 특히 새와 매우 비슷했다(렉스는 새들처럼 깃털을 가졌고 빨리 성장했으며, 심지어 호흡도 새처럼 했다).

공룡은 외계 생물이 아니라 다른 동물들이 하는 일(성장, 섭식, 운동, 생식)을 모두 해야 하는 '진짜 동물'이었다. 그리고 그런 일을 '진정한 왕'인 T. 렉스보다 잘할 수 있는 공룡은 없었다.

7

지구의 지배자들

_ 트리케라톱스

─────── 놀랄지도 모르겠지만, T. 렉스는 전 지구적 슈퍼 악당이 아니었다. 그들의 지배 영역은 북아메리카, 좀 더 정확히 말하면 북아메리카 서부였다. 아시아, 유럽, 남아메리카의 공룡들은 T. 렉스에게 주눅 들지 않고 살았다. 사실, 그들은 평생 T. 렉스를 단 한 번도 만난 적이 없었다.

공룡의 진화사에서 마지막 시련기인 백악기의 끝물, 약 8400만~6600만 년 전 북아메리카에서 먹이사슬의 최정상에 군림한 동물들은 T. 렉스와 사촌들로 이루어진 '점보 사이즈 폭군'이었다. 판게아의 지리학적 조화는 까마득한 기억이었고, 그즈음 (쥐라기부터 백악기 중기의 초입에 이르기까지 서서히 떨어져 나가 급기야 산산이 조각난) 초대륙의 파편들 사이는 대양으로 메워져 있었다. T. 렉스가 왕관을 썼을 때는 공룡 시대가 쾅 소리와 함께 종말을 고하기 불과 200만 년 전이었고, 당시의 세계지도는 오늘날과 엇비슷했다.

적도 북쪽에는 큰 땅덩어리가 2개 존재하고 있었다. 하나는 북아메리카이고 다른 하나는 아시아였는데, 둘 다 기본적으로 지금과 형태가 같았다. 둘은 북극 근처에서 살짝 키스를 했지만, 그 점을 제외하면 널따란 태평양으로 분리되었다. 북아메리카의 동쪽에서는 대서양이 (오늘날의 유럽에 해당하는) 일련의 섬을 에워싸고 있었다. 백악기 말기에는 (세계의 온실화로 극지의 빙모$^{ice\ cap}$가 거의 존재하지 않았으므로) 해수면이 매우 높아, 유럽의 저지대는 대부분 바닷물에 잠겨 있었다. 무작위적인 한 무리의 조그만 땅덩어리들만이 파도 위로 고개를 삐죽 내밀고 있을 뿐이었다. 높은 해수면이 바닷물을 내륙 깊숙이 밀어 넣었으므로, 따뜻한 아열대 바닷물이 북아메리카와 아시아 모두의 무릎 위에서 찰랑거렸다. 북아메리카의 해로는 멕시코만에서 북극까지 확장되어, 북아메리카 대륙을 동쪽의 애팔래치아^{Appalachia}와 서쪽의 라라미디아^{Laramidia}라는 소대륙으로 양분했다. T. 렉스의 사냥터는 라라미디아였다.

적도 남쪽의 상황도 북쪽과 비슷했다. 요철凹凸이 꼭 들어맞았던 남아메리카와 아프리카의 퍼즐 조각이 분리된 직후, 좁고 긴 복도 모양의 남대서양이 그 사이에 포근히 안겨 있었다. 세상의 밑바닥에는 남극대륙이 자리 잡고 앉아, 남극점을 중심으로 균형을 유지하고 있었다. 남극의 북쪽에는 오스트레일리아가 있었는데, 오늘날보다 초승달 모양에 더욱 가까웠다. 손가락 모양의 땅 조각이 남극과 오스트레일리아/남아메리카를 연결해주었지만, 미약하기 짝이 없고 해발고도가 낮다 보니 해수면이 약간만 상승해도 물에 잠기기 십상이었다. 북쪽의 경우와 마찬가지로, 고조시정조$^{high\text{-}water\ stand}$• 동안에는 바닷물이 남쪽 대륙의 내륙 깊숙이 흘러들어와, 아프리카 북부와 남아메리카 남부의 상당 부분을 침수시켰다. 오늘날의 사하라는 물에 잠겨 있었지만, 바다가 약간 후퇴하는 동안에는 일련의 군도群島가 아프리카와 유럽 사이의 이동 경로를 제공했다. 그것은 고속도로는 아니었고, 남북을 잠깐 동안 이어주는 아슬아슬한 도로였다.

아프리카 동해안에서 몇 백 킬로미터 떨어진 곳에는 쐐기 모양의 섬 대륙이 있었다. 그것은 오늘날 우리로 하여금 '번지수가 틀린 것 같네?'라고 고개를 갸우뚱하게 만드는 백악기 말기의 커다란 땅덩어리, 인도다. 인도는 곤드와나(판게아가 갈라지기 시작했을 때 북쪽과 분리된 커다란 남쪽 땅덩어리)에서 '아프리카와 남극 사이에 끼인 작은 조각'으로 생을 시작했다. 그 후 백악기 초기의 특정 기간에 이웃들과의 관계를 완전히 청산하고, 매년 15센티미터씩 북진하기 시작했다. 그와 대조적으로, 대부분의 대륙은 인도보다 훨씬 더딘 속도(우리 손톱이 자라는 속도)로 표류했다. 그리하여 백악기 말기에 이르러, 인도는 아프리카의 뿔Horn of Africa ●● 약간 남쪽에 위치한 원原인도양의 중심부로 진출했다. 그로부터 1000만 년쯤 후 인도는 아시아와 충돌하며 여행을 멈추고 히말라야를 형성했지만, 공룡들은 이미 사라진 지 오래였다.

땅덩어리들 사이에 존재하는 대양은 공룡이 정복할 수 없는 영역이었다. 쥐라기 및 트라이아스기 때와 마찬가지로, 백악기 때의 따뜻한 바닷물은 다양한 거대 파충류의 사냥터였다. 기다란 면발 모양의 목을 가진 플레시오사우르plesiosaur, 거대한 머리와 노 모양의 지느러미 발을 가진 플리오사우르pliosaur, 유선형 몸매에 지느러미가 있어 '돌고래

●　밀물에서 썰물로 변하는 사이에 높은 정지 수면이 유지되는 상태.
●●　인도양과 홍해에 면한 아프리카 북동부의 에티오피아·지부티·소말리아 3개국 지역.

의 파충류 버전'으로 여겨지는 이크티오사우르……. 그들은 물고기와 상어(대부분의 상어는 오늘날보다 훨씬 작았다)는 물론 자기들끼리도 서로 잡아먹었고, 물고기와 상어는 해류를 가득 메운 작은 유각^{有殼} 플랑크톤을 잡아먹었다. 유명한 책과 영화에서는 종종 공룡으로 오인하지만, 이러한 파충류들은 공룡의 먼 친척뻘일지언정 공룡은 아니었다. 왜냐고? 아직도 알 수 없는 모종의 이유 때문에, 고래가 해낸 일(육상동물에서 출발해 체형을 수영에 알맞게 바꾼 뒤 바닷속에서 살아가는 일)을 할 수 있는 공룡이 단 한 마리도 없었기 때문이다.

공룡은 육지에서 옴짝달싹하지 못했는데, 그것은 그들이 극복할 수 없었던 몇 안 되는 부담 중 하나였다. 이러한 부담은 공룡이 백악기 말기의 분리된 세상에 대처할 수 없었음을 의미한다. 육지는 상이한 왕국들로 분열되었고, 각각의 건조한 땅덩어리가 '파충류가 우글거리는 바다'에 고립되다 보니, 육지에 사는 공룡들도 서로 고립될 수밖에 없었다. '공룡의 왕'인 T. 렉스도 예외는 아니었다. 기회만 주어지면 유럽이나 인도나 남아메리카의 공룡들을 쉽게 지배할 수 있었지만, 그럴 기회를 단 한 번도 잡지 못하고 북아메리카 서부에서만 맴돌았다.

'적의 불행은 나의 행복'이라는 말이 있듯이, 이것은 다른 공룡들, 특히 초식공룡들에게는 희소식이었다. 그러나 다른 종류의 육식공룡들에게도 자신의 왕국을 장악할 기회가 주어졌다. 실제로 다양한 육식공룡이 그런 기회를 놓치지 않았으며, 상세한 스토리는 백악기에 존재했던 대륙마다 조금씩 달랐다. 각각의 대륙에는 한 세트의 독특한 공룡들, 즉 '거대 포식자, 이류 사냥꾼, 청소부, 크고 작은 초식동물, 잡식동물'이 있었다. 이러한 지역성은 다른 종들의 경우에도 마찬가지여서, 각각의 대륙마다 한 세트의 독특한 악어, 거북, 도마뱀, 개구리, 물고기, 그리고 식물이 있었다. 이런 식으로 고립은 다양화를 촉진했다.

'대륙별로 상이한 생태계'와 '지리적·생태적 복잡성'을 근간으로 하는 백악기 말기는, 한마디로 공룡의 최전성기였다. 다시 말해, 백악기 말기는 공룡의 다양성이 극대화하고 성공이 정점에 도달한 시기였다. 공룡의 종수는 과거 어느 때보다도 불어나 다양한 몸집(초소형, 소형, 중형, 대형, 초대형), 다양한 식성(육식성, 초식성, 잡식성), 다양한 특징(볏, 뿔, 돌기, 깃털, 발톱, 이빨)을 가진 공룡들이 즐비했다. 판게아에서 최초의 조상이 태어난 이후 1억 5000만여 년 동안 정상에 선 공룡들은, 여전히 절정을 구가하며(또는 초절정기를 누리며) 지배권을 장악하고 있었다.

T. 렉스를 포함해 백악기 말기에 살았던 공룡의 '고품질 화석'을 찾아내려면 지옥Hell, 더 정확하게 말하면 헬크리크Hell Creek를 둘러싼 황무지로 가야 한다. 헬크리크는 한때 미주리강의 가느다란 지류였지만, 지금은 몬태나주 북동부에 있는 저수지의 일부다. 그곳에서는 숨막힐 듯한 습기와 모기떼가 극성을 부리며, 산들바람과 그늘은 거의 기대할 수 없다. 사방을 둘러봐도 아무것도 보이지 않으며, 지평선까지 늘어선 깎아지른 암석들만이 사우나처럼 열기를 뿜어낸다.

바넘 브라운은 공룡을 찾아 헬크리크를 방문한 최초의 탐사자 중 한 명이었다. 그가 1902년 최초의 T. 렉스 골격을 발견한 곳은 헬크리크에서 남동쪽으로 160킬로미터쯤 떨어진 울퉁불퉁한 언덕이었다. 뉴욕에 있던 그의 상사는 뛸 듯이 기뻐하며, 더 많은 화석을 가져오라는 특명을 내렸다. 그는 몇 년 동안 모피코트를 걸치고 곡괭이를 어깨에

멘 채 미주리강과 그 동남부 일대의 절벽, 말라붙은 하상河床을 샅샅이 뒤졌다. 가는 곳마다 족족 공룡이 발굴되자, 얼마 후 브라운은 그 지역의 지질학을 이해하게 되었다. 즉 모든 뼈는 일련의 두꺼운 암석들 속에 묻혀 있었고, 그 암석들은 황무지 구조(백악기 말기의 강물에 퇴적된 모래와 진흙으로 구성된 빨간색·오렌지색·갈색·황갈색·까만색 층위 구조)의 상당 부분을 형성하고 있었다. 그는 이 암석층을 헬크리크 지층Hell Creek Formation이라고 불렀다.

헬크리크의 암석은 약 6700만~6600만 년 전 얽히고설킨 강줄기들에 의해 형성되었다. 그 강들은 젊은 로키산맥에서 서쪽으로 흘러나와, 광대한 범람원을 구불구불 횡단하며 간혹 강둑을 뚫고 나가 호수와 늪을 만들다가, 종국에는 동쪽으로 흘러나가며 (북아메리카를 둘로 나누는) 거대한 해로에 합류했다. 헬크리크는 비옥하고 숲이 우거진 환경으로, 수많은 종류의 공룡이 번성하기에 안성맞춤이었다. 또한 그곳은 퇴적물이 축적되어 암석으로 변화하기에도 적당한 환경이었고, 그 퇴적물 속에는 공룡의 뼈가 풍부하게 들어 있었다. 풍부한 퇴적물과 많은 공룡! 그것은 화석 '노다지'를 위한 훌륭한 조합이었다.

브라운의 T. 렉스가 뉴욕에서 베일을 벗은 지 한 세기가 지난 2005년, 나는 처음으로 헬크리크를 방문했다. 당시 학부생이었던 나는 생애 최초의 공룡 사냥 탐사 여행 중 한 달을 할애해, 폴 세레노와 함께 와이오밍주에서 쥐라기의 용각류를 발굴하고 있었다. 나는 현장 연구 경험을 더 쌓을 요량으로, 일리노이주 록퍼드 소재 버피 자연사박물관(5장에서 언급한 나의 '동네 박물관')의 대원들과 함께 몬태나로 원정을 갔다.

록퍼드는 공룡 박물관이 있을 만한 곳이 아니었다. 첫째, 내 고향 일리노이주에서는 지금껏 공룡 화석이 하나도 발견된 적이 없다. 지질학적으로 시시하기 짝이 없고 지형이 너무 평평하며, 공룡이 지배하던 시기에 형성된 암석이 거의 없었기 때문이다. 둘째, 지난 수십 년 동안 제조업을 근간으로 하는 지역 경제가 영 신통치 않아, 공룡 박물관을 세울 만한 여력이 없었다. 그런데도 록퍼드는 미국 중서부에서 가장 세련된 자연사박물관 중 하나를 보유하고 있다. 버피 박물관의 직원들은 종종 자신들을 일컬어 '개천에서 용 났다'고 하는데, 이는 자신들이 겪은 기이한 '운명의 장난'을 두고 하는 말이다. 그도 그럴 것이, 버피 박물관은 1942년 개관한 이래 50여 년 동안 암석 덩어리, 박제된 새, (한때 웅장했던 19세기 고택의 구석과 다락에서 삐죽이 얼굴을 내민) 아메리카 원주민의 화살촉 같은 고리타분한 유물들을 진열해왔기 때문이다. 그러던 중 1990년대에 이르러 한 독지가가 거액을 깜짝 기부하는 바람에 새로운 부속 건물이 건설되었다. 확장된 시설을 채울 전시물이 필요해지자, 박물관 운영진은 '공룡을 모셔오기 위해 헬크리크로 여행을 떠난다'는 계획을 세웠다.

당시 버피 박물관의 고생물학 큐레이터는 단 한 명뿐이었다. 그는 목소리가 부드럽고 가슴근육이 잘 발달한 일리노이 북부 출신의 마이크 헨더슨Mike Henderson이었다. 그는 공룡보다 수억 년 전에 살았던 벌레들의 화석을 보고 흥분했다. 누군가의 도움이 필요하다고 판단한 그는 활기 넘치고 입이 거친 어린 시절의 친구 스콧 윌리엄스Scott Williams와 한 팀이 되었다. 스콧은 어린 시절 만화책과 슈퍼 히어로 영화에 푹 빠져 공룡을 사랑했지만, 고생물학 경력을 쌓을 기회를 잡지 못해 경찰에 투신하고 말았다. 고등학생인 나와 버피 박물관에서 처음 만났을 때 그는 여전히 경찰관 신분을 유지하고 있었다. 염소수염, 다부진 체구, 심한 시카고 억양이 누가 봐도 영락없는 일리노이 경찰관이었다. 그로부터 몇 년 뒤 그는 과학계에서 상근직으로 경력을 쌓기 위해 경찰을 그만두고 박물관의 컬렉션 매니저$^{\text{collection manager}}$가 되었다. 현재는 몬태나주에 있는 로키산맥 박물관에서 세계 최대 공룡 컬렉션 중 하나를 관리하는 데 일익을 담당하고 있다.

2001년 여름, 마이크와 스콧은 박물관 대원들, 지질학과 학생들, 그 밖에 아마추어 지원자들로 구성된 혼성팀을 이끌고 헬크리크의 심장부로 들어갔다. 그들은 몬태나주 이컬래카라는 조그만 마을 근처에 캠프를 설치했다. 그 마을은 인구가 약 300명이고, 몬태나가 노스다코타·사우스다코타와 만나는 T형 교차로에서 그리 멀리 떨어지지 않은 곳에 있다. 브라운도 한때 그 지역을 탐사했지만, 마이크와 스콧은 거장의 눈까지도 교묘히 속였던 뭔가를 발견했다. 그들이 발견한 것은 '10대 청소년 T. 렉스'의 골격이었는데, '최고의 보존 상태'와 '가장 완벽한 형태'를 자랑했다. 그것은 "렉스는 청소년기에 '긴 주둥이와 얇은 이빨을 가진 호리호리한 스프린터'였고, 성인기에는 '먹잇감의 뼈를 으스러뜨리는 트럭만 한 야수'였다"는 점을 기정사실화하는 중요한 화석이었다.

마이크와 스콧이 이끄는 탐사팀이 발견한 화석 덕분에, 버피 박물관은 단박에 공룡 연구의 주역으로 급부상했다. 몇 년 후 (거액을 기부한 독지가의 이름을 따서 제인^{Jane}이라는 별명을 붙인) T. 렉스의 골격이 진열되자, 전 세계의 고생물학자들은 물론 수십만 명의 어린이·가족·여행자들이 일리노이주 록퍼드에 있는 '듣보잡' 박물관으로 몰려들었다. 그리하여 버피 박물관은 새로운 전시관을 대표하는 슈퍼스타를 보유하게 되었다.

마이크와 스콧은 그 후 5년간 여름철만 되면 헬크리크를 다시 방문하여 몇 달 동안 머물렀다. 그들은 결국 내게도 동행을 요청했지만, 그것은 내가 그들의 신뢰를 얻은 뒤의 일이었다. 나는 고등학교 2학년 때부터 버피 박물관에 자주 방문하며 마이크, 스콧과 친분을 맺었다. 처음에 그들은 나를 '공룡에 미친 귀찮은 10대'쯤으로 알고 있었다. 녹음기와 샤피 사인펜을 손에 들고, 박물관에서 매년 개최하는 고생물 페스티벌(나는 이 행사에서 걸출한 고생물학자인 폴 세레노와 마크 노렐Mark Norell을 처음 만났고, 나중에 두 분을 학문적 조언자로 모셨다)에 꼬박꼬박 참가하는 꼬맹이 말이다. 나는 대학에 들어가서도 록퍼드를 계속 방문했고, 세레노의 연구실에서 고생물학자가 되기 위한 훈련을 정식으로 받기 시작했다. 마이크와 스콧은 결국 '연례적인 헬크리크 방문에 합류할 준비가 되었다'고 나를 인정했다.

이컬래카는 록퍼드에서 1600킬로미터 떨어져 있다. 이컬래카에 도착한 우리는 황무지 위에서 꿋꿋이 자라난 솔숲 깊은 곳에 자리 잡은 캠프 니드모어Camp Needmore라는 합숙소촌에 거처를 마련했다(오두막집 몇 채가 드문드문 흩어져 있다). 첫날 밤에는 바로 옆 오두막집에서 들려오는 '흐느끼는 듯한 신시사이저' 소리에 잠을 이룰 수 없었다. 옆집에서는 지원자 셋이 합숙하고 있었는데, 셋 다 자신의 고달픈 전공 분야에서 휴식을 취하기 위해 공룡 사냥에 가담했다. 그들은 록퍼드에서 제각기 차를 몰고 이컬래카에 도착했다. 그들의 우두머리는 키가 작고 성격이 특이한 사람이었다. 고압적인 프러시아 장군 이미지를 연상시키는 헬무스 레드슐래그^{Helmuth Redschlag}라는 이름을 갖고 있었지만, 미국 중산층 출신으로서 직업도 매우 진중한 건축가였다. 그는 매일 밤 새벽이 될 때까지 친구들과 파티를 벌였다. 허접한 디스코 리듬에 맞춰 필레미뇽^{filet mignon •}과 이탈리아산 치즈를 포식하며, 벨기에산 과일향 맥주를 홀짝였다. 그런데도 그는 매일 아침 6시에 어김없이 자리에서 일어나, 공룡의 흔적을 쫓아 지옥의 용광로 속에 머리를 들이밀려고 안간힘을 썼다.

어느 고요한 아침 지옥으로 들어가기 전, 헬무스는 내게 이렇게 말했다. "작열하는 태양이 내 목과 등에 상처를 남기고, 나는 그늘과 물을 필사적으로 찾겠지. 하지만 그 열기 덕분에 나는 살아 있음을 느낀다네." 나는 고개를 연신 끄덕이며 "으흠"을 연발했다. 그에게 조만간 무슨 일이 일어날지 전혀 짐작도 하지 못한 채.

그로부터 이틀 후 스콧과 함께 지원자들을 인솔하고 탐사 활동을 벌이고 있었다. 나는 헬무스가 멀리서 광분하는 소리를 들었다. 도로를 따라 몇 킬로미터를 걸으며 태양에 살갗이 타들어가는 고통을 즐기던 그는 도랑 속에 있는 뭔가에 시선을 돌렸다. 밋밋한 까만색 이암에서 암갈색 덩어리 하나가 불쑥 튀어나와 있었다. 여러모로 헬무스의 눈길을 끌었다(그는 건축가였으므로 나름 눈썰미가 있었고, 형태와 질감의 세부에 예민한 편이라 '화석 사냥꾼'으로서 매우 훌륭했다). 그것이 '특별한 것'임을 직감한 그는 산비탈을 파헤치기 시작했다. 나와 스콧이 현장에 도착했을 즈음에는 이미 공룡 한 마리의 넙다리뼈, 갈비뼈 여러 개, 척추뼈,

---

• 값비싼 '뼈 없는 쇠고기'로, 안심이나 등심 부위를 나타내는 프랑스 요리 용어.

두개골 일부가 노출된 뒤였다. 머리의 뼈들이 공룡의 정체를 드러냈다. 그중 상당수는 뭔가 평평하고 납작한 것의 무작위적 파편으로, 깨진 유리를 닮았다. 그리고 다른 몇 개는 날카롭고 뾰족한 원뿔형 물체, 즉 뿔이었다. 헬크리크의 생태계에서 그런 프로필에 부합하는 공룡은 단 하나, 트리케라톱스밖에 없었다. 얼굴에는 3개의 뿔이 있고, 눈 뒤에 널따랗고 두꺼운 광고판 모양의 장식물이 펼쳐져 있다!

최고의 강적인 T. 렉스가 그렇듯이, 트리케라톱스는 공룡계의 아이콘이다. 그들은 영화와 다큐멘터리에서 '신사답고 동정심 많은 초식동물' 역을 연기함으로써 폭군인 렉스를 돋보이게 한다. 셜록에게 모리아티가 있고 배트맨에게 조커가 있었다면, 렉스에게는 트리케^{Trike}(트리케라톱스의 애칭)가 있었던 것이다. 그러나 영화의 마법을 믿지 말라! 지금으로부터 6600만 년 전, 렉스와 트리케는 진정한 경쟁자 관계였다. 그들은 헬크리크 세계의 호숫가와 강변에 살았고, 그곳에서 가장 흔한 두 종이었다. 헬크리크에서 발견된 공룡 화석 중에서 트리케라톱스는 약 40퍼센트로 1위, 렉스는 약 25퍼센트로 2위를 차지한다. '공룡의 왕'은 대사에 연료를 제공하기 위해 엄청난 양의 살코기가 필요했고, '3개의 뿔을 가진 라이벌'은 느리게 움직이는 체중 14톤의 '프라임 스테이크'였다. 이쯤 됐으면, 독자들은 다음에 무슨 일이 일어났을지 능히 짐작할 수 있을 것이다. 사실, 렉스의 교흔이 새겨진 트리케라톱스의 뼈가, 그들이 백악기 말기에 치렀던 전투를 증언한다. 그러나 잠시 생각을 멈추고, '그것은 포식자의 뜻대로 진행될 수밖에 없는, 애당초 불공정한 싸움이었다'는 통념을 곱씹어보기 바란다. 트리케라톱스는 삼지창(코에 박힌 든든한 뿔, 양쪽 눈 위에 하나씩 박힌 길고 가느다란 뿔)

으로 무장하고 있었다. 머리의 뒷부분에 펼쳐진 장식물과 마찬가지로, 3개의 뿔은 아마 주로 (잠재적인 배우자에게 섹시하게 보이고, 경쟁자에게 위협적으로 보이기 위한) 전시용으로 진화했을 것이다. 그러나 두말할 필요도 없이, 트리케라톱스는 필요할 때마다 그것을 자기방어용으로 사용했을 것이다.

트리케라톱스는 우리의 스토리에 새로 등장한 공룡이다. 그들은 풀을 먹는 조반류의 하위 분류군인 케라톱시안에 속하며, 쥐라기 초기에 '빨리 달리고 잎을 씹어 먹었던 작은 공룡들(예를 들어 헤테로돈토사우루스나 레소토사우루스)' 일부의 후손이다. 케라톱시안은 쥐라기의 어느 시점부터 자신들만의 진화 경로를 밟기 시작했다. 그들은 '뒷다리로 걷기'에서 '네 발로 터벅터벅 걷기'로 전향했고, 머리에 다양한 뿔 한 세트와 장식물을 발달시키기 시작했다. 그리고 새끼에서 성체로 성장함에 따라 배우자를 유혹하기 위한 호르몬이 더 많이 분비되면, 뿔과 장식물은 더욱 크고 화려하게 변해갔다. 최초의 케라톱시안은 개만 했는데, 그중 하나인 렙토케라톱스^{Leptoceratops}는 백악기 말기까지 살아남아 훨씬 큰 사촌인 트리케라톱스와 나란히 살았다. 시간이 경과하면서 대형화한 케라톱시안은 턱이 바뀌어(백악기 말기 동안, 북아메리카에는 케라톱시안의 소+버전이 매우 흔했다), 엄청난 양의 식물을 폭풍 흡입할 수 있었다. 이빨이 매우 빽빽이 들어찼다는 점을 고려하면, 그들의 턱은 본질적으로 (위턱의 양쪽에 하나씩, 아래턱의 양쪽에 하나씩 달린) 4개의 칼날이었다. 턱이 위아래로 단순히 움직이며 닫힐 때, 위아래의 마주보는 칼날들이 (마치 기요틴처럼) 서로 비껴가며 식물을 썰었다. 주둥이의 최전방에는 면도날처럼 날카로운 부리가 있어, 줄기와 잎을 뜯어 칼날

뿔공룡의 아이콘, 트리케라톱스의 두개골.

쪽으로 보냈다. T. 렉스가 고기를 게걸스럽게 먹었다면, 트리케라톱스는 다량의 식물을 후다닥 먹어치우는 데 능했다.

버피 박물관에서, 트리케라톱스가 발견된 것은 또 하나의 쿠데타였다. 그도 그럴 것이, 10대 청소년기의 T. 렉스와 어깨를 나란히 할 새로운 공간이 필요했기 때문이다. 헬무스가 땅바닥에 드러난 뼈를 우리에게 보여주었을 때부터, 마이크와 스콧도 그와 똑같은 생각을 했다. 새로운 공룡의 발견자로서, 헬무스는 트리케라톱스에게도 별명을 붙여야 했다. 나와 마찬가지로 〈심슨 가족〉의 팬이었던 그는, 호머[Homer]라는 이름으로 낙착을 보았다. 우리는 이렇게 수군거렸다. "언젠가 버피 박

호머 유적지에서 발견된 트리케라톱스의 뼈. 사람으로 치면 10대 청소년쯤 된다.

2005년 버피 박물관 탐사팀과 함께 헬크리크를 방문했을 때 내가 작성한 현장 일지. 호머 유적지의 현장 지도를 볼 수 있다.

물관의 전시관에서 제인과 호머가 상봉하는 날이 오겠군."

그러나 일단은 호머를 땅에서 발굴해내는 것이 급선무였다. 탐사대원 중 일부는 노출된 뼈들을 (록퍼드로 이송하는 동안 보호하기 위해) 석고붕대로 감싸기 시작했다. 다른 대원들은 더 많은 뼈를 찾아내는 임무를 맡았다. 압생트를 즐겨 마시며 고스족*을 추종하는 내 친구 토머스 카도 탐사대의 일원이었다. 그는 카키색 옷(평상시에 온통 까만색 옷을 입는 그의 습관을 생각하면, 너무 야한 편이었다)을 걸치고 게토레이(압생트는 실외에서 마시기에는 부적절했다)를 갤런 단위로 마시며, 암석망치(그는 이것을 '전사Warrior'라고 불렀다)와 곡괭이(그는 이것을 '반군 지도자Warlord'라고 불렀다)로 수많은 트리케라톱스 뼈들을 노출시켰다. 그를 비롯한 대원들이 산비탈을 가루로 만드는 동안, 많은 뼈가 파손되기도 했다. 발굴지의 최종 면적은 64제곱미터로 확장되어, 총 130여 개의 뼈가 발굴되었다.

발굴지가 넓어지면서 일이 금세 복잡해지자, 스콧은 내게 (바로 한달 전 폴 세레노에게서 배운) 지도 작성 임무를 맡겼다. 나는 끈으로 (가로세로 1미터짜리 눈금으로 이루어진) 격자를 만들어 현장에 펼쳐놓았다. 그러고는 격자를 기준으로 삼아, 모든 뼈가 발견된 위치를 현장 일지에 스케치했다. 현장 일지의 다음 페이지에는 총괄표를 만들어, 각 뼈의 일련번호, 크기, 방향을 기재했다. 이런 식으로 우리는 혼란스러운 유적지에 질서를 잡기 시작했다.

• 1970년대 말 영국에서 나타난 새로운 집단으로, 반전과 자유를 외치며 기성세대에 저항한 젊은이들. 죽음과 어둠, 공포라는 단어로 대표되는 고딕Gothic 문화로의 도피라는 점에서 고스족이라는 이름이 붙었다.

지도와 총괄표(뼈 목록)를 종합적으로 분석한 결과, 뭔가 특이한 점이 드러났다. 뼈 무더기 속에 왼쪽 코뼈가 3개 존재하는 것으로 나타난 것이다. 트리케라톱스 한 마리에는 머리와 뇌가 각각 하나인 것처럼 왼쪽 코뼈 역시 하나뿐이다. 그러므로 그것은 우리가 트리케라톱스 세 마리의 뼈를 발견했다는 것을 의미했다. 그렇다면 헬무스는 트리케라톱스의 공동묘지를 발견한 셈이었다. 호머 말고도 바트[Bart]와 리사[Lisa]가 추가로 매장되어 있는.

같은 장소에서 트리케라톱스가 한 마리 이상 발견된 것은 처음이었다. 헬무스가 도랑에 발을 들여놓기 전까지만 해도, 우리는 트리케라톱스가 단독생활 동물이라고 생각했다. 그도 그럴 것이, 트리케라톱스는 매우 흔한 공룡이었고 100여 년에 걸쳐 발견된 수백 개의 화석이 모두 외톨이였기 때문이다. 그러나 하나의 발견이 모든 것을 바꿀 수 있다. 헬무스의 발견을 바탕으로, 오늘날 우리는 트리케라톱스가 무리 짓는 종이었다고 생각한다.

사실 트리케라톱스가 군거생활을 했다는 것은 그리 놀랍지 않다. '트리케라톱스의 가까운 친척들(백악기의 마지막 2000만 년 동안 북아메리카의 다른 지역에 살았던 대형 케라톱시안 중 일부)이 큰 무리 속에서 생활하는 사회적 동물이었다'는 증거가 충분하기 때문이다. 예컨대 코 위에 커다란 뿔이 있는 센트로사우루스[Centrosaurus]는 트리케라톱스보다 약 1000만 년 전 지금의 앨버타에서 살았는데, 한 대규모 골층(호머 유적지처럼

● 라틴어 용례에 따른 것과 표기가 다른데, 스테고사우르에 속하는 켄트로사우루스[Kentrosaurus]와 구별하기 위해 한국고생물학회의 표기를 따랐다.

세 마리가 아니라 1000마리 이상의 개체가 묻혀 있는 축구장 3개만 한 골층)에서 발견되었다. 그 밖에도 많은 케라톱시안 공룡들이 공동묘지에서 발견되어, '크고 느리고 풀을 뜯어 먹었으며 공동생활을 했다'는 풍부한 상황 증거를 제시한다. 이 모든 증거는 다음과 같은 근사한 풍경을 상상하게 한다. '백악기 후기, 공동생활을 하는 공룡들은 엄청나게 큰 무리를 지어 북아메리카 서부를 횡단했다. 수천만 년 뒤 동일한 평원을 정복하게 될 들소 떼와 마찬가지로, 수천 마리의 우락부락한 공룡들은 의기양양하게 걸으며 우르릉 소리를 내고 자욱한 먼지구름을 일으켰다.'

호머 유적지에서 작업을 마친 뒤 우리는 이컬래카 주변에 펼쳐진 수 킬로미터의 단조로운 황무지를 계속 탐사했는데, 최악의 더위를 피하기 위해 가능한 한 이른 아침부터 작업을 시작하려고 노력했다. 우리는 그 밖에도 다른 공룡 화석을 많이 발견했다. 그중에는 (백악기 말기의 범람원을 트리케라톱스, T. 렉스와 공유했던) 다른 동물들에 관한 단서들만 있었을 뿐, 호머만큼 중요한 화석은 단 하나도 없었다. 우리는 소형 육식공룡(드로마이오사우루스과의 '랩터'인 벨로키랍토르의 몰드^{mold}•를 포함해)의 이빨과 조랑말만 한 트로오돈^{Troodon} (랩터의 가까운 친척으로, 잡식성이 약간 발달했다)의 이빨을 수십 개씩 발견했다. 또한 우리는 인간만 한 잡식성 수각류인 오비랍토로사우르^{oviraptorosaur}의 발뼈를 약간 발견했다. 그들은 이빨이 없는 기괴한 공룡이며, 두개골 꼭대기에 화려한 볏이 있었고, (견과류와 조개부터 식물, 작은 포유류, 도마뱀에 이르기까지

• 원래의 모습은 사라지고, 그 화석을 둘러싸고 있는 퇴적층에 화석의 모습이 찍혀 형태가 남아 있는 것.

헬크리크에서 박치기를 일삼았던, 돔형 머리를 가진 파키케팔로사우루스.

다양한 먹이를 먹도록 진화한) 날카로운 부리가 있었다. 그 밖에도 두 가지 독특한 초식공룡이 있었다. 그중 하나는 말만 한 크기의 무미건조한 조반류인 테스켈로사우루스이고, 다른 하나는 그보다 약간 크고 훨씬 흥미로운 파키케팔로사우루스다. 후자는 볼링공 같은 두개골을 가진 돔형머리공룡으로, 배우자나 영토를 둘러싸고 경쟁자와 싸울 때 박치기를 날린 것으로 유명하다.

우리는 호머 유적지와 생산성이 비슷할 것으로 기대하고 이틀 동안 다른 장소를 발굴했다. 당초의 기대에는 미치지 못했지만, 헬크리크 지층에서 세 번째로 가장 흔한 공룡의 뼈를 발견했으니, 그것은 에드몬토사우루스라는 제2의 초식공룡이었다. 체중은 약 7톤, 코끝에서 꼬리까지의 길이는 12미터로 트리케라톱스만큼이나 커다란 초식공룡이었지만, 매우 이질적인 종족이었다. 에드몬토사우루스가 속한 하드로사우르란 공룡 그룹은 조반류의 독립된 가지에서 진화한 오리주둥이공룡들로 백악기 후기에 (특히 북아메리카에) 매우 흔했다. 그중 상당수는 떼 지어 살았고, 원하는 속도에 따라 두 발 또는 네 발로 걸었으며, 정교한 머리볏 안에 들어 있는 (스파게티처럼 구불구불하게 뒤틀린) 비실nasal chamber에서 생성되는 우렁찬 소리를 이용해 의사소통을 했다. 오리주둥이공룡이라는 별명은 주둥이 앞부분에 있는 '널따랗고, 이빨이 없고, 오리 부리를 방불케 하는 구조'에서 유래했다. 이 구조는 잔가지와 잎을 낚아채는 데 사용되었다. 에드몬토사우루스의 턱은 케라톱시안과 마찬가지로 썰기를 위한 가위로 변형되었지만, '훨씬 더 빽빽이 들어찬 이빨'을 갖췄다. 그들의 턱은 단순한 상하 운동에만 국한되지 않고, 좌우로(심지어 약간 바깥쪽으로) 회전하기도 해서 복잡한 씹기 운동이 가능했다. 그것은 진화가 만들어낸 가장 복잡한 섭식 도구 중 하나였다.

하드로사우르가(그리고 어쩌면 케라톱시안도) 이처럼 정교한 턱을 가진 데에는 그럴 만한 이유가 있었다. 진화는 그들의 턱을 백악기 초기에 등장한 새로운 식물을 먹기에 적당하도록 미세하게 조정했다. 그것은 속씨식물인데, 흔히 꽃식물로 알려져 있다. 꽃식물은 오늘날 지천으로 널려 있지만(꽃식물은 우리의 식량원 중 상당 부분을 차지하며, 많은 이들의 정원을 장식하고 있다), 트라이아스기의 판게아에서 등장한 최초의 공룡들에게는 알려져 있지 않았다. 그와 마찬가지로, 꽃식물은 쥐라기의 거대한 목긴공룡인 용각류에게도 낯설었다. 그들은 꽃식물 대신 다른 식물(예를 들어 양치식물, 소철, 은행나무, 상록수)을 포식했기 때문이다. 그러나

1억 2500만 년이 흘러 백악기 전기에 이르자, 조그만 꽃들이 아시아에 나타났다. 뒤이어 6000만 년에 걸친 진화를 통해 이 원시 속씨식물은 광범위한 관목과 나무(예를 들어 야자나무, 목련)로 다양해져서, 백악기 후기의 풍경을 수놓았고 새로운 초식공룡들에게는 맛있는 먹이가 되었다. 당시에도 약간의 풀grass(속씨식물의 매우 특별한 형태)이 없었던 것은 아니지만, 적절한 초원이 발달한 것은 그로부터 까마득히 먼 훗날, 그러니까 공룡이 지구상에서 자취를 감춘 지 수천만 년이 흐른 뒤였다.

하드로사우르와 케라톱시안은 꽃을 먹었고, 덩치가 작은 조반류는 관목을 먹었으며, 파키케팔로사우르는 지배권을 놓고 서로 박치기를 했다. 푸들만 한 랩터는 도롱뇽, 도마뱀, 심지어 초기 포유류의 친척들 중 일부를 찾아 돌아다녔다. 이 모든 먹잇감의 흔적은 헬크리크의 화석에 남아 있다. 다양한 잡식공룡(예를 들어 트로오돈, 기이한 오비랍토로사우르)은 더욱 전문화한 육식공룡과 초식공룡이 거들떠보지 않는 먹이를 닥치는 대로 먹었다. 내가 지금까지 언급하지 않은 그 밖의 공룡들, 예를 들어 빠른 속도를 즐기기로 유명한 오르니토미모사우르ornithomimosaur 공룡들이나 중무장한 안킬로사우루스들은 자신들만의 생태적 틈새를 차지하기 위해 싸웠다. 익룡과 원시 조류는 하늘 높이 날아올랐고, 악어는 강가와 호숫가에 숨었다. 용각류는 한 마리도 보이지 않았고, '공룡의 왕'인 위대한 T. 렉스가 모든 공룡을 지배했다.

재앙이 닥치기 전에 공룡이 마지막으로 번성했던 백악기 후기의 북아메리카 풍경은 위와 같았다. (바넘 브라운부터 버피 박물관의 탐사팀에 이르기까지) 모든 사람이 발견한 풍부한 화석 덕분에, 백악기 후기의 북아메리카는 '공룡 시대를 통틀어 지구상에서 가장 풍부했던 공룡 생태계'로 과학계에 알려졌다. 우리는 다양한 공룡이 어떻게 모여 살았고, 하나의 먹이사슬에서 어디에 소속되었는지를 소상히 파악하고 있다.

아시아에서도 북아메리카와 대동소이한 스토리가 펼쳐졌다. 그곳에서는 피노키오 렉스 같은 거대한 티라노사우르가 오리주둥이공룡, 돔형머리공룡, 랩터, 잡식성 수각류로 이루어진 공동체를 지배하고 있었다. 그럴 수밖에 없는 것이, 북아메리카와 물리적으로 가깝다 보니 두 대륙 간에 종의 교환이 빈번하게 일어났기 때문이다.

그와 대조적으로, 적도 남쪽에서는 전혀 다른 상황이 전개되었다.

브라질 한복판에 있는 완만하게 경사진 고원은 한때 삼림과 사바나로 뒤덮여 있었지만 지금은 주요 농업지대로 변모했다. 그곳 주민들은 내 고향 일리노이와 버피 박물관 사이에 펼쳐진 들판에서 발견되는 것과 동일한 작물(대부분 옥수수와 콩)을 재배하지만, 그보다 이국적인 작물(예컨대 사탕수수, 유칼립투스, 맛있지만 낯선 온갖 과일)도 재배하고 있다. 그 지역을 고이아스Goiás주라고 부르는데, 구체적으로 살펴보면 약 600만 명의 주민이 거주하며 한적한 고속도로가 열십자 모양으로 교차하는 내륙 주(육지로 둘러싸인 주)다. 수도 브라질리아와는 몇 시간 거리이고, 아마존은 북쪽으로 1600킬로미터 떨어져 있다. 외국인 여행객 중에서 그곳을 방문하는 사람은 거의 없다.

그러나 고이아스에는 비밀이 많다. 그 비밀은 따분한 지형학이 아니라 농장 밑에 숨어 있는 풍경에 있다. 그 풍경은 8600만~6600만 년 전에는 지하가 아니라 지표면에 존재했다. 그것은 거대한 하곡의 가장자리에 자리 잡은 바람받이 사막 지형으로, 오늘날 옥수수밭과 콩밭의 토대가 되는 300미터 두께의 기저암을 이루고 있다. 기저암을 구성하는 암석들은 백악기 후기의 사구, 강, 호수에서 빚어졌다. 이 모든 사건은 당시 남아메리카와 아프리카가 분리되는 과정에서 비롯한 잔류응력residual stress으로 형성된 거대한 분지 안에서 일어났다. 그리고 그 분지는 공룡들의 안식처였다.

고이아스의 백악기 암석은 대부분 매몰되어 있지만, 도로나 강둑을 따라 여기저기에 삐죽 솟아 있다. 그러나 암석들을 관찰하기에 가장 좋은 장소는 채석장이다. 그곳에서는 중장비가 땅을 깊이 파헤쳐 그 아래의 사암과 이암 층을 노출해놓았다. 내가 2016년 7월 초에 방문한 곳도 바로 고이아스의 채석장이었다. 때는 남반구의 겨울이 시작되던 시기였지만 여전히 덥고 후텁지근했으며, 낙석으로부터 두피를 보호하기 위한 안전모와 낙석보다 훨씬 위험한 뱀으로부터 생명을 보호하기 위한 정강이 보호대를 착용해야 했다. 나는 고이아스 연방대학교의 호베르투 칸데이루Roberto Candeiro 교수의 초청을 받아 브라질을 방문했다. 고이아스 연방대학교는 고이아스주의 핵심 대학교이고, 호베르투는 남아메리카의 공룡 전문가였다. 나는 북아메리카와 아시아에서 수많은 백악기 후기의 공룡을 발굴하고 연구했지만, 호베르투는 내게 남반구에 대한 관점도 형성하는 게 좋겠다고 조언했다. 그러나 그는 뱀이라는 위험 요소에 대해서는 전혀 언급하지 않았다.

그보다 몇 년 전, 호베르투는 고이아스의 주도州都인 고이아니아Goiânia의 교외에서 급성장하고 있는 연방대학교 제2캠퍼스에서 학부생들을 대상으로 지질학 프로그램을 시작했다. 야자나무가 죽 늘어선 캠퍼스의 새하얀 대형 강의실(강의실 사이의 복도는 산들바람에 실려 오는 아열대

브라질의 고이아스에서 화석을 찾고 있는 호베르투 칸데이루.

공기를 받아들이기 위해 개방되어 있었다)은 불과 몇 킬로미터 떨어진 곳에 펼쳐진 '먼지 날리는 거리' '알루미늄 지붕으로 뒤덮인 판잣집'과 극명한 대조를 이루었다. 도로에서는 차량들 사이로 모터 달린 자전거가 요리조리 달리고, 도로변에서는 노인들이 날이 넓고 무거운 마체테 칼로 코코넛을 따고, 저 멀리에서는 원숭이들이 나무를 오르내렸다. 내가 두 번째로 고이아스를 방문할 때는 옛 브라질의 이러한 잔재가 많이 사라져 있을 것이다.

고이아스 최대의 도시에서 활기를 띠고 있는 캠퍼스에 개설된 강좌는 수많은 열성파 학생들을 끌어들였다. 그중 일부는 채석장으로 여행을 떠나는 호베르투와 나의 팀에 합류했다. 온갖 일(커다란 돼지 농장에서 수컷을 수작업으로 감별하고 암컷을 인공 수정하는 종업원, 파파야 재배자, 택시 기사)을 전전한 뒤 학교로 돌아온 명랑한 배불뚝이 코미디언 안드르도 그런 학생들 중 하나였다. 그보다 훨씬 어린 열여덟 살 소녀 카밀라는 작은 체구가 무색할 정도로 에너지와 열정이 넘쳤고, 여가 시간에는 스트레스를 날려버리기 위해 킥복싱을 했다. 마지막으로, 하몽은 키 크고 까무잡잡한 꽃미남이었다. 멋진 스키니진과 한쪽으로 빗어 내린 머리칼은 레스토랑마다 텔레비전에서 틀어놓는 브라질 보이밴드의 뮤직비디오에서 갓 튀어나온 듯한 착각을 불러일으켰다.

우리가 방문한 채석장의 소유주는 젊은 남성이었다. 그의 가족은 브라질 중심부에서 대대손손 농사를 지어왔다. 그들은 비료를 뿌리기 위해 암석을 파냈는데, 그 암석은 콘크리트처럼 보이는 이상한 돌로, 흰색 모암matrix 속에 온갖 형태와 크기의 자갈이 박혀 있었다. 흰색 물질은 석회석이고, 자갈은 백악기 말기에 브라질의 맹렬한 강물에 휩쓸린 다양한 암석의 파편이다. 그런 자갈에는 희귀한 뼈, 즉 공룡 화석도 있었다. 아마도 1만~2만 개의 자갈 중 하나는 자갈이 아니라 뼈일 텐데, 어떤 동물의 뼈가 되었든 보물이 틀림없다. 그것들은 북아메리카 헬크리크의 T. 렉스, 트리케라톱스 등과 비슷한 시기에 살았던 남아메리카의 마지막 공룡들 중 하나의 유해이기 때문이다.

안타깝지만, 수 시간 동안 샅샅이 뒤졌는데도 우리는 그날 채석장에서 단 하나의 뼈도 발견하지 못했다. 그러나 우리는 뱀에게 전혀 물리지 않았으므로, 숙소로 돌아왔을 때는 빈손일지언정 행복했다. 그날은 참으로 특이한 날이었다.

우리는 며칠 뒤 다른 장소에서 기어이 몇 개의 뼈를 발견했다. 그러나 고작 부스러기일 뿐이었다. 게다가 신종 공룡은 하나도 없었는데, 그런 일은 새로운 지역을 탐사할 때 비일비재했다. 완전히 새로운 공룡을 발견한다는 것은 복불복이며, 운이나 상황에 달려 있기 때문이다. 그러나 호베르투는 지난 10년 동안 그런 현장 탐사를 숱하게 진두지휘해온 베테랑으로서, 종종 이질적인 학생들로 구성된 혼성팀을 이끌고 많은 뼈를 발견하기도 했다. 호베르투는 그런 뼈들 중 일부를 고이아니아 캠퍼스의 연구실에 보관했으므로, 나는 남은 기간에 호베르투, 그의 친구 펠리피 심브라스Felipe Simbras와 함께 고이아니아에 머물며 공룡 뼈를 연구했다. 펠리피는 석유 회사의 지질학자인데, 취미로 공룡을 연구했다.

호베르투의 연구실 선반에 보관된 화석을 살펴본다면, T. 렉스가 하나도 없다는 데 깜짝 놀랄 것이다. 사실, 브라질의 백악기 말기 지층에는 어떤 종류의 티라노사우르도 존재하지 않는다. 몬태나에 있는 헬크리크의 황무지를 하루 종일 거닐어보라. 그러면 T. 렉스의 이빨을 여러 개 발견할 텐데, 그것은 누가 가든 마찬가지다. 그러나 브라질은 물론 남반구의 어디를 가도 T. 렉스의 흔적은 전혀 찾아볼 수 없다. 그 대신 호베르투의 서랍에는 다른 육식공룡 그룹의 이빨이 담겨 있다. 그중 일부는 우리가 앞에서 만났던 공룡들, 바로 카르카로돈토사우르다. 그들은 알로사우르에서 진화하여 백악기 초기에 지구의 상당 부분을 점령했다. 내가 폴 세레노와 함께 연구했던 카르카로돈토사우루스의 경우, 아프리카 출신으로서 궁극적으로 T. 렉스에 맞먹는 크기로 성장했다. 북쪽에서는 카르카로돈토사우르가 출몰하며 수천만 년 동안 지배하다, 백악기 중기에 이르러 티라노사우르에게 왕관을 넘겨주었다. 반면 남쪽에서는 카르카로돈토사우르가 백악기의 마지막 날까지 버티며 헤비급 챔피언 자리를 계속 유지했다. 주변에 티라노사우르가 없었기 때문이다.

브라질에서 흔히 발견되는 또 하나의 공룡 이빨이 있다. 그 역시 날카롭고 톱니날 모양인 것으로 보아, 육식공룡의 입에 장착됐던 것이 분명하다. 그러나 크기가 좀 더 작고 더욱 섬세하다. 그것은 아벨리사우루스과^{Abelisauridae}에 속하는 수각류의 것이다. 그들은 매우 원시적인 쥐라기 공룡의 후손으로서, 백악기 동안 남반구 대륙을 '접수할 분위기가 무르익은 곳'으로 간주했던 것으로 보인다. 그들 중 피크노네모사우루스^{Pycnonemosaurus}는 고이아스주에서 한 주 너머에 있는 마투그로수^{Mato Grosso}주에서 비교적 양호한 상태로 발견되었다. 그 뼈들은 비록 단편화되어 있지만, 길이 9미터 체중 2톤쯤 되는 동물의 것으로 간주된다.

더 완벽한 아벨리사우루스과의 뼈대는 훨씬 남쪽에 있는 아르헨티나에서 발견되었다. 그러나 마다가스카르, 아프리카, 인도에서 발견된 것도 있다. 카르노사우루스^{Carnosaurus}, 마윤가사우루스^{Majungasaurus}, 스코르피오베나토르^{Skorpiovenator}처럼 더 완벽한 화석들을 면밀히 살펴보면, 아벨리사우루스과 공룡들은 티라노사우르와 카르카로돈토사우르보다 덩치가 약간 작았지만, 먹이사슬의 최정상(또는 그 근처)에 군림한 맹렬한 포식자였던 것으로 보인다. 그들은 (앞뒤로) 짧고 (위아래로) 깊은 두개골을 갖고 있었으며, 때로는 눈 부근에 뭉툭한 뿔이 돌출되어 있었다. 얼굴과 주둥이의 뼈에서는 거칠고 흠집 난 듯한 질감이 느껴졌는데, 이는 케라틴으로 이루어진 덮개의 존재를 뒷받침한다. 그들은 T. 렉스처럼 2개의 근육질 발로 걸었지만, 훨씬 안쓰러운 조막손을 갖고 있었다. 카르노사우루스는 길이가 9미터이고 체중이 1.6톤이었지만, 주방에서 사용하는 주걱과 다를 바 없는 팔을 갖고 있었다. 조막손은 건성으로 매달려 있었으므로, 일상에서 사용할 일이 거의 없었을 것이다. 아벨리사우루스과 공룡들은 팔이 불필요했고, 턱과 이빨로 온갖 궂은일을 처리했던 것이 분명하다.

아벨리사우루스과 공룡이든 카르카로돈토사우루스과^{Carcharodontosau-ridae} 공룡이든 그들 모두에게 궂은일이란 결국 동시대의 다른 공룡들, 특히 초식공룡을 잡아먹는 일이었다. 그들의 먹잇감 중 일부는 북반구의 종들과 비슷해서, 예컨대 아르헨티나에서는 약간의 오리주둥이 공룡들이 발견되었다. 그러나 대부분 남반구의 초식공룡들은 북반구와 사뭇 달랐다. 남반구에는 트리케라톱스처럼 흥미진진한 케라톱시안 무리가 존재하지 않았고, 돔형 머리를 가진 파키케팔로사우르도 없었다. 그러나 그곳에는 용각류가 살고 있었다. 그것도 큰 무리를 지어서. 백악기 말기의 몬태나에서 T. 렉스는 긴 목을 가진 거대한 공룡들을 추격하지 않았다. 용각류는 백악기 중기의 어느 시점에 북아메리카의 대부분에서 자취를 감췄기 때문이다(단, 북반구의 남쪽에서는 여전히 자주 나타났다). 그에 반해 브라질이나 다른 남쪽 지역에서는 그렇지 않았다. 그곳에서는 용각류가 공룡 시대의 종말이 올 때까지 '대형 초식동물 1호'의 지위를 유지하고 있었다.

남반구 전체에 퍼져 있던 특별한 용각류가 하나 있었다. 평온한 쥐라기 시절은 지나간 지 오래였고, 브라키오사우루스·브론토사우루스·디플로도쿠스도 더 이상 존재하지 않는 상태에서 그들의 동족들이 동일한 생태계에서 무리를 지어 살며, 나름의 독특한 이빨·목·섭식 스타일을 갖고서 생태적 틈새를 적절히 분점하고 있었다. 백악기 말에 남아 있던 용각류는 매우 제한적인 무리로, 티타노사우르라고 불린다. 티타노사우르에서도, 예컨대 아르헨티나에서 발견된 드레아드노우그투스와 브라질의 상파울루주 바로 남쪽에서 발견된 아우스트로포세이돈*Austroposeidon*(펠리피와 동료들이 욕조만 한 일련의 척추뼈를 이용해 기술했다)의 경우에는 덩치가 굉장히 컸다. 아우스트로포세이돈은 브라질에서 발견된 공룡 중에서 가장 컸으며, 주둥이에서 꼬리까지의 길이가 약 25미터였던 것으로 추정된다. 그 정도라면 체중이 어느 정도였을지 짐작하기 어렵지만, 아마도 20톤과 30톤 사이의 어디쯤이었을 것이다. 어쩌면 그보다 훨씬 무거웠을 수도 있다.

브라질을 비롯해 남반구에서 늦게까지 생존했던 다른 티타노사우르 공룡들 중에는 드레아드노우그투스나 아우스트로포세이돈보다 덩치가 상당히 작은 것도 있었다. 이른바 아이올로사우린*aeolosaurin*은 용각류치고는 약소한 편으로, 그중 비교적 잘 알려진 린콘사우루스*Rinconsaurus*의 경우 길이가 겨우 11미터에 불과했다. 한편 티타노사우르의 또 다른 하위 분류군인 살타사우루스과*Saltasauridae*는 일반적인 티타노사우르의 크기였고, 피부를 뒤덮은 갑옷판을 이용해 굶주린 아벨리사우루스나 카르카로돈토사우루스 같은 육식공룡들로부터 자신을 보호했다.

남반구에는 약간의 소형 수각류가 있었던 것으로 알려져 있지만, 북아메리카의 중소형 육식공룡 및 잡식공룡 무리와 전혀 달랐다. 혹자는 '그들의 작고 섬세한 뼈가 아직 발견되지 않았을 뿐'이라고 주장하겠지만, 그것은 그다지 만족스러운 답변이 아니다. 브라질에서는 비슷한 크기의 동물 뼈대가 많이 발견되었지만, 그것은 악어류이지 수각류가 아니기 때문이다. 그중 일부는 통상적인 수서동물로서 공룡의 경쟁 상대가 아니었지만, 어떤 것들은 육상 생활에 적응한 특이한 동물로서 오늘날의 악어와 달랐다. 바우루수쿠스*Baurusuchus*는 다리가 길고 개처럼 생긴 포식자였다. 마릴리아수쿠스*Mariliasuchus*는 포유류의 앞니·송곳니·어금니와 비슷한 이빨을 갖고 있었다. 그런 이빨을 이용해 돼지처럼 뷔페식 잡동사니 먹이를 먹었던 것으로 보인다. 아르마딜로수쿠스*Armadillosuchus*는 탄력 있는 줄무늬 갑옷을 입은 굴 파기 선수였는데, 아르마딜로처럼 몸을 동그랗게 말 수 있었기 때문에 그런 이름을 얻었다. 이런 동물 중에서, 우리가 아는 범위 안에서 북아메리카에 살았던 동물은 없다. 브라질과 남반구를 통틀어, 이러한 악어류는 지구의 다른 곳에서 공룡들이 차지했던 생태적 틈새를 점유하고 있었다.

요컨대 티라노사우르 대신 카르카로돈토사우루스과와 아벨리사우루스과에 속하는 공룡들이, 뿔공룡 대신 용각류가, 랩터나 오비랍토로사우르와 같은 소형 수각류 대신 악어류 떼가 남반구를 점령하고 있었다. 백악기가 저물어가는 동안, 북반구와 남반구의 상황은 이처럼 크게 달랐다. 그러나 동시대에 대서양 한복판에서 일어나고 있었던 사건에 비하면, 이런 거대한 대륙들은 지극히 평범했으며 심지어 따분하기까지 했다. 그 시대에 대서양 한복판에서는, 역사상 가장 괴상망측한 공룡들이 유럽의 '침수하는 자투리땅' 주변을 맴돌며 팔짝팔짝 뛰고 있었다.

공룡을 연구하거나, 그들의 뼈를 수집하거나, 심지어 공룡을 진지하게 생각해본 사람들 중에서도 프런즈 놉처 본 펠쇠실바시Franz Nopcsa von Felső-Szilvás에 비견될 사람은 없었다. 나는 그를 '공룡 남작Dinosaur Baron'이라고 불러야 마땅하다고 생각한다. 그는 공룡 뼈를 발굴한 명실상부한 귀족이었기 때문이다. 그는 '미친 소설가'가 만들어낸 캐릭터처럼 워낙 기이하고 우스꽝스러운 인물이어서, 마치 가공의 인물처럼 보인다. 그러나 그는 엄연한 실존 인물이며, 대담한 멋쟁이인 동시에 비운의 천재였다. 트란실바니아에서 공룡을 사냥한 그의 업적은, 여생을 지배할 광기를 유예하기 위한 짧은 활동의 결과물이었다. 단언컨대, 트란실바니아의 간판스타는 드라큘라가 아니라 공룡 남작이다.

놉처는 1877년 트란실바니아의 나지막한 언덕에 자리 잡은 귀족 가문에서 태어났다. 트란실바니아는 현재 루마니아의 영토이지만, 당시에는 몰락해가는 오스트리아-헝가리 제국의 가장자리에 있었다. 집 안에서 여러 나라 말을 구사했으므로, 그는 자연스럽게 방랑 충동이 생겨났다. 그는 다른 충동에도 시달렸는데, 20대에 들어서는 한 트란실바니아 백작의 연인이 되었다. 그 백작은 연상의 남성으로, 놉처에게 남쪽의 산맥에 있는 '숨겨진 왕국' 이야기를 자주 들려주었다. 그 왕국에서는 사람들이 말쑥한 옷을 입고, 긴 검을 휘두르며, 해독할 수 없는 언어를 사용했다. 그 산간지대의 주민들은 조국을 슈키페리Shqipëri라고 불렀다. 오늘날 우리는 슈키페리를 알바니아로 알고 있지만, 당시에 슈키페리는 유럽의 남쪽 귀퉁이에 있는 벽지로, 수 세기 동안 또 하나의 거대한 제국인 오스만에 점령되어 있었다.

남작은 알바니아를 직접 확인해보기로 했다. 남쪽으로 내려가 두 제국의 국경 지대를 지나 알바니아에 도착했을 때, 그를 맞이한 것은 한 발의 총탄이었다. 총탄은 그의 모자를 관통해 두개골을 아슬아슬하게 비껴갔다. 그러나 그는 어떠한 방해에도 단념하지 않고 알바니아의 상당 부분을 도보로 횡단했다. 그는 알바니아의 언어를 익히고, 머리를 길게 기르고, 원주민과 비슷한 옷을 입기 시작했으며, 산봉우리 주변에 고립되어 사는 배타적인 부족들의 신망을 얻었다. 그러나 진실(놉처가 스파이라는 사실)을 알았다면, 원주민 부족들이 그를 그토록 환영하지는 않았을 것이다. 그는 오스트리아 - 헝가리 정부에서 돈을 받고 오스만에 대한 첩보를 제공하고 있었는데, 제1차 세계대전의 지옥불 속에서 두 제국이 붕괴되어 유럽의 지도가 다시 그려짐에 따라 그의 임무는 훨씬 더 중차대하고 위험천만해졌다.

그렇다고 해서 '남작은 돈 버는 데만 관심이 있는 사람이었다'고 생각하면 오해다. 그는 알바니아의 매력에 빠져 헤어나지 못했다. 그는 유럽 최고의 알바니아 문화 전문가가 되었고, 알바니아인들을 진정으로 사랑했다. 그중에서도 한 사람을 특별히 아꼈다. 놉처는 고산지대의 양치기 마을에 사는 젊은 남성에게 홀딱 반했다. 버여지드 엘머즈 도더Bajazid Elmaz Doda는 명목상으로는 놉처의 비서였지만, (비록 동성애가 인정받지 못하던 시기라서 공공연히 언급되지는 않았지만) 사실상 그보다 깊은 관계였다. 거의 30년간 함께 지내며 동료들의 따가운 눈총을 견뎌낸 두 연인은, 두 제국의 해체 과정에서도 살아남아 모터사이클을(놉처는 오토바이를, 도더는 사이드카를) 타고 유럽을 여행했다. 제1차 세계대전 이전의 혼돈기에 도더는 놉처의 곁에 있었다. 당시 놉처는 투르크에 대항하여 산악 지대 주민들의 반란을 모의했고 무기고를 만들 요량으로 무기 밀수에도 손을 댔다. 하지만 이 모든 것이 여의치 않자, 나중에는 스스로 알바니아의 왕으로 즉위하려 했다. 두 가지 계획이 모두 실패로 돌아가자, 놉처는 다른 소일거리로 눈을 돌렸다.

놉처의 새로운 소일거리는 공룡이었던 것으로 밝혀졌다.

사실, 놉처는 도더를 만나기 전, 심지어 알바니아를 알기 전부터 공룡에 관심을 갖고 있었다. 열여덟 살 때, 누이가 가문의 영지에서 심하게 훼손된 두개골 하나를 주워 왔다. 그 뼈는 돌로 변해 있었다. 어린 놉처가 아는 (가문의 영지에서 달리거나 날아오르던) 동물들과 사뭇 달랐다. 그해에 빈의 대학에 들어간 그가 뼈를 가져가 지질학 교수에게 보여주었더니, 교수는 가서 더 찾아보라고 했다. 그는 집에 돌아가, 나중에 물려받을 들판과 언덕과 강바닥을 (때로는 도보로, 때로는 말을 타고) 집요하게 탐사했다. 그로부터 4년 후, 왕족의 구성원이지만 아직 학생 신분이었던 그는 오스트리아 과학원 지식인의 선봉에 서서, 자신이 연구해온 것과 발견한 것을 발표했다. 바로 신비로운 공룡들이 활보하는 광대한 생태계였다.

놉처는 남은 생의 상당 부분 동안 트란실바니아의 공룡 화석을 계속 수집했다. 알바니아에서 첩보 임무를 수행할 때도 간간이 휴식을 취하며 이곳저곳에서 수집 활동을 병행했다. 그는 공룡에 대한 연구도 계속했고, 그 과정에서 '공룡의 뼈 분류'에 그치지 않고 '실제 동물로서의 모습'을 파악하려 시도한 선구자였다. 화석 해석에 재능을 타고난 그가 영지에서 발견한 뼈에 뭔가 특이한 점이 있음을 간파하는 데 그리 오랜 시간이 필요하지는 않았다. 그는 그것들이 지구상의 다른 지역에서 흔히 발견되는 공룡 그룹 중 어디에 속하는지 분간할 수 있었다. 예컨대, 그가 텔마토사우루스^{Telmatosaurus}라고 이름 붙인 공룡은 오리 주둥이공룡, 마기아로사우루스^{Magyarosaurus}라고 이름 붙인 목이 긴 생명체는 용각류였다. 그는 갑옷공룡의 뼈도 발견했다. 하지만 이 모든 공룡들은 본고장의 친척들보다 덩치가 작았으며, 어떤 경우에는 작아도 너무 작았다. 그들의 사촌은 브라질에서 30톤에 달하는 거구로 지구를 뒤흔들었지만, 마기아로사우루스는 겨우 소만 한 크기였다. 처음에 높처는 그 뼈가 어린 공룡의 뼈이려니 생각했지만, 현미경으로 들여다보고 어른 특유의 질감을 갖고 있음을 깨달았다. 그렇다면 적절한 설명은 단 하나, 트란실바니아의 공룡들은 체격이 왜소했다는 것이었다.

'트란실바니아의 공룡들은 왜 그렇게 작았을까?'라는 의문이 제기된 것은 당연했다. 높처는 한 가지 아이디어를 갖고 있었다. 그는 첩보 활동, 언어학, 문화인류학, 고생물학, 모터사이클링, 책략의 전문가일 뿐 아니라 매우 뛰어난 지질학자이기도 했다. 그는 (공룡 화석을 품고 있는) 암석의 지도를 작성했고, 그 공룡들이 강에서 형성되었음을 밝혀냈다. 그도 그럴 것이, 사암과 이암의 두꺼운 층이 수로 또는 (강물이 범람할 때는) 측면에 퇴적되었기 때문이다. 그리고 암석(사암과 이암)의 아래에는 바다에서 유래한 퇴적층(현미경으로만 볼 수 있는 플랑크톤 화석이 풍부한 미세 점토와 셰일)이 형성되어 있었다. '강의 수로와 측면에 형성된 암석 속의 공기'를 추적하고 '강과 대양층 간의 접촉'을 면밀히 분석한 결과, 높처는 '나의 영지는 한때 섬이었고, 그 섬은 백악기 말기의 어느 시점에 바다에서 솟아올랐다'는 결론에 도달했다. 미니 공룡들은 작은 초원 위에서 살았는데, 그 초원의 면적은 8만 제곱킬로미터로 히스파니올라^{Hispaniola}섬●과 얼추 비슷했다.

놉처는 '나의 공룡들이 조그마한 이유는 그들이 서식하는 섬 때문이었을 것'이라고 추측했다. 그런 추측은 당시 일부 생물학자들의 아이디어와 일치했다. 그들은 '섬에 사는 현생 동물들의 생리'와 '지중해 한복판에서 발견된 이상한 작은 포유동물의 화석'을 바탕으로 그런 아이디어를 제기하고 있었다. 그들은 이렇게 주장했다. '섬은 진화의 실험실과 비슷하며, 커다란 땅덩어리에서 작동하는 통상적인 법칙 중 일부가 작동하지 않는다. 섬은 외딴 곳에 있으므로, 자신의 서식지에서 이탈한 종이 바람이나 뗏목을 타고 유입되는 사건이 으레 무작위로 발생한다. 섬에는 공간이 부족하므로, 자원이 부족하고 일부 종들은 크게 성장할 수 없다. 그리고 섬은 본토에서 격리되어 있으므로 식물과 동물이 '영광의 고립' 속에서 진화하고, 그들의 DNA는 대륙에 사는 사촌들의 DNA와 단절된다. 그리하여 '근친 교배된 섬 서식 세대'는 시간이 경과함에 따라 더욱더 다르고 특이해진다.'

나중에 수행된 연구에서 놉처의 생각이 옳은 것으로 밝혀졌다. 그의 난쟁이 공룡들은 오늘날 '작동하는 섬 효과island effect in action'의 대표적 사례로 여겨진다. 이처럼 찬란한 업적을 남겼는데도, 운명의 여신은 남작에게 그리 친절하지 않았다. 오스트리아－헝가리 제국은 제1차 세계대전에서 패전국이 되고, 트란실바니아는 승전국 중 하나인 루마니아에 넘어갔다. 놉처는 땅과 성城을 잃었고, 자신의 사유지를 되찾으려는 무분별한 시도 끝에 소작농들에게 몰매를 맞고 길가에 버려졌다. 방탕한 생활 습관을 지탱할 돈이 거의 바닥나자, 놉처는 헝가리 부다페스

● 쿠바의 동쪽과 푸에르토리코의 서쪽에 위치한 섬으로 면적이 7만 6483제곱킬로미터다.

트에 있는 지질학연구소의 소장직을 마지못해 떠맡았다. 그러나 관료 생활이 체질에 맞지 않아 곧 그만두었다. 그는 화석을 팔고 도더와 함께 빈으로 이주했고, 궁핍과 (오늘날 같으면 우울증으로 진단받을) 우울에 시달렸다. 마침내 그는 극단적인 선택을 했다. 1933년 4월, 옛 남작은 연인의 차에 약간의 진정제를 섞었다. 그러고는 도더가 비몽사몽 헤매다 잠이 들자, 그에게 총탄을 발사한 뒤 자신에게도 방아쇠를 당겼다.

놉처의 비극적인 종말은 한 가지 미스터리를 남겼다. 남작은 섬 공룡의 수수께끼를 풀었고, 그 공룡들이 그렇게 작았던 이유를 알아냈다. 그러나 그가 발견한 뼈는 (목긴공룡이 되었든, 오리주둥이공룡이 되었든, 갑옷공룡이 되었든) 거의 모두 초식공룡의 것이었다. 그는 '어떤 포식자가 미니 동물원을 휘젓고 다녔는지'를 알려줄 단서를 거의 확보하지 못했다. 섬을 지배했던 것은 (아마도 대륙에서 점프해 온) 티라노사우르나 카르카로돈토사우르의 유별난 버전이었을까? 아니면 다른 종류의 (역시 난쟁이인) 육식공룡이었을까? 아니면 섬에는 육식공룡이 아예 없었고, 초식공룡들은 자기들을 사냥하는 공룡들이 전혀 없었으므로 덩치가 작아도 살 수 있었던 게 아닐까?

이런 문제를 해결하는 데는 한 세기와 또 한 명의 걸출한 인물이 필요했다. 놉처와 똑같은 가문 출신인 트란실바니아의 마차스 브레미르Mátyás Vremir였다. 브레미르 역시 박식가博識家인 데다 여러 언어를 구사했으며, 배낭 하나만 짊어지고 별천지를 향해 떠나는 여행가였다. 그는 (내가 알기로는) 스파이 활동을 한 적이 전혀 없지만, 다년간 아프리카를 맴돌며 석유 시추를 하고 새로운 시추지를 물색했다. 지금은 고향 루마니아의 클루지나포카Cluj-Napoca에서 사업체를 운영하며, 환경 조사를 수행하는 한편 건축 프로젝트에 대한 지질학적 컨설팅을 하고 있다. 또한 그는 다양한 취미 활동을 하고 있다. 예컨대 카르파티아산맥*에서 스키를 타거나 동굴 탐사를 하고, 다뉴브강 삼각주에서 카누를 타고, 종종 아내와 두 아들을 데리고 암벽 등반도 한다(이런 면에서 그는 눕처와는 딴판이다). 큰 키와 (야위었지만) 강단 있는 체격, 로커처럼 긴 머리와 늑대처럼 꿰뚫어보는 듯한 눈을 가진 그는 신사도를 지키고 바보들에게 절대로 관용을 베풀지 않지만, 당신을 좋아하고 존중한다면 당신을 위해 목숨을 걸 용의가 있는 사람이다. 그는 내가 전 세계에서 가장 좋아하는 사람들 중 하나다. 만약 내가 지구상의 '신이 포기한 구석'에서 여하한 실질적 위험에 처한다면, 내 곁에 있어주기를 원하는 유일한 사람이다. 내가 알기로 그는 내 생명을 기꺼이 맡길 수 있는 사람이다.

마차스는 다재다능했지만, 공룡을 탐사할 때만 최선을 다했다. 최초의 공룡형류 발자국을 모두 발견한 내 폴란드 친구 그제고시와 함께, 마차스는 내가 아는 사람 중에서 '화석 냄새 맡는 코'가 단연 으뜸이었다. 언뜻 보면 그는 별로 힘들이지 않고 화석을 찾아내는 것처럼 보인다. 루마니아에서 공동 작업을 할 때마다, 나는 값비싼 야전 장비로 무장하고 혼신의 힘을 다했다. 그에 반해 마차스는 반바지 차림에 담배를 꼬나물고 두리번거리다가 나보다 한 발 앞서 '고품질 화석'을 찾아냈다. 그러나 그것은 겉모습일 뿐, 실제로는 전혀 그렇지 않았다. 마차스는 사실 무자비한 사람이다. 그가 화석을 탐사할 때면 루마니아의 혹독한 겨울철에 꽁꽁 얼어붙은 강 속으로 파고들고, 밧줄을 타고 수

● 우크라이나, 루마니아, 폴란드, 체코, 슬로바키아, 헝가리에 걸친 산맥.

십 미터의 절벽을 내려가는가 하면, 비좁고 깊은 동굴 속으로 몸을 비틀며 들어간다. 한번은 그가 부러진 다리를 절룩거리며 여울을 건너가는 것을 봤는데, 그가 여울을 건넌 까닭은 건너편 강둑에 삐죽 솟아 나와 있는 뼈 하나를 발견했기 때문이다.

2009년 가을, 마차스는 바로 그 강에서 일생일대의 성과를 거뒀다. 강둑에서 제자들과 함께 탐사 활동을 하던 그는 수면 위로 몇 십 센티미터 솟아오른 빨간 암석에서 '백묵처럼 하얀 덩어리'가 튀어나와 있는 것을 발견했다. 동물의 뼈가 분명했다. 그는 도구를 꺼내 부드러운 이암을 긁어냈다. 그랬더니 마치 줄줄이 알사탕처럼 뭔가가 계속 더 나왔는데, 그것은 푸들만 한 동물의 사지와 상반신이었다. 흥분은 이내 공포감으로 변했다. 지역의 발전소에서 조만간 수문을 열어 댐의 물을 방류할 텐데, 그러면 수량이 급속히 불어나 그 뼈들이 떠내려 갈 것이 뻔했기 때문이다. 마차스는 작업을 서둘렀다. 외과 의사를 방불케 하는 정밀함으로 그는 6900만 년 전의 무덤에서 골격을 꺼내는 데 성공했다. 그는 그것을 클루지나포카로 가지고 가서 지역 박물관에 안전하게 모셔둔 뒤, 정체를 알아내기 위해 연구에 착수했다. 그는 그것이 공룡일 거라고 확신했지만, 트란실바니아에서는 그와 비슷한 것이 발견된 적이 전혀 없었다. 외부 전문가들의 조언이 도움이 될 것이라고 본 마차스는 백악기 후기의 다양한 소형 공룡들을 발굴하고 기술해온 고생물학자 마크 노렐에게 이메일을 보냈다. 마크는 뉴욕에 있는 미국 자연사박물관의 공룡 큐레이터로, 그 유명한 바넘 브라운이 담당했던 업무를 맡고 있었다.

나와 마찬가지로, 마크는 수많은 사람들에게서 '내가 보유한 화석

트란실바니아의 르파로시에Râpa Roşie(붉은 협곡)에서 난쟁이 공룡의 화석을 찾고 있는 마차스 브레미르.

의 정체를 알려달라'는 메일을 수도 없이 받는다. 그중에는 '기형적인 암석'이거나 심지어 그냥 콘크리트 덩어리인 경우가 부지기수다. 그러나 마차스가 이메일에 첨부한 사진을 열어봤을 때, 마크는 너무 놀라 정신을 차리지 못했다. 나는 그 자리에 있었으므로, 자신 있게 말할 수 있다. 당시 마크의 박사과정 학생이었던 나는 '수각류 공룡의 계통학과 진화'에 관한 논문을 작성하고 있었다. 마크는 나를 연구실(센트럴파크가 내려다보이는 우아한 방)로 불러 물었다. "방금 루마니아에서 받은 알쏭달쏭한 메시지를 어떻게 생각해?" 우리 둘은 '아마도 수각류 같다'는 데 의견을 같이했다. 좀 더 조사해본 결과, 트란실바니아에서는 그때까지 제대로 된 육식공룡 뼈대가 발견된 적이 단 한 번도 없었다. 마크는 마차스에게 답신을 보내고는 친구가 되었다. 그로부터 몇 달 뒤 우리 셋은 2월의 엄동설한에도 아랑곳하지 않고 부카레스트에서 만났다.

우리는 마차스의 동료인 졸탄 치키서버^{Zoltán Csiki-Sava}의 목조 연구실에서 만났다. 30대의 교수 졸탄은 공산주의가 몰락해 니콜라에 차우셰스쿠^{Nicolae Ceauşescu} 군대의 강제징집이 해제된 뒤 대학에 들어가 유럽 최고의 공룡 전문가가 되었다. 모든 뼈가 우리 앞의 테이블 위에 놓여 있었고, 그 정체를 밝히는 임무가 우리 넷에게 주어졌다. 표본을 눈으로 똑똑히 들여다본 우리는 그것이 수각류라는 데 이의를 제기하지 않았다. 가볍고 연약한 뼈들 중 상당수는 (벨로키랍토르를 비롯한) 유연하고 사나운 랩터 종의 것과 비슷했다. 크기는 벨로키랍토르와 거의 같아 보였지만, 약간 작을 수도 있었다. 그러나 랩터와 완전히 일치하지 않는 부분이 있었다. 마차스의 공룡은 각 발에 4개의 발가락이 있었는데, 안쪽의 두 발가락에는 거대한 낫 모양의 발톱이 달려 있었다. 랩터는 '오므릴 수 있는 낫 발톱'으로 유명했지만(이 발톱은 먹잇감을 베고 파괴하는 데 사용되었다), 각각의 발에 낫 발톱이 하나씩밖에 없었다. 더욱이 랩터는 주된 발가락이 (4개가 아니라) 3개였다. 진퇴양난에 빠졌다. '우리는 아무래도 신종 공룡을 보고 있는 것 같다'는 생각이 들었다.

우리는 한 주 내내 그 뼈를 연구하는 동시에, 각종 치수를 측정해서 다른 공룡들의 뼈대와 비교했다. 그리하여 마침내 깨달았다. 루마니아에서 새로 발견된 수각류가 랩터인 것은 맞지만, 본토의 친척들에 비해 여분의 발가락과 발톱이 달린 특별한 랩터였다. 트란실바니아의 옛 섬에 살았던 초식공룡들은 덩치가 작아졌지만, 포식자들은 기형적인 발가락(2개의 킬러 발톱과 여분의 발가락)을 갖게 되었다니! 그것은 새로운 사실이었다. 루마니아의 랩터는 벨로키랍토르보다 체격이 다부졌고, 팔과 다리의 뼈 중 상당수가 융합되었으며, 심지어 손이 퇴화한 나머지 '뭉툭한 손가락'과 손목뼈가 한데 뭉쳐 한 덩어리가 되었다. 그것은 새로운 육식공룡 종족이었으며, 몇 달 후 우리는 루마니아의 고어를 활용해 적절한 학명을 지었다. 이름하여 발라우르 본독*Balaur bondoc*이었는데, 발라우르는 '공룡', 본독은 '다부지다'라는 뜻이었다.

발라우르 본독은 백악기 후기에 유럽의 섬에서 대장이었다. 폭군 tyrant이라기보다는 암살자assassin로서, 발톱을 이용해 (해수면이 상승하는 대서양의 한복판에 고립된) 소만 한 용각류나 난쟁이 오리주둥이공룡·갑옷공룡을 제압했다. 한마디로, 그들은 '섬에서 제일가는 육식공룡'이었다. 마차스가 다음번에 무슨 화석을 발견할지는 아무도 모른다. 그러나 그가 거대한 티라노사우루스 같은 육식공룡을 만나지 못할 것은 거의 확실해 보인다. 지난 한 세기 동안 그곳에서 수천 개의 화석(뼈만

백악기 말기에 트란실바니아섬에 살았던 덩치 작은 최상위 포식자, 발라우르 본독의 발.
Photograph by Mick Ellison.

이 아니라 알과 발자국까지, 공룡만이 아니라 도마뱀과 포유류까지)을 수집했
지만, 커다란 육식동물의 유해는 단 하나도 발견하지 못했다. 심지어
이빨 하나도 발견하지 못했다. 이 같은 부재가 우리에게 시사하는 바
는 다음과 같다. "그 섬은 너무 작아서 거대한 '뼈를 으스러뜨리는 괴

물'을 감당하지 못했다. 따라서 발라우르처럼 '혈기왕성한 꼬마들'이 먹이사슬의 최정상에 올랐다." 이것은 '백악기가 마감되는 동안, 세상에서 가장 찬란했던 공룡 생태계가 얼마나 이례적인 양상을 띠었는지'를 보여주는 또 하나의 징후라고 할 수 있다.

우리는 언젠가 트란실바니아를 여행하다가, 오후에 시간을 내어 화석 사냥을 멈추고 나지막한 산으로 향했다. 마차스는 서첼Sãcel이라는 작은 마을 근처의 성 밖에 차를 세웠다. 한때는 웅장했을 그 성은 오래전에 버려져 지금은 황폐해져 있었다. 밝은 녹색 페인트칠은 대부분 바래고 벗겨져 벽돌을 드러냈다. 창문은 모두 망가졌고, 마룻바닥은 썩어가고 있었으며, 석고에는 스프레이로 그라피티가 그려져 있었다. 모든 외관에는 먼지가 달라붙어 있었고, 주변에서는 들개들이 좀비처럼 어슬렁거리고 있었다. 그러나 마치 중력의 법칙과 '세월의 흐름에 따른 황폐화'에 도전하듯 로비의 천장에는 금박을 입힌 샹들리에가 자랑스럽게 매달려 있었다. 우리는 삐걱거리는 계단을 몇 걸음 올라가 조심스레 그 아래로 걸어갔다. 위층에서는 더욱 불결한 풍경이 우리 앞에 펼쳐져 있었다. 한 방에서는 깊은 틈 사이로 메아리가 들려왔고, (한때 돌출 창이었음 직한) 큼직한 구멍이 입을 딱 벌리고 있었다.

그곳은 100년 전 서재였던 곳으로, 놉처 남작이 앉아 공룡에 대한 문헌을 읽으며 공룡 뼈들의 미묘한 차이를 배우고, 영지에서 발견된 화석들이 유별나게 특이한 이유를 연구했다. 그 성은 놉처의 집이었고, 그의 가문이 세운 왕조가 수 세기 동안 부귀영화를 누린 곳이었다. 놉처의 선조들이 대대손손 그곳에 살았고, 남작 자신이 최고의 성과를 거뒀을 때(알바니아에서 자신의 제국을 위해 첩보 활동을 수행하고, 유럽의 청중들이 운집한 가운데 공룡에 관한 강연을 할 때)만 해도, 많은 후손이 뒤를 이을 것으로 보였다.

공룡의 경우도 마찬가지였다. 백악기가 막바지로 치달을 때(북아메리카에서는 T. 렉스와 트리케라톱스가 싸우고 있었고, 남반구 전체에서는 카르카로돈토사우르가 거대한 용각류를 사냥하고 있었으며, 유럽의 섬들에는 난쟁이 공룡 떼가 정착했을 때), 공룡은 천하무적인 것처럼 보였다. 그러나 성, 제국, (인상적인 재능을 타고난) 천재적인 귀족과 마찬가지로, 진화사의 위대한 왕조 역시 때로는 전혀 예측하지 못했던 곳에서 몰락할 수 있다.

8

공룡의 비상

_ 아르카이오프테릭스

——————— 창밖에 공룡 한 마리가 있다. 나는 이 책을 쓰면서 그 공룡을 보고 있다.

옥외광고판의 사진도 아니고, 박물관에 소장된 뼈대의 모조품도 아니며, 놀이공원에서 볼 수 있는 어쭙잖은 애니매트로닉animatronic●도 아니다.

실재하고, 담백하고, 살아 있고, 숨 쉬고, 움직이는 공룡이다. 2억 5000만 년 전 판게아에 등장한 용맹한 공룡형류의 후손으로, 계통수 상에서 브론토사우루스, 트리케라톱스와 같은 부분에 위치하며, T. 렉스와 벨로키랍토르의 사촌이다.

크기는 집고양이만 하지만 가슴에 대고 접어 올린 기다란 팔과, 그보다 훨씬 짧고 연약한 다리를 갖고 있다. 몸통의 대부분은 신부복처

● 애니메이트animate와 일렉트로닉스electronics를 합성한 단어로, 영화 촬영에 사용되거나 놀이동산 또는 테마파크에 설치된 움직이는 모형을 말한다.

럼 뻣뻣하고 새하얗지만, 팔의 가장자리는 회색이고 손의 끝부분은 새까맣다. 이웃집 지붕 꼭대기에 다리를 뻣뻣이 펴고 서서, 머리를 자랑스럽게 들어 올려 동그라미를 그리며, 스코틀랜드 동부의 어두운 구름을 배경으로 장엄한 실루엣을 연출한다.

태양이 구름 사이로 잠시 모습을 드러내자, 그의 반짝이는 눈이 두 줄기 빛을 반사하며 앞뒤를 흘긋 쳐다본다. 그는 예리한 감각과 높은 지능의 소유자로, 뭔가에 주목하고 있는 것이 분명하다. 아마도 내가 자기를 관찰하고 있다는 것을 눈치챘을 것이다.

잠시 후, 그는 아무런 사전 경고도 없이 입을 쩍 벌리고는 높은 음조로 끼익 소리를 낸다. 그것은 동포들에게 보내는 경고일 수도 있고, 배우자를 부르는 신호일 수도 있다. 어쩌면 나를 향한 위협일 수도 있다. 의도가 무엇이든, 나는 그 소리를 똑똑히 들을 수 있다. 그와 나 사이에 유리창이 있다는 것이 얼마나 다행인지!

솜털로 뒤덮인 동물은 입을 닫고 목을 돌려 나를 노골적으로 빤히 쳐다본다. 내가 여기에 있다는 것을 분명히 알고 있는 듯하다. 나는 또 한 번의 비명 소리를 기대하다, 그가 벌리려던 입을 닫고 턱을 오므려 날카롭고 노란 부리를 과시할 때 소스라치게 놀란다. 그의 입 안에는 이빨이 하나도 없다! 그러나 맨 앞부분이 갈고리처럼 아래로 휘어 있는 것을 보면, 상대에게 엄청난 손상을 입힐 수 있는 비장의 무기인 것 같다. 실내에 머물러 있으므로 어떤 위험에도 안전하다는 점을 새삼 깨달으며, 나는 유리창을 장난스럽게 톡톡 두드린다.

잠시 후 그 동물은 행동을 개시한다. 내가 형언할 수 없는 우아함으로, 물갈퀴가 달린 발로 슬레이트 타일을 박차고 깃털 달린 팔을 밖으로 펼치며 미풍 속으로 도약한다. 나무들 너머로 까마득히 멀어지면서 시야에서 그의 모습이 사라진다. 그는 아마도 북해를 향해 날아간 것 같다.

방금 내가 관찰한 동물은 갈매기였다. 에든버러 일대에는 갈매기 수천 마리가 살고 있다. 나는 하루도 빠짐없이 그들을 본다. 어떤 때는 집에서 북쪽으로 3킬로미터 떨어진 바다에서 물고기를 잡는 장면을 목격하기도 한다. 그러나 대부분은 구시가지 거리에 버려진 햄버거 포장지나 그 밖의 쓰레기를 쪼아 먹는 갈매기를 보며 혐오감을 느낀다. 나는 간혹 갈매기 한 마리가 급강하해 멋모르는 여행자를 공격하는 광경을 목격한다. 갈매기는 프렌치프라이 한두 개를 순식간에 낚아챈 뒤 공중으로 유유히 되돌아간다. 그런 행동(교활함, 명민함, 심술궂음)을 볼 때마다 갈매기의 몸속에 숨어 있는 벨로키랍토르를 보게 된다. 그런 면이 없다면, 쓰레기를 주워 먹거나 여행자를 괴롭히는 갈매기 따위는 두 번 다시 쳐다보지 않을 텐데…….

비단 갈매기만이 아니라, 모든 새가 공룡과 같은 계통에서 진화했다. 따라서 새는 공룡에 속한다고 할 수 있다. 바꿔 말하면, 새들의 유산은 '공룡의 공통 조상'으로 거슬러 올라갈 수 있다. 그러므로 새들은 모든 면에서 T. 렉스, 브론토사우루스, 트리케라톱스만큼이나 '공룡스럽다.' 나와 사촌형제들이 모두 브루사테라는 성을 갖고 있는 이유도 똑같은 원리로 설명할 수 있다. 그것은 우리의 혈통이 똑같은 할아버지에게로 거슬러 올라가기 때문이다. 새들은 공룡의 여러 하위 분류군 중 하나일 뿐이다. 공룡의 계통수에 매달린 수많은 가지(예를 들어 티라노사우르나 용각류)와 마찬가지로.

이것은 매우 중요한 개념이므로, 반복해서 말할 만한 가치가 있다. 새가 공룡이라는 말을 듣고, 쉽게 납득하는 사람은 거의 없을 것이다. 나와 논쟁하려 드는 사람들을 종종 만난다. 그들은 이렇게 말한다. '새가 공룡에서 진화했을 수 있다. 그러나 그들은 T. 렉스, 브론토사우루스, 그 밖의 익숙한 공룡들과 달라도 너무 다르므로 같은 그룹으로 분류하면 안 된다. 새들은 덩치가 작고, 깃털을 가졌으며, 하늘을 날 수 있다. 그런 그들을 공룡이라고 부르면 안 된다.' 그것은 외견상 합리적 논증인 것처럼 들린다. 그러나 나는 늘 비장의 무기로 신속하게 맞대응한다. 박쥐는 생쥐나 여우나 코끼리와 전혀 다르게 생겼고, 전혀 다르게 행동한다. 그러나 그들이 포유류가 아니라고 주장하는 사람은 아무도 없다. 그도 그럴 것이, 박쥐는 (날개가 진화하여 비행 능력이 발달한) 특이한 유형의 포유동물에 불과하기 때문이다. 마찬가지로 새도 날개가 진화하여 비행 능력이 발달한 특이한 유형의 공룡에 불과하다.

독자들의 혼동을 막기 위해 부연 설명을 해야겠다. 내가 지금 말하고 있는 것은 '진짜 새'이며, 공룡 스토리에 단골로 등장하는 또 하나의 캐릭터인 익룡과는 전혀 무관하다. 익룡은 종종 프테로닥틸이라고도 불리며, (연장된 넷째 손가락으로 고정된) 길고 깡마른 날개를 이용해 활공도 하고 하늘 높이 솟구쳐 오르기도 하는 파충류였다. 대부분의 익룡은 오늘날의 평균적인 새들과 얼추 비슷한 크기였지만, 그중 몇몇은 날개폭이 소형 비행기보다도 넓었다. 그들은 트라이아스기의 판게아에서 공룡과 비슷한 시기에 등장했고, 백악기 말에 대부분의 공룡들과 함께 멸종했다. 그러나 그들은 공룡도 아니었고, 새도 아니었다.

다만, 공룡의 가까운 친척이었다. 요컨대 익룡은 날개를 진화시킨 최초의 척추동물이었고, 공룡은 (새의 탈을 쓰고) 날개를 진화시킨 두 번째 척추동물이었다.

이는 공룡이 오늘날 우리 사이에 여전히 존재한다는 것을 의미한다. 우리는 '공룡은 멸종했다'고 말하는 데 너무 익숙해 있지만, 사실은 1만 종 이상의 공룡이 살아남아 현대 생태계의 필수적인 부분을 차지하고 있다. 때로는 우리의 식량으로, 때로는 반려동물로, 그리고 갈매기의 경우에는 유해동물로……. 공룡의 대다수가 백악기 말기인 6600만 년 전 멸종한 것은 사실이다. 그 시기에는 T. 렉스와 트리케라톱스가 맞대결했고, 거대한 브라질산 용각류와 트란실바니아섬의 난쟁이 공룡들이 판을 쳤지만 이내 혼돈의 나락으로 곤두박질했다. 공룡의 지배가 종말을 고하고 혁명이 뒤를 잇자, 공룡들은 자신들의 왕국을 다른 종에 양보할 수밖에 없었다. 그러나 몇몇 패잔병이 끝까지 버티며 명맥을 유지했으니, 비장의 무기를 가진 소수의 공룡이었다. 이 '괄목할 만한 생존자들'의 후손이 오늘날 새의 모습으로 살고 있다. 그것은 1억 5000만 년에 걸친 공룡의 통치와 멸망한 제국의 존재를 알리는 장구한 유산이다.

공룡을 연구하는 고생물학자들이 발견한 사실 중에서 가장 중요한 것을 하나만 들라면, 단연코 '새는 공룡'이라는 깨달음이다. 우리는 지난 수십 년간 공룡에 대해 많은 것을 배웠지만, 새가 공룡이라는 생각은 우리 세대의 과학자들이 새로이 내세운 급진적 아이디어가 아니다. 사실은 그 정반대다. 그 아이디어는 찰스 다윈의 시대로까지 한참 거슬러 올라간다.

때는 1859년. 20년 동안 칩거하며 젊은 시절 비글호를 타고 세계를 여행하면서 관찰한 것들을 곱씹은 뒤, 다윈은 마침내 자신의 놀라운 발견을 공론화할 준비를 마쳤다. 그 내용인즉, '종은 고정된 실체가 아니며, 시간이 경과함에 따라 진화한다'는 것이었다. 그는 심지어 진화를 설명하는 메커니즘을 제시하고, 그 과정을 자연선택^{natural selection}이라고 불렀다. 그해 11월, 그는 이 모든 내용을 『종의 기원^{Origin of Species}』이라는 책으로 발표했다.

'자연선택에 의한 진화'를 간략히 정리하면 이렇다. 모든 생물의 개체군은 다양성이라는 특징을 갖고 있다. 예컨대, 만약 자연계에서 한 무리의 토끼를 살펴본다면, 그들은 설사 같은 종에 속할지라도 털가죽의 색깔이 약간씩 다를 것이다. 때로는 그런 다양성 중 하나가 생존상 이점^{survival advantage}을 준다(말하자면, 까만색 털가죽은 토끼의 은폐에 도움이 된다). 그 덕분에 그런 형질을 가진 개체는 더 오래 살고 더 많은 새끼를 낳을 가능성이 높다. 그 형질이 유전된다면(후손에게 대물림될 수 있다면), 시간이 경과함에 따라 개체군 전체에 확산되어 모든 토끼 종이 까만색 털을 갖게 된다. 요컨대 까만색 털은 자연적으로 선택되며, 토끼는 진화하는 것이다.

이러한 과정은 심지어 새로운 종을 탄생시킬 수도 있다. 만약 하나의 개체군이 이렇게 또 저렇게 분리되어 각각의 부분집합이 각자 제 갈길을 가고, 자연적으로 선택된 형질이 진화하여 '2개의 부분집합이 너무 달라 상호 교배가 불가능한 지경'에 이르게 된다면, 그들은 각각 별도의 종으로 발전하게 된다. 이 과정을 종분화라고 하며, 종분화는 수십억 년에 걸쳐 전 세계 모든 종을 탄생시켰다. 그렇다면 모든 생물은

(현생 생물이든 멸종 생물이든) 서로 관련되어 있으며, 하나의 거대한 계통수에서 서로 친척지간이다.

우아하리만큼 단순하고 시사점이 매우 광범위하므로, 우리는 오늘날 다윈의 '자연선택에 의한 진화' 이론을 세상을 떠받치는 근본적 규칙으로 간주한다. 자연선택에 의한 진화는 공룡을 만들었을 뿐 아니라 환상적으로 다양하게 빚어냈다. 그리하여 공룡은 '표류하는 대륙'과 '변화하는 해수면'과 '기후 변화'와 '호시탐탐 왕관을 노리는 경쟁자들의 위협'에 적응함으로써 지구를 매우 오랫동안 지배했다. 자연선택에 의한 진화는 우리 인간까지 만들어냈으며, 지금 이 시간에도 우리 주변에서 지속적으로 작동하고 있다는 점을 명심하라. 우리가 항생제 내성을 진화시킨 슈퍼버그superbug를 걱정하고, 우리에게 해를 끼칠 세균과 바이러스보다 한 발 앞서가기 위해 늘 신약이 필요한 것도 바로 이 때문이다.

오늘날 어떤 사람들은 아직도 진화론의 현실성에 반론을 제기한다. 그들에게 더 할 말은 없지만, 오늘날의 반론은 1860년대에 비하면 아무것도 아니다. 아름답고 대중의 흥미를 끌 수 있는 산문체로 쓰인 다윈의 책은 격분을 일으켰다. 종교, 영성, '우주에서 인간의 위치'에 대한 사회의 뿌리 깊은 통념이 갑자기 논쟁거리로 떠올랐다. 증거와 비난이 엎치락뒤치락했고, 양측은 비장의 카드를 물색했다. 다윈의 지지자 가운데 많은 사람에게 진화론의 궁극적 증거는 잃어버린 고리missing link, 즉 한 동물이 다른 동물로 진화하는 과정을 마치 정지 화면처럼 포착한 전이화석transitional fossil이었다. 그것은 '작동 중인 진화'를 증명할 뿐 아니라, (책이나 강연으로는 불가능한) 가시적 방법으로 대중에게 전달할 수 있었다.

다윈은 오래 기다릴 필요가 없었다. 1861년 독일 바이에른의 채석장 인부들이 뭔가 특이한 것을 발견했기 때문이다. 그들은 (박판薄版으로 쪼개지는) 일종의 섬세한 석회암을 채굴하고 있었는데, 그것은 당시 석판인쇄에 사용되었다. 신원 미상의 광부가 석판을 쪼갰는데, 그 속에서 1억 5000만 년 된 프랑켄슈타인급 동물이 발견되었다. 그것은 한편으로 파충류처럼 날카로운 발톱과 기다란 꼬리를 갖고 있었지만, 다른 한편으로 새처럼 깃털과 날개를 갖고 있었다. 뒤이어 바이에른 교외에 산재한 다른 석회암 채석장에서도 동일한 동물의 화석들이 발견되었다. 그중에는 뼈대가 거의 완벽하게 보존된 걸작도 있었다. 그것은 새와 마찬가지로 가슴께 차골wishbone●을 갖고 있었지만, 파충류와 마찬가지로 턱에 날카로운 이빨들이 늘어서 있었다. 이름이 뭐든 간에, 그것은 '반은 파충류, 반은 새'인 것처럼 보였다.

그 '쥐라기 잡종'은 아르카이오프테릭스Archaeopteryx(이하 시조새)라고 명명되었고, 이윽고 큰 화제가 되었다. 다윈은 그것을 『종의 기원』의 후속판에 '새는 진화에 의해서만 설명될 수 있는 깊은 역사를 갖고 있다'는 주장의 증거로 수록했다. 그 이상한 화석은 다윈의 절친한 친구이며 열렬한 지지자였던 토머스 헨리 헉슬리Thomas Henry Huxley의 시선도 사로잡았다. 헉슬리는 오늘날 '자신의 불확실한 종교관을 기술하기 위해 불가지론agnosticism이라는 용어를 창안한 인물'로 가장 잘 알려져 있다. 그러나 1860년대에는 다윈의 불독Darwin's Bulldog으로 유명했다. 그

● 목과 가슴 사이에 있는 V자형 뼈.

것은 스스로 붙인 별명인데, 그 이유는 다윈의 이론을 옹호하기 위해, 그것을 비방하는 사람들에게 (말로든 글로든) 가차 없이 맞대응했기 때문이다. 헉슬리는 시조새가 파충류와 조류를 연결하는 전이화석이라는 데 동의했지만, 거기서 한 단계 더 나아갔다. 즉 그는 시조새가 바이에른의 석판술용 석회암반에서 발견된 또 다른 화석, 콤프소그나투스 *Compsognatus*라는 소형 육식공룡과 신기할 정도로 비슷하다는 점에 착안했다. 그래서 그는 급진적인 아이디어를 제안했는데, 그 내용인즉 '새는 공룡의 후손'이라는 것이었다.

20세기에 들어와서도 논쟁은 계속되었다. 어떤 과학자들은 헉슬리를 지지했고, 다른 과학자들은 공룡과 조류 간의 관련성을 인정하지 않았다. 미국 서부에서 신종 공룡들(쥐라기 모리슨 지층의 알로사우루스와 많은 용각류, 백악기 헬크리크의 T. 렉스와 트리케라톱스)이 쏟아져 나올 때도, 논쟁을 해결할 증거는 불충분했다. 1920년대에 덴마크의 미술가가 쓴 책에서 다음과 같은 단순한 주장이 제기되었다. "새는 공룡에서 진화할 수 없었다. 왜냐하면 새는 쇄골을 차골로 융합했는데, 공룡은 쇄골이 없었기 때문이다." 그 주장은 약간 어설퍼 보였지만, 1960년대까지 고생물학계를 지배했다. (그리고 오늘날 우리는 공룡이 실제로 쇄골을 갖고 있었음을 알고 있다. 그러므로 그 주장은 일고의 가치도 없다.) 비틀스 노래가 전 세계를 휩쓸고, 미국 남부에서 시위대가 시민권을 쟁취하기 위해 행진하고, 베트남에서 전쟁이 격화하는 동안, '공룡은 새와 아무런 관련이 없다'는 합의는 흔들리지 않았다. 공룡과 새는 약간 비슷해 보이는 먼 친척뻘일 뿐이었다.

우드스톡 페스티벌이 세상을 뒤흔들었던 1969년에 모든 것이 바뀌

깃털로 뒤덮인 시조새의 뼈대. 시조새는 화석에 기록된 가장 오래된 새다.

었다. 서구 사회 전반에서 사회적 규범과 전통이 바뀌는 동안 혁명이 진행되고 있었다. 반항의 정신이 과학에 스며들자, 고생물학자들은 공룡을 다른 관점에서 바라보기 시작했다. 공룡은 무의미한 선사시대를 규정했던 우둔하고 탁색濁色이고 느리게 움직이는 공간의 쓰레기가 아니라, 재능과 기발한 재주로 세상을 지배했던 활동적이고 역동적이고 에너지 넘치는 동물이었다. 그리고 많은 점에서 현생 동물, 특히 새들과 매우 비슷한 동물이었다. 존 오스트럼John Ostrom이라는 이름의 점잖은 예일 대학교 교수와 그의 좌충우돌하는 학생 로버트 바커는 공룡의 이미지를 완전히 쇄신했다. 그들은 심지어 '공룡들은 떼 지어 살았고, 예리한 감각을 지녔고, 새끼를 돌봤고, 우리처럼 온혈동물이었을지도 모른다'고 주장했다.

320

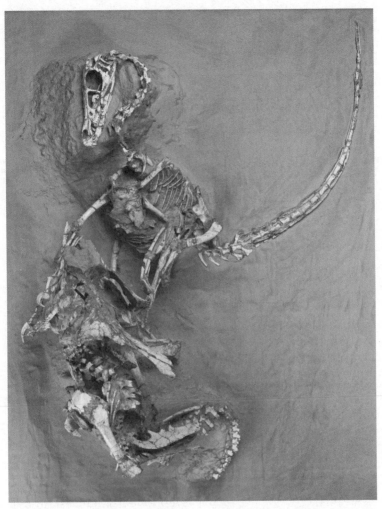

프로토케라톱스*Protoceratops*와 싸우던 도중 함께 죽어 화석화된 벨로키랍토르. 드로마이오사우르(랩터)의 일종이며, 몽골의 고비사막에서 발견되었다. Photograph by Mick Ellison, with assistance from Denis Finnin.

이와 같은 이른바 공룡 르네상스의 불을 지핀 것은 그보다 몇 년 전인 1960년대 중반 오스트럼 팀이 발굴한 일련의 화석이었다. 그들은 몬태나 최남단의 와이오밍 접경지대로 내려가, 1억 2500만~1억 년 전 백악기 전기의 범람원에서 형성된 총천연색 암석들을 탐사하고 있었다. 그들은 1000여 개의 공룡 뼈를 발견했는데, 새와 놀랍도록 비슷하게 생긴 공룡들이었다. 공룡들은 날개와 매우 비슷하게 생긴 기다란 팔을 갖고 있었으며, 유연한 몸집이 쾌속 질주하는 동물의 발전기를 연상케 했다. 오스트럼은 그 뼈들을 몇 년간 연구한 끝에, 1969년 랩터의 일종인 데이노니쿠스라고 명명했다. 데이노니쿠스는 벨로키랍토르의 가까운 친척인데, 벨로키랍토르는 1920년대에 몽골에서 헨리 페어필드 오즈번(T. 렉스를 명명한 뉴욕의 귀족)이 발견하고 기술했다. 그러나 영화 〈쥬라기 공원〉은 20세기 말에 개봉되었으므로, 벨로키랍토르가 유명해지려면 아직 수십 년을 더 기다려야 했다.

오스트럼은 자신이 발견한 것이 의미하는 바가 크다는 점을 깨달았다. 그는 데이노니쿠스를 이용해 '새는 공룡에서 진화했다'는 헉슬리의 아이디어를 되살려냈다. 그리고 1970년대에 일련의 기념비적 과학 논문에서 마치 명민한 변호사처럼 논란의 여지가 없는 증거를 신중히 제시하며 자신의 주장이 정당함을 입증했다. 그러는 동안, 그의 대담한 제자 바커는 다른 경로를 밟았다. 1960년대에 카우보이모자를 쓰고 히피 머리를 했던 반항아는 이제 전도사가 되어, 1975년 《사이언티픽 아메리칸Scientific American》의 표지 기사와 1980년대의 히트작 『공룡계의 이단자Dinosaur Heresies』를 통해 공룡과 새의 관련성을 대중에게 설교했다. 또한 그는 공룡의 면모를 일신하여, '피가 따뜻하고, 뇌가 큰 진화적 성공 스토리의 주인공'이라는 새로운 이미지를 부각했다. 이처럼 스타일이 대조적이다 보니 서로 상당한 알력이 있었지만, 오스트럼과 바커는 '공룡을 바라보는 방법'에 혁명을 일으켰다. 1980년대 말, 대부분의 진지한 고생물학도들은 그들의 생각에 동의했다.

'새가 공룡에서 왔다'는 인식에는 도발적인 관념이 수반되었다. 아마도 오스트럼과 바커는 '현생 조류의 가장 익숙한 특징 중 일부는 공룡에서 처음 진화했을 것'이라고 추측했던 것 같다. 뼈와 신체 비율이 새와 매우 비슷했던 랩터(예를 들어 데이노니쿠스)가 심지어 새의 정수인 깃털을 보유하고 있었으니 말이다. 요컨대 새는 공룡에서 진화했고, '반은 공룡, 반은 새'인 시조새도 화석화한 깃털에 뒤덮인 채 발견되었으므로, 깃털은 진화 경로의 어디쯤에선가(아마도 새가 등장하기 한참 전 공룡에서) 발달한 것이 틀림없어 보였다. 더욱이 일부 공룡에 실제로 깃털이 있었다는 사실은, 공룡과 새의 관련성을 받아들이지 않는 소수의 보수파들에게 결정타를 날렸다.

그러나 오스트럼과 바커가 '데이노니쿠스 같은 공룡이 깃털을 갖고 있었다'고 확신하지 못했다는 것이 문제였다. 그들이 가지고 있는 증거라고는 뼈밖에 없었다. 피부, 근육, 힘줄, 내장, 깃털 같은 연조직은 죽음, 부패, 매몰의 황폐화를 견뎌내고 화석이 되는 경우가 극히 드물다. 오스트럼과 바커가 '가장 오래된 새의 화석'이라고 생각했던 시조새는 억세게 운이 좋은 사례로서, 조용한 석호에서 순식간에 매몰된 뒤 신속히 암석으로 변했다. 아마도 두 사람은 딱히 뭐라 말하기 어려운 처지에 놓였던 것 같다. 그래서 '누군가'가 '어디'에선가 '어떻게'든 깃털 달린 공룡을 발견해주기를 기대하며 마냥 기다렸다.

그러다 경력이 막바지에 이른 1996년, 오스트럼은 뉴욕의 미국자연사박물관에서 열린 척추고생물학회 연례회의에 참석했다. 전 세계의 화석 사냥꾼들이 그 자리에 모여 새로 발견한 것들을 제시하고 연구한 내용을 논의했다. 오스트럼이 박물관 주위를 맴도는 동안, 캐나다 출신 필 커리가 다가왔다. 커리는 '새는 공룡이다'라는 아이디어를 먹고 성장한 첫 '1960년대 이후 세대'였다. 그는 그 아이디어에 매혹되어 1980~1990년대의 상당 부분을 캐나다 서부, 몽골, 중국에서 보내며 '새와 비슷한 작은 랩터'를 사냥해왔다. 사실 그는 중국 여행에서 방금 돌아온 터였는데, 중국에 있는 동안 특별한 화석의 낌새를 챘다. 그는 호주머니에서 그 화석의 사진을 한 장 꺼내 오스트럼에게 보여주었다.

사진 속에서는 작은 공룡 하나가 솜털 같은 깃털의 후광에 둘러싸여 있었다. 마치 바로 전날 죽은 것처럼 생생하게 보존되어 있었다. 오스트럼은 대성통곡했다. 기다리고 기다려왔던 '누군가'가 깃털공룡을 발견하다니! 그는 갑자기 무릎에 힘이 빠져 거의 마룻바닥에 쓰러질 뻔했다.

커리가 오스트럼에게 보여준(나중에 시노사우롭테릭스^{Sinosauropteryx}라고 명명된) 화석은 시작에 불과했다. 과학자들은 마치 골드러시에 사로잡힌 듯이 시노사우롭테릭스가 발견된 중국 북동부의 랴오닝성遼寧省으로 쏜살같이 달려갔다. 그러나 깃털공룡의 진정한 권위자는 지역의 농부들이었다. 그들은 지형을 제 손바닥처럼 들여다보았고, '고품질 화석 하나만 박물관에 팔면 평생 밭에서 땀 흘려 번 것보다 많은 돈을 벌 수 있다'는 사실을 잘 알고 있었다. 그 후 채 몇 년이 지나지 않아 시골의 모든 농부가 카우딥테릭스^{Caudipteryx}, 프로타르카이옵테릭스^{Protarchaeopteryx}, 베이피아오사우루스^{Beipiaosaurus}, 미크로랍토르^{Microraptor} 등 수많은 깃털공룡을 발견했다고 보고했다. 그로부터 약 20년이 지난 오늘날 가짓수로는 20여 종, 화석 개수로는 수천 점의 깃털공룡이 알려져 있다. 그 공룡들은 중생대 호수의 낙원을 둘러싼 울창한 숲속에 살고 있었는데, 그곳은 불행하게도 화산이 주기적으로 폭발하는 곳이었다. 화산 폭발 중 일부는 화산재 쓰나미를 일으켰고, 그것은 물과 결합해 걸쭉한 진흙으로 풍경을 뒤덮어 눈에 보이는 것들을 모조리 생매장했다. 공룡들은 일상생활을 영위하던 도중 포획되어 폼페이 스타일로 보존되었다. 깃털의 세부가 자연 그대로 보존된 것은 바로 그 때문이었다.

오스트럼은 몇 시간 동안 버스 한 대를 기다리다 한꺼번에 다섯 대를 만난 격이었다. 그는 이제 깃털공룡 종합 세트를 보유하게 되었다. 그것은 '새가 정말로 공룡에서 진화했으며, 크게 보면 T. 렉스, 벨로키랍토르와 같은 가문'이라는 그의 주장이 옳다는 것을 증명했다. 랴오닝성의 깃털공룡들은 오늘날 세계에서 가장 유명한 화석의 반열에 올랐다. 당연하지 않은가. 신종 공룡의 발견에 관한 한, 내 평생 랴오닝성 깃털공룡의 중요성에 견줄 만한 화석은 없었으니 말이다.

내가 고생물학자의 경력에서 누린 특권 가운데 가장 큰 것은, 중국 전역의 박물관을 순례하며 랴오닝성 깃털공룡의 많은 특징을 연구했다는 것이다. 나는 심지어 새로 발견된 첸유안롱(앞에서 살펴보았던, 날개가 달린 노새만 한 랩터)을 명명하고 기술할 기회를 얻었다. 랴오닝성의 공룡 화석들은 자연사박물관을 미술관으로 격상할 정도로 화려하지만, 그보다 훨씬 더 중요한 의미를 지니고 있다.

그것들은 생물학의 가장 큰 수수께끼, '진화는 어떻게 근본적으로 새로운 동물 그룹을 탄생시켰는가?'라는 문제를 해결하는 데 도움을 준다. 여기서 '근본적으로 새롭다'는 것은, '리모델링된 체형을 갖고 있어서 놀랍도록 새로운 행동을 할 수 있다'는 것을 말한다. T. 렉스나 알로사우루스 같은 우락부락한 조상으로부터 '작고, 빨리 성장하고, 피가 따뜻하고, 하늘을 나는 새'가 형성되었다는 것은 이 같은 도약의 전형적인 사례. 생물학자들은 그것을 중대한 진화적 전환점^{evolutionary} ^{transition}이라고 부른다.

그런데 중대한 진화적 전환점을 연구하려면 화석이 필요하다. 왜냐하면 중대한 전환이란 연구실에서 재현하거나 자연계에서 관찰할 수 있는 현상과 질적으로 다르기 때문이다. 그런 점에서 랴오닝성의 공룡은 거의 완벽한 연구 대상이다. 랴오닝성은 화석이 풍부하고, 각 화석의 체격·형태·깃털 구조가 매우 다양하기 때문이다. 그것들은 개만 한 크기에 단순한 호저 스타일의 가시를 가진 초식성 뿔공룡부터, 길이가 9미터에 달하며 머리털 같은 솜털로 뒤덮인 T. 렉스의 원시 친척(앞에서 살펴본 유티라누스), 커다란 날개를 가진 랩터인 첸유안롱, 심지어양팔과 양다리에 날개가 달린 까마귀만 한 크기의 괴짜(어떤 현생 조류도 이런 날개를 가진 것은 없다)에 이르기까지 각양각색의 공룡을 총망라한다. 각각의 공룡은 스냅사진이므로, 그것들을 이어 붙여 계통수상에 배치하면 '진화적 전환의 진행 과정'에 대한 활동사진을 얻을 수 있다.

근본적으로, 랴오닝성의 화석은 '새가 공룡의 계통수에서 걸터앉은 자리'를 확인해준다. 새는 수각류의 일종으로, 사나운 육식공룡 그룹에 뿌리박고 있다. 그 그룹에는 가장 유명한 T. 렉스와 벨로키랍토르는 물론 지금껏 살펴보았던 많은 포식자들, 이를테면 고스트랜치에서 무리 지어 살았던 코일로피시스, 모리슨 지층에 살았던 '도살자' 알로사우루스, 남반구 대륙을 공포에 떨게 했던 카르카로돈토사우루스와 그 밖의 아벨리사우루스과 공룡들이 포함된다. 이는 헉슬리(그리고 나중에 오스트럼)가 제안했던 것과 정확히 일치한다. 랴오닝성의 화석 덕분에 새와 다른 수각류들이 얼마나 많은 특징을 독특하게 공유하는지를 확인하게 되었고, 이로써 한 세기 동안 지속된 논쟁이 비로소 끝났다. 그들은 깃털뿐 아니라 차골, (몸에 대고 접을 수 있는) 세 손가락 손, 그리고 뼈에 존재하는 수백 가지 다른 특징을 공유했다. 동물계를 통틀어, 현생 동물이든 멸종 동물이든 새와 수각류만큼 이런 특징들을 공유하는 동물 그룹은 없다. 이는 새가 수각류에서 진화한 것이 틀림없다는 사실을 의미한다. 만약 다른 결론을 내리려면 무수히 많은 아전인수격 해석이 필요하다.

새는 수각류 중에서도 파라베스Paraves라는 선두 그룹에 둥지를 틀고 있다. 파라베스는 육식동물로서, 많은 사람이 아직도 공룡(특히 수각류)에 대해 품고 있는 고정관념을 깬다. 그들은 T. 렉스처럼 '육중한 몸집으로 느릿느릿 움직이는 괴물'이 아니라 '작고 연약하고 영리한 종'이었다. 그중 대부분은 사람만 하거나 그보다 좀 작았다. 요컨대 그들은 제 갈 길을 걸어간 수각류의 하위 분류군으로, 활동적인 생활 방식에 요구되는 '큰 뇌와 날카로운 감각, 다부지고 가벼운 골격'을 얻기 위해 조상들의 체력과 허리둘레를 포기했다. 파라베스에는 오스트럼의 데이노니쿠스, 나의 첸유안롱, 오즈번의 벨로키랍토르와 더불어 드로마이오사우루스과의 다른 랩터들과 트로오돈과의 공룡들이 속해 있다. 이들은 새의 가장 가까운 친척으로, 모두 깃털을 갖고 있었다. 그중 상당수는 날개를 갖고 있었으며, 여러 면에서 현생 조류와 외형 및 행동이 비슷했다.

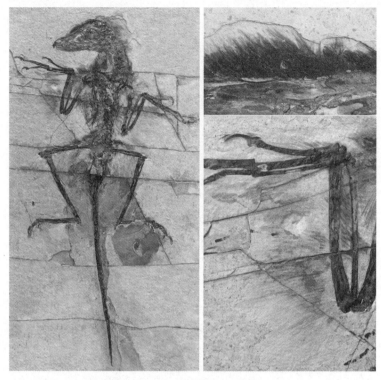

왼쪽: 중국 랴오닝성에서 발견된 깃털 달린 (드로마이오사우르에 속하는) 시노르니토사우루스
Sinornithosaurus, Photograph by Mick Ellison.
오른쪽: 시노르니토사우루스의 머리에 있는 잔섬유 모양의 깃털(위)과, 아래팔에 있는 깃펜 형태의 깃털
(아래)을 확대한 사진. Photograph by Mick Ellison.

비非조류와 조류 사이의 경계선은 파라베스 무리들 사이의 어딘가에 있다. 트라이아스기로 거슬러 올라가 비공룡과 공룡이 분기했을 때와 마찬가지로, 양자 간의 차이는 모호하다. 그리고 랴오닝성에서 새로운 화석이 발견될 때마다 그 차이는 점점 더 모호해진다. 사실, 그것은 의미론적 문제다. 오늘날의 고생물학자들은 새를 '헉슬리의 시조새, 현생 조류, 그리고 그들의 쥐라기 공통 조상의 모든 후손을 포함하는 집

단에 부합하는 모든 종'으로 정의한다. 그것은 '여하한 생물학적 차이의 반영'이라기보다는 역사적인 관례다. 이러한 정의에 따르면, (비조류로 분류되는) 데이노니쿠스와 첸유안롱은 과거 어느 때보다도 비조류와 조류의 경계선에 근접해 있다.

위와 같은 정의는 잠시 잊기로 하자. 정의 때문에 삼천포로 빠질 수도 있으니 말이다.

오늘날의 새들은 모든 현생 동물 중에서 단연 돋보인다. 깃털, 날개, 이빨 없는 부리, 차골, S자형 목 위에서 까딱거리는 커다란 머리, 텅 빈 뼈, 이쑤시개 같은 다리 등 그 독특한 특징을 열거하자면 끝이 없다. 이런 전형적 특징들은 이른바 '새의 체제'를 규정한다. 체제란 '새가 왜 새인지 보여주는 청사진'을 말하는데, 이런 청사진은 새를 그토록 유명하게 만든 초절기교[superskill](비행 능력, 초고속 성장률, 따뜻한 피의 생리학, 우수한 지능, 날카로운 감각)의 밑바탕이 된다. 우리는 그런 체제가 어디에서 왔는지 알고 싶어 한다.

랴오닝성의 깃털공룡은 우리에게 놀라운 해답을 내놓는다. 그 내용인즉, 현생 조류의 전형적 특징(그들 청사진의 구성 요소)으로 간주되는 것들 중 상당수는 공룡 조상에서 처음으로 진화했다는 것이다. 그런 특징들은 새의 전유물과 거리가 멀며, 지구상에 새가 등장하기 한참 전에 육상 생활을 하던 수각류들이 비행과 전혀 무관한 이유로 발달시킨 것이다. 대표적인 사례는 깃털인데, 잠시 후 언급하겠지만 이것은 비행보다 훨씬 더 큰 패턴을 상징한다. 그 패턴을 바라보려면 계통수의 밑동에서 출발하여 차츰 위로 올라가야 한다.

먼저, 새의 청사진에서 핵심적인 부분들을 살펴보자. '길고 꼿꼿한 뒷다리'와 '3개의 빼빼 마른 발가락이 달린 발'은 현생 조류 실루엣의 전형적인 특징으로, 2억 3000여만 년 전 원시 공룡에서 처음으로 나타났다. 당시 공룡들의 몸은 '똑바로 서서 걷고, 빨리 달리는 엔진'으로 재형성됨으로써, 경주로와 사냥터에서 경쟁자들을 따돌릴 수 있었다. 사실, 뒷다리는 모든 공룡을 규정하는 본질적인 특징이자 세상을 그토록 오랫동안 지배할 수 있게 한 원동력이었다.

뒷다리가 진화한 지 얼마 지나지 않아, 똑바로 서서 걷는 공룡 가운데 일부(수각류 왕조의 초기 구성원들)는 양쪽 쇄골을 융합하여 차골이라는 새로운 구조를 발달시켰다. 그것은 외견상 소폭의 변화이지만 그 덕분에 견갑대肩甲帶가 안정화되고, 이 '잠행潛行하는 개만 한 포식자'는 먹잇감을 움켜쥘 때의 충격력을 더 잘 흡수할 수 있게 된 것으로 보인다. 그로부터 한참 뒤 새들은 차골을 받아들여 날개를 펄럭일 때 에너지를 저장하는 스프링으로 사용했다. 그러나 원시 수각류들은 궁극적으로 그런 일이 일어날 거라고 짐작하지 못했다. 마치 프로펠러의 발명자가 '나중에 누군가(라이트 형제)가 이것을 비행기에 장착하겠지'라는 생각을 하지 못했던 것처럼 말이다.

족보를 따라 수천만 년을 내려오면서, '똑바로 서서 걸으며 가슴에 차골을 품은 수각류(이들을 마니랍토란maniraptoran이라고 한다)'는 알 수 없는 이유로 '우아한 곡선을 그리는 목'을 발달시켰다. 내 추측이지만, 이 목은 먹잇감 수색과 관련이 있었을 것으로 보인다. 한편 마니랍토란 중 일부는 덩치가 작아졌는데, 아마도 새로운 생태적 틈새를 활용하기 위함이었을 것이다. 다시 말해 그들은 체격이 작아짐으로써 나무, 덤불, 어쩌면 (브론토사우루스나 스테고사우루스 같은 거구들이 접근할 수 없는) 지하 동굴이나 땅굴 속으로 들어갈 수 있었을 것이다. 이 '작고, 똑바로 걷고, 차골이 있고, 목을 까딱거리는 수각류'의 일부는 나중에 팔을 몸쪽으로 접었는데, 그 이유는 (그즈음 진화하던) 섬세한 깃펜 모양의 깃털을 보호하기 위해서였던 것으로 보인다. 이들이 바로 파라베스이며, 마니랍토란의 부분집합으로서 새의 직계 조상이었다.

지금까지 언급한 특징들은 몇 가지 사례일 뿐이며, 다른 특징도 무수히 많다. 내 말인즉, 내가 창가에 앉아 있는 갈매기를 바라보았을 때, 그것이 보유한 많은 특징이 새의 전매특허가 아니었음을 금세 깨달았다는 것이다. 그것들은 모두 공룡의 속성이었다.

물론 내가 말하는 패턴은 해부학에 국한되지 않는다. 현생 조류의 가장 놀라운 행동과 생물학적 특징 역시 공룡의 뿌리 깊은 유산이다. 가장 훌륭한 증거는 랴오닝성이 아니라 몽골의 고비사막에서 발견되었다. 지난 사반세기 동안 미국자연사박물관과 몽골과학원은 공동으로 팀을 꾸려 매년 여름 중앙아시아의 황량한 벌판을 탐사해왔다. 그들이 수집한 화석은 8400만~6600만 년 전 백악기 후기의 것으로, 공룡과 초기 조류의 생활 방식에 대한 유례없는 통찰을 준다.

고비사막 프로젝트를 지휘한 사람은 미국 최고의 고생물학자인 마크 노렐이었다. 그는 미국자연사박물관 공룡 전시관의 우두머리이며, 나의 박사 학위논문 지도 교수이기도 했다. 그는 서던캘리포니아에서 성장한 장발머리의 서핑 신동으로, 지미 페이지* 의 숭배자였지만 그와 동시에 화석 수집에도 광적으로 집착했다. 그는 예일 대학교에서 박사

● 1970년대를 주름잡은 하드 록·헤비메탈 그룹 '레드 제플린'의 기타리스트로, 세계적 연주자 중 하나로 꼽힌다.

마크 노렐이 주특기 중 하나를 이용해 습한 조건에서 화석을 수집하고 있다. 그 방법은 화석을 뒤덮고 있는 석고 재킷을 휘발유 속에 담근 채 불을 붙이는 것이다. Aino Tuomola.

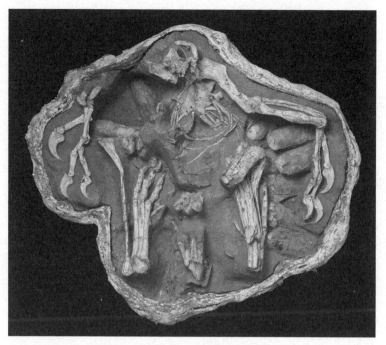

마크 노렐이 몽골에서 발견한 오비랍토르. 둥지를 지키는 동안 매몰되었다.

과정을 밟았는데, 오스트럼이 그의 멘토였다. 그러고는 30대가 되기도 전에 바넘 브라운이 맡았던 유서 깊은 직책, 즉 미국자연사박물관의 큐레이터 자리를 꿰차면서 세계 최고의 공룡 연구자로 널리 인정받았다.

고지식하고 융통성이 없어 보이는 학자 같은 풍모와는 달리, 마크는 자기가 가장 좋아하고 가장 잘 아는 2가지 아이템을 사냥하기 위해 지구를 누빈다. 물론 하나는 공룡이고, 다른 하나는 아시아의 예술품이다. 그가 다양한 장소(경매회사, 중국의 댄스클럽, 몽골 유목민들의 천막, 유럽의 팬시 호텔과 바)를 방문하면서 생긴 이야기들은 종종 너무나 충격적이어서 황당무계해 보이기도 하지만, 그는 내가 아는 한 최고의 재담꾼이다. 《월 스트리트 저널Wall Street Journal》은 몇 년 전 마크의 (칭찬 일 변도의) 전기를 출판하며, 그를 일컬어 '현존하는 최고의 쿨가이'라고 했다. 마크는 (또 다른 히어로인) 앤디 워홀의 힙스터* 버전 같은 옷을 입고, 센트럴파크가 내려다보이는 위풍당당한 사무실에서 재미있는 이야기를 들려주고, (많은 박물관을 부끄럽게 하는) 고대 불교 컬렉션을 뽐내며, 휴대용 냉장고를 사막까지 싣고 가 현장 연구를 하는 동안 생선 초밥을 만든다. 그러니 세계 최고의 쿨가이라고 부를 수밖에. 내 말에 이의를 제기할 사람은 아무도 없을 것이다.

내가 알기로, 마크는 세상에서 가장 훌륭한 조언자이기도 하다. 그는 매우 영리하고 대범한 생각을 하며, 학생들에게 늘 "근본적인 질문(이를테면 '공룡은 어떻게 새로 진화했을까?')을 하라"고 강력히 권고한다. 사소한 일까지 꼼꼼히 챙기거나 학생들의 공을 가로채는 대신, 그는 동기가 부여된 학생들을 불러 '굉장한 화석'을 건네준 다음 일절 참견하지 않고 묵묵히 지켜본다. 그리고 그는 학생들이 술값을 내도록 내버려두는 법이 없다.

나를 비롯해 마크의 많은 제자들은 그가 고비사막에서 땀 흘려 발굴한 공룡을 연구하면서 경력을 쌓아왔다. 그중에는 (오늘날의 새들 또한 그렇게 하듯이) 둥지를 지키다가 폭풍우에 휘말려 매몰된 어미 공룡의 뼈대도 있다. 그 화석을 유심히 살펴보면, "새들의 뛰어난 양육 기술은 공룡 조상에게서 물려받은 것이며, 양육 행동은 최소한 '작고, 아치형 목을 가진 날개 달린 마니랍토란 종'에서 기원한다"는 사실을 알

• 1940년대 미국에서 사용하기 시작한 속어로 유행 등 대중의 큰 흐름을 따르지 않고 자신들만의 고유한 패션과 음악 문화를 좇는 부류를 말한다.

수 있다. 또한 마크의 팀원들은 공룡 두개골을 많이 발견했는데, 그중에는 벨로키랍토르를 비롯한 마니랍토란의 잘 보존된 두개골도 포함되어 있다. 표본들을 CT로 촬영해본 결과(촬영에 앞장선 사람은 6장에서 소개한 바 있는 마크의 제자 에이미 밸러노프였다), 그 공룡들은 커다란 뇌를 갖고 있으며 뇌의 앞부분에 확장된 전뇌^{前腦}가 자리 잡고 있는 것으로 밝혀졌다. 현생 조류가 그렇게 총명한 것은 전뇌 때문이며, 새들은 전뇌 덕분에 복잡한 3차원 하늘 세상을 항행하는 까다로운 과제를 훌륭히 수행할 수 있다. 전뇌는 한마디로 비행 제어 컴퓨터라고 할 수 있다. 마니랍토란이 그런 지능을 진화시킨 이유는 아직 알 수 없다. 그러나 고비사막의 화석은 우리에게 '새들의 조상은 새들이 하늘로 날아오르기 전에 이미 우수한 지능을 지니고 있었다'고 말해준다.

'공룡과 새의 공통점' 목록은 계속된다. 고비사막과 그 밖의 장소에서 발견된 수많은 수각류는 '기낭 때문에 속이 움푹 파인 뼈'를 갖고 있다. 6장에서 살펴보았듯이, 기낭은 '수각류가 초효율적인 관류폐^{flow-through lung}를 지니고 있어서 흡기 때나 호기 때나 산소를 섭취할 수 있었다'는 사실을 증명하는 결정적 증거라고 할 수 있다. 이러한 '전천후 산소 섭취'는 새들이 '고에너지를 요하는 생활 방식'을 유지하는 데 필요한 연료를 전신에 배달하는 귀중한 특징이다. 공룡 뼈의 이러한 현미경적 구조가 의미하는 것은, 알려진 수각류를 포함한 모든 공룡이 '더디게 성숙하는 냉혈 파충류'와 '빠르게 성장하는 온혈 조류'의 중간에 해당하는 성장률과 생리학을 지니고 있었다는 것이다. 그리하여 오늘날 우리는 다음과 같은 사실을 알게 되었다. "새가 날갯짓을 하기 1억여 년 전, 공룡들은 '관류폐'와 '비교적 빠른 성장'이라는 두 가지 특징을 개발했다. 당시 최초의 '빨리 달리는 긴 다리 공룡'은 경쟁 상대(느려터진 양서류, 도마뱀, 악어)와 완전히 다른 정력적인 삶을 살고 있었다. 따라서 그들은 정력적인 삶에 걸맞은 새로운 생계 수단을 마련하려고 안간힘을 쓰고 있었으며, 관류폐와 빠른 성장은 그러한 노력의 결과물이었다." 심지어 우리는 다음과 같은 사실도 알고 있다. "새들의 '전형적인 수면 자세'와 '알껍데기를 만들기 위해 뼈에서 칼슘을 동원하는 방식'은 새가 등장하기 한참 전 공룡들 사이에서 처음으로 나타났다."

결론적으로, 우리가 '새의 체제'로 간주하는 특징은 고정된 청사진이 아니라, 마치 레고 세트의 블록처럼 진화적 시간에 걸쳐 하나씩 하나씩 차곡차곡 조립되었다. 오늘날의 새들이 보유하고 있는 고전적인 행동학적·생리학적·생물학적 레퍼토리도 사정은 마찬가지였다. 그리고 깃털도 예외는 아니었다.

나는 중국을 방문할 때마다 일부러 시간을 내어 쉬싱徐星을 만난다. 그는 공손하고 성격이 온화하며, 신장新疆에서 가난한 유년 시절을 보냈다. 신장으로 말할 것 같으면 정치적으로 시끄러운 중국의 서부 지역으로, 한때 실크로드가 통과했던 곳이다. 대부분의 중국 서부 어린이들과는 달리, 쉬는 유년 시절에 공룡에 전혀 관심이 없었다. 그는 심지어 공룡이 존재했다는 사실도 몰랐다. 그런데 나라에서 주는 큰 장학금을 받고 베이징의 대학에 진학했을 때, 난생 처음 들어보는 고생물학이라는 분야에 종사하라는 지시를 받았다. 쉬는 정부의 지시에 순종했고, 급기야 고생물학을 좋아하게 되었다. 그래서 더욱 심도 있는 연구를 수행하기 위해, 미국으로 건너가 뉴욕에서 마크 노렐의 수제자가 되었다. 그는 오늘날 세계 최고의 공룡 사냥꾼으로, 현존하는 고생물학자 중에서 가장 많은 신종 공룡을 명명했는데 그 수가 50여 개에 이른다.

미국자연사박물관의 꼭대기에 자리 잡은 마크의 연구실이 화려한 귀빈실인 데 반해, 베이징에 있는 척추고생물학 및 고인류학 연구소에 자리 잡은 쉬의 연구소는 검소하고 소박하기 이를 데 없다. 그러나 그의 연구실에는 당신이 지금껏 보았던 것 가운데 가장 경이로운 화석이 몇 점 있다. 그는 자신이 발견한 공룡은 물론, 농부와 건설 노동자를 비롯해 중국 전역에 거주하는 다양한 사람이 수집해 보내온 뼈를 잔뜩 소장하고 있다. 그중 상당수는 랴오닝성에서 발굴된 새로운 깃털공룡이다. 나는 쉬의 연구실 문을 열고 들어설 때마다, 장난감 가게에 뛰어든 어린이처럼 아드레날린을 마구 분비한다.

쉬의 연구실에서 만났던 화석은 내게 '깃털의 진화 과정'에 관한 이야기를 들려준다. 새의 몸이나 생물학의 어떤 부분보다도, 깃털은 '새(그리고 새의 독특한 능력, 예컨대 비행 능력)가 어디에서 진화했는지'를 이해하는 데 가장 핵심적인 부분이다. 깃털은 자연계의 궁극적인 스위스 군용 칼이다. 즉 과시, 보온, 알과 새끼 보호, 비행에 사용될 수 있는 다목적 도구다. 사실 용도가 너무 많아서 '어떤 용도가 가장 먼저 진화했고, 깃털이 어떻게 날개로 변형되었는지'를 이해하기가 매우 어려웠다. 그러나 랴오닝성의 화석들이 해답을 내놓기 시작했다.

깃털은 최초의 새가 무대에 등장할 때 갑자기 불쑥 돋아난 것이 아니라, 까마득히 먼 공룡 조상에서 진화했다. 모든 공룡의 공통 조상은 아마도 '깃털 달린 종'이었을 것이다. 그 조상을 직접 연구할 수 없으니 확신할 수는 없지만, 관찰을 토대로 한 추론을 거쳐 알아낸 사실은 다음과 같다. "랴오닝성에서 발견된 '잘 보존된 수많은 소형 공룡들' 은, 시노사우롭테릭스 같은 육식성 수각류뿐 아니라 프시타코사우루 스 같은 초식공룡까지도 일종의 외피로 감싸여 있었다." 이렇게 다양 한 공룡들의 깃털은 각각 별도로 진화했을 수도 있고(그랬을 가능성은 낮다), 하나의 먼 조상에게서 물려받았을 수도 있다. 그러나 초기의 깃 털은 현생 조류의 깃펜형 깃털과 전혀 달랐다. 시노사우롭테릭스를 비 롯해 거의 모든 랴오닝성 공룡들의 몸을 뒤덮었던 것은 수천 개의 머 리카락 같은 잔섬유로 구성된 솜털이다. 고생물학자들은 이것을 원시 깃털이라고 부른다. 그런 공룡들은 날 수가 없었다. 깃털이 너무 단순 한 데다 심지어 날개도 없었기 때문이다. 따라서 최초의 깃털은 뭔가 다른 이유 때문에 진화했음이 틀림없다. 이를테면 그 '작은 친칠라처 럼 생긴 공룡들'의 몸을 따뜻하게 하거나 위장하기 위해서였을 것이다.

대부분의 공룡(쉬의 연구실과 다른 중국 박물관에서 본 공룡의 대다수)에 게는 보송보송하거나 빳빳한 깃털로 뒤덮인 외피면 충분했다. 그러나 한 하위 분류군(차골이 있고 백조의 목을 가진 마니랍토란)의 경우, 털 가닥 이 더욱 길어져 가지를 치기 시작했다. 처음에는 몇 개의 단순한 뗏장 같았던 것이, 훨씬 더 체계적인 깃가지• 시스템으로 변모했다. 그리하 여 마침내 깃펜형 깃털이 탄생했는데, 이를 과학 용어로 칼깃형 깃털 pennaceous feather이라고 부른다. 이 복잡한 깃털들은 팔 위에서 정렬하며 서로 겹겹이 층을 이루어 날개를 형성했다. 많은 수각류, 특히 파라베 스는 다양한 형태와 크기의 날개를 지니게 되었다. 드로마이오사우루

• 깃대(깃축)에서 갈라져 깃털을 내는, 가느다란 관 모양의 가지.

스과의 미크로랍토르(쉬싱이 명명하고 기술한 최초의 깃털공룡들 중 하나) 같은 일부 공룡은 팔과 다리에 모두 4개의 날개를 갖고 있었다. 이는 현생 조류에서는 듣도 보도 못한 일이다.

물론 날개는 비행에 없어서는 안 되는 요소로, 양력^{lift}과 추력^{thrust}을 제공한다. 따라서 과학자들은 오랫동안 "날개는 비행 전용으로 진화했으며, 일부 마니랍토란은 체형을 비행체로 미조정하기 위해 '원시적인 공룡 솜털'을 '여러 겹의 칼깃형 깃털'로 전환했다"고 가정해왔다. 이는 직관적 설명이지만 거짓이다.

2008년, 캐나다 연구팀이 앨버타 남부의 황무지를 탐사하고 있었다. 앨버타 남부는 백악기 후기의 북아메리카에 마지막으로 살았던 티라노사우르를 비롯해 뿔공룡, 오리주둥이공룡 등의 화석이 풍부한 곳이다. 연구팀을 지휘한 달라 젤레니츠키는 성격이 공손하고 강인했으며, 공룡의 알과 생식 분야에서 세계적인 권위자다. 연구팀은 말만 한 크기의 오르니토미모사우르의 뼈대를 발견했다. 그것은 타조와 비슷하게 생긴 '부리 달린 잡식성 수각류'로, 새까만 줄무늬가 온몸을 듬성듬성 뒤덮고 있었으며 그중 일부는 뼈에 직접 달라붙어 있는 것처럼 보였다. 만약 그곳이 랴오닝성이었다면, 달라는 팀원들을 향해 냉소 섞인 미소를 지으며 "깃털공룡을 발견했다고 발표해서 경력을 쌓으세요"라고 했을 것이다. 그러나 그 줄무늬는 깃털일 리가 만무했다. 오르니토미모사우르는 강물에 퇴적된 사암 속에 서서히 완전하게 파묻힌 것이지, 랴오닝성의 화석처럼 화산 폭발로 신속하게 '신선한 상태'로 매몰된 것이 아니었기 때문이다. 게다가 북아메리카에서는 그때까지 깃털공룡을 발견했다고 보고한 사례가 단 한 건도 없었다.

몽골에서 공룡을 수집하는 달라 젤레니츠키.

그로부터 1년 후, 달라가 이끄는 연구팀(이 중에는 공룡생태학 전문가인 그녀의 남편 프랑수아 테리엥^François Therrien 도 포함되어 있었다)이 거의 똑같은 화석을 발견했을 때도 사정은 마찬가지였다. 사암 속에 묻혀 있는 오르니토미모사우르는 솜사탕처럼 듬성듬성 엉겨 붙은 솜털로 뒤덮여 있었다. 뭔가 이상한 일이 진행되고 있음을 직감한 두 사람은, 프랑수아가 큐레이터로 근무하는 앨버타 소재 왕립티렐고생물박물관의 수장고로 달려가 다른 오르니토미모사우르를 확인해보았다. 그 결과 그들은 1995년 발견된 '제3의 솜털 달린 뼈대'를 찾아냈다. 1995년이라면, 필 커리가 랴오닝성에서 발굴한 최초의 깃털 달린 수각류 사진을 가지고 와서 존 오스트럼에게 보여주기 1년 전이었다. 당시 그 화석을 발견한 고생물학자는 '공룡의 깃털이 보존될 수 있다'는 사실을 아직 모르고 있었다. 그러나 달라와 프랑수아는 달랐다. 그들은 '세 마리의 오르니토미모사우르를 뒤덮은 뗏장이, 랴오닝성의 수각류가 보유했던 깃털과 크기·형태·구조·위치가 거의 같다'고 자신 있게 말할 수 있었다. 그렇다면 결론은 단 하나, 그들이 북아메리카에서 최초의 깃털공룡을 발견했다는 것이었다.

달라와 프랑수아가 발견한 오르니토미모사우르는 깃털만 있는 것이 아니라 날개도 있었다. 다시 말해, 오르니토미모사우르의 팔뼈에는 새까만 반점이 무수히 찍혀 있었다. 그것은 칼깃형 깃털이 고정되어 있던 곳이 틀림없었다. 아래팔의 위아래에는 일련의 점과 선이 나란히 단정하게 배열되어 있었다. 그러나 장담하건대, 그 공룡은 절대로 날 수는 없었다. 덩치가 너무 크고 체중이 무거운 데다 팔이 너무 짧고 날개가 너무 작아, 공중에서 몸을 떠받치기에 충분한 표면적을 제공할 수 없었기 때문이다. 설상가상으로 오르니토미모사우르는 (비행에 동력을 제공하는 데 필요한) 거대한 가슴근육•도, (위로 날갯짓할 때 생기는 공기저항과 하향력을 줄이는 데 필요한) 비대칭적 깃털••도 없었다. 이러한 문제

•   오늘날 새의 가슴근육은 크기가 엄청나며 좋은 먹을거리이기도 하다.

•• 새의 깃털은 비대칭이어서, 앞깃판leading vane이 뒤깃판trailing vane보다 상당히 좁다. 이는 날개를 위로 펄럭일 때 생기는 공기저항과 하향력을 줄여준다. 날개깃들은 서로 중첩되어 있으므로, 각각의 날개깃은 앞쪽 날개깃의 위에 올라앉아 있다. 아래로 날갯짓할 때, (크기가 큰) 뒤깃판은 더 많은 공기를 품으므로 깃털들이 비틀리며 서로 맞물림으로써 양력과 추력을 만들어낸다. 활강할 때

점은 랴오닝성에서 발견된 날개 달린 수각류 중 상당수에 그대로 적용된다. 예컨대 첸유안롱은 날개가 있었음이 분명하지만, '육중한 몸집'과 '애처롭도록 작은 날개'와 '보잘것없는 골격' 때문에 하늘을 날기에는 완전히 부적절했다.

그렇다면 공룡이 그처럼 '외견상 부적절한 날개'를 발달시킨 이유는 무엇일까? 이는 불가사의한 수수께끼처럼 보이지만, 우리는 오늘날의 새들이 날개를 비행 외에도 다양한 용도로 사용한다는 점을 명심할 필요가 있다(예컨대, 타조처럼 날지 않는 새들은 팔을 완전히 상실하지 않았다). 또한 새의 날개는 배우자를 유혹하거나 경쟁자에게 겁을 주는 장식품, 나무에 오르는 데 도움이 되는 안정장치, 수영을 돕는 지느러미, 둥지에서 알을 따뜻하게 유지하는 담요 등 다양한 용도로 사용된다. 날개는 위와 같은 이유 중 하나(또는 전적으로 다른 이유) 때문에 진화했을 수 있지만, 그중에서 가장 가능성이 높은 것은 장식용이다. 그리고 이를 뒷받침하는 증거가 속속 발표되고 있다.

내가 뉴욕에서 마크 노렐의 지도 아래 박사과정을 밟을 때, 북쪽으로 두 시간 거리에 있는 예일 대학교(오스트럼이 2005년 세상을 떠나기 전 몸담았던 곳이다)에서 연구에 몰두하는 또 한 명의 고생물학도가 있었다. 바로 덴마크 출신인 야코브 빈테르Jakob Vinther였다. 큰 키, 옅은 금발, 길고 무성한 턱수염, 북유럽인 특유의 강렬한 눈빛이 바이킹의 후예다웠다. 야코브는 원래 공룡을 연구할 생각이 전혀 없었으며, 공룡이 등장하

도 똑같은 원리가 적용된다. 위로 날갯짓할 때는, 깃털들이 반대 방향으로 뒤틀리며 틈이 생기므로, 공기가 새나가며 공기저항과 하향력을 감소시킨다. 게다가 아래로 날갯짓할 때 날개를 부분적으로 접음으로써 공기 저항을 더욱 감소시킨다.

기 수억 년 전 바다의 생물이 대폭발을 경험하던 캄브리아기를 동경했다. 그러한 고대의 동물을 연구하던 야코브는 '화석의 보존이 현미경 수준에서 어떻게 이루어질까?'라는 의문을 품게 되었다. 그는 고성능 현미경을 이용해 다양한 화석을 관찰한 결과, 많은 화석이 다양한 '미세포말형微細泡沫形 구조'로 보존된다는 사실을 알게 되었다. 현생 동물의 조직과 비교해보니, 그 포말형 구조체는 멜라노솜melanosome (멜라닌 색소가 들어 있는 용기)인 것으로 밝혀졌다. 상이한 크기와 형태의 멜라노솜은 상이한 색깔에 대응하므로(예컨대 소시지 모양의 멜라노솜은 까만색, 미트볼 모양의 멜라노솜은 '녹슨 쇠' 같은 빨간색), 야코브는 '화석화된 멜라노솜을 관찰하면 선사시대의 동물들이 살아 있을 때 어떤 색깔이었는지 알 수 있다'는 결론에 이르렀다. 우리는 늘 그것이 불가능할 거라고 생각했지만, 야코브는 기존 통념을 보기 좋게 뒤집었다. 내가 알기로 지금껏 그보다 기발한 아이디어를 생각해낸 고생물학자는 없었다.

야코브가 새로 발견된 깃털공룡에 눈을 돌린 것은 당연한 수순이었다. 그는 깃털이 충분히 잘 보존되었다면, 그 속에 멜라노솜이 들어 있을 거라고 생각했다. 중국의 동료들과 함께 랴오닝성의 공룡들을 하나씩 하나씩 현미경으로 관찰한 결과, 야코브의 예상이 적중한 것으로 나타났다. 멜라노솜은 어느 깃털에나 다양한 형태와 크기, 방향, 분포로 존재했다. 이는 '날개가 달렸지만 날지 않는 공룡'이 총천연색 깃털을 갖고 있었음을 의미한다. 그렇다면 총천연색 깃털은 수컷 공작의 화려한 꽁지깃처럼 완벽한 과시 도구였을 것이다. 그런 공룡들이 날개를 과시용으로 사용했을 거라고 백 퍼센트 장담할 수는 없지만, 그것은 확고한 정황증거였다.

모든 증거(날개는 '날기에는 덩치가 너무 크고 어색한 공룡'에서 맨 처음 진화했다, 날개는 총천연색으로 화려하게 장식되었다, 현생 조류는 날개를 과시용으로 사용한다)를 종합적으로 분석한 야코브는 근본적으로 새로운 가설을 제기했다. 그 내용인즉, '날개는 본래 과시용 구조(팔에 부착된 돌출 광고판)로 진화했고, 어떤 경우(예컨대 미크로랍토르)에는 다리와 꼬리까지 과시용으로 사용되었다'는 것이다. 일단 진화한 '멋진 날개 달린 공룡'은 물리법칙에 따라 양력, 항력, 추력을 만들 수 있는 크고 널따란 표면을 갖게 되었다. 최초의 날개 달린 공룡들(예컨대 말만 한 오르니토미모사우르, 심지어 첸유안롱을 비롯한 대부분의 랩터)은 광고판이 만드는 양력과 항력을 아마도 골칫거리로 여겼을 것이다. 정도의 차이는 있지만, 광고판이 만들어낸 양력은 어떤 경우에도 커다란 동물을 하늘로 띄우기에는 불충분했을 테니 말이다. 그러나 더욱 진보한 파라베스의 경우에는 '더욱 큰 날개와 더욱 작은 몸'이 오묘한 조화를 이루어, 광고판이 공기역학적인 기능을 수행할 수 있었을 것이다. 그리고 처음에는 다소 어설펐을지언정 하늘에서 이리저리 이동할 수 있었다. 비행이 진화한 것은 완전히 우연이었지만, 일단 비행이 진화하자 광고판은 날개로 전용되었다.

우리가 (특히 랴오닝성에서) 화석을 더 많이 발견할수록, 스토리는 더욱 복잡해졌다. 최초의 비행은 중구난방으로 발달했던 것 같다. 특출한 하위 분류군의 공룡이 등장해 뛰어난 비행사로 세련화하는, 질서정연하고 기다란 진화 행렬은 없었다. 그 대신 진화는 일반적인 유형의 공룡(덩치가 작고, 깃털과 날개를 가졌고, 효율적으로 호흡할 수 있는 공룡)을 탄생시켰고, 그 공룡들은 공중 활동을 시작하는 데 필요한 속성을 모두 지니고 있었다. 공룡의 계통수에는, 그런 공룡들이 재량껏 비행 실험을 할 수 있는 구역이 존재했던 것 같다. 비행은 아마도 동시다발적으로 여러 번 진화했던 것 같다. 상이한 날개와 깃털 배열을 가진 다양한 공룡이 나타나 땅을 박차고 뛰어오르거나, 나무 위에서 종종걸음을 치거나, 나뭇가지 사이에서 점프할 때 날개에서 양력이 발생한다는 사실을 발견했을 것이다.

그중 일부는 글라이더로, 기류에 편승하여 하늘 높이 치솟는 수동적 비행만 가능했다. 미크로랍토르는 글라이더였음이 틀림없다. 큰 팔과 큰 다리를 이용해 공중에서 자신의 몸을 떠받칠 수 있었을 것이기 때문이다. 이는 단순한 추측이 아니라, 과학자들이 해부학적으로 정확한 실물 크기의 모형을 만든 다음 풍동실험wind tunnel experiment●을 통해 증명한 것이다. 모형 미크로랍토르는 수동적으로 공중에 떠 있었을 뿐 아니라, 기류를 타고 유유히 움직이는 데도 능했다. 글라이더 중에는 미크로랍토르와 사뭇 다른 방식으로 활공하는 공룡도 있었다. '이상한 날개'라는 뜻을 가진 이 치奇翼, Yi qi가 바로 그 주인공이다. 이 치는 아마도 지금껏 발견된 공룡 중에서 가장 괴짜일 것이다. 왜냐하면 날개는 날개인데, '깃털이 없는 날개'를 갖고 있었기 때문이다. 조그만 이 치는 그 대신 (마치 박쥐처럼) 손가락과 몸통을 잇는 피부막을 갖고 있었다. 그 막은 비행용 구조체임이 틀림없지만 펄럭일 만큼 신축성이 뛰어나지는 않았으므로, 활공이 유일한 비행 방법이었다. 미크로랍토르와 이 치가 그처럼 다른 날개 구조를 가지고 있었다는 사실은, 상이한 공룡들이 각자 독립적으

●　터널 모양의 구멍 안에서 인공적으로 기류를 발생시켜 하는 실험.

로 독특한 비행 방식을 진화시켰음을 시사하는 강력한 증거가 된다.*

다른 깃털공룡들은 색다른 방법으로 날기 시작했으니, 그것은 날개 펄럭이기였다. 이런 비행 방식을 동력 비행powered flight이라고 하는데, 그 이유는 날개를 펄럭임으로써 양력과 추력을 능동적으로 만들어내기 때문이다. 수리 모델에 따르면, 일부 비조류 공룡들(미크로랍토르, 트로오돈의 친척뻘인 안키오르니스Anchiornis를 포함해)은 나름대로 그럴듯한 플래퍼flapper였던 것 같다. 왜냐하면 날개가 크고 몸이 가벼워, (최소한 이론적으로는) 날갯짓으로 비행 동력을 낼 수 있었기 때문이다. 그런 초기 시도는 어설펐을 것이다. 그도 그럴 것이 근력과 스태미나가 부족해서 공중에 그리 오랫동안 머물러 있을 수 없었기 때문이다. 그러나 그들은 진화의 출발점이 되었다. '큰 날개와 작은 몸을 가진 공룡들'이 날개를 펄럭이기 시작하자, 자연선택이 작업을 개시해 그런 공룡들을 '더 나은 비행사'로 변신시켰다.

이처럼 날갯짓하는 계통(아마도 미크로랍토르나 안키오르니스의 후손, 또는 완전히 독립적으로 진화한 종) 중 하나는 덩치가 훨씬 작아짐과 동시에 '더 큰 가슴근육'과 '훨씬 긴 팔'을 지니게 되었다. 그들은 꼬리와 이빨을 잃고, 2개의 난소 중 하나를 버리고, (체중을 훨씬 더 줄이기 위해) 뼛속을 움푹하게 파냈다. 그리고 호흡의 효율, 성장률, 대사율이 향상되어 높은 체온을 일정하게 유지할 수 있는 완전한 온혈동물이 되었다. 진화적 향상evolutionary enhancement이 하나씩 추가될 때마다 훨씬 우수한 비행사가 탄생했고, 그중 일부는 몇 시간 동안 착륙 없이 공중에 머물렀다.

● 2019년 5월, 박쥐와 같은 날개로 날았던 공룡 암보프테릭스Ambopteryx가 보고되었다. https://www.sciencemag.org/news/2019/05/new-batlike-dinosaur-was-early-experiment-flight

어떤 플래퍼들은 산소가 부족한 대류권 상층부를 통과해 때마침 솟아오르고 있는 히말라야산맥 위에서 고공비행을 했다.

오늘날의 새가 된 것은 바로 이러한 공룡들이었다.

진화는 공룡에서 새를 만들어냈다. 그리고 지금까지 살펴보았듯이, 그 과정은 (수각류 공룡의 한 계통이 현생 조류의 전형적인 특징과 행동을 조금씩 획득함에 따라) 수천만 년에 걸쳐 서서히 진행되었다. T. 렉스 한 마리가 하루아침에 병아리로 변이하지 않고 매우 점진적으로 전환되다 보니, 계통수를 들여다보면 공룡과 새가 서로 뒤섞인 것처럼 보인다. 벨로키랍토르, 데이노니쿠스, 첸유안롱은 계통수에서 '비조류'로 분류되지만, 만약 오늘날까지 살아 있다면 (칠면조나 타조보다 이상하지는 않을 것이므로) '또 다른 종류의 새'로 여겨질지도 모른다. 그들도 깃털과 날개가 있었고, 둥지를 지키고 새끼를 돌보았으며, 심지어 그중 일부는 조금 날 줄도 알았으니 말이다.

수천만 년에 걸쳐 새의 전형적인 특징이 하나씩 하나씩 진화하는 동안, '누가 더 멀리 날아가나'라거나 '누구 팔이 더 긴가'를 다투는 게임은 없었다. 공룡들이 하늘에 더 잘 적응하는 방향으로 진화하도록 떠미는 힘도 없었다. 진화는 그때그때 순간적으로 일어나, 특별한 시간과 장소에서 성공하는 데 보탬이 되는 특징과 행동을 자연스럽게 선택할 뿐이다. 비행 역시 이런 식으로 시의적절하게 진화한 행동 가운데 하나였다. 공룡은 살아가는 과정에서 '비행이 불가피한 상황'에 직면했을 것이다. 만약 '덩치가 작고 팔이 길고 뇌가 큰 사냥꾼'이 '보온용 깃털'과 '배우자 유혹용 날개'까지 갖고 있다면, 땅을 박차고 솟아올라 공중에서 날개를 펄럭이며 이리저리 날아다니는 데 별로 긴 시간이 필요하지 않을 것이다. 다소 어설픈 비행 능력을 가진 공룡이 날갯짓하며 '먹고 먹히는 세상'에서 살아남으려고 몸무림치는 그 순간, 자연선택이 개입해 그의 후손들을 '한결 더 나은 비행사'로 빚어냈을 것이다. 세련된 디자인이 하나씩 추가될 때마다 더욱 잘, 멀리, 빨리 날 수 있는 공룡이 등장해오다, 마침내 현대적인 스타일의 새가 탄생했을 것이다.

이처럼 장구한 세월을 거친 전환은 생명의 역사에서 게임체인저game-changer● 로 절정을 이루었다. 진화가 '날개 달린 소형 비행공룡'을 마침내 완성했을 때, 그동안 감춰져 있었던 엄청난 잠재력이 베일을 벗었다. 최초의 새들은 미친 듯 다양화했는데, 이는 아마도 새로운 서식지에 진출해 선조들과 사뭇 다른 생활 방식을 영위할 수 있는 능력 덕분이었던 것 같다. 우리는 화석 기록을 통해 이처럼 (비교적) 갑작스러운 변화를 확인할 수 있다.

박사 학위 프로젝트의 일환으로, 나는 컴퓨터 전문가 두 사람과 손을 잡고 '공룡이 새로 전환되는 동안의 진화 속도 변화'를 측정했다. 그레임 로이드Graeme Lloyd와 스티브 왕Steve Wang은 고생물학자이지만, 내가 알기로 그들은 화석을 단 한 점도 수집하지 않았다. 그들은 일급 통계학자로서, 컴퓨터 앞에 몇 시간 동안 눌러앉아 코딩을 하고 분석을 행하는 데서 기쁨을 찾는 수학의 귀재다.

우리 셋은 머리를 맞대고 앉아 '동물들은 시간 경과에 따라 얼마나 빨리(또는 늦게) 특징을 바꾸는지'와 '계통수의 가지별로 변화 속도가

● 상황 전개를 완전히 바꿔놓는 사람이나 아이디어나 사건.

얼마나 다른지'를 계산하는 방법을 새로이 고안해냈다. 우리는 (내가 마크 노렐과 함께 새로 만든) 새와 '수각류 근친'으로 구성된 대가족 족보를 갖고서 작업을 시작했다. 먼저, 우리는 동물마다 다른 해부학적 특징(예컨대, 어떤 좋은 이빨이 있지만 어떤 좋은 부리가 있다)의 방대한 데이터베이스를 만들었다. 다음으로, 그러한 특징들을 계통수에 배치함으로써, '상황이 달라진 지점'과 '이빨이 부리로 바뀐 지점' 등을 파악했다. 그 결과 우리는 모든 가지에서 변화가 일어난 횟수를 헤아릴 수 있었고, 각 화석의 나이를 이용해 모든 가지의 연대도 측정할 수 있었다. '시간 경과에 따른 변화'란 속도를 의미하므로, 우리는 두 가지 정보를 이용해 각 가지별로 진화 속도를 계산할 수 있었다. 마지막으로, 그레임과 스티브의 통계학 노하우를 이용해 '공룡-새 진화의 특정 구간' 또는 '계통수의 특정 그룹'에서 다른 구간/그룹보다 더 빠른 변화가 일어났는지 여부를 테스트했다.

결과는 지금껏 어떤 통계 소프트웨어를 이용한 것보다도 명확했다. 대부분의 수각류는 매우 느린 배경 속도background rate로 진화하고 있었지만, 일단 '비행하는 새'가 나타나자 진화에 가속이 붙었다. 최초의 새들은 공룡 조상과 친척들보다 훨씬 빠르게 진화했고, 수천만 년 동안 가속을 유지했다. 한편, 다른 연구에서는 계통수상의 동일한 지점에서 체격이 갑자기 작아지고 사지의 진화 속도가 급격히 빨라진 것으로 나타났다. 이는 최초의 새들이 더 잘 날기 위해 몸이 작아지고 팔이 길어지고 날개가 커졌음을 의미한다. 진화가 공룡으로부터 '비행하는 새'를 만들어내는 데는 수천만 년이 걸렸지만, 그 직후 상황이 매우 빨리 진행됨에 따라 새들이 하늘 높이 날아오른 것이다.

베이징에 있는 쉬싱의 연구실에서 가까운 거리에, 더 밝고 덜 근엄하지만 화석의 개수가 적은 연구실이 하나 있다. 그곳에서는 징마이 오코너Jingmai O'Connor가 비상근직으로 연구하고 있다. 화석이 별로 많지 않은 것은, 징마이가 랴오닝성의 '새들(깃털공룡들의 머리 위에서 날개를 펄럭였던 '진정한 비행사들')을 연구하고 있기 때문이다. 랴오닝성의 화석들은 대부분 석회암판 속에 들어 있으므로 컴퓨터 화면의 확대된 사진을 보면서 기술하고 측정해야 한다. 이는 그녀가 수시로 재택근무를 할 수 있다는 것을 의미한다. 그녀의 집은 베이징 후통胡同의 깊숙한 곳에 있다. 후통이란 점점 사라져가는 전통적인 좁은 골목길로, 그녀의 이웃에는 1층짜리 석조 건물이 다닥다닥 붙어 있다. 그녀에게는 그런 환경이 전혀 불편하지 않으며, 때로는 오히려 활력소가 된다. 왜냐하면 무료할 때 후통의 이곳저곳을 서성이며 이웃들과 정담을 나누고, 때로는 클럽에서 디제잉을 하며 '비과학적인 시간'을 보내기 때문이다.

징마이는 자신을 '팔레온톨로지스타paleontologista(고생물학자paleontologist와 패셔니스타fashionista의 합성어)'라고 부른다. 내가 보기에 참으로 적절한 말이다. 그녀는 표범이 인쇄된 라이크라Lycra•를 입고, 피어싱과 타투를 했다. 이 모든 것은 클럽에서는 자연스럽지만, 체크무늬 정장과 턱수염이 지배하는 학계에서는 (좋은 의미에서) 독보적이다. 서던캘리포니아 토박이(혈통상 반은 아일랜드인, 반은 중국인이다)인 그녀는, 화려한 불꽃을 뿜어내는 폭죽을 연상시킨다. 신랄한 농담을 내뱉은 뒤 유

• 미국 뒤퐁사의 폴리우레탄 섬유 상표명.

왼쪽: 중국 랴오닝성에서 발견된 '진정한 새'의 일종인 야노르니스*Yanornis*. 깃털이 달린 커다란 날개를
펄럭였다.
오른쪽: 가장 오래된 새 화석에 관한 세계 최고의 전문가인 징마이 오코너.

창한 정치적 발언을 하고 나면, 어김없이 음악론이나 예술론이나 자신
만의 독특한 불교 철학을 주절거린다. 그러나 뭐니 뭐니 해도, 그녀는
땅을 박차고 공룡 조상들의 머리 위로 날아오른 '최초의 새들'에 관한
한 세계 최고의 전문가다.

공룡 시대에는 많은 새가 살았다. 처음으로 날개를 펄럭인 비행사
의 기원은 1억 5000만 년 전으로 거슬러 올라간다. 헉슬리의 '프랑켄
슈타인 동물'인 시조새가 그때 살았기 때문이다. 우리가 아는 범위에
서 가장 오래된 '진정한 새'는 여전히 시조새이며, 화석 기록에 따르
면 동력 비행을 할 수 있었던 것이 분명하다. 진화는 쥐라기 중기의 어
느 시점, 그러니까 약 1억 7000만~1억 6000만 년 전에 진정한 새(작
고, 날개가 달렸고, 그 날개를 펄럭였던 새)를 이미 빚어냈을 공산이 크다.
이는 '새들이 자신의 공룡 조상과 공존한 기간이 족히 1억 년은 된다'

는 것을 의미한다.

1억 년이라는 기간은 수많은 다양성을 획득하기에 충분한 시간이며, 특히 초기 새들은 다른 공룡들보다 훨씬 빠른 속도로 진화했다. 징마이가 연구하는 랴오닝성의 새들은 그런 중생대 새장의 스냅사진이며, 새들이 진화사의 초기에 무슨 행동을 했는지를 자세히 보여준다. 중국 전역의 중개인과 박물관 큐레이터는 베이징에 있는 징마이와 동료들에게 매주 사진을 보낸다. 그 사진에는 중국 북동부의 완만하게 경사진 들판에서 농부들이 발견한 새로운 조류 화석의 모습이 담겨 있다. 지난 20년간 그런 화석이 수천 점 보고되었는데, 이는 미크로랍토르나 첸유안롱 같은 깃털공룡을 훨씬 능가하는 실적이다. 아마도 원시 조류가 커다란 화산 분출에서 유래하는 독성가스에 질식하여, 흐느적거리는 몸으로 호수와 숲에 추락한 뒤 화산재투성이의 진창에 파묻혔기 때문인 것으로 보인다(물론 이 진창에는 깃털공룡도 파묻혔다).

징마이는 매주 이메일을 열어 첨부된 사진을 받고, 새로운 조류 화석을 응시하며 눈이 휘둥그레지곤 한다.

거기에는 무수한 종이 포함되어 있으며, 징마이는 한두 달에 한 번씩 새로운 종을 명명한다. 그 새들은 나무 위나 땅 위에 살았으며, 심지어 오리처럼 물과 물가에 살았던 것도 있다. 어떤 새들은 아직 이빨과 긴 꼬리를 지니고 있었는데, 이는 아마도 벨로키랍토르와 비슷한 조상들에게서 물려받은 유산으로 보인다. 그에 반해 어떤 새들은 (현생 조류와 마찬가지로) 작은 몸, 거대한 가슴근육, 뭉툭한 꼬리, 위풍당당한 날개를 지니고 있었다. 한편 그들의 주변에서는 다른 공룡들이 활강과 어설픈 날갯짓을 하고 있었는데, 4개의 날개를 가진 미크로랍토르와 박쥐 날개를 가진 이 치가 대표적인 사례였다.

지금으로부터 6600만 년 전의 상황은 이러했다. 온갖 종류의 새와 비행공룡들이 머리 위에서 활공과 날갯짓을 하는 동안, 북아메리카에서는 T. 렉스와 트리케라톱스가 끝장날 때까지 싸웠고, 카르카로돈토사우르는 적도 이남에서 티타노사우르를 추격했고, 유럽에서는 난쟁이 공룡들이 섬들 사이를 껑충껑충 뛰어다녔다. 얼마 후 그들은 엄청난 사건을 목도했다. 그 사건으로 거의 모든 공룡이 멸종하고, '가장 진보하고, 잘 적응하고, 잘 날았던 새들'만이 대학살에서 살아남아 오늘날까지 우리 곁에 머물고 있다. 방금 내 창가에 있었던 갈매기도 몇 안 되는 생존자 중 하나의 후손이다.

9

최후의 그날

_ 에드몬토사우루스

———————— 그날은 지구 역사상 최악의 날이었다. 몇 시간 동안 벌어진 '상상을 초월하는 폭력'이 1억 5000만 년에 걸친 진화를 무효화하고 생명의 경로를 바꿔버렸으니 말이다.

T. 렉스는 현장에서 그 장면을 목격했다.

백악기의 마지막 날로 기록될 6600만 년 전의 그날 아침 한 무리의 렉스가 잠에서 깨어났을 때, 그들의 헬크리크 왕국에서는 수천만 년 동안 대대손손 그랬던 것처럼 모든 것이 정상인 것처럼 보였다.

지평선까지 펼쳐진 구과식물과 은행나무의 숲 사이에서, 야자나무와 목련의 화사한 꽃들이 빛을 발했다. 북아메리카 서부의 기슭에 철썩거리다 동쪽으로 달려 (북아메리카를 동서로 가르는) 거대한 해로海路로 빠져나가는 강물의 아득한 소리는, (나지막하지만 수천 배 강한) 트리케라톱스 떼의 울부짖음에 파묻혀 들리지 않았다.

T. 렉스 무리가 사냥 준비에 한창일 때, 숲의 지붕 전체에 햇빛이 스

며들기 시작했다. 그 햇빛은 하늘을 수놓은 다양한 꼬마 동물들의 윤 곽을 뚜렷이 드러냈는데, 그중에는 깃털날개를 펄럭이는 것도 있었고, 우림雨林에서 솟아오르는 온난 기류를 타고 활강하는 것도 있었다. 그들 이 지저귀는 소리는 아름다웠다. 숲과 범람원의 모든 동물이 들을 수 있는 새벽의 심포니였다. 갑옷을 입은 안킬로사우루스와 돔형 머리를 가진 파키케팔로사우루스는 숲속에 숨어 있었고, 오리주둥이공룡 군 단은 꽃과 잎으로 막 아침을 먹으려던 참이었으며, 랩터는 덤불 속에 서 생쥐만 한 포유동물과 도마뱀을 추격하고 있었다.

최근 몇 주 동안, 통찰력이 뛰어난 몇몇 렉스는 까마득히 먼 하늘에 서 반짝이는 구체 하나를 주시해왔다. 그것은 가장자리가 불타오르는 희미한 공 모양으로, 태양의 작고 칙칙한 버전이었다. 그 공은 점점 더 커지는 것 같았지만, 이윽고 하루의 상당 부분 동안 시야에서 사라졌 다. 렉스는 그 의미를 몰랐을 것이다. 그도 그럴 것이, 천체의 운동을 예 상한다는 것은 그들의 지능을 넘어서는 일이었기 때문이다.

그러나 그날 아침 나무들 사이를 헤집고 강둑에 나타난 렉스 무리 는, 오늘만큼은 뭔가 다르다는 점을 확연히 느낄 수 있었다. 사라졌던 구체가 거대한 모습으로 다시 나타나, 구름 낀 동남쪽 하늘을 은은하 게 물들였기 때문이다.

뒤이어 한 줄기 섬광이 번뜩였다. 아무런 소리도 없이, 노란 불길이 순식간에 타오르며 하늘 전체를 환하게 밝히자 렉스들은 잠시 방향감 각을 잃었다. 눈을 몇 번 깜박여 초점을 다시 맞췄을 때, 구체는 온데간 데없고 하늘은 칠흑같이 어두워졌다. 최상위 수컷은 주변을 두리번거 리며 나머지 동료들의 안위를 살폈다.

잠시 후 그들은 의표를 찔렸다. 또 한 번 섬광이 번뜩였는데, 이번에는 첫 번째보다 훨씬 잔인했다. 두 번의 섬광은 아침 공기를 불꽃놀이처럼 밝히며, 렉스들의 망막을 파고들었다. 어린 수컷 한 마리는 맥없이 고꾸라지며 갈비뼈가 부러졌다. 나머지는 얼어붙은 듯 서서 미친 듯 눈만 연신 껌벅이며, 자신들의 시야에 범람하는 불꽃과 반점을 없애려고 몸부림쳤다. 분노로 이글거리는 시야에 걸맞은 소리는 아직 들리지 않았다. 사실, 아무런 소리도 없었다. 이제 새와 '나는 랩터'들은 지저귐을 멈췄고, 무거운 침묵이 헬크리크를 짓눌렀다.

　　고요는 겨우 몇 초 동안만 이어졌다. 이윽고 렉스들의 발 아래 있는 땅이 꿈틀거리고 흔들리더니, 급기야 물결처럼 흐르기 시작했다. 에너지 펄스가 암석과 토양을 가르며 총알처럼 퍼져 나가더니, 땅은 마치 거대한 뱀이 땅 밑에서 스르르 지나가듯이 위아래로 출렁거렸다. 땅에 뿌리박지 않은 것들은 모두 공중에 내팽개쳐진 뒤 땅바닥에 곤두박질쳤다. 상승과 추락은 계속됐다. 지구의 표면은 졸지에 트램펄린으로 변신했고, 작은 공룡과 생쥐만 한 포유동물과 도마뱀은 공중으로 튀어 올랐다가 자유낙하하며 나무와 바위에 부딪혔다. 희생자들은 마치 별똥별처럼 하늘을 가로지르며 어지러이 춤을 췄다.

　　무리 중에서 가장 크고 무거운 길이 12미터짜리 렉스들조차 공중으로 몇 미터나 튀어 올랐다. 그들은 몇 분 동안 하릴없이 몸을 허우적거리며 튀어올랐다 떨어지기를 반복했다, 마치 트램펄린을 타는 것처럼. 방금 전만 해도 북아메리카의 명실상부한 폭군이었던 그들이, 이제는 7톤짜리 핀볼처럼 공중에 떠서 사지를 위태롭게 버둥거리다 곤두박질치다니! 나무와 바위에 부딪히는 힘은 두개골을 부수고, 목을 꺾고, 다리를 부러뜨리기에 충분했다. 마침내 진동이 멈춰 땅이 더 출렁거리지 않게 되었을 때, 대부분의 렉스는 마치 전장의 사상자들처럼 강둑 이곳저곳에 나동그라졌다.

제 발로 걸어 피바다를 벗어날 수 있는 동물은 극소수의 렉스(또는 헬크리크의 다른 공룡들)밖에 없었다. 그러나 실제로 그런 것은 겨우 몇 마리뿐이었다. 운 좋은 생존자들이 비틀거리며 동포의 시체를 비켜 걸을 때, 그들의 머리 위에서는 하늘의 색깔이 바뀌기 시작했다. 파랗던 하늘은 오렌지색을 거쳐 연한 빨간색이 되었다. 빨간색은 점점 더 선명하고 짙어져 갔다, 마치 다가오는 거대한 자동차의 헤드라이트가 점점 더 가까워지는 것처럼. 이윽고 삼라만상은 작열하는 후광 속에 잠겼다.

그러고는 비가 내렸다. 그러나 하늘에서 떨어지는 것은 물이 아니었다. 그것은 유리구슬과 암석 덩어리였고, 하나같이 델 정도로 뜨거웠다. 완두콩만 한 알갱이들이 살아남은 공룡들을 공격해, 그들의 피부에 심각한 화상을 입혔다. 그중 상당수는 사살되었고, 갈가리 찢어진 그들의 시체는 지진 희생자들 위에 겹겹이 포개졌다. 한편 하늘에서 쏟아진 유리질 암석의 총알들은 그 과정에서 공기에 열을 전달했다. 그 바람에 대기는 더욱 뜨거워졌고, 마침내 지표면은 오븐처럼 달궈졌다. 숲은 자연 발화했고, 산불과 들불이 온 땅을 휩쓸었다. 살아남았던 동물들은 이제 구워졌고, 그들의 피부와 뼈는 3도 화상을 입을 정도의 온도에서 요리되었다.

T. 렉스 무리가 최초의 번개에 놀란 지 불과 15분이 지났지만, 이웃에 살았던 공룡이 모두 그러했듯이, 그즈음 살아 움직이는 렉스는 더이상 찾아볼 수 없었다. 한때 무성했던 삼림지대와 하곡이 불탔다. 그

러나 아직 살아 있는 동물이 있었으니, 일부는 지하에 숨을 수 있는 포유동물과 도마뱀이었고, 일부는 물속에 사는 악어와 거북이었고, 일부는 더 안전한 피난처로 날아갈 수 있는 새들이었다.

몇 시간 뒤 총알 비가 그치고 달궈졌던 공기도 식었다. 고요한 숨결이 다시 헬크리크를 뒤덮었다. 위험이 종말을 고한 것처럼 보이자, 많은 생존자가 숨었던 곳에서 나와 현장을 시찰했다. 대학살은 도처에서 벌어졌고, 더 이상 빨갛지 않은 하늘은 (여전히 맹렬한) 산불이 내뿜는 자욱한 그을음 때문에 더욱 까매지고 있었다. 두 마리 랩터가 새카맣게 탄 T. 렉스 무리의 몸에 코를 대고 킁킁거리는 것으로 보아, 그들은 자기들이 대재앙에서 살아남았다고 생각하는 것이 틀림없어 보였다.

그러나 그들의 판단은 빗나갔다. 최초의 섬광이 번뜩인 지 두 시간 반 뒤 구름이 으르렁거리기 시작했고, 대기 중의 그을음이 빙빙 돌며 회오리바람에 휘말리기 시작했다. 뒤이어 허리케인급 바람이 평야를 가로질러 하곡을 통과하며, 강과 호수의 물을 떠밀어 둑을 무너뜨렸다. 바람과 함께 고막을 찢는 듯한 소리가 들렸다. 공룡들이 일찍이 들어보지 못한 엄청난 굉음이었다. 그뿐 아니라 소리는 빛보다 훨씬 늦게 이동하므로, 두 번의 섬광과 동시에 발생한 음속 돌파음^{sonic boom}이 이제야 들이닥쳤다. 그 원인은 몇 시간 전 아득히 먼 곳에서 유황의 연쇄반응을 일으킨 대형 사고였다. 고막이 파열된 랩터가 고통을 못 이겨 비명을 지르자, 다른 소형 동물들이 안전한 땅굴 속으로 황급히 되돌아갔다.

이 모든 일은 북아메리카 서부에서 일어났지만, 세계의 다른 지역에서도 그에 버금가는 대변동이 일어났다. 카르카로돈토사우르와 거대한 용각류가 배회하는 남아메리카에서는 지진, 유리질 암석비, 허리케인이 덜 심각했다. 괴상망측한 루마니아산 난쟁이 공룡들의 고향인 유럽의 섬들도 상황은 마찬가지였다. 그럼에도 남아메리카와 유럽의 공룡들은 흔들리는 땅, 산불, 홍수에 시달려야 했다. 그중 상당수는 (헬크리크 커뮤니티의 대부분을 말살한) '혼돈의 두 시간' 동안 목숨을 잃었다. 그러나 다른 지역의 피해는 훨씬 심각했다. 중부 대서양 해안에는 엠파이어스테이트 빌딩보다 2배 높은 쓰나미가 들이닥쳐, 플레시오사우르를 비롯한 거대 해양 파충류의 시체를 내륙 깊숙이 실어 날랐다. 인도에서는 화산들이 '용암의 강'을 쏟아내기 시작했다. 중앙아메리카와 북아메리카 남부 지역(소행성이 떨어진 오늘날 멕시코의 유카탄반도에서 반경 1000킬로미터 이내에 해당하는 모든 지역)은 절멸했다. 모든 것이 흔적도 없이 증발해버린 것이다.

시간이 흘러 오후가 되고 저녁이 찾아오면서 바람은 차츰 잦아들었다. 대기는 계속 냉각되었고, 몇 번의 여진에도 불구하고 땅이 안정을 찾고 단단해졌다. 배경에 깔린 들불은 점점 더 희미해졌다. 마침내 밤이 되어 '지구 역사상 가장 끔찍했던 날'이 막을 내릴 때까지, 전 세계에서 수많은(아마도 대부분의) 공룡이 목숨을 잃었다.

그러나 소행성(혜성이었을 수도 있지만, 편의상 소행성이라고 부르기로 하자)의 충돌은 뒤끝이 길었으며, 그 후유증은 다음 날, 다음 주, 다음 달, 다음 해, 그리고 수십 년 뒤에도 계속되었다. 그 끔찍했던 날 이후, 지구에서는 여러 해 동안 춥고 어두운 상태가 이어졌다. 그을음과 암석으로 이루어진 먼지가 대기에 머물며 햇빛을 가렸고, 어둠은 추위를 몰고 왔기 때문이다. 그것은 일종의 핵겨울*로, 내한성이 매우 강한 동물이 아니면 견디기 어려웠다. 또한 그 어둠은 식물을 곤경에 빠뜨렸다. 햇

362

빛이 없으면 광합성을 하지 못해 포도당을 만들 수 없기 때문이다. 식물이 죽자 먹이사슬이 (마치 카드로 만든 집house of cards** 이 무너지듯) 붕괴해, 가까스로 추위를 견딜 수 있었던 동물이 떼죽음을 당했다. 바다에서도 비슷한 일이 일어났다. 광합성을 하는 플랑크톤이 죽는 바람에, 그들을 먹고사는 대형 플랑크톤과 물고기부터 최상위 포식자인 거대 파충류까지 줄줄이 목숨을 잃었기 때문이다.

빗물이 그을음과 그 밖의 찌꺼기를 대기에서 걸러내면서 태양은 마침내 어둠을 뚫고 모습을 드러냈다. 그러나 비는 강산성이어서 지표면의 상당 부분에 화상을 입혔다. 설상가상으로 그 비는 그을음과 함께 하늘로 솟구친 약 수십조 톤의 이산화탄소를 제거할 수도 없었다. 이산화탄소는 열을 대기 중에 가두는 악명 높은 온실가스이므로, 핵겨울은 이윽고 지구온난화에 길을 내주었다. 소행성 충돌 이후 계속된 소모전에서, 위와 같은 요인들이 결탁해 지진·유황·산불의 1차 협공에서 살아남은 공룡 잔당을 완전히 소탕했다.

그로부터 수백 년 후(길게 잡으면 수천 년 후), 북아메리카 서부에는 대재앙 이후의 흉터투성이 풍경이 펼쳐졌다. 한때 T. 렉스가 호령하고 트리케라톱스의 발굽 소리로 활력이 넘치던 울창한 숲속의 다양한 생태계는 조용하고 거의 텅 빈 무주공산으로 돌변했다. 덤불 속에서는 특

● 핵전쟁이 벌어지면 나타날 것으로 예상되는 저온 현상. 핵전쟁이 일어나면 도시와 삼림에서 큰 화재가 발생하면서 대량의 재와 먼지가 지구의 고층 대기까지 뒤덮어 햇빛을 흡수하고, 이 때문에 지면에 도달하는 일사량이 줄어 기온이 크게 내려간다고 한다. 1983년 천문학자 칼 세이건 등 미국 과학자들이 미국과 소련이 핵전쟁을 벌이면 이러한 상황이 나타날 수 있다며 핵겨울 이론을 발표했다.

●● 위태로운 상황이나 불안정한 계획 등을 비유할 때 쓰는 단어. 놀이용 카드를 삼각형 모양으로 세워 탑처럼 쌓아 올리는 구조물에서 유래한 말이다. 방탄소년단의 앨범 〈화양연화 pt. 2〉에 수록된 곡명이기도 하다.

이하게 생긴 도마뱀들이 종종걸음을 치고, 강에서는 약간의 악어와 거북이 첨벙거리며 다니고, 생쥐만 한 포유동물이 땅굴 속에서 주기적으로 고개를 내밀었다. 몇몇 새들이 여전히 이리저리 날아다니며 땅속에 파묻힌 씨앗을 쪼아 먹었지만, 다른 공룡들은 전혀 눈에 띄지 않았다.

헬크리크는 지옥이 되었고, 지구상의 다른 지역도 사정은 마찬가지였다. 공룡 시대는 이렇게 막을 내렸다.

소행성 충돌이 백악기를 마감하며 공룡의 사망진단서에 서명한 그날, 상상을 불허하는 규모의 파국이 일어났다. 그것은 인류가 지금껏 전혀 경험해보지 못한 것이었지만, 다행히도 인간은 아직 지구상에 존재하지 않았다. 거대한 소행성 하나가 지구와 충돌하며 오늘날 멕시코의 유카탄반도를 강타했다. 소행성의 직경은 약 10킬로미터로, 에베레스트산에 버금가는 크기였다. 그리고 소행성은 시속 10만 8000 킬로미터로 날아온 것으로 보이는데, 이는 제트기보다 100배 이상 빠른 속도였다. 지구에 부딪힌 소행성은 TNT 100조 톤의 위력을 발휘했는데, 이는 핵폭탄 10억 개의 에너지와 맞먹는다. 그것은 지각을 뚫고 40킬로미터까지 내려가 맨틀에 진입했으며, 직경 160킬로미터 이상의 충돌구^{crater}를 남겼다.

이 같은 위력에 비하면 원자폭탄은 기껏해야 '미국 독립기념일의 폭죽'처럼 보였다. 소행성이 충돌한 날은 '죽음의 날'이었다.

헬크리크의 공룡들은 그라운드제로^{ground zero}• 인 칙술루브에서 북서

• 핵폭탄이 폭발한 지점 또는 대재앙의 현장을 뜻하며, 9·11테러로 파괴된 세계무역센터가 있던 자리를 지칭하는 말로도 사용된다.

유카탄반도의 칙술루브Chicxulub에 소행성이 떨어진 지 45초 후 지구의 모습. 피어오르는 먼지 구름과 용융 암석이 대기 중으로 발사되었고, 발화성 열 펄스heat pulse가 바다와 육지 전역에 퍼져 나가기 시작했다. Artwork by Donald E. Davis, NASA.

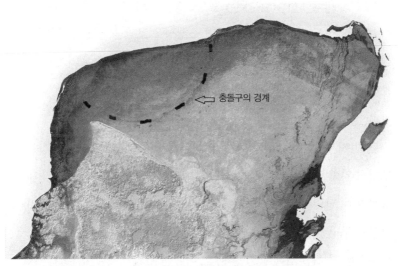

오늘날 멕시코 유카탄반도의 입체 지도. 칙술루브의 윤곽을 보여준다(충돌구의 나머지 부분은 물속에 있다). Courtesy of NASA.

쪽으로 3500킬로미터 떨어진 곳에 살고 있었다. 약간 예술적으로 표현한다면, 그들은 위에서 언급한 테러 때문에 바짝 긴장했을 것이다. 그들에 비하면 뉴멕시코에 사는 그들의 사촌들(T. 렉스의 남방 버전, 뿔공룡과 오리주둥이공룡의 다른 버전, 북아메리카에 살던 몇 안 되는 용각류의 일부를 말한다. 나는 여름 학기에 현장 연구를 하다가 그들의 뼈를 여러 번 수집했다)은 정신을 놓았을 것이다. 그도 그럴 것이, 그들은 충돌 지역에서 겨우 2400킬로미터 떨어진 곳에 있었다. (공포감은 거리에 비례해 증가하기 마련이다. 섬광과 음향 펄스가 더 빨리 도착하고, 지진이 더 심하고, 유리질 암석비의 강우량이 더 많고, 대기의 온도가 더 높을 테니 말이다.) 그러나 유카탄반도에서 반경 1000킬로미터 이내에 있는 동물들은 공포감을 느낄 시간조차 없었다. 소행성이 충돌하는 순간, 모두 삽시간에 유령이 되었기 때문이다.

맨 처음 하늘에서 작열하던 소행성은 T. 렉스의 호기심을 자극할 뿐이었다. 당신도 그 자리에 있었다면 소행성을 보았을 텐데, 그 경험은 핼리혜성이 지구에 접근하던 때와 비슷했을 것이다. 하늘에 떠 있는 듯 보인 소행성은 아무런 해를 끼치지 않을 것처럼 느껴졌을 것이며, 최소한 처음에는 의식하지도 못했을 것이다.

첫 번째 섬광은 소행성이 지구의 대기권에 진입하며 전방의 공기를 맹렬히 압박할 때 발생했을 것이다. 그때 공기는 태양 표면 온도의 네다섯 배로 달궈지며 불이 붙었을 것이다. 두 번째 섬광은 소행성이 기반암과 부딪힐 때 발생한 충격 자체였다. 두 번의 섬광과 관련된 음속 돌파음은 몇 시간 뒤에 들렸는데, 그 이유는 소리가 빛보다 훨씬 느리게 이동하기 때문이다. 음속 돌파음과 함께 바람이 불어닥쳤는데, 풍속은 유카탄반도 부근에서 시속 1000킬로미터 이상이었고, 헬크리크에 도착했을 때도 여전히 시속 수백 킬로미터를 유지했다(참고로, 허리케인 카트리나의 최대 풍속은 시속 약 280킬로미터였다).

소행성과 지구가 충돌했을 때 엄청난 양의 에너지가 방출되어, 땅이 트램펄린처럼 출렁거리게 만든 충격파의 동력원이 되었다. 이러한 지진의 강도는 리히터 지진계로 10쯤 되었을 테니, 어떤 인류 문명도 도저히 감당할 수 없는 수준이었다. 지진 중 일부는 대서양의 쓰나미를 촉발해, 집채만 한 바위들을 산산이 부숴 내륙 깊숙한 곳에 쏟아부었을 것이다. 어떤 지진은 인도의 화산들에 초강력 시동을 걸었고, 그 화산들은 향후 수천 년 동안 분출하며 지진이 초래한 결과를 더욱 악화시켰다.

충돌에서 방출된 에너지는 소행성은 물론 소행성에게 두들겨 맞은 기반암을 증발시켰다. 충돌로 생겨난 먼지, 흙, 암석 등의 잔해물은 하늘 높이 솟구쳐 올랐다. 그중 대부분은 증기나 액체였지만, 일부는 작지만 여전히 고체인 암석 조각이었다. 그런 물질 중 일부는 대기권의 가장자리를 통과해 우주 공간으로 날아갔다. 그러나 하늘로 올라간 것들은 탈출속도에 도달하지 않는 한 떨어지게 마련이므로, 낙하하는 액상 암석은 냉각되어 '유리질 방울'이나 '눈물방울 모양의 창^槍'이 되면서 열을 대기에 전달했다. 그러니 대기가 오븐처럼 달아오를 수밖에 없었다.

급상승한 기온은 숲에 불을 붙였다. 전 세계적 현상은 아니었지만, 북아메리카의 상당 부분과 유카탄반도에서 반경 수천 킬로미터 이내는 예외가 될 수 없었다. 나뭇잎과 목질의 그을린 잔해(야영장의 모닥불이 꺼진 뒤 남은 물질을 생각하면 된다)는 소행성과 충돌한 직후 움푹 파인 암석에서 발견된다. 그런데 충돌 때 다른 먼지나 찌꺼기와 함께 공중

으로 솟아오른 그을음이 문제였다. 그것은 너무 가벼워 땅으로 되돌아
올 수 없었으므로, 대기 중에 떠다니며 (지구를 순환하는) 기류에 축적되
어 지구 전체를 어두컴컴하게 만들었다. 그로 말미암은 저온 현상(전
지구적 핵겨울과 동등한 것으로 여겨진다)은 아마도 충돌구에서 까마득히
멀리 떨어진 지역의 공룡들을 대부분 몰살했을 것이다.

유의어 사전을 뒤적이며 끝도 없이 같은 말을 되풀이할 수도 있지만,
그러면 여러분은 나를 더 이상 믿지 않을지도 모른다. 애석한 일이다.
내가 쓰고 말하는 것은 모두 실제로 일어났던 일이기 때문이다. 그것
을 어떻게 알 수 있냐고? 바로 한 사람의 연구 때문이다. 그 사람은 나
의 과학 영웅이며 지질학 천재인 월터 앨버레즈Walter Alvarez다.

나는 고등학교 시절 어리석은 짓을 했다. 공룡에 몰입하는 바
람에 판단력을 키우지 못했던 것이다. 지나친 팬심에 폴 소레노를
스토킹한 것이 최악의 실수는 아니었다. 그보다 더 뻔뻔했던 짓은 1999
년 봄 어느 날 캘리포니아주 버클리에 있는 월터 앨버레즈에게 전화
를 건 일이었다. 나는 록 앨범을 수집하는 열다섯 살짜리 소년이었고,
그는 저명한 미국국립과학아카데미 회원으로서 거의 20년 전 '거대한
소행성 충돌로 공룡이 몰살했다'는 아이디어를 제안한 인물이었다.

놀랍게도, 그는 두 번째 벨이 울릴 때 수화기를 들었다. 더욱 놀랍게
도, 내가 전화한 목적을 장황하게 늘어놓는 동안 수화기를 내려놓지 않
았다. 내가 그에게 털어놓은 자초지종은 다음과 같았다.

나는 그가 쓴 『T. 렉스와 종말의 충돌구T. rex and the Crater of Doom』를 독파
했다. 그 책은 지금까지도 '최고의 대중과학서'로 내 마음속에 남아 있

다. 나는 그가 소행성에 관한 단서를 조목조목 제시한 방법에 감탄을 금치 못했다. 그는 그 책에서, 이탈리아 아펜니노산맥에 자리 잡은 구비오라는 중세 코뮌 교외에 펼쳐진 바위투성이 협곡에서 탐정게임을 시작했다. 앨버레즈가 백악기 말기를 나타내는 얇은 점토띠의 특이한 특징을 처음 발견한 곳은 거기였다. 때마침 다행스럽게도, 우리 가족은 부모님의 스무 번째 결혼기념일을 기념하기 위해 이탈리아 여행을 준비하고 있었다. 그것은 내가 최초로 북아메리카를 벗어나는 여행이었으므로, 나는 그 사건을 영원히 기억하고 싶었다. 나의 관심사는 바실리카*나 미술관이 아니라, 구비오를 순례하며 앨버레즈가 과학계 최대의 수수께끼를 해결하기 시작한 장소에 서보는 것이었다.

그러나 나는 구비오의 지리를 몰랐으므로, 저자에게 직접 물어보기로 했다.

앨버레즈 교수는 이탈리아를 전혀 모르는 꼬마도 알아들을 수 있도록 차근차근 자세히 일러주었다. 그는 또한 나의 과학적 관심사에 대해서도 잠깐 동안 설명해주었다. 그런 과학계의 거두가 어찌 그리 친절하고 관대하게 시간을 내줄 수 있었는지, 지금 생각해보면 그저 놀랍기만 하다. 그러나 아뿔싸! 그의 친절과 관대함은 부질없었던 것으로 밝혀졌다. 우리 가족은 그해 여름 구비오 근처에 얼씬도 하지 않았기 때문이다. 홍수 때문에 로마로 향하는 간선철도가 막히자, 나는 엄청난 충격을 받았다. 나의 흐느낌은 부모님의 생애 두 번째 허니문을 거의 초토화했다.

● 로마 시대에 법정이나 상업거래소·집회장으로 사용된 건물로, 교회 건축 형식의 기조를 이루었고 로마네스크와 고딕식 성당 건축에 영향을 미쳤다.

그로부터 5년 뒤, 대학생이 된 나는 지질학 강의를 들으려고 동기들과 함께 이탈리아를 방문했다. 알레산드로 몬타나리^{Alessandro Montanari}가 운영하는 아펜니노의 작은 천문대에 머물렀는데, 몬타나리는 1980년대에 백악기 말기의 대멸종을 연구한 많은 과학자 중 한 명이었다. 여행 첫날 일행들과 함께 한 도서관을 지나쳤는데, 그곳에서는 한 사람이 깜박이는 등불 아래서 지질도를 유심히 들여다보고 있었다.

"나는 여러분 모두에게 내 친구이자 멘토, 월터 앨버레즈를 소개하고 싶습니다." 알레산드로가 노래하는 듯한 이탈리아 억양으로 말했다. "여러분 중에는 이 이름을 익히 들어본 사람도 있을 겁니다."

나는 순간 경기를 일으켰다. 내가 그렇게 혼비백산하는 것은 좀처럼 드문 일이었다. 그 시간 이후의 여행은 하는 둥 마는 둥 하고, 오후 늦게 도서관으로 몰래 찾아가 살며시 문을 열었다. 앨버레즈는 아직도 그 자리에 앉아, 구부정한 자세로 오로지 지도만 들여다보고 있었다. '지구사의 미결 문제 해결'에 전념하고 있는 것이 분명했다. 나는 염치 불구하고 불쑥 끼어들어 내 소개를 했다가 다시 한번 혼비백산했다. 아 글쎄, 우리가 몇 년 전 나눴던 대화를 기억하는 것이 아닌가!

그는 내게 이렇게 물었다. "그때 구비오에 가봤나?"

당황한 나는 '아니요'라는 말밖에 하지 못했다. 공연한 전화로 그의 시간을 빼앗았을 뿐 아니라, 이메일까지 여러 통 보내 그를 번거롭게 했음을 인정하기가 싫었기 때문이다.

그는 이렇게 대답했다. "음, 그러면 조금만 더 기다리게. 며칠 후 내가 거기서 강연을 할 예정이거든." 나는 너무 기뻐 입이 함박만 해졌다.

며칠 후 나는 일행들과 함께 구비오의 협곡을 방문했다. 지중해의 태양이 내리비치고 자동차들이 휙휙 지나가는 가운데, 절벽 위에는 14세기의 수도교水道橋가 위태롭게 걸터앉아 있었다. 월터 앨버레즈가 우리 앞으로 걸어왔다. 카키색 자루에는 암석 샘플이 가득했고, (햇빛을 가리기 위한) 챙 넓은 모자와 (햇빛을 반사하는) 연녹색 셔츠를 착용하고 있었다. 그는 벨트에 찬 가죽 케이스에서 암석망치를 꺼내, 자신의 오른쪽과 아래쪽에 있는 (가느다란 홈이 파인) 암석을 가리켰다. 그 암석은 (협곡의 대부분을 형성하고 있는) 장밋빛 석회암 사이를 꿰뚫고 지나갔다. 유난히 부드럽고 섬세한 암석은 두께 약 1센티미터의 점토층으로, (아래에 있는) 백악기의 석회암을 (위에 있는) 멸종 후 고제3기의 석회암과 구분해주는 일종의 책갈피였다. 사반세기 전 그곳에 서서, 점토띠(좁은 점토층)를 바라보며 소행성 이론을 창안한 사람이 바로 앨버레즈였다. 그랬던 그가 다시 그 자리에 서서 망치로 점토띠를 가리키고 있다니! 실로 감개가 무량했다.

잠시 후, 우리는 도로 바로 밑에 자리 잡은 500년 된 레스토랑에 들러 파스타, 화이트와인, 비스코티로 점심 식사를 했다. 점심을 먹기 전에 방명록에 경건한 마음으로 서명을 했다. 그 방명록에는 구비오를 방문해서 협곡과 기념비적 점토를 연구한 지질학자와 고생물학자들의 이름이 빼곡히 적혀 있었다. 그것은 마치 명예의 전당 헌액자 명단처럼 읽혔으며, 방명록에 내 이름을 적으며 뿌듯한 긍지를 느낀 것은 그때가 처음이었다. 그 후 두 시간 동안 나는 월터의 맞은편에 앉아 파스타를 먹으며, 그가 공룡의 미스터리를 해결한 이야기를 경청했다. 나와 동기들은 흥미진진한 무용담에 도취되어 시간 가는 줄 몰랐다. 그는 우리의 슈퍼스타였다.

이탈리아 구비오에서 백악기 암석(아래쪽)과 고제3기 암석(위쪽) 사이의 경계선을 가리키는 월터 앨버레즈. 그의 암석망치와 오른쪽 무릎 사이에 보이는 디벗divot●이 바로 그 경계선이다. Courtesy of Nicole Lunning.

● 골프 용어. 공을 칠 때 클럽 헤드에 맞아 뜯겨 나간 잔디의 조각을 가리킨다.

월터가 박사과정을 마친 지 얼마 지나지 않은 1970년대 초에는 판구조론 혁명이 지질학계를 사로잡았고, 많은 사람이 '대륙이 시간 경과에 따라 움직인다'는 사실을 깨달았다. 지질학자들이 대륙의 움직임을 추적하는 한 가지 방법은 작은 자성 광물 결정의 방향성을 살펴보는 것이다. 용암이나 퇴적물이 굳어서 바위가 될 때, 자성 광물의 결정은 북극을 가리키기 때문이다. 월터는 그 새로운 고지자기학paleomagnetism이 지중해의 형성 과정(즉 작은 지각판이 회전하며 서로 충돌해, 오늘날의 이탈리아를 형성하고 알프스산맥을 만든 과정)을 밝히는 데 도움이 될 거라고 생각했다. 월터가 맨 처음 구비오로 와서 협곡의 두꺼운 석회암 층 사이에 들어 있는 광물 조각을 현미경으로 관찰한 것도 그 때문이었다. 그러나 구비오에 도착했을 때, 월터는 그보다 훨씬 큰 미스터리에 흥미를 느꼈다. 그가 측정한 암석 중 일부가 온갖 형태와 크기의 껍질 화석으로 가득 차 있는 것이 아닌가! 그것들은 유공충有孔蟲이라는 매우 다양한 동물군에 속했는데, 유공충이란 해양 플랑크톤 속에서 떠다니는 미세한 포식자를 말한다. 그와 대조적으로, 그 암석들 위에 자리 잡은 석회암은 거의 척박해서, 매우 작고 단순해 보이는 유공충이 간간이 섞여 있을 뿐이었다.

월터는 생과 사를 가르는 경계선을 관찰하고 있었다. 그것은 추락한 비행기의 조종실 음성기록장치에서 영원한 침묵이 찾아오기 직전의 마지막 몇 마디에 귀를 기울이는 것이나 마찬가지였다.

사실, 그것을 주목한 사람은 월터가 처음이 아니었다. 지질학자들은 수십 년 동안 그 협곡에서 연구를 계속해왔다. 이사벨라 프레몰리 실바Isabella Premoli Silva라는 이탈리아 학생은 '다양한 유공충은 백악기의 것이고, 단순한 유공충은 고제3기의 것'이라는 결론을 내린 바 있다. 백악기와 고제3기 사이의 칼날 같은 경계는, 오랫동안 대멸종(지구의 역사에서 전 세계를 통틀어 수많은 종이 동시에 사라지는 현상)이라고 인식되었던 현상과 일치했다.

그러나 그것은 통상적인 대멸종이 아니었다. 플랑크톤 입자들만이 유일한 사상자가 아니었고, 사상자들이 물에만 국한된 것도 아니었다. 대량 학살은 대양과 육지에서 모두 자행되었고, 다른 식물과 동물도 무수히 멸종했다.

공룡들도 예외는 아니었다.

월터는 그 모든 것이 우연의 일치일 리 없다고 생각했다. 유공충에게 일어난 일은, 공룡과 다른 모든 생물에게 일어난 일과 연관된 것이 틀림없다고 생각했다. 그리고 그것이 무엇인지를 꼭 밝혀내고 싶었다.

그는 '화석이 풍부한 백악기 석회암'과 '척박한 고제3기 석회암' 사이의 가느다란 점토띠에 핵심 열쇠가 숨어 있다는 것을 깨달았다. 그러나 처음 관찰했을 때, 그 띠는 그다지 특별해 보이지 않았다. 심하게 훼손된 화석들이 들어 있는 것도 아니고, 화려한 색상의 줄무늬가 있는 것도 아니며, 썩은 냄새가 나는 것도 아니었기 때문이다. 그것은 그저 점토였고, 매우 미세해서 맨눈으로는 알갱이 하나도 관찰할 수 없었다.

월터는 아버지에게 도움을 요청했다. 그의 아버지는 공교롭게도 노벨상을 받은 물리학자 루이스 앨버레즈였다. 앨버레즈는 다수의 아원자 입자를 발견했고, 맨해튼 프로젝트의 핵심 인물이었다(그는 심지어 원자폭탄 리틀보이Little Boy를 히로시마에 떨어뜨렸을 때, 그 효과를 모니터링하기 위해 에놀라 게이Enola Gay • 뒤에서 비행한 적도 있다). 아들 앨버레즈는 아버지 앨버레즈가 점토의 화학적 분석에 관해 (인습에 얽매이지 않는) 독특한 아이디어를 갖고 있을 거라고 생각했다. 아마도 그 점토에는 뭔가 숨어 있어서, 아들 앨버레즈에게 '그 얇은 층이 형성되는 데 걸린 시간'을 말해줄 것 같았다. 만약 그것이 점진적으로 형성되었다면(즉 심해에서 수백만 년에 걸쳐 서서히 축적된 먼지의 결과물이라면), 유공충과 공룡의 죽음은 모두 '지지부진한 사건'이었다. 그러나 만약 점토층이 갑자기 형성되었다면, 그것은 백악기가 대참사와 함께 파국적으로 마감된 것이 틀림없다는 증거였다.

하나의 암석층이 형성되는 데 소요되는 기간을 측정하는 것은 매우 까다롭다. 이는 모든 지질학자가 겪는 골칫거리다. 그러나 얇은 점토 띠의 경우, 부자父子가 힘을 합쳐 기발한 해법을 찾아냈다. 그 해법의 핵심 열쇠는 어떤 중금속, 즉 주기율표의 아래쪽에 있는 이리듐이었다. 중금속은 지표면에 매우 드물기 때문에 대부분의 사람들에게 금시초문이다. 그러나 미량의 중금속은 우주먼지의 일부로서, 우주 공간의 깊은 곳에서 다소 일정한 속도로 지구에 유입된다. 앨버레즈 부자는 이렇게 추론했다. '만약 점토층에 미량의 이리듐이 존재한다면, 그것은 매우 신속하게 생성된 것이다. 그러나 다량의 이리듐이 존재한다면, 훨씬 오랜 기간에 걸쳐 형성된 것이 틀림없다.' 그즈음 새로운 도구가 개발되어, 과학자들은 극미량의 이리듐까지 측정할 수 있었다. 루이스 앨버레즈의 동료가 버클리에서 운영하는 연구소의 과학자도 극미량의 이리듐을 측정할 수 있었다.

● 1945년 8월 6일 히로시마에 원폭을 투하한 미국 B-29 폭격기의 애칭.

그러나 과학자들은 아직 서툴렀다.

그들은 점토층에서 이리듐을, 그것도 매우 많이 발견했다. 사실, 너무 많아서 탈이었다. 이리듐이 매우 많다는 것은, 안정적인 우주먼지가 수천만 년(어쩌면 심지어 수억 년) 동안 지구에 이리듐을 전달했다는 것을 의미했다. 그러나 그것은 불가능한 일이었다. 왜냐하면 점토층의 위아래에 자리 잡은 석회암의 연대가 잘 확립되어 있었고, (앨버레즈 부자의 계산에 따르면) 점토층이 형성되는 데 걸린 시간은 고작해야 수백만 년이었기 때문이다.

어쩌면 과학자들이 구비오 협곡의 특이한 환경에서 실수를 범했을지도 모른다. 그래서 앨버레즈 부자는 (암석의 연대가 발트해와 똑같은) 덴마크로 갔지만, 백악기-고제3기 경계에서 변칙적 이리듐이 발견되기는 마찬가지였다. 머지않아 키가 훤칠한 덴마크 젊은이 얀 스미트[Jan Smit]가 낌새를 채고, '이곳저곳에서 이리듐을 탐지하던 중, 스페인의 백악기-고제3기 경계에서 이리듐이 급증한 것을 발견했다'고 보고했다. 뒤이어 다양한 장소(육지, 얕은 물, 깊은 대양)의 암석층에서 이리듐이 검출되었다는 보고가 줄을 이었다. 이 모든 암석층의 공통점은 '공룡이 멸종한 운명의 순간에 형성되었다'는 것이었다.

그리하여 변칙적 이리듐은 기정사실이 되었다. 그래서 앨버레즈 부자는 몇 가지 가능한 시나리오(화산, 홍수, 기후 변화 등)를 검토해보았지만, 타당성이 인정되는 시나리오는 단 하나였다. 그 내용인즉 '이리듐이 지구에는 극히 드물지만 우주 공간에는 훨씬 흔하다'는 것이었다. 그렇다면 지금으로부터 6600만 년 전, 광대한 태양계의 깊은 곳에서 날아온 뭔가가 이리듐을 지구에 배달했다는 것을 의미했다. 어쩌면 초신성 폭발일 수도 있지만, 혜성이나 소행성일 가능성이 더 높았다. 원인이 뭐가 되었든, 지구와 달의 표면에 형성된 수많은 충돌구가 보여주듯이, 이러한 성간 방문자들interstellar visitors은 간혹 지구를 폭격한 것이 틀림없었다. 그것은 대담한 아이디어였지만, 미친 아이디어는 아니었다.

앨버레즈 부자는 버클리 동료인 프랭크 아사로Frank Asaro, 헬렌 미셸Helen Michel과 함께 1980년 《사이언스Science》에 도발적인 논문을 발표했다. 그것은 10년에 걸친 과학적 광기의 결과물이었다. 공룡과 대멸종은 하루아침에 뉴스의 단골 메뉴가 되었다. 충돌 가설impact hypothesis은 수많은 책과 텔레비전 다큐멘터리에서 논쟁거리가 되었고, '공룡을 죽인 소행성'은 《타임》의 표지에 실렸다. 수백 편의 과학 논문이 '무엇이 공룡을 진짜로 죽였나'라는 문제를 놓고 갑론을박을 벌였으며, 내로라하는 고생물학자·지질학자·화학자·생태학자·천문학자들이 당대 최고의 과학 이슈에 관해 나름의 의견을 개진했다. 그 과정에서 불화가 생기고 자존심이 충돌했지만, 격렬한 논쟁의 도가니 속에서 찬반 증거를 주고받는 가운데 모든 사람의 기량이 일취월장했다.

그리하여 1980년대 말이 되자, '6600만 년 전 소행성이나 혜성이 지구를 강타했다'는 앨버레즈 부자의 주장이 옳다는 것을 부정할 수 없게 되었다. 동일한 이리듐층이 전 세계에서 발견되었을 뿐 아니라, 소행성이나 혜성의 충돌을 가리키는 지질학적 특이물이 이리듐과 함께 발견되었다. 예컨대 지구상에는 특이한 유형의 석영이 존재하는 것으로 알려졌는데, 그것은 "광물질을 포함한 비행체가 충돌해 '결정 구조를 관통하는 평행띠'라는 숨길 수 없는 징후를 남겼다"는 증거였다. 이 충격석영shocked quartz은 종전에 두 군데에서만 발견되었다. 하나는 핵폭탄 실험으로 허물어진 건물의 돌무더기였고, 다른 하나는 유성의 충돌구였다. 이는 충격석영이 폭발 사건의 맹렬한 충격파로 형성되었음을 뒷받침한다. 또한 지구상에는 소구체^{spherule}와 텍타이트^{tektite}라는 것도 존재했다. 이것들은 구球나 창槍 모양의 유리질 총알로, 대기 중에 떠다니던 대형 충돌의 용융물이 지상으로 낙하하며 냉각되어 형성된 것이다. 멕시코만 주변에서는 쓰나미의 흔적이 발견되었다. 연대 측정 결과 백악기-고제3기 경계와 동일한 것으로 보아, 석영이 충격을 받고 텍타이트가 낙하하던 바로 그때 무지막지한 지진이 일어난 것이 분명하다.

그리고 1990년대가 밝아올 즈음, 기다리고 기다리던 충돌구가 마침내 발견되었다. 그것을 발견하는 데 오랜 시간이 걸린 이유는, 유카탄반도의 수백만 년에 걸친 퇴적층 밑에 파묻혀 있었기 때문이다. 그 지역은 석유 회사의 지질학자들이 오래전에 상세하게 연구했지만, 오랫동안 문단속을 하는 바람에 지도와 샘플이 세상에 공개되지 않았다. 그러나 멕시코의 지하에는 칙술루브라고 하는 너비 180킬로미터짜리 구멍이 틀림없이 존재하고 있었고, 연대 측정 결과 정확히 6600만 년 전 백악기 말기인 것으로 밝혀졌다. 그것은 지구상에 존재하는 최대의 충돌구 중 하나로, 소행성이 얼마나 컸고 충돌이 얼마나 파국적이었는지를 여실히 보여주는 징후라고 할 수 있다. 칙술루브를 만든 소행성은 지구가 50억 년 동안 만난 소행성 중 무척 큰 부류에 속했으며, 어쩌면 가장 컸는지도 모른다. 그러니 공룡이 살아날 가망이 거의 없었던 것도 무리는 아니었다.

과학계에서 큰 논쟁(특히 전문 저널을 넘어 대중에게 파급된 논쟁)

은 늘 회의론자들을 끌어모으는 법이다. 소행성 충돌 이론도 예외는 아니었다. 그러나 아무리 회의론자라도 감히 '소행성은 없었다'고 주장하지는 못했다. 칙술루브가 발견된 마당에, 그런 주장을 한다면 바보임을 스스로 인정하는 것이었기 때문이다. 그 대신 그들은 소행성을 '무고한 피의자'나 '멋모르는 방관자'라고 폄하하며, '백악기 말기에 공룡과 많은 동물이 멸종할 때, 우연히 나타나 유카탄반도를 들이받았을 뿐'이라고 주장했다. 다시 말해 하늘을 나는 익룡, 나선형으로 꼬인 암모나이트, 크고 다양한 대양의 유공충, 그 밖의 많은 동물은 이미 무대에서 퇴장하고 있었다는 것이다. 최악의 경우, 소행성은 '자연이 이미 시작한 대학살'을 마감한 최후의 일격, 즉 확인 사살이었다는 것이다.

수천 종의 동물이 이미 임종의 자리에 있을 때, 공교롭게도 직경 10킬로미터짜리 소행성이 지구를 강타했다? 타이밍이 절묘하게 맞았을 뿐이므로, 진지하게 받아들일 필요가 없다? 그러나 지구가 평평하다고 주장하는 사람이나 지구온난화를 부인하는 사람들과 달리, 소행성 충돌 회의론자들의 말은 나름대로 일리가 있었다. 하늘에서 뚝 떨어진 소행성이, 다소 정적이고 목가적이고 무사태평한 공룡 세상을 무자비하게 짓밟은 건 아니었으니 말이다. 그 대신 소행성은 상당한 혼돈 상태에 빠져 있었던 지구를 강타했다. 예컨대, 인도의 화산들은 수백만 년 전부터 분출을 시작했고, 기온은 점진적으로 내려가고 있었으며, 해수면은 극적으로 출렁이고 있었다. 이런 요인 중 일부가 대멸종의 요인에 포함될 수 있을까? 어쩌면 여러 요인 중 하나라기보다는 주범일 수도 있다. 장기적인 환경 변화가 공룡들을 서서히 침몰시켰을 수도 있기 때문이다.

여러 아이디어 중에서 옥석을 가리려면, 우리가 보유하고 있는 증거, 즉 공룡 화석을 면밀히 검토하는 수밖에 없다. 공룡의 진화 과정을 추적해 장기적인 추세를 찾아내고, 소행성이 충돌했던 백악기-고제3기 경계 주변에서 무슨 변화가 일어났는지를 밝혀내야 한다. 내가 구원투수로 등판한 것이 바로 이 부분이었다. 월터 앨버레즈와 처음 통화한 이후, 나는 공룡 멸종의 수수께끼에 중독되었다. 그 중독은 구비오의 협곡에서 월터의 곁에 섰을 때 극에 달했다. 박사과정에 있던 2012년, 나는 마침내 내 주특기를 이용해 논쟁에 끼어들 기회를 잡았다. 나의 주특기란 초급 연구원 시절 터득한, 빅데이터와 통계학을 사용해 진화 경향을 파악하는 노하우였다.

공룡 멸종을 둘러싼 논쟁에서, 나는 옛 친구 리처드 버틀러와 합동 작전을 펼쳤다. 그보다 몇 년 전, 우리는 가장 오래된 공룡 발자국을 찾기 위해 폴란드의 채석장을 샅샅이 훑은 적이 있다. 2012년에는 박사 학위논문을 마무리 지으며, 경이로울 정도로 번창했던 '성긴 깃털을 가진 조상'의 후손들이 1억 5000만여 년 뒤 사라진 이유를 알고 싶어졌다. 우리는 스스로에게 다음과 같은 질문을 던졌다. '소행성에 두들겨 맞기 1000만~1500만 년 전, 공룡들은 어떻게 변화하고 있었을까?' 우리가 그 의문을 해결하기 위해 사용한 방법은, 형태학적 차이를 이용해서 '시간 경과에 따른 해부학적 다양성'을 정량화하는 것이었다. 그것은 내가 가장 오래된 공룡을 연구할 때 사용한 방법과 똑같았다. 그 핵심 논리는 '백악기 말기 동안 차이가 증가하고 있었거나 안정적이었다면 소행성이 찾아왔을 때 공룡이 태평성대를 누리고 있었음을 시사하지만, 차이가 감소하고 있었다면 그들이 곤란을 겪다가 이미 멸종의 길에 들어섰음을 의미한다'는 것이었다.

우리는 계량 분석을 통해 몇 가지 흥미로운 결과를 얻었다. 그 내용인즉, 대부분의 공룡은 충돌 전 마지막 기간에 비교적 안정적인 차이를 유지하고 있었다는 것이다. 예컨대, 육식을 하는 수각류, 목이 긴 용각류, 돔형 머리를 가진 중소형 초식공룡 파키케팔로사우르에서는 이상 징후가 전혀 발견되지 않았다. 그러나 두 가지 하위 분류군은 차이가 감소하고 있었다. 하나는 뿔공룡(예컨대 트리케라톱스)이고, 다른 하나는 오리주둥이공룡이었다. 그들은 대형 초식공룡의 두 주요 그룹으로, 정교한 씹기 및 썰기 능력을 이용해 엄청난 양의 식물을 소비했다. 백악기 말기(8000만 년 전과 6600만 년 전 사이의 아무 때나)로 시간 여행을 떠난다면, (적어도 화석 기록이 가장 양호한 북아메리카 지역에서) 가장 풍부한 공룡은 뿔공룡과 오리주둥이공룡일 것이다. 그들은 먹이사슬의 기저부에 자리 잡은 핵심 초식동물로, '백악기의 젖줄'이라고 불러도 과언이 아니었다.

그즈음 우리는 나름의 연구를 수행하고 있었고, 다른 연구자들은 다른 각도에서 공룡 멸종을 분석하고 있었다. 런던의 폴 업처치[Paul Upchurch]와 폴 배럿[Paul Barrett]이 이끄는 연구팀은 중생대 전체에 걸쳐 공룡의 종 다양성에 관한 인구조사를 실시했다. 그 방법은 공룡의 지배 기간 중 단계별로 얼마나 많은 종의 공룡이 살았는지를 집계하되, 화석 기록의 불균등한 품질에서 비롯하는 편향을 보정하는 것이었다. 인구조사 결과에 따르면 소행성이 들이닥쳤을 때 공룡은 전체적으로 매우 높은 다양성을 유지하고 있었으며, 북아메리카뿐 아니라 지구 전체에서 수많은 종이 즐겁게 뛰놀고 있었던 것으로 밝혀졌다. 그러나 이상하게도 뿔공룡과 오리주둥이공룡만은 백악기 말기에 종수 감소를 경험한 것으로 나타났다. 이는 공교롭게도 나와 리처드가 내린 결론(뿔공룡과 오리주둥이공룡의 차이 감소)과 정확히 일치했다.

고생물학자들이 사용하는 전문용어를 일상 언어로 번역하면 이렇다. '백악기 말기의 공룡 세상에는 특이한 배합이 존재했다. 그 내용인즉, 대부분의 공룡은 잘나갔지만, 대형 초식동물들은 스트레스의 징후를 보였다는 것이다.' 왜 그랬을까? 이 의문은 정량분석의 달인인 신세대 대학원생의 기발한 컴퓨터 모델링 연구로 해명되었으니, 그 주인공은 시카고 대학교의 조너선 미첼Jonathan Mitchell이었다. 조너선과 동료들은 특정한 유적지들에서 발견된 모든 화석을 신중히 검토한 뒤 (공룡뿐 아니라 그들과 함께 살았던 악어류, 포유류, 곤충류에 이르기까지 다양한 동물을 포함하는) 백악기 생태계의 먹이사슬을 여러 개 작성했다. 그런 다음 컴퓨터를 이용해서 '몇 개의 종이 탈락한다면, 무슨 일이 벌어질지'를 시뮬레이션했다. 결과는 놀라웠다. 소행성이 충돌했을 때 존재한 먹이사슬(다양성이 감소해 기저부에 대형 초식공룡이 부족했던 먹이사슬)은 불과 몇 백만 년 전 존재했던 먹이사슬(종 다양성이 풍부한 먹이사슬)보다 쉽게 붕괴하는 것으로 나타났다. 다시 말해 설사 다른 공룡들이 쇠퇴하지 않았더라도, 일부 대형 초식동물이 사라짐으로써 백악기 말기의 생태계가 매우 취약해졌다는 것이다.

물론 통계분석도 좋고, 컴퓨터 시뮬레이션도 좋다. 그런 연구 방법이 공룡 연구의 미래를 이끌어나갈 거라는 데 이의를 제기할 사람은 아무도 없다. 그러나 그런 방법은 약간 추상적이어서 피부에 와 닿지 않으므로, 때로는 매사를 단순화할 필요가 있다. 고생물학에서는 화석을 따라갈 것이 없다. 화석을 손에 쥔 채 '살아 숨 쉬는 동물'로 여기고, 백악기 후기에 화산이 분출하고 기온과 해수면이 변화하는 상황에 곧잘 대처하다가 느닷없이 산만 한 소행성이 떨어지는 것을 보고 혼비백산하는 모습을 곰곰이 생각하는 것이다.

우리가 정말로 연구하고 싶은 것은, 마지막까지 살아남아 소행성의 못된 짓을 목격했던(또는 목격하기 일보 직전까지 갔던) 공룡들의 화석이다. 유감스럽게도, 그런 화석이 보존되어 있는 곳은 전 세계에 몇 군데밖에 없다. 그러나 그런 화석들은 납득할 만한 스토리를 털어놓기 시작했다.

가장 유명한 곳은 두말할 것도 없이 헬크리크다. 사람들은 그곳에서 T. 렉스와 트리케라톱스의 뼈를 수집해왔다. 그들의 동시대인들은 지금까지 100여 년 동안 미국 서부의 대평원Great Plain 북부를 샅샅이 뒤져왔다. 또한 헬크리크의 암석은 연대가 잘 확립되어 있다. 따라서 우리는 소행성의 지문이 찍힌 이리듐층에 도달할 때까지 시대별 공룡의 다양성과 풍부성을 추적할 수 있다. 수많은 과학자가 지금껏 그런 작업을 해왔다. 그중에는 내 친구 데이비드 파스톱스키David Fastovsky(가장 잘 팔리는 공룡 교과서의 저자)와 그의 동료 피터 시한Peter Sheehan, 그리고 딘 피어슨Dean Pearson이 이끄는 연구팀과 타일러 라이슨Tyler Lyson(공룡 뼈가 널려 있는 노스다코타의 무질서한 목장에서 성장한 재능 있는 젊은 과학자)이 이끄는 연구팀 등이 있다. 그들이 발견한 것은 단 하나, '공룡들은 헬크리크의 암석들이 형성되던 기간 내내 번성했으며, 아무리 인도의 화산이 분출하고 기온과 해수면이 변화했어도 소행성이 들이닥치기 직전까지는 건재했다'는 것이다. 심지어 이리듐층의 몇 센티미터 아래에서도 트리케라톱스의 뼈가 발견된다. 아마도 헬크리크의 거주민들이 최고의 번영을 구가하던 시절, 소행성은 그들을 벼락같이 기습해 안락사시킨 것 같다.

스페인에서도 사정은 마찬가지여서, 피레네산맥에서 프랑스와의 국경선을 따라 중요한 화석이 새로 발견되고 있다. 그곳에서는 30대의 열정적인 고생물학자, 베르나트 빌라Bernat Vila와 알베르트 세예스Albert Sellés가 분위기를 주도하고 있다. 두 사람은 내가 아는 친구 가운데 가장 헌신적이며, 때로는 몇 달 동안 보수도 받지 않고 작업에 몰두하곤 한다. 그럴 수밖에 없는 것이, 스페인은 2000년대 후반부터 시작된 일련의 금융위기에서 고통스러울 정도로 서서히 회복하고 있기 때문이다. 그러나 어떤 어려움도 그들을 멈출 수는 없었다. 그들은 공룡의 뼈와 이빨, 발자국, 심지어 알을 지속적으로 발견하고 있다. 그러한 화석들이 시사하는 것은 '백악기의 마지막 순간까지 수각류, 용각류, 오리주둥이공룡 등으로 구성된 다양한 공동체가 지속되었으며, 뭔가 잘못되었음을 시사하는 징후는 전혀 찾아볼 수 없다'는 것이다. 그런데 흥미로운 점이 하나 있다. '소행성 충돌이 일어나기 몇 백만 년 전 일시적인 반전 사건이 일어나, 갑옷공룡이 지역적으로 사라지고 원시적인 초식공룡들이 (발전된 형태인) 오리주둥이공룡으로 대체되었다'는 것이다. 북아메리카에서 일어난 대형 초식공룡의 쇠퇴도 이와 관련된 것으로 볼 수 있지만, 증명하기는 어렵다. 그 원인은 다양하겠지만, 아마도 해수면의 변화가 한몫 거들었을 것이다. 즉 바닷물의 수위가 오르내림에 따라 (공룡들이 서식할 수 있는) 땅덩어리의 모양이 달라지는 바람에, 생태계의 구성이 약간 달라졌을지 모른다.

마지막으로, 마차스 브레미르와 졸탄 치키서버가 매우 다양한 백악기 말기의 공룡을 수집해온 루마니아와 호베르투 칸데이루와 그의 학생들이 대형 수각류와 (끝까지 버틴 것으로 보이는) 거대한 용각류의 이빨과 뼈를 점점 더 많이 발견하고 있는 브라질에서도 동일한 이야기가 전개된 것 같다. 루마니아와 브라질의 단점은, 암석의 연대가 아직 제대로 확립되지 않아 공룡 화석들이 백악기-고제3기 경계에서 얼마만큼 떨어져 있는지 확인할 수 없다는 것이다. 그럼에도 루마니아와 브라질의 공룡들이 백악기 말기에 살았던 것은 분명하며, 그들이 곤경에 처해 있었음을 보여주는 징후는 전혀 발견되지 않았다.

화석, 통계학, (리처드와 내가 고안한) 컴퓨터 모델링에서 새로운 증거가 많이 누적되자 그것들을 종합할 때가 왔다. 우리는 뭔가 위험한 아이디어를 생각해냈다. 그것은 "공룡 전문가로 구성된 최정예 팀을 소집해, 머리를 맞대고 앉아 공룡 멸종에 대한 기존 지식을 두고 난상토의함으로써 '공룡은 어떻게 멸종했다고 생각하는지'에 관해 합치된 결론을 도출한다"는 것이었다. 고생물학자들은 수십 년 동안 그 점에 대해 갑론을박을 벌여왔다. 사실, 1980년대에 소행성 가설을 가장 의심했던 사람들 가운데는 공룡 탐사자들도 있었다. 우리는 우리의 '불온한 계략'이 교착상태에 빠지거나, 최악의 경우 아귀다툼으로 끝날 것으로 생각했다. 그러나 결과는 정반대였다. 우리가 소집한 최정예 팀은 다음과 같은 합의에 도달했다.

공룡들은 백악기 말기에 잘나가고 있었으며, 그들의 전반적인 다양성은 (종수로 보나 해부학적 차이로 보나) 상당히 안정적이었다. 다양성은 수억 년 동안 점진적으로 쇠퇴하지 않았을 뿐 아니라, 뚜렷이 증가하지도 않았다. 크고 작은 수각류, 용각류, 뿔공룡 및 오리주둥이공룡, 돔형머리공룡, 갑옷공룡, 소형 초식공룡, 잡식공룡에 이르기까지 주요 그룹들은 백악기 말기까지 모두 끄떡없이 버텼다. 소행성이 지구의 상당 부분을 파괴했을 때, 우리가 알기로 최소한 (화석 기록이 가장 양호한) 북아메리카에는 T. 렉스, 트리케라톱스, 그 밖의 헬크리크 공룡들이 건재해 있었다. 이 모든 사실은, 한때 유명세를 누렸던 '공룡들은 해수면과 기온의 장기적인 변화 때문에 서서히 침몰해가고 있었다'라든가 '인도의 화산들이 백악기 후기의 초반(백악기의 종말이 오기 몇 백만 년 전)에 공룡들을 잠식하기 시작했다'라는 가설을 배제한다.

지질학적 관점에서 보면, 공룡이 갑작스럽게 멸종했다는 것은 의심의 여지가 없다. 길게 잡아 봤자 수천 년에 걸쳐 멸종했다. 공룡들은 별일 없이 잘살고 있다가, 전 세계의 모든 백악기 말기 암석에서 동시에 자취를 감췄다. 소행성 충돌 이후에 형성된 고제3기 암석에서는 공룡화석이 전혀 발견되지 않는다. 어느 곳에서도 뼈 하나, 발자국 하나 발견되지 않는다. 이것은 갑작스럽고 극적이고 파국적인 사건의 결과임을 의미하며, 소행성이야말로 명백한 주범이다.

그러나 한 가지 미묘한 차이가 있기는 하다. 대형 초식공룡이 백악기 말기 직전에 약간의 쇠퇴를 겪었으며, 유럽의 공룡들도 반전을 겪었다는 것이다. 이러한 쇠퇴의 명백한 효과는 '생태계가 붕괴에 취약해져, 겨우 몇 종만 멸종해도 먹이사슬 전체에 파급효과가 일어난다'는 것이다.

종합적으로 말해, 소행성은 공룡의 아픈 데를 찔렀던 것 같다. 만약몇 백만 년 전(즉, 초식공룡의 다양성이 감소하지 않고 유럽에 반전이 일어나지 않았을 때)에 소행성이 들이닥쳤다면, 건강한 생태계가 든든해서 충돌의 효과를 거뜬히 해결했을 것이다. 만약 몇 백만 년 후 들이닥쳤다면, (지난 1억 5000여만 년 동안 다양성이 누차에 걸쳐 약간 감소했다 다시 회복된 것처럼) 초식공룡의 다양성이 회복되어 생태계가 건강을 회복했을 것이다. 우주에서 날아온 직경 10킬로미터짜리 소행성으로서는, 공룡을 몰살하기에 그때보다 더 좋은 기회는 없었을 것이다. 그러나 공룡으로서는 6600만 년 전의 그날이야말로 최악의 날(빼꼼 열린 좁은 창)이었을 것이다. 공룡은 지지리 운도 없었다. 소행성이 몇 백만 년 전이나 몇 백만 년 후에만 찾아왔더라도, 내 창밖에는 갈매기가 아니라 티라노사우르와 용각류가 우글거리고 있을 텐데…….

어쩌면, 아닐 수도 있다. 거대한 소행성은 공룡들의 사정에 전혀 개의치 않고 엄청난 일을 저질렀을 수 있다. 머나먼 우주에서 날아와 유카탄반도를 향해 질주할 때, 소행성은 묵직한 강펀치를 날리지 않을 도리가 없었을 것이다. 자세한 사정은 알 수 없지만, 나는 비조류 공룡을 멸종시킨 첫 번째 원인이 소행성이었음을 확신한다. 나는 내 경력을 걸고 자신 있게 말할 수 있다. 소행성이 없었다면 공룡 멸종도 없었을 것이다.

내가 아직 해결하지 못한 마지막 수수께끼가 하나 있다. 그것은 백악기 마지막에 비조류 공룡들이 모조리 죽은 이유가 무엇이냐는 것이다. 사실, 소행성이 모든 동물을 죽인 것은 아니었다. 수많은 동물이 끝까지 살아남았다. 개구리, 도롱뇽, 도마뱀과 뱀, 거북과 악어, 포유동물……. 그리고 일부 공룡이 새의 탈을 쓰고 살아남았다.

껍질을 가진 무척추동물과 대양의 물고기들이 살아남은 것은 물론이다. 그러나 이 모든 동물이 살아남은 이유는 이 책의 주제가 아니다. 내가 궁금해하는 것은 T. 렉스, 트리케라톱스, 용각류, 그리고 그들의 친척을 겨냥한 것이 무엇이었느냐는 것이다.

이것은 핵심적인 의문이다. 우리가 이 의문을 특별히 해결하고 싶어 하는 이유는, 그것이 우리의 현대 세계와 관련되어 있기 때문이다. 전 지구적으로 환경과 기후가 갑자기 변화할 때, 누구는 살고 누구는 죽을까? 그 해답을 쥐고 있는 것은 공룡일지도 모른다. 백악기 말기의 멸종 사건처럼 화석에 기록된 생명의 역사를 면밀히 검토하면 결정적인 깨달음을 얻을 수 있을지도 모른다.

우리가 가장 먼저 깨달아야 할 것은, 일부 종이 소행성 충돌의 직접적인 결과인 지옥불과 장기적인 기후 격변에서 살아남았지만 대부분은 그러지 못했다는 것이다. 약 70퍼센트의 종이 멸종한 것으로 추정된다. 그중에는 수많은 양서류와 파충류, 대다수의 포유류와 조류가 포함되어 있다. 그러므로 교과서와 텔레비전 다큐멘터리에서 앵무새처럼 지저귀는 '공룡은 죽었고, 포유류와 조류는 살아남았다'는 말은 사실이 아니다. '약간의 좋은 유전자'나 '몇 번의 행운'이 없었다면 우리의 포유류 조상들은 공룡과 함께 몰락의 길을 걸었을 것이며, 내가 지금 여기서 이 책을 쓰지도 못했을 것이다.

그러나 희생자와 생존자를 구별 짓는 특징이 몇 가지 있다. 일반적으로, 살아남은 포유동물들은 멸종한 포유동물들보다 덩치가 작고 잡식성이 더 강했다. 종종걸음을 치고, 땅굴 속에 숨고, 다양한 먹이를 닥치는 대로 섭취하는 능력은 소행성 충돌 직후의 '미친 세상'에서 살아

남는 데 유리했을 것이다. 거북과 악어는 다른 척추동물들보다 잘해나갔다. 그 비결은 충돌 직후 몇 시간 동안 물속에 잠복함으로써 암석 총알과 지진의 아수라장에서 자신을 보호할 수 있었기 때문이었던 것으로 보인다. 그뿐 아니라 그들의 수중 생태계는 (생물 등에 의한 자연발생적) 쓰레기에 기반하고 있었다. 그들의 먹이사슬 기저에 있는 생물은 나무, 덤불, 꽃이 아니라 썩어가는 식물과 그 밖의 유기물질이었다. 그러므로 그들의 먹이사슬은 광합성이 중단되어 식물이 죽기 시작했을 때 붕괴하지 않았을 것이다. 사실, 식물이 부패하면 그들에게는 먹이가 훨씬 더 많이 생겼을 것이다.

그러나 공룡들은 그와 같은 혜택을 전혀 누리지 못했다. 대부분의 공룡은 덩치가 커서, 땅굴 속으로 날쌔게 피신한 뒤 불폭풍firestorm이 그칠 때까지 기다릴 수가 없었다. 그렇다고 물속에 잠복할 수도 없는 노릇이었다. 그들은 대형 초식동물들이 먹이사슬의 기저에 깔려 있었으므로, 햇빛이 차단되고 광합성이 중단되어 식물이 죽기 시작했을 때 도미노 효과에 휘말렸을 것이다. 설상가상으로, 대부분의 공룡은 매우 특화된 식성을 갖고 있었으므로(그들은 고기나 특별한 유형의 식물만 먹었다), 살아남은 포유동물의 모험적인 미각에서 볼 수 있는 유연함이 부족했다. 마지막으로 그들은 또 한 가지 불리한 조건을 갖고 있었으니, 상당수가 온혈동물이거나 대사율이 매우 높아 먹이가 많이 필요했다는 것이다. 일부 양서류나 파충류와 달리, 그들은 몇 달 동안 굶으며 버틸 수가 없었다. 그들은 알을 낳고 3~6개월 동안 품어야 했다. 이는 새들의 갑절에 해당하는 기간이다. 그리고 알에서 깨어난 새끼들은 몇 년이 지나야 어른으로 성장할 수 있었다. 길고 고통스러운 청소년기 탓에 그들은 환경 변화에 특히 취약했을 것이다.

소행성이 충돌한 후, 공룡의 운명을 가로막을 것은 아무것도 없었다. 그들은 자신들을 짓누르는 부채를 잔뜩 떠안았을 뿐이었다. 작은 덩치, 잡식성, 신속한 생식능력 중 어느 하나도 생존을 보장하지는 않았지만, 그 하나하나가 (지구가 변덕스러운 카지노로 전환되는 소용돌이 속에서) 생존 확률을 높일 수는 있었다. 만약 그 순간의 생명을 카드게임에 비유한다면, 공룡은 데드맨스핸드dead man's hand • 패를 쥐고 있었다고 할 수 있다.

그러나 어떤 종들은 대박을 터뜨렸다. 그중에는 우리의 생쥐만 한 조상들이 포함되어 있었다. 그들은 어렵사리 길 건너편에 도착했고, 이윽고 자신들만의 왕조를 건설할 기회를 잡았다. 그리고 거기에는 새들도 와 있었다. 많은 새와 (그들의 가까운 친척인) 깃털공룡이 목숨을 잃었는데, 그중에는 '네 날개 공룡' '박쥐날개 공룡' '이빨과 긴 꼬리를 가진 원시 조류'가 포함되어 있었다. 그러나 현대적 스타일의 새들은 역경을 이겨냈다. 정확한 이유는 모르겠지만, 아마도 커다란 날개와 강력한 가슴근육 덕분에 혼돈에서 문자 그대로 날아올라 안전한 피신처를 찾은 것으로 보인다. 어쩌면, 새끼들이 알에서 빨리 깨어나 둥지 밖으로 나온 뒤 신속하게 어미로 성장했을 수도 있다. 그리고 어쩌면, 씨앗(영양분이 풍부한 너깃)을 쪼아 먹도록 전문화되어 수 년 수십 년, 심지어 수 세기 동안 맨땅에서 살아남을 수 있었는지도 모른다. 가장 설득력 있는 시나리오는, 이 세 가지 자산과 '우리가 아직 모르는 요인들'이 결

• 포커에서 에이스 두 장과 8짜리 두 장이 있는 패를 말한다. 19세기 미국의 도박꾼 히콕이 머리에 총을 맞아 죽기 전 손에 들고 있던 패였다고 한다.

합했다는 것이다. 그리고 많은 행운도 플러스알파로 작용했을 것이다.

요컨대, 진화(그리고 생명)와 관련된 많은 것이 공룡의 운명을 결정했다. 공룡들이 맨 처음 승기를 잡은 것은 2억 5000만 년 전 (지구상의 거의 모든 종을 휩쓸어버린) 끔찍한 화산 폭발이 일어난 뒤였다. 그 후 트라이아스기 말기에 이르러, 행운에 힘입어 경쟁자인 악어류를 따돌리고 두 번째 대멸종을 통과했다. 그러나 삼세번은 없었다. 6600만 년 전 소행성이 충돌한 뒤 T. 렉스와 트리케라톱스는 자취를 감췄고, 용각류는 육지에서 더 이상 천둥 같은 발소리를 내지 못했다. 그러나 우리는 새들을 잊지 말아야 한다. 그들은 '새의 탈을 쓴 공룡'으로, 소행성 충돌 후 살아남았으며 지금도 우리 곁에 있다.

공룡의 제국은 끝났는지 모르지만, 공룡은 버젓이 살아 있다.

epilogue

공룡 이후

─────── 매년 5월이 되면, 나는 포코너스^{Four Corners}●에서 얼마 떨어지지 않은 뉴멕시코 북서부의 사막으로 향한다. 시험, 논문 평가, 학기 말의 통상적인 열풍이 지나간 직후의 꿀맛 같은 휴식이라고나 할까. 나는 그곳에 보통 2주간 머무는데, 여행이 끝날 무렵 텅 빈 사막의 고요함과 (매일 밤 캠프에서 만들어 먹은) 매운 음식 덕분에 묵은 스트레스가 멀찌감치 날아간다.

그러나 단순히 휴가를 즐기는 것이 아니다. 요즘 내 여행이 늘 그렇듯이, 나는 이곳에서 용무를 본다. 그 용무란 다름 아니라 지난 10년 동안 전 세계의 공룡 유적지(폴란드의 채석장, 스코틀랜드의 쌀쌀한 해안가, 트란실바니아 성^城의 그늘, 브라질의 오지, 헬크리크의 작열하는 사우나)에서 했

● 미국 50개 주 가운데 4개 주의 경계가 동시에 맞닿아 있는 곳이 딱 한 군데 있는데, 그곳이 이름하여 포코너스다. 유타의 동남쪽과 콜로라도의 서남쪽, 그리고 애리조나의 동북쪽과 뉴멕시코의 서북쪽 모서리가 만나 열십자를 그리는 곳이다.

던 것과 똑같은 일을 하는 것이다.

그렇다. 나는 화석을 발견하러 이곳에 왔다.

물론 내가 찾는 화석 중 상당수는 공룡이다. 사실, 그들은 백악기의 마지막 몇 백만 년 동안 헬크리크에서 남쪽으로 1600킬로미터 떨어진 곳에서 마지막으로 살았던 공룡들 중 일부다. (지난 1억 5000만 년 동안 그러했던 것처럼) 역사가 외견상 잠잠하고 공룡이 세상을 영원히 지배할 것처럼 보이던 시절, 그들은 한동안 번영을 누렸다. 우리는 폭군 공룡과 거대한 용각류의 뼈, (파키케팔로사우르가 서로 박치기 할 때 사용하던) 돔형 두개골, (뿔공룡과 오리주둥이공룡이 식물을 썰 때 사용하던) 턱뼈, (덩치들 그늘에서 잽싸게 내달렸던) 랩터와 그 밖의 소형 수각류의 수많은 이빨을 발견했다. 수많은 종이 한데 어울려 사는 동안, 상황이 조만간 끔찍하게 악화될 거라는 조짐은 전혀 보이지 않았다.

그러나 솔직히 말해서 나는 이곳에 공룡을 찾으러 온 것이 아니다. 내 말이 신성모독처럼 들릴지도 모르겠다. 그도 그럴 것이, 나는 대부분의 젊은 시절에 T. 렉스와 트리케라톱스의 자취를 쫓으며 경력을 쌓았기 때문이다. 그러나 나는 공룡의 명예를 실추시키려고 이러는 것이 아니다. 단지, 그들이 종적을 감춘 뒤 지구상에서 무슨 일이 일어났는지를 이해하려고 노력할 뿐이다. 지구의 상처는 어떻게 치유되었고, 새 출발은 어떻게 진행되었으며, 새 세상은 어떻게 빚어졌는지를.

뉴멕시코의 이 지역에 펼쳐진 '흰색–분홍색 줄무늬 황무지' 중 대부분(쿠바*와 파밍턴의 시가지 주변에 위치한 나바호 자치국의, 사람이 거의 살

* 카리브해의 서인도제도에 있는 쿠바가 아니라 뉴멕시코주 샌도벌 카운티에 있는 마을을 말한다.

미국 뉴멕시코주 샌환 분지(San Juan Basin)의 황무지에 있는 작업장. Tom Williamson.

공룡의 뒤를 이은 포유류 화석을 수집하는 나.

지 않는 광대한 지역)은 소행성에 두드려 맞은 뒤 처음 몇 백만 년 동안 강과 호수에 퇴적된 암석으로 이루어졌다. 지표면에 노출된 암석 바로 아래 몇 십 센티미터 지점에서는 (백악기 말기의 암석층에 흔한) 티라노사우르의 이빨과 용각류의 커다란 뼈 덩어리가 사라지고 고제3기(6600만~5600만 년 전)의 암석층이 시작된다. 그 지점에서 갑작스러운 변화가 일어나, 소행성에 하나의 세상이 박살나고 또 다른 세상이 시작되었다. 그 많던 공룡이 갑자기 증발해버렸다. 그것은 월터 앨버레즈가 구비오 협곡의 유공충에서 보았던 것과 불가사의할 정도로 흡사한 패턴이다.

나는 멋진 과학자 친구와 함께 이 삭막한 뉴멕시코의 언덕을 걷고 있다. 그로 말할 것 같으면, 앨버커키 자연사박물관의 큐레이터 톰 윌리엄슨이다. 톰은 대학원생 때부터 시작해, 이 지역에서 25년간 잔뼈가 굵었다. 그는 종종 쌍둥이 아들 라이언과 테일러를 동반했는데, 둘은 아버지와 수도 없이 야영을 하며 화석을 찾아내는 요령을 개발했다. 그들의 요령이 얼마나 기발한지, 내가 아는 모든 고생물학자들을(심지어 폴란드의 그제고시 니에치비에즈키와 루마니아의 마차스 브레미르까지도) 무색케 한다. 톰은 아들을 동반하지 않을 때면 학생들을 데리고 이곳을 방문한다. 그 학생들은 주변에 있는 인디언 보호 구역 출신 나바호족 청년들이다. 그들의 가족은 이 신성한 땅에서 대대손손 살아왔다. 그리고 매년 5월, 톰은 나와 에든버러의 학생들을 만난다. 이제는 대학생인 라이언과 테일러가 청하지 않았는데도 늘 따라붙는다. 낮에는 화석을 발견하며 무한한 기쁨을 함께 나누고, 밤에는 모닥불에 둘러앉아 다년간 현장에서 동고동락하며 쌓아온 정겨운 농담을 나눈다.

톰은 내게 없는 기술이 있는 축복받은 사람이다. 그 기술은 일명 카

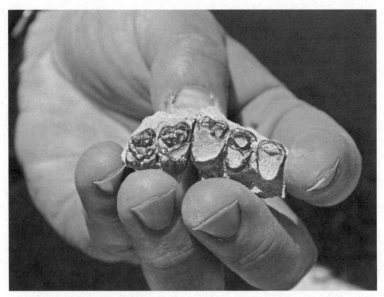

백악기 말 소행성이 충돌한 지 수십만 년 후, 지금의 뉴멕시코 지역에 살았던 포유류의 이빨.

메라 기억술인데, 고생물학자에게 매우 유용하다. 그 자신은 고개를 절레절레 흔들지만, 그것은 일부러 겸손을 떠는 것이거나 혼자 착각하는 것이다. 톰은 사막에 흩어져 있는 작은 언덕과 바위를 모두 알아보는데, 내가 보기에는 그것이 그것이어서 전혀 분간할 수 없다. 그는 이 유적지에서 지금껏 수집한 모든 화석의 세목을 정확히 기억해낸다. 정말이지 경이로운 기억력이다. 그가 지금까지 수집한 화석을 모두 합하면 수천 점, 어쩌면 수만 점이 될 것이기 때문이다.

화석은 이 지역의 풍경에 광범위하게 분포되어 있으며, 고제3기의 암석이 침식됨에 따라 지표면에 지속적으로 드러난다. 여기저기서 드문드문 발견되는 몇몇 새 뼈들을 제외하면, 공룡 화석은 전혀 발견되지 않는다. 이곳에서 발견되는 화석은 공룡의 뒤를 이은 동물들의 턱,

이빨, 골격이다. 그 동물들은 공룡 왕조가 멸망한 뒤 지구 역사상 위대한 왕조를 창건한 종이며, 그 왕조의 백성에는 우리에게 가장 익숙한 현생 동물들 중 상당수(우리도 포함된다)가 포함되어 있다.

그들은 바로 포유동물이다. 지금으로부터 2억여 년 전인 트라이아스기, 판게아의 지독한 불확실성 속에서 포유동물과 공룡이 나란히 출발했음을 기억하는가? 그러나 포유동물과 공룡은 그 후 각자 제 갈 길을 갔다. 공룡은 초기 악어류 경쟁자들을 물리치고 트라이아스기 말기의 대멸종을 순조롭게 통과한 뒤, 엄청난 크기로 성장해서 육지 전체로 퍼져 나갔다. 그에 반해, 포유동물들은 음지에 머물렀다. 그들은 익명으로 생존하는 데 능숙해져, 공룡과 다른 먹이를 먹고 땅굴 속에서 숨어 지내며 들키지 않고 돌아다니는 노하우를 터득했다. 심지어 어떤 포유동물들은 숲의 천장에서 활공하는 방법을, 어떤 포유동물들은 수영하는 방법을 깨쳤다. 그러는 가운데 그들은 작은 몸집을 계속 유지했다. 공룡과 동시대를 사는 포유동물 중에서 오소리보다 커진 것은 하나도 없었다. 한마디로, 그들은 중생대의 단역배우, 기껏해야 조연배우였다.

그러나 뉴멕시코에서는 전혀 다른 이야기가 펼쳐졌다. 톰이 머릿속에 차곡차곡 정리해둔 수천 개의 화석은 믿기 어려울 정도로 다양하다. 어떤 것은 뾰족뒤쥐 크기의 작은 식충 동물로, 공룡의 발밑에서 종종걸음을 치는 야생동물에 불과했다. 오소리만 한 땅굴 파기 선수, 검劍모양의 송곳니를 가진 육식동물, 심지어 암소만 한 초식동물도 있었다. 그들은 모두 고제3기 초기, 그러니까 소행성이 충돌한 지 50만 년이 채 지나지 않은 시기에 살았다.

'지구 역사상 가장 파괴적이었던 사건'이 있은 지 불과 50만 년 후,

생태계는 이미 복구되어 있었다. 핵겨울처럼 춥지도 않았고, 온실처럼 뜨겁지도 않았다. 구과식물, 은행나무, 그리고 다양성이 날로 증가하는 꽃식물의 숲은 다시 한번 하늘을 향해 우뚝 솟았다. 오리와 아비새의 원시 친척은 호숫가에서 어정거렸고, 거북은 물속에 숨어 있는 악어들을 감지하지 못하고 연안에서 첨벙거렸다. 그러나 티라노사우르와 용각류와 오리주둥이공룡은 이제 존재하지 않았고, 그들을 대체한 세력은 포유류였다. 수억 년 만에 공룡 없는 널따란 운동장이 눈앞에 펼쳐지자, 포유류는 이게 웬 떡이냐 하며 다양성이 갑작스레 폭발하고 개체 수도 급증했다.

톰과 팀원들이 발견한 포유류 화석 중에는 토레요니아*Torrejonia*라는 이름의 강아지만 한 동물이 있었다. 그들은 삐쩍 마른 사지와 기다란 손발가락을 갖고 있었으며, 굳이 말하자면 매우 귀엽고 사랑스러워 보였던 것 같다. 소행성이 충돌한 지 약 300만 년 뒤에 살았지만, 그들의 우아한 뼈대는 오늘날의 세상에도 별로 부적합하지 않았을 것으로 보인다. 여러분도 그들이 나무 사이를 뛰어다니며 가느다란 발가락으로 나뭇가지를 움켜쥐는 모습을 충분히 상상할 수 있을 것이다.

토레요니아는 가장 오래된 영장류 중 하나로, 우리와 매우 가까운 친척이다. 그들은 우리(여러분, 나, 그리고 모든 인류)에게 '우리의 조상이 그 끔찍한 날 현장에 있었다'는 냉혹한 현실을 상기시킨다. 조상들은 암석이 하늘에서 떨어지는 것을 보았고, 열과 지진과 핵겨울을 견뎌냈고, 백악기-고제3기 경계를 가까스로 건넜다. 그리하여 일단 건너편 기슭에 도착하자, 토레요니아 같은 수상동물樹上動物로 진화했다. 그 미천한 원시 영장류는 또다시 6000만 년 동안 진화해, 마침내 두 발로 걷고 철학을 하고 책을 쓰고(또는 읽고) 화석을 수집하는 영장류로 거듭났다. 만약 소행성이 충돌하지 않았다면, 만약 소행성 충돌이 멸종과 진화의 연쇄반응을 촉발하지 않았다면, 공룡은 아직도 지구상에 남아 있을 것이고 우리는 남아 있지 못할 것이다.

그러나 우리가 진정으로 상기해야 할 것은 따로 있다. 바로 '공룡의 멸종에서 얻어야 하는 뼈아픈 교훈'이다. 백악기 말기에 일어난 사건은 우리에게 '아무리 지배적인 동물이라도 멸종할 수 있다, 그것도 별안간에'라고 말한다. 심판의 날이 다가왔을 때, 공룡은 1억 5000만여 년 동안 활발히 활동해왔다. 그들은 온갖 역경을 이겨냈고, '신속한 대사'와 '거대한 몸집'이라는 초능력을 진화시켰으며, 경쟁자들을 연파하고 지구 전체를 지배했다. 어떤 공룡들은 날개를 발명해서 육지라는 한계 위로 날아올랐고, 어떤 공룡들은 문자 그대로 땅을 뒤흔들며 걸었다. 6600만 년 전 그날 아침, (헬크리크의 계곡부터 유럽의 섬에 이르기까지) 전 세계에서 깨어난 수십억 마리의 공룡들은 자신들의 명실상부한 영토가 자연계의 정점에 있다고 확신했을 것이다.

그러나 문자 그대로 눈 깜짝할 사이에 모든 것이 끝장나고 말았다.

현재 우리 인류는 한때 공룡들이 썼던 왕관을 쓰고 있다. 우리의 행동이 주변 환경을 신속히 바꾸고 있는데도, 자연계에서 우리의 위치가 확고할 거라고 믿는다. 이는 나를 언짢게 한다. 뉴멕시코의 열악한 사막에서 공룡의 뼈가 순식간에 사라지고 토레요니아와 다른 포유동물로 바뀌는 것을 보며, 내 머릿속을 끊임없이 맴도는 생각이 하나 있다.

'이런 일이 공룡에게 일어났다면, 우리에게도 일어나지 말란 법이 없지 않을까?'

감사의 글

내가 공룡 연구 분야에 기여한 것은 비교적 근래의 일이다. 따라서 공헌도가 비교적 적은 편이다. 과학자가 모두 그렇듯이 나는 앞서간 선배들의 어깨 위에 서 있으며, 내 곁에서 일하는 동료와 후배들의 도움을 받는다. 나는 이 책이 고생물학의 흥미로움을 널리 알리고, 우리가 지난 수십 년간 (국적과 남녀를 불문하고) 자원봉사자, 아마추어, 전문가로 구성된 다양한 집단의 공동 노력에 힘입어 공룡에 관해 얼마나 많은 것을 배웠는지를 일깨우기 바란다. 모든 사람을 일일이 거명하며 고마움을 표할 수는 없지만, 혹시 중요한 분들의 이름이 빠졌다면 모두 내 불찰임을 인정하며 너그러운 용서를 구한다. 이 책에 나오는 모든 이름과 이야기의 주인공들께 감사드린다. 그리고 나와 함께 공동 연구를 했던 모든 분께도 감사드린다. 그분들이 나를 전 세계 고생물학자 집단의 일원으로 받아주지 않았다면, 지난 15년간 그처럼 경이로운 탐사 여행에 함께할 수 없었을 것이다.

외람되지만, 이 자리를 빌려 특별히 언급하며 감사드릴 분들이 있다. 나는 지금껏 탁월한 세 스승을 조언자로 두는 영광을 누렸다. 학부 시절의 멘토인 시카고 대학교의 폴 세레노, 브리스틀 대학교 시절의 석사 학위논문 지도 교수인 마이크 벤턴Mike Benton, 미국자연사박물관과 컬럼비아 대학교에서 박사 학위논문을 쓸 때 지도 편달을 아끼지 않은 마크 노렐! 그분들의 제자라는 것은 내게 커다란 행운이었지만, 그분들에게는 여간 성가신 일이 아니었을 것이다. 세 분은 내게 멋진 화석들을 연구 과제로 선뜻 내주었고, 전 세계의 현장 연구와 탐사 여행에 나를 동반했다. 무엇보다 중요한 것은, 내가 곁길로 샐 때는 애정 어린 충고를 건넸다는 것이다. 그런 멋진 멘토를 세 분이나 모셨던 운 좋은 청년 고생물학자는 나 말고는 없을 것이다.

나는 많은 공동 연구자들(그중 대부분은 내로라하는 공룡 고생물학자였다)을 만났는데, 대체로 개방적인 신세대여서 공동 연구를 펼치기가 수월했다. 어떤 이들은 공동 연구자라는 선을 넘어 절친한 친구가 되었다. 토머스 카와 톰 윌리엄슨을 비롯해 로저 벤슨Roger Benson, 리처드 버틀러, 호베르투 칸데이루, 톰 챌런즈, 졸탄 치키서버, 그레임 로이드, 뤼준창, 옥타비오 마테우스, 스털링 네스빗, 그제고시 니에치비에즈키, 더기 로스, 마차스 브레미르, 스티브 왕, 그리고 스콧 윌리엄스에게 감사한다.

나는 초창기에 운 좋게도 많은 행운을 누렸다. 그중에서도 최고의 행운은 박사과정을 마무리하던 중 에든버러 대학교에 임용된 것이었다. 레이철 우드는 소장파 교수진이 만날 수 있는 최고의 멘토로, 지금도 내게 커피와 식사, 맥주, 위스키 값을 낼 기회를 주지 않는다. 샌디 터드호프Sandy Tudhope, 사이먼 켈리Simon Kelley, 캐시 웨일러Kathy Whaler, 앤드루 커티스Andrew Curtis, 브라인 응웬야Bryne Ngwenya, 레슬리 엘로리스 Lesley Yellowlees, 데이브 로버트슨Dave Robertson, 팀 오셔Tim O'Shea, 피터 매시 슨Peter Mathieson은 최고의 보스로서, 늘 나를 지지지해주면서도 결코 군림 하려 들지 않았다. 제프 브로밀리Geoff Bromiley, 댄 골드버그Dan Goldberg, 섀스타 마레로Shasta Marrero, 케이트 손더스Kate Saunders, 앨릭스 토머스Alex Thomas, 그 밖의 신예들은 에든버러에서의 연구 생활에 흥미를 더해주 었다. 닉 프레이저Nick Fraser와 스티그 월시Stig Walsh는 나를 스코틀랜드 자 연사박물관 팀에 끼워주었고, 닐 클라크Neil Clark와 제프 리스턴Jeff Liston 은 나를 스코틀랜드 고생물학자 집단에 넣어주었다. 선생이 되어 좋은 점 중 하나는 제자들에게 조언을 해줄 수 있다는 것이다. 그 결과 놀랍 도록 다양하고 재기발랄한 학생들이 내 연구실에 합류했다. 세라 셜리 Sarah Shelley, 다비데 포파Davide Foffa, 엘사 판키롤리Elsa Panciroli, 미켈라 존 슨Michela Johnson, 에이미 뮤어Amy Muir, 조 캐머런Joe Cameron, 페이지 드폴로 Paige dePolo, 모지 오군칸미Moji Ogunkanmi. 이들은 내가 자기들에게 얼마나 많이 배웠는지 아마 모를 것이다.

과학이 어렵다지만, 글쓰기는 더 어렵다. 나의 두 편집자, 미국의 피 터 허버드(윌리엄 모로 출판사)와 영국의 로빈 하비Robin Harvie는 나의 일 화逸話와 횡설수설을 내러티브로 빚어냈다. 몇 년 전, 제인 폰 메렌Jane von Mehren은 라디오에서 내 이야기를 듣고 '커다란 이야기보따리를 갖고 있 는 사람이구나'라고 생각했다고 한다. 그녀의 설득에 나는 집필 제안서 를 썼고, 그 후 그녀는 경이로운 에이전트로 활약했다. 나는 아이비타 스 매니지먼트의 에즈먼드 함스워스Esmond Harmsworth와 첼시 헬러Chelsey

Heller에게도 큰 빚을 졌다. 그들은 계약과 지급 조건, 외국 판권 등의 문제를 협상하는 데 큰 도움을 주었다. 나의 단짝이자 뛰어난 미술가인 토드 마셜Todd Marshall의 노고를 치하한다. 그는 창의적인 삽화로 자칫 따분해지기 쉬운 나의 산문에 활기를 불어넣었다. 나의 다정한 친구이자 세계 최고의 공룡 사진작가 믹 엘리슨Mick Ellison도 큰 공을 세웠다. 그는 자신의 아름다운 사진들을 얼마든지 사용해도 좋다고 내게 말해주었다. 나의 개인 변호사로 활약한 아버지 짐과 형 마이크에게 감사드린다. 그들은 모든 계약서를 꼼꼼하게 검토해주었다.

　나는 글쓰기를 늘 사랑해왔으며, 그 과정에서 많은 사람의 도움을 받았다. 로니 케인, 마이크 머피, 데이브 위시놉스키는 고향에 있는 신문사(일리노이주 오타와의 《타임스Times》)의 뉴스룸에서 4년 동안 일할 기회를 주었다. '마감 시간의 공포'와 '통신원 쫓기의 스릴'은 나의 학습 속도를 눈부시게 향상했다. 10대 시절, 고향 사람들은 공룡에 관한 내 습작을 앞다퉈 잡지와 웹사이트에 실어주었다. 특히 프레드 버부츠Fred Bervoets, 린 클로스Lynne Clos, 앨런 디버스Allen Debus, 마이크 프레더릭스Mike Fredericks에게 감사드린다. 최근에는 많은 저널과 잡지사 편집인들의 사랑을 한몸에 받았다. 《사이언티픽 아메리칸》의 케이트 웡Kate Wong, 《쿼커스Quercus》의 리처드 그린Richard Green, 《커런트 바이올로지Current Biology》의 플로리언 매더스패커Florian Maderspacher, 《컨버세이션Conversation》의 스티븐 칸Stephen Khan, 스티븐 배스Steven Vass, 악샤트 라시Akshat Rathi는 내게 논문과 칼럼의 공간을 내주며 변함없는 애정을 과시했다. 이 책을 쓰기 시작했을 때, 닐 슈빈Neil Shubin(학부 시절 은사)과 에드 용Ed Yong의 조언은 내게 큰 도움이 되었다.

일일이 언급하기도 힘들 만큼 너무 많은 연구비 제공 기관에 심심한 사의를 표한다. 그들이 연구비 신청을 번번이 거절한 덕분에, 이 책을 쓸 시간과 여유가 생겼으니 말이다. 반면 나를 성심성의껏 지원해 준 미국국립과학재단과 토지관리국(그리고 그들에게 자금을 대준 미국의 납세자들), 미국지리학회, 영국왕립학회와 레버훌름 재단, 유럽연구협회와 마리 스클로도프스카 퀴리 협회(그리고 그들에게 자금을 대준 유럽의 정부들과 납세자들)에게는 진심으로 감사드린다. 또한 다양한 소규모 기관이 십시일반으로 내게 연구비를 지원해주었으며, 미국자연사박물관과 에든버러 대학교는 나의 든든한 버팀목이 되어주었다.

내게는 지구 최강의 가족이 있다. 아버지 짐과 어머니 록산느는 가족 휴가 때마다 나를 이끌고 박물관을 방문했다. 그리고 "넌 대학교에 들어가 고생물학을 연구할 수 있을 거야"라며 확신을 심어주었다. 내 형제 마이크와 크리스는 내 곁에서 나를 응원했다. 요즘은 아내 앤이 형제 역할을 대신하고 있다. 그녀는 현장 연구차 수시로 집을 비우는 내게 관용을 베풀고, 2층으로 몰래 올라가 집필에 몰두하는 나를 눈감아주며, 내게 필연적으로 따라붙는 공룡에 사로잡힌 방문객들과 술친구들을 이해해준다. 그녀는 심지어 이 책의 초고를 샅샅이 읽기도 했다. 공룡에는 아무런 관심도 없는데 말이다. 사랑의 힘은 위대하다! 앤의 부모 피터와 메리는 영국 브리스틀에 있는 처갓집에서 많은 시간을 보낼 수 있도록 허락해주었다. 그곳은 조용한 집필 장소다. 아내의 자매 세라와 마이크의 아내 스테프니도 나의 든든한 지원군이다.

마지막으로, 지금도 눈에 띄지 않는 곳에서 애쓰는 영웅들에게 감사드린다. 화석 표본 담당자, 현장 기술자, 학부생 연구보조원, 대학의 행정직과 사무직, 박물관을 방문하고 대학에 기부금을 내는 후원자, 과학 저널리스트와 특집 작가, 미술가와 사진작가, 저널 편집자와 동료 심사자, 선행을 베풀고 자신들의 화석을 박물관에 기증하는 아마추어 수집가, 국·공유지를 관리하고 발굴 작업을 승인하는 공무원(특히 미 국토지관리국, 스코틀랜드 자연유산관리국, 스코틀랜드 정부에 근무하는 내 친구들), 과학을 지원하고 옹호해주는 정치가와 연방 기관, 연구를 뒤에서 받쳐주는 납세자와 유권자, 초·중·고등학교 과학 선생님……. 늘 익명으로 남아 있지만, 그분들이 없다면 고생물학 분야는 서서히 위축되다가 멸종하고 말 것이다.

보충자료

이 책의 주요 정보원은 내 개인적 경험(내가 지금까지 연구한 화석, 수행한 현장 연구, 방문한 박물관 컬렉션, 과학계 동료나 친구들과 나눈 숱한 토론)이다. 이 책을 쓰는 과정에서 다양한 저널에 실린 내 논문, 내 이름으로 출판된 교과서 『공룡 고생물학Dinosaur Paleobiology』(Hoboken, NJ: Wiley-Blackwell, 2012),《사이언티픽 아메리칸》과《컨버세이션》에 실린 나의 대중과학 논문과 칼럼 등을 인용했다. 아래에 소개하는 문헌들은 독자들에게 더 많은 정보를 주기 위해 사용된 보충자료와 그 출처다.

프롤로그: 발견의 시대 —————————————————————

나는《사이언티픽 아메리칸》에 기고한 논문 중 하나에서, 첸유안롱을 연구하기 위해 진저우를 여행한 이야기를 소개했다. "Taking Wing," *Scientific American*, vol. 316, no. 1 (Jan. 2017): 48-55. 뤼쥰창과 나는 2015년《사이언티픽 리포츠 Scientific Reports》에 기고한 논문(*Scientific Reports* 5, article no. 11775)에서 첸유안롱을 기술했다.

1. 최초의 등장

페름기 말기의 대멸종에 관해 '잘 쓴 대중과학 서적'은 두 권 있다. 하나는 나의 석사 학위논문 지도 교수인 마이크 벤턴의 책(*When Life Nearly Died: The Greatest Mass Extinction of All Time*, Thames & Hudson, 2003. 국내 출간:『대멸종』, 뿌리와이파리)이고, 다른 하나는 스미스소니언의 위대한 고생물학자 더글러스 어윈의 책(*Extinction: How Life on Earth Nearly Ended 250 Million Years Ago*, Princeton University Press, 2006)이다. 천중창과 마이크 벤턴은 《네이처 지구과학[Nature Geoscience]》(2012, 5: 375-83)에, '대멸종과 잇따른 복구'에 대한 짧은 반전문적[semitechnical] 리뷰를 썼다. 대멸종을 초래한 화산 폭발의 타이밍과 성격에 관한 최신 정보는, 세스 버제스[Seth Burgess]와 동료들이 쓴 다음 논문을 참고하라. *Proceedings of the National Academy of Sciences USA* 111, no. 9 (Sept. 2014), 3316-21; *Science Advances* 1, no. 7 (Aug. 2015): e1500470. 멸종에 관해 전문적 의견을 탁월하게 개진한 논문을 쓴 사람들로는 조너선 페인[Jonathan Payne], 피터 워드[Peter Ward], 대니얼 레만[Daniel Lehrmann], 폴 위그널[Paul Wignall], 그리고 나의 에든버러 동료인 레이첼 우드와 그의 박사과정 학생 맷 클라크슨[Matt Clarkson]이 있다. 나는 맷이 논문을 완성하고 며칠이 지난 뒤, 그를 꾀어 인원이 부족한 교수위원회를 메웠다.

그제고시 니에치비에즈키는 폴란드 시비엥토크시스키에산맥의 페름기-트라이아스기 흔적에 관해 많은 논문을 출판했다. 그중 상당수에는 폴란드 지질학연구소의 동료 타데우시 프타신스키[Tadeusz Ptaszyński], 게라르트 기에를린스키[Gerard Gierliński], 그제고시 피엔콥스키[Grzegorz Pieńkowski]가 공저자로 참여했다. 매력적인 친구인 피엔콥스키는 1980년대에 벌어진 폴란드 자주관리노동조합 운동에서 활발하게 활동했다. 그 결과 공산주의가 붕괴한 뒤 민주주의자들이 권력을 장악했을 때, 정치 활동의 공로를 인정받아 오스트레일리아 총영사직을 제안받았다. 그는 친절하게도 자신의 게스트하우스를 우리에게 개방했고, 우리가

리투아니아의 화석을 발견하러 폴란드 북동부의 호수 지역을 여행할 때 킬바사 kielbasa (마늘을 넣은 폴란드산 훈제 소시지)를 무제한 공급했다. 우리가 공동 연구를 통해 발견한 프로로토닥틸루스와 초기 공룡형류의 자취는 2010년 다음 논문으로 처음 출판되었다. Stephen L. Brusatte, Grzegorz Niedźwiedzki, and Richard J. Butler, "Footprints Pull Origin and Diversification of Dinosaur Stem Lineage Deep into Early Triassic," *Proceedings of the Royal Society of London Series B*, 278 (2011): 1107-13. 그리고 나중에 내용을 보강한 뒤 그제고시를 제1저자로 내세워, 다음과 같은 단행본 속에 논문으로 삽입되어 출판되었다. *Anatomy, Phylogeny, and Palaeobiology of Early Archosaurs and Their Kin*, ed. Sterling J. Nesbitt, Julia B. Desojo, and Randall B. Irmis (Geological Society of London Special Publications, no. 379, 2013), pp. 319-51. 다른 나라에서 트라이아스기 흔적에 관한 중요한 연구 결과를 발표한 사람으로는 폴 올슨, 하르무트 하우볼트, 클라우디아 마르시카노 Claudia Marsicano, 헨드릭 클라인 Hendrik Klein, 조르주 강 Georges Gand, 조르주 드마슈 Georges Demathieu 가 있다.

내가 석사 학위논문을 쓰는 과정에서 작성한 공룡과 근친의 계통수는 다음 논문으로 출판되었다. "The Higher-Level Phylogeny of Archosauria," *Journal of Systematic Palaeontology* 8, no. 1 (Mar. 2010): 3-47.

나는 이 장에서, 내가 연구한 초기 공룡형류에 초점을 맞췄으며, 그 동물들의 골격화석을 간단히 언급했을 뿐이다. 실레사우루스 Silesaurus (이름에서 알 수 있듯이 '실레지아 Silesia 에서 발견된 흥미로운 새 파충류 화석'으로, 폴란드의 원로 교수 예지 지크 Jerzy Dzik 가 연구했다), 라게르페톤 Lagerpeton, 마라수쿠스 Marasuchus, 드로모메론, 아실리사우루스 Asilisaurus 와 같은 종의 뼈대에 관한 기록이 점점 늘어나고 있다. 이러한 동물들에 대한 반전문적 리뷰는 다음 논문으로 출판되었다. Max Langer and colleagues in *Anatomy, Phylogeny, and Palaeobiology of Early Archosaurs and Their*

Kin, pp. 157-86. 가장 오래된 공룡(또는 단지 공룡의 가까운 친척)으로 보이는 불가사의한 동물 니아사사우루스는 다음 논문에서 기술되었다. Sterling Nesbitt and colleagues in *Biology Letters* 9 (2012), no. 20120949.

체리 루이스Cherry Lewis가 쓴 아서 홈스의 전기(*The Dating Game: One Man's Search for the Age of the Earth*, Cambridge University Press, 2000. 국내 출간: 『데이팅 게임』, 바다출판사)는 방사성연대측정의 개념, 그 발견의 역사, 암석의 연대를 측정하는 방법에 관한 훌륭한 입문서다. 트라이아스기 암석의 연대 측정이라는 까다로운 주제는 다음과 같은 중요한 논문에서 논의되었다. Claudia Marsicano, Randy Irmis, and colleagues (*Proceedings of the National Academy of Sciences USA*, 2015, doi: 10.1073/pnas.1512541112).

폴 세레노, 앨프리드 로머, 호세 보나파르테, 오스발도 레이그, 오스카 앨코버Oscar Alcober, 그리고 그들의 학생과 동료들은 이치괄라스토의 공룡은 물론 그들과 나란히 살았던 동물들에 관해 많은 논문을 썼다. 이치괄라스토의 화석에 대한 포괄적인 자료집으로는 2012년 척추고생물학회에서 나온 비망록이 있다. *Basal Sauropodomorphs and the Vertebrate Fossil Record of the Ischigualasto Formation (Late Triassic: Carnian-Norian) of Argentina*. 이 비망록에는 '이치괄라스토에서 이루어진 탐사 활동에 관한 역사적 개관'과 '에오랍토르에 관한 해부학적 세부 사항'이 수록되어 있는데, 둘 다 세레노의 작품이다.

이 책이 인쇄에 들어갈 무렵, 두 건의 흥미로운 발견이 출판되었다. 첫째, 이치괄라스토의 초식공룡 피사노사우루스(나는 이것을 조반류 공룡 계열의 초기 구성원으로 서술한다)가 다시 기술되면서 실레사우루스와 근연 관계에 있는 비공룡 공룡형류로 다시 분류되었다(F. L. Agnolin and S. Rozadilla, *Journal of Systematic Palaeontology*, 2017, http://dx.doi.org/10.1080/14772019.2017.1352623). 그렇다면 트라이아스기 전체를 통틀어 양호한 상태의 조반류 화석은 단 한 점도 존재하지 않을 수 있다는 이야기가 된다. 둘째로, 케임브리지의 박사과정에 재학 중인 매슈 배런과 동료들은 새로운 공룡 계통도를 출판했는데, 그 내용인즉 수각류와 조반류를 그들만의 분류군(오르니토스켈리다^{Ornithoscelida})에 배치하면서 용각류를 배제한 것이다(*Nature*, 2017, 543: 501-506). 이것은 흥미롭지만 논란이 많은 아이디어다. 나는 맥스 랭어가 지휘하는 연구팀에 참가해서 배런 등의 데이터 세트를 재평가한 뒤, 더욱 전통적인 조반류-용반류라는 세분류를 주장했다(*Nature*, 2017, 543: 501-506). 이 문제는 분명 앞으로 몇 년 안에 커다란 논란거리로 부상할 것이다.

2. 공룡의 발흥

트라이아스기 공룡의 발흥에 대해서는 논문이 많이 발표되었다. 나도 많은 동료(랫팩의 일원인 스털링 네스빗과 랜디 이르미스를 포함해)와 함께 논문을 한 편 썼다. Brusatte et al., "The Origin and Early Radiation of Dinosaurs," *Earth-Science Reviews* 101, no. 1-2 (July 2010), 68-100. 다른 논문들은 맥스 랭어를 비롯해 다양한 동료들이 썼다. Langer et al., *Biological Reviews* 85 (2010), 55-110; Michael J. Benton et al., *Current Biology* 24, no. 2 (Jan. 2014), R87-R95; Langer, *Palaeontology* 57, no. 3 (May 2014), 469-78; Irmis, *Earth and Environmental Science Transactions of the Royal Society of Edinburgh*, 101, no. 3-4 (Sept. 2010), 397-426; and Kevin Padian, *Earth and Environmental Science Transactions of the Royal Society of Edinburgh* 103, no. 3-4 (Sept. 2012), 423-42.

스코틀랜드 국립박물관에 근무하는 내 친구 닉 프레이저는, 트라이아스기를 개관함과 동시에 '공룡이 커다란 현대적 생태계에 적응한 과정'을 탁월하게 서술한 반전문적 서적을 두 권이나 펴냈다. 그는 2006년에 『Dawn of the Dinosaurs: Life in the Triassic』(Indiana University Press)을 출판했고, 2010년에는 한스디터 주에스와 함께 『Triassic Life on Land: The Great Transition』(Columbia University Press)을 집필했다. 이 책들은 풍부한 삽화(위대한 고미술가 더그 헨더슨Doug Henderson의 작품)를 수록했고, 트라이아스기의 척추동물 진화에 관한 중요한 1차 문헌을 대부분 섭렵했다. 이 책에 수록된 최고의 판게아 지도는 론 블래키Ron Blakey와 크리스토퍼 스코테스Christopher Scotese의 작품으로, 다양한 지질학적 증거를 토대로 수억 년 전의 해안선을 추적하고 땅덩어리의 위치를 표시했다. 나는 이 책에서 판게아의 해체를 설명할 때 그들의 지도에 광범위하게 의존했다.

나는 동료들과 함께 포르투갈에서 발굴한 내용을 논문으로 몇 편 발표했다. 그중에는 공동묘지에서 발견된 메토포사우루스의 뼈대에 관한 상세한 기술[Brusatte et al., *Journal of Vertebrate Paleontology* 35, no. 3, article no. e912988 (2015): 1-23]과 슈퍼도롱뇽들과 함께 살았던 피토사우르에 대한 기술[Octávio Mateus et al., *Journal of Vertebrate Paleontology* 34, no. 4 (2014): 970-75]이 포함되어 있다. 알가르브에서 최초의 트라이아스기 표본을 발견한 독일의 지질학과 학생은 토마스 슈뢰터Thomas Schröter였고, 그가 발견한 화석을 기술한 '이름 없는 논문'의 정체는 다음과 같다. Florian Witzmann and Thomas Gassner, *Alcheringa* 32, no. 1 (Mar. 2008): 37-51.

랫팩(랜디 이르미스, 스털링 네스빗, 네이트 스미스, 앨런 터너, 그리고 그들의 동료들)은 '자신들이 고스트랜치에서 발견한 표본' '고스트랜치의 고환경paleoenvironment' '자신들의 발견이 트라이아스기 공룡 혁명의 전 지구적 맥락과 어떻게 연결되는지'에 관해 수많은 논문을 썼다. 그중에서 가장 중요한 것들은 다음과 같다. Nesbitt, Irmis, and William G. Parker, *Journal of Systematic Palaeontology* 5, no. 2 (May 2007): 209-43; Irmis et al., *Science* 317, no. 5836 (July 20, 2007), 358-61; Jessica H. Whiteside et al., *Proceedings of the National Academy of Sciences USA* 112, no. 26 (June 30, 2015): 7909-13. 에드윈 콜버트는 1989년 출판한 논문("The Triassic Dinosaur Coelophysis," *Museum of Northern Arizona Bulletin* 57: 1-160)에서 고스트랜치의 코일로피시스 골격을 포괄적으로 기술하고, (눈을 떼지 못하게 하는) 공룡에 관한

대중서에서 자신의 발견에 얽힌 이야기를 설명했다. 마르틴 에스쿠라는 에우코 일로피시스에 대해 다음과 같은 논문을 발표했다. *Geodiversitas* 28, no. 4, 649-84. 네스빗은 2006년 짧은 논문[*Proceedings of the Royal Society of London, Series B*, vol. 273 (2006): 1045-48]에서 에피기아를 기술한 뒤, 나중에 연구서[*Bulletin of the American Museum of Natural History* 302 (2007): 1-84]로 발표했다.

트라이아스기 공룡과 의사 악어류의 형태학적 차이에 관한 내 연구는 2008년 두 편의 논문으로 출판되었다. Brusatte et al., "Superiority, Competition, and Opportunism in the Evolutionary Radiation of Dinosaurs," *Science* 321, no. 5895 (Sept. 12, 2008): 1485-88; Brusatte et al., "The First 50 Myr of Dinosaur Evolution," *Biology Letters* 4: 733-36. 이 논문들의 공저자는 마이크 벤턴, 마셀로 루타, 그레임 로이드인데, 이들은 브리스틀 대학교 시절 석사 학위논문 지도 교수로서 지금까지도 내가 고생물학 분야에서 가장 신뢰하는 동료들이다. 내게 영감을 준 바커와 차릭의 저술들은 이 논문에서 인용되고 논의된다. 많은 무척추동물 고생물학자들이 표준화된 형태학적 차이standard morphological disparity라는 방법의 개발을 도와주었는데, 그중에서도 마이크 푸트Mike Foote(내가 시카고 대학교에 다닐 때 학부 교수였지만, 나는 안타깝게도 그의 강의를 하나도 들을 수 없었다)와 맷 윌스Matt Wills의 공이 가장 컸다. 또한 나는 그들의 논문을 내 연구에서 광범위하게 인용했다.

2장의 보충 자료에서 마이크 벤턴이라는 이름이 유난히 자주 등장한다. 나는 본문에서는 마이크보다 다른 지도 교수 두 사람, 폴 세레노와 마크 노렐을 더 많이 언급했다. 그 이유는 아마도 내가 브리스틀에서 너무 짧은 기간 머무는 바람에 (이 책의 내러티브를 쓰기 위해 선택한) 방법에 적합한 '영양가 있는 스토리'가 축적되지 않았기 때문인 것 같다. 그는 과학계의 슈퍼스타로, 그가 수행한 척추동물의 진화에 관한 연구와 그가 집필한 인기 있는 교과서(특히 와일리-블랙웰에서 나온 『척추동물 고생물학Vertebrate Palaeontology』은 2014년까지 중판을 거듭했다)는 수십 년 동안 척추동물 고생물학 분야 전체를 주름잡았다. 그러나 그는 널리 존경을 받고 있는데도 워낙 성품이 겸손해서, 수십 명의 대학원생들에게 '도움을 주는 지도 교수'로 사랑받는 데 만족하고 있다.

3. 혁명의 시작

2장의 보충 자료에서 인용한 『Dawn of the Dinosaurs: Life in the Triassic』과 『Triassic Life on Land: The Great Transition』은 모두 트라이아스기 말기의 대멸종을 탁월하게 개관했다. 3장의 보충 자료에서 언급하는 주제 중 일부는 2장에서 소개한 초기 공룡 진화에 관한 논문에서도 논의되었다.

트라이아스기 말기에 분출한 용암은, 오늘날 4개 대륙의 일부를 뒤덮고 있는 엄청난 양의 현무암(뉴저지주의 팰리세이드를 포함해)을 형성했다. 이 지역을 대서양중앙자성지대Central Atlantic Magnetic Province, CAMP라고 부르는데, 마르졸리와 동료들이 쓴 다음 논문에 잘 기술되어 있다. Science 284, no. 5414 (Apr. 23, 1999): 616-18. CAMP가 폭발한 시기는 블랙번과 동료들이 연구했으며, 그중에는 다음 논문도 포함된다. Paul Olsen, in Science 340, no. 6135 (May 24, 2013): 941-45. 60만 년에 걸쳐 일어난 네 번의 커다란 진동에서 분출이 일어났음을 밝힌 것은 바로 그들의 연구였다. 포르투갈과 고스트랜치에서 친구가 된 제시카 화이트사이드의 연구에서는, 트라이아스기 말기의 멸종이 육지와 바다에서 동시에 일어났으며, 최초의 멸종 징후가 모로코의 최초 용암류와 시기적으로 일치하는 것으로 밝혀졌다. 이 점에 대해서는 다음 논문을 참고하라. Proceedings of the National Academy of Sciences USA 107, no. 15 (Apr. 13, 2010): 6721-25. 폴 올슨도 이 연구에 참여했는데, 그 이유는 그가 컬럼비아 대학교에서 화이트사이드의 박사 학위논문을 지도했기 때문이다.

트라이아스기-쥐라기 경계에서 일어난 대기 중 이산화탄소, 기온, 식물군의 변화를 연구한 연구자들과 그들의 논문은 다음과 같다. Jennifer McElwain and colleagues in *Science* 285, no. 5432 (Aug. 27, 1999): 1386-90, and *Paleobiology* 33, no. 4 (Dec. 2007), 547-73; Claire M. Belcher et al., *Nature Geoscience* 3 (2010), 426-29; Margret Steinthorsdottir et al., *Palaeogeography, Palaeoclimatology, Palaeoecology* 308 (2011): 418-32; Micha Ruhl and colleagues, *Science* 333, no. 6041 (July 22, 2011): 430-34; Nina R. Bonis and Wolfram M. Kürschner, *Paleobiology* 38, no. 2 (Mar. 2012): 240-64.

폴 올슨은 신명나는 10대 시절을 보낸 지 몇 년 후 줄곧, 북아메리카 동부의 열개분지와 화석에 관한 논문을 발표해왔다. 그는 피터 르투르노[Peter LeTourneau]와 함께 판게아 열개분지 시스템(지질학자들은 이것을 '뉴어크 슈퍼그룹[Newark Supergroup]'이라고 부른다)에 대한 두 권짜리 전문적인 개요서 『The Great Rift Valleys of Pangea in Eastern North America』(Columbia University Press, 2003)와 매우 유용한 논문 한 편[*Annual Review of Earth and Planetary Sciences* 25 (May 1997): 337-401]을 썼다. 2002년 올슨은 다년간에 거친 발자국 연구를 요약한 중요한 논문에서[*Science* 296, no. 5571 (May 17, 2002): 1305-7], 트라이아스기 말기 대멸종 이후 공룡의 신속한 방산[radiation]에 관한 증거를 제시했다.

용각류 공룡에 관한 논문은 차고 넘친다. 이 아이콘적 공룡에 관한 최고의 전문 서적은 크리스티나 커리 로저스[Kristina Curry Rogers]와 제프 윌슨[Jeff Wilson]이 함께 편집한 『The Sauropods: Evolution and Paleobiology』(University of California Press, 2005)이다. 폴 업처치, 폴 배럿, 피터 도드슨[Peter Dodson]은 전문가들을 위해 고전적인 학술적 공룡 백과사전인 『The Dinosauria』(University of California Press, 2004) 2판을 훌륭하게 요약했고, 나는 2012년 내 이름으로 발간한 교과서 『공룡 고생물학』에, 용각류에 관한 덜 전문적인 리뷰를 수록했다. 나의 초창기 동료인 필 매니언[Phil Mannion]과 마이크 데믹[Mike D'Emic]은 최근 스승인 업처치, 배럿, 윌슨과 함께 용각류에 관한 탁월한 기술적 연구를 많이 수행했다.

나는 2016년 동료들과 함께 스카이섬에서 발견된 공룡의 자취를 기술했다. Brusatte et al., *Scottish Journal of Geology* 52: 1-9. 스코틀랜드 용각류의 초기 단편적 기록 중 일부를 제시한 연구자들은 나의 글래스고 친구인 닐 클라크와 더기 로스[*Scottish Journal of Geology* 31 (1995): 171-76], 비교 불가인 스코틀랜드의 독립주의자 동료인 제프 리스턴[*Scottish Journal of Geology* 40, no. 2 (2004): 119-22], 그리고 폴 배럿(*Earth and Environmental Science Transactions of the Royal Society of Edinburgh* 97: 25-29)이었다.

수많은 연구자가 공룡의 체중을 계산하는 데 치중해왔다. J. F. 앤더슨과 동료들은 선구적인 연구에서, 현생 동물과 멸종 동물의 '긴뼈long-bone의 두께(전문용어로는 원주)와 체중(전문 용어로는 체질량) 간의 관계'를 처음으로 인식했다. *Journal of Zoology* 207, no. 1 (Sept. 1985): 53-61. 닉 캠피언Nic Campione, 데이비드 에번스David Evans와 동료들은 더 근래의 연구에서 이러한 접근 방법을 세련했다. *BMC Biology* 10 (2012): 60; *Methods in Ecology and Evolution* 5 (2014): 913-23. 로저 벤슨과 공저자들은 이러한 방법을 이용해 거의 모든 공룡의 질량을 추정했다. *PLoS Biology* 12, no. 5 (May 2014): e1001853.

사진 측량에 기반한 질량 추정법의 선구자는 칼 베이츠와 (그의 박사과정 지도교수인) 빌 셀러스Bill Sellers, 필 매닝Phil Manning이다. 이들은 최초의 논문[*PLoS ONE* 4, no. 2 (Feb. 2009): e4532]을 발표한 뒤 많은 논문을 통해 범위를 확장했다. Sellers et al., *Biology Letters* 8 (2012): 842-45; Brassey et al., *Biology Letters* 11 (2014): 20140984; Bates et al., *Biology Letters* 11 (2015): 20150215. 피터 포킹엄은 다음 논문을 통해 '사진 측량법 데이터를 수집하는 방법'에 관한 기본 지침을 발표했다. *Palaeontologica Electronica* 15 (2012): 15.1.1T. 칼, 피터, 비브 앨런Viv Allen의 주도 하에 내가 참석한 용각류에 관한 연구는 다음 논문으로 출판되었다. *Royal Society*

Open Science 3 (2016): 150636.

'긴뼈의 원주에 기반한 방정식'과 '사진 측량법 모델'은 모두 오류의 소지가

있다는 것을 명심할 필요가 있다. 이러한 오류는 대형 공룡일수록 증가하는데,

그 특별한 이유는 (용각류 근처에도 못 미치는) 현생 동물을 통해 검증한다는 것이

사실상 불가능하기 때문이다. 이러한 오류의 원천은 방금 언급한 논문들에서

광범위하게 논의되었으며, 그러한 불확실성을 고려해서 각각의 공룡 종별로 납

득할 만한 체질량 범위가 제시되었다.

용각류의 생물학과 진화는 니콜 클라인[Nicole Klein]과 크리스티안 레메스

[Kristian Remes]가 편집한 *Biology of the Sauropod Dinosaurs: Understanding the Life of*

Giants(Indiana University Press, 2011)에 수록된 매혹적인 논문들의 주제다. 이 책의

한 장을 집필한 올리버 라우후트[Oliver Rauhut]는 용각류 체제의 진화 과정(용각류

의 전형적인 특징이 수백만 년에 걸쳐 형성된 과정)을 상세하게 논의했다. 마르틴 잔더

[Martin Sander]와 (용각류의 미스터리를 수년간 연구해온) 독일의 연구팀은 최근 막대한

연구비를 지원받아 발표한 탁월한 논문에서, 용각류가 그렇게 커질 수 있었던

이유를 알기 쉽게 설명했다. *Biological Reviews* 86 (2011): 117-55.

4. 공룡 왕국의 번성

잘링거의 벽화에 관한 정보는 다음 문헌을 참고하라. Richard Conniff, *House of*
Lost Worlds: Dinosaurs, Dynasties, and the Story of Life on Earth (Yale University Press,
2016); Rosemary Volpe, *The Age of Reptiles: The Art and Science of Rudolph Zallinger's*
Great Dinosaur Mural at Yale(Yale Peabody Museum, 2010). 그러나 기회가 된다면,
피바디 박물관을 방문해서 벽화를 직접 감상하는 것이 더 좋다. 그것은 경이로
운 미술품이다.

코프와 마시의 뼈 전쟁에 관한 대중적 설명은 많지만, 학술적이고 사실적인

설명으로 추천하고 싶은 것은 존 포스터[John Foster]의 탁월한 저서 『Jurassic West: The Dinosaurs of the Morrison Formation and Their World』(Indiana University Press, 2007)이다. 포스터는 수십 년간 아메리카 서부 전역에서 공룡을 발굴했으며, 그의 책은 모리슨의 공룡, 그들이 살았던 세상, 고생물학자들의 발견에 대한 역사를 능수능란하게 요약했다. 나는 그의 책을 이 장의 역사적 정보에 관한 주요 정보원으로 이용했다. 그의 책은 수많은 문헌을 인용하는데, 그중에는 코프와 마시의 불화가 극단으로 치닫던 시절 그들이 출판한 논문도 포함되어 있다.

빅 알의 역사는 와이오밍 대학교에 재직 중이던(지금은 BLM에서 근무 중이다) 고생물학자 브렌트 브라이트하우프트[Brent Breithaupt]가 국립공원관리청을 위해 작성한 보고서에 기반하며, 그 보고서는 다음과 같은 제목의 문헌으로 출판되었다. "The Case of 'Big Al' the *Allosaurus*: A Study in Paleodetective Partnerships," in V. L. Santucci and L. McClelland, eds., *Proceedings of the 6th Fossil Resource Conference* (National Park Service, 2001), 95-106.

빅 알의 몸집(Bates et al., *Palaeontologica Electronica*, 2009, 12: 3.14A), 병리학(Hanna, *Journal of Vertebrate Paleontology*, 2002, 22: 76-90)에 관해 흥미로운 연구가 출판되었으며, 내가 언급한 알로사우루스의 섭식 행동에 관한 컴퓨터 모델링 연구는 에밀리 레이필드와 동료들(*Nature*, 2001, 409: 1033-37)에 의해 출판되었다. 커비 시버에 관한 정보는 존 S. 화이트[John S. White]가 《암석과 광물[Rocks & Minerals Magazine]》에 기고한 글(2015, 90: 56-61)에서 어렵사리 입수되었다. '공룡 화석의 상업적인 수집과 판매'라는 주제에 대한 균형 잡힌 해석의 좋은 출발점은, 헤더 프링클이 《사이언스》에 쓴 논문(2014, 343: 364-67)이다.

모리슨 지층의 용각류를 다룬 훌륭한 연구논문은 많다. 가장 좋은 출발점은 용각류 전문가인 폴 업처치, 폴 배럿, 피터 도드슨이 쓴 교과서 『The Dinosauria』 (University of California Press, 2004)이다. 지난 20여 년 동안 '상이한 용각류들이 나름의 목을 보유하게 된 과정'에 대해 상당한 논란이 야기되었다. 나는 내 책『공룡 고생물학』에서 적절한 문헌을 인용하며 이 논란을 요약했는데, 그 문헌 중 상당수는 켄트 스티븐스Kent Stevens와 마이클 패리시Michael Parrish가 집필했다. 용각류의 섭식 습관에 관한 연구도 많았는데, 그중 중요도가 높은 논문 중 일부는 업처치와 배럿이 출판했다. 이러한 논문들의 내용은 나의 교과서에서 논의되고 요약되었으며, 3장 보충 자료의 말미에 소개된 문헌에 수록된 Sander et al.의 논문에서도 언급되었다. 더 근래에는 업처치, 배럿, 에밀리 레이필드, 그리고 그들의 학생인 데이비드 버튼David Button, 마크 영Mark Young이 획기적인 컴퓨터 모델링 연구를 통해 상이한 용각류의 섭식 행동을 해명했다. Young et al., *Naturwissenschaften*, 2012, 99: 637-43; Button et al., *Proceedings of the Royal Society of London, Series B*, 2014, 281: 20142144.

『The Dinosauria』에는, 쥐라기 말기 다른 대륙들에 살았던 공룡들에 관한 양질의 정보를 제공하는 장이 많다. 옥타비오 마테우스는 오늘날 유명해진 '포르투갈의 쥐라기 후기 공룡들'을 광범위하게 연구했다. 그는 내 친구이자 (2장 보충 자료에서 언급한) 슈퍼도롱뇽의 골층을 함께 발굴한 인물이기도 하다. 옥타비오의 연구에 관해서는 다음 논문을 참고하라. Antunes and Mateus, *Comptes Rendus Palevol 2* (2003): 77-95. '탄자니아의 쥐라기 후기 공룡들'은 1900년대 초기 독일의 연구팀이 수행한 일련의 괄목할 만한 탐사에서 발굴되었는데, 그 역사적 설명은 다음 문헌에 상세하게 기술되어 있다. Gerhard Maier, *African Dinosaurs Unearthed: The Tendaguru Expeditions* (Indiana University Press, 2003).

나는 '쥐라기-백악기 경계선 부근에서 일어난 변화'에 관한 자료를 주로 조너선 테넌트Jonathan Tennant와 공저자들의 탁월한 논문[*Biological Reviews*, 2016, 92 (2017): 776-814]에서 입수했다. 나는 그 논문의 동료 심사자였는데, 누가 내게 '당신이 심사를 맡은 수백 편의 원고 중에서 가장 많은 가르침을 받은 것을 하나만

들라'고 하면 나는 한 치의 망설임도 없이 그 논문을 꼽을 것이다. 존은 런던에서 박사과정을 이수하던 시절 그 논문을 작성했다. 독자들 중에서 인터넷광인 사람들은, 그가 수많은 팔로어를 거느린 트위터리언이며 그와 동시에 각종 블로그와 SNS에서 맹활약하는 열정적인 과학 커뮤니케이터임을 단박에 알아볼 것이다.

우리는 많은 책, 잡지, 신문에서 폴 세레노의 프로필을 쉽게 찾아볼 수 있다. 그중 일부는 내가 그의 소년 팬이었던 1990년대와 2000년대 초에 작성한 것이지만, 독자들을 괜히 번거롭게 만들 것 같아 시시콜콜 언급하지는 않겠다. 언젠가 폴이 스스로 자신의 이야기를 쓰기 바라지만, 그때까지는 그의 연구실에서 운영하는 웹사이트(paulsereno.org)를 방문해서 그의 탐사와 발견에 관한 광범위한 정보를 입수할 수 있다. 그가 아프리카에서 발견한 중요한 공룡은 다음과 같으며, 관련 논문은 괄호 속에 간략히 표기했다. 아프로베나토르 $Afrovenator$(Science, 1994, 266: 267-70), 카르카로돈토사우루스 사하리쿠스와 델타드로메우스$Deltadromeus$(Science, 1996, 272: 986-91), 수코미무스(Science, 1998, 282: 1298-1302), 요바리아$Jobaria$와 니게르사우루스(Science, 1999, 286: 1342-47), 사르코수쿠스(Science, 2001, 294: 1516-19), 루곱스(roceedings of the Royal Society of London Series B, 2004, 271: 1325-30). 폴과 나는 2007년 카르카로돈토사우루스 이구이덴시스를 함께 기술했고(Brusatte and Sereno, Journal of Vertebrate Paleontology 27: 902-16), 그로부터 1년 뒤 에오카르카리아를 함께 기술했다(Sereno and Brusatte, Acta Palaeontologica Polonica, 2008, 53: 15-46).

'분기학^{cladistics}을 이용해 계통수를 구축한다'는 주제의 교재와 지침서는 매우 많다. 그 방법의 배경이 된 이론은 독일의 곤충학자 빌리 헤니히$^{Willi Hennig}$가 개발했는데, 개략적인 아이디어는 그의 논문(Annual Review of Entomology, 1965, 10: 97-116)과 기념비적인 저서 『Phylogenetic Systematics』(University of Illinois Press, 1966)에 기술되어 있다. 그의 연구는 매우 치밀하지만, 그보다 쉽게 읽을 수 있는 책으로는 이언 키칭Ian Kitching 외 공저(*Cladistics: The Theory and Practice of Parsimony Analysis*, Systematics Association, London, 1998), 조지프 펠젠스타인Joseph Felsenstein(*Inferring Phylogenies*, Sinauer Associates, 2003), 랜들 슈Randall Schuh와 앤드루 브라우어Andrew Brower(*Biological Systematics: Principles and Applications*, Cornell University Press, 2009)의 교과서가 있다. 나 역시『공룡 고생물학』의 '계통발생학' 장에서 공룡의 경우를 예로 들어 일반론을 설명했다.

나는 2008년 폴 세레노와 함께 쓴 논문(*Journal of Systematic Palaeontology* 6: 155-82)을 통해, 카르카로돈토사우루스과(그리고 다른 알로사우르 친척들)의 계통수를 출판했다. 그리고 다음 해에는 카르카로돈토사우루스과 계통수의 업데이트 버전을 출판했으며, 다른 동료들과 손을 잡고 최초의 아시아계 카로카로돈토사우루스과인 샤오칠롱(Brusatte et al., *Naturwissenschaften*, 2009, 96: 1051-58)을 명명하고 기술했다. 그 동료들 중 한 명이 로저 벤슨인데, 그는 당시 나와 마찬가지로 학생이었다. 로저와 나는 금세 친구가 되어 많은 박물관을 함께 방문했고(2007년의 환상적인 중국 여행을 포함해), 카르카로돈토사우루스과와 다른 알로사우르에 관한 프로젝트를 함께 수행했다. 그와 함께 수행한 프로젝트는 헤아릴 수 없이 많지만, 인상적인 것을 하나만 들면 영국계 카로카로돈토사우르인 네오베나토르에 관한 논문이 있다(Brusatte, Benson, and Hutt, *Monograph of the Palaeontographical Society*, 2008, 162: 1-166). 로저는 나를 '카르카로돈토사우르/알로사우르/수각류의 계통수에 관한 후속 연구'에 초청했는데, 그 연구의 대부분을 수행한 사람은 그였고 나는 숟가락 하나를 얹었을 뿐이다(Benson et al., *Naturwissenschaften*, 2010, 97: 71-78).

5. 폭군 공룡들

이 장은 내가《사이언티픽 아메리칸》(May 2015, 312: 34-41)에 기고한 '티라노사우르의 진화에 얽힌 스토리'의 확장판이다. 그 논문은 내가 2010년 여러 동료와 썼던 '티라노사우르의 계보와 진화'에 관한 논문(Brusatte et al., *Science*, 329: 1481-85)을 토대로 작성되었다. 『The Dinosauria』 중 토머스 홀츠[Thomas Holtz]가 집필한 장과 함께, 위 두 편의 논문은 티라노사우르에 관한 정보의 보고라고 할 수 있다.

뤼준창과 나는 2014년 발표한 논문(Lü et al., *Nature Communications* 5: 3788)에서 키안조우사우루스 시넨시스(피노키오 렉스)를 기술했다. 그 발견에 관한 이야기는 디디 커스틴 태틀로[Didi Kirsten Tatlow]가 《뉴욕 타임스》에 기고한 칼럼에 소개되었다(sinosphere.blogs.nytimes.com/2014/05/08/pinocchio-rex-chinas-new-dinosaur). 내가 준창의 키안조우사우루스 연구에 참여하는 계기로 작용한 '괴상한 티라노사우르'인 알리오라무스는 다음과 같은 논문들에서 기술되었다. Brusatte et al., *Proceedings of the National Academy of Sciences USA* 106 (2009): 17261-66; Bever et al., *PLoS ONE* 6, no. 8 (Aug. 2011): e 23393; Brusatte et al., *Bulletin of the American Museum of Natural History* 366 (2012): 1-197; Bever et al., *Bulletin of the American Museum of Natural History* 376 (2013): 1-72; Gold et al., *American Museum Novitates* 3790 (2013): 1-46.

나는 거의 10년 동안 티라노사우르의 계보를 연구하며, 새로운 티라노사우르 화석들이 속속 발견됨에 따라 사상 최대의 계통수를 작성했다. 이 연구는 나의 좋은 친구 겸 동료인 카시지 칼리지(위스콘신주 커노샤 소재)의 토머스 카와 함께 했다. 우리는 2010년 계통수의 첫 번째 버전을 (위에서 언급한)《사이언스》의 논문에서 발표했고, 2016년에는 완전히 개조된 버전을 출판했다(Brusatte & Carr, *Scientific Reports* 6: 20252). 이 장에서 이루어진 진화에 관한 논의의 틀을 제공한 것은 2016년의 계통수다.

T. 렉스의 발견은 많은 대중적·과학적 문헌에서 다루어졌다. '바넘 브라운과 그의 위대한 발견'에 관한 최고의 정보원은, 2011년 로웰 딩거스와 (나의 박사과정 지도 교수인) 마크 노렐이 함께 쓴 브라운의 전기(*Barnum Brown: The Man Who*

Discovered Tyrannosaurus rex, University of California Press)다. 내가 이 장에서 인용한 로웰의 말은, 이 책이 헌정된 미국자연사박물관 웹사이트에서 가져왔다. 헨리 페어필드 오즈번에 관한 탁월한 전기는 브라이언 랭걸[Brian Rangel]이 집필했으며, 나는 오즈번의 삶에 관한 정보를 그 책에서 얻었다(*Henry Fairfield Osborn: Race and the Search for the Origins of Man*, Ashgate Publishing, Burlington VT, 2002).

알렉산드르 아베리아노프는 2010년 발표한 논문(Averianov et al., *Proceedings of the Zoological Institute RAS*, 314: 42-57)에서 킬레스쿠스를 기술했다. 쉬싱과 동료들은 2004년에 딜롱(Xu et al., *Nature* 431: 680-84), 2006년에 구안롱(Xu et al., *Nature* 439: 715-18), 2012년에 유티라누스(Xu et al., *Nature* 484: 92-95)를 기술했다. 지챵[Ji Qiang]과 동료들은 시노티라누스를 기술했다(Ji et al., *Geological Bulletin of China*, 2009, 28: 1369-74). 로저 벤슨과 나는 2013년 유라티란트를 명명했는데(Brusatte & Benson, *Acta Palaeontologica Polonica*, 2013, 58: 47-54), 그 기반이 된 것은 그보다 몇 년 전 로저가 기술한 표본이었다(Benson, *Journal of Vertebrate Paleontology*, 2008, 28: 732-50). 잉글랜드의 아름다운 와이트섬에서 발견된 에오티라누스를 명명하고 기술한 사람들은 스티브 헛[Steve Hutt]과 동료들이었다(Hutt et al., *Cretaceous Research*, 2001, 22: 227-42).

우즈베키스탄의 백악기 중기 지층에서 발견된 티무를렝기아를 명명하고 기술한 우리의 논문은 2016년 출판되었다(Brusatte et al., *Proceedings of the National Academy of Sciences USA* 113: 3447-52). 또한 알렉산드르, 한스, 나의 연구에는, 에이미 뮤어(석사과정 지도 학생으로, CT 촬영 데이터를 처리했다)와 이언 버틀러(에든버러 대학교의 동료 교수로, 우리가 화석 연구에 사용한 CT 촬영기를 맞춤형으로 제작해주었다)가 참여했다. 백악기 중기 동안 티라노사우르를 여전히 압박하고 있었던 카르카로돈토사우르에 대한 정보는 다음과 같은 공룡들을 기술한 논문들을 참고하라. 시아츠(Zanno & Makovicky, *Nature Communications*, 2013, 4: 2827), 킬란타이사우루스(Benson

& Xu, *Geological Magazine*, 2008, 145: 778-89), 샤오칠롱(Brusatte et al., *Naturwissenschaften*, 2009, 96: 1051-58), 아이로스테온(Sereno et al., *PLoS ONE*, 2008, vol. 3, no. 9: e3303).

6. 공룡의 왕

이 장의 서두에 꺼낸 이야기는 물론 추측이지만, 상세 내용은 실제로 발견된 화석(이 장의 뒷부분에서 기술되었으며, 참고문헌은 아래에 나온다)을 기반으로 했다. 'T. 렉스, 트리케라톱스, 오리주둥이공룡은 어떻게 행동했을까?'에 대해 약간의 추측이 가미되었다.

T. 렉스에 대한 일반적인 배경 지식(크기, 신체적 특징, 서식지, 연령)은 5장의 보충 자료에서 인용한 '티라노사우르에 관한 일반적인 참고문헌들'을 참고하라. 체질량 추정치는 앞에서 인용한 로저 벤슨과 동료들의 '공룡의 몸집에 관한 논문'에서 가져왔다.

T. 렉스의 섭식 습관에 관한 문헌은 풍부하다. 일용한 양식에 관한 정보는 그것을 주제로 한 두 편의 중요한 논문에서 가져왔다. 하나는 제임스 팔로[James Farlow]가 쓴 논문(*Ecology*, 1976, 57: 841-57)이고, 다른 하나는 리스 배릭[Reese Barrick]과 윌리엄 샤워스[William Showers]가 쓴 논문(*Palaeontologia Electronica*, 1999, vol. 2, no. 2)이다. 'T. 렉스는 청소부였다'는 아이디어는 학식이 가장 풍부하고 열광적인 티라노사우르 전문가인 토머스 홀츠의 책 『Tyrannosaurus rex: The Tyrant King』(Indiana University Press, 2008)에서 통렬히 비판되었다. 그럼에도 언론을 등에 업고 최후의 발악을 하려고 고개를 쳐들 때마다 많은 공룡 고생물학자(특히 나)를 크게 좌절케 한다. T. 렉스의 이빨이 박힌 에드몬토사우루스의 뼈 화석은 로버트 데팔마[Robert DePalma]가 이끄는 연구팀이 기술했다(*Proceedings of the National Academy of Sciences USA*, 2013, 110: 12560-64). 동물의 뼈가 가득한 것으로 유명한 'T. 렉스의 똥'은 캐런 친[Karen Chin]과 동료들이 기술했고(*Nature*, 1998, 393: 680-82), 동물의

뼈가 보존된 위 내용물은 데이비드 바리키오David Varricchio가 기술했다(Journal of Paleontology, 2001, 75: 401-6).

티라노사우르의 천공 견인 섭식은 그레그 에릭슨이 이끄는 연구팀이 상세히 연구했으며, 그 주제를 여러 편의 중요한 논문(이를테면 Erickson and Olson, Journal of Vertebrate Paleontology, 1996, 16: 175-78; Erickson et al., Nature, 1996, 382: 706-8)으로 출판했다. 다른 중요한 연구를 수행한 사람으로는 메이슨 미어스Mason Meers (Historical Biology, 2002, 16: 1-2), 프랑수아 테리엥과 동료들(The Carnivorous Dinosaurs, Indiana University Press, 2005), 칼 베이츠와 피터 포킹엄(Biology Letters, 2012, 8: 660-64)이 있다. 에밀리 레이필드는 2000년대 중반 '티라노사우르의 두개골 구성과 깨물기 행동'에 관한 핵심 논문 두 편(Proceedings of the Royal Society of London Series B, 2004, 271, 1451-59; Zoological Journal of the Linnean Society, 2005, 144: 309-16)을 출판했다. 또한 그녀는 매우 유용한 유한요소해석 입문서(Annual Review of Earth and Planetary Sciences, 2007, 35: 541-76)를 집필했다.

존 허친슨과 공동 연구자들은 티라노사우르의 운동에 관해 수많은 논문을 썼다. 그중에서 중요한 것들은 다음 저널에 발표되었다. Nature, 2002, 415: 1018-21; Paleobiology, 2005, 31: 676-701; Journal of Theoretical Biology, 2007, 246: 660-80; PLoS ONE, 2011, 6, no. 10: e26037. 존은 매슈 카라노Matthew Carrano 와 함께 T. 렉스의 골반과 뒷다리 근육조직에 관한 중요한 논문(Journal of Morphology, 2002, 253: 207-28)을 썼다. 또한 존은 '공룡의 운동 연구'에 관한 전반적 지침서 (Encyclopedia of Life Sciences, Wiley-Blackwell, 2005)를 썼지만, 최고의 입문서는 우리를 늘 즐겁게 해주는 블로그(https://whatsinjohnsfreezer.com/)를 참고하라.

현생 조류의 효율적인 폐와 그것의 작동 메커니즘은 졸저『공룡 고생물학』에 매우 자세히 기술되어 있지만, 이 주제와 관련해 참고할 만한 전문가용 논문이 몇 편 있다(예컨대, Brown et al., Environmental Health Perspectives, 1997, 105: 188-

200; Maina, *Anatomical Record*, 2000, 261: 25-44). 공룡 뼈의 기낭air sac(전문 용어로 함기성pneumaticity이라고 부른다)에 관한 화석화된 증거를 전문적으로 연구한 사람은 브룩스 브릿Brooks Britt인데, 그는 박사과정을 이수하는 동안 이 연구를 수행했다(Britt, 1993, PhD thesis, University of Calgary). 더 근래에 이 주제에 관해 중요한 논문을 발표한 사람으로는 패트릭 오코너Patrick O'Connor와 동료들(*Journal of Morphology*, 2004, 261: 141-61; *Nature*, 2005, 436, 253-56; *Journal of Morphology*, 2006, 267: 1199-1226; *Journal of Experimental Zoology*, 2009, 311A: 629-46), 로저 벤슨과 공동 연구자들(*Biological Reviews*, 2012, 87: 168-93), 매슈 웨델Mathew Wedel(*Paleobiology*, 2003, 29: 243-55; *Journal of Vertebrate Paleontology*, 2003, 23: 344-57)이 있다.

'티라노사우르의 무기'에 관한 사라 버치의 연구는 박사 학위논문(Stony Brook University, 2013)에 기술되어 있다. 그것은 척추고생물학회 연례회의에서 발표되었으며, 현재 단행본으로 출판되기를 기다리고 있다.

필 커리가 이끄는 연구진은 알베르토사우루스의 공동묘지에 관해 여러 편의 논문을 썼는데, 그 논문들은 한 저널의 특별판(*Canadian Journal of Earth Sciences*, 2010, vol. 47, no. 9)을 가득 메웠다. 필의 '알베르토사우루스와 타르보사우루스의 집단 사냥'에 관한 연구는, 조시 영Josh Young이 쓴 『Dinosaur Gangs』(Collins, 2011)라는 도발적 제목의 대중 과학서에 기술되어 있다.

'CT 촬영기를 이용한 공룡 뇌 연구'는 큰 붐을 이루었다. 이 주제(말하자면, 초보자를 위한 지침)를 다룬 위대한 논문이 두 편 있다. 하나는 칼슨 등(*Geological Society of London Special Publication*, 2003, 215: 7-22)이 썼고, 다른 하나는 래리 위트머와 공동 연구자들(*Anatomical Imaging: Towards a New Morphology*, Springer-Verlag, 2008)이 썼다. 티라노사우르에 관한 CT 연구 중에서 가장 중요한 것은, 크리스 브로추(*Journal of Vertebrate Paleontology*, 2000, 20: 1-6)의 연구, 위트머와 라이언 리질리의 연구(*Anatomical Record*, 2009, 292: 1266-96), 에이미 밸러노프·게이브 비버와 협동

연구팀(나도 여기에 포함된다)의 연구[PLoS ONE 6 (2011), e23393; *Bulletin of the American Museum of Natural History*, 2013, 376: 1-72]다. 이언 버틀러와 나는 (5장의 보충자료에서 언급한) 티무를렝기아라는 신종 티라노사우르 공룡을 기술하는 과정에서, 티라노사우르의 뇌 진화에 관한 첫 번째 프로젝트를 출판했다. 달라 젤레니츠키의 '후각망울 진화'에 관한 연구는 2009년 출판되었고(*Proceedings of the Royal Society of London Series B*, 276: 667-73), 켄트 스티븐스의 '티라노사우르의 양안시'에 관한 연구는 2003년 출판되었다(*Journal of Vertebrate Paleontology*, 2003, 26: 321-30).

티라노사우르(그리고 공룡 일반)에 관한 최근의 흥미로운 일부 연구에서는 골조직학bone histology을 이용해 그들의 성장 과정을 이해하려 한다. 나는 이와 관련해 두 편의 읽을 만한 논문을 강력하게 추천한다. 하나는 그레그 에릭슨이 쓴 짧은 논문(*Trends in Ecology and Evolution*, 2005, 20: 677-84)이고, 다른 하나는 아누수야 친사미투란Anusuya Chinsamy-Turan이 쓴 책 한 권 분량의 논문(*The Microstructure of Dinosaur Bone*, Johns Hopkins University Press, 2005)이다. 티라노사우르의 성장에 관한 그레그의 기념비적 논문은 2004년에 출판되었다(*Nature*, 430: 772-75). 이 주제를 다룬 또 하나의 중요한 논문은 잭 호너와 케빈 페이디언Kevin Padian (*Proceedings of the Royal Society of London Series B*, 2004, 271: 1875-80)이 출판했고, 더 근래에는 총명한 박식가인 네이선 미어볼드Nathan Myhrvold가 '공룡의 성장 속도 계산을 위한 통계 기법의 사용과 오남용'에 관한 계몽적 논문(*PLoS ONE*, 2013, 8, no. 12: e81917)을 발표했다. 미어볼드는 물리학 박사로, 마이크로소프트에서 최고기술책임자를 역임했다. 그는 종종 발명을 하고, 이름난 셰프이자 '궁극의 요리책'으로 호평받는 『Modernist Cuisine』의 저자이며, 그것도 모자라 여가 시간에는 공룡 고생물학자로 활동한다.

토머스 카는 'T. 렉스와 다른 티라노사우르 공룡들이 성장 과정에서 변화한 과정'에 관해 많은 논문을 썼다. 그의 논문 중에서 가장 중요한 것은 다음 저널에 발표되었다. *Journal of Vertebrate Paleontology*, 1999, 19: 497-520; *Zoological Journal of the Linnean Society*, 2004, 142: 479-523.

7. 지구의 지배자들

나는 '백악기 말기=성공한 공룡의 절정기'라는 묘사가 다소 주관적임을 인정하며, 내 동료들 중에도 내 진술 중 일부에 이의를 제기하는 사람들이 있다. 모든 문제는 화석 기록에서 다양성을 측정하기가 어렵다는 데서 기인한다. 다양성 측정에는 늘 다양한 편향성이 수반되기 마련이며, 그중에는 우리가 이해하지 못하는 것이 많다. 공룡의 다양성에 관해서는 많은 연구가 수행되었다. 그중에는 통계 기법을 이용해 '공룡의 시기별 총계'를 추정하는 방법도 있다. 이러한 연구들이 각론에서 늘 합의점에 도달하는 것은 아니지만, 총론에서 일치하는 부분이 하나 있다. 그 내용인즉, '기록되거나 추정된 종수의 측면에서 보면, 백악기 말기는 공룡의 다양성이 전반적으로 높은 시기였다'는 것이다. 설사 공룡의 다양성이 최고치에 이르지 않았다 하더라도, 최고치에서 크게 벗어나지는 않았을 것으로 생각된다. 나는 동료들과 함께 상이한 통계 방법을 이용해 백악기 전체의 공룡 다양성을 계산한 결과(Brusatte et al., *Biological Reviews*, 2015, 90: 628-42), '종 풍부성의 측면에서 보면, 백악기 말기의 공룡들은 백악기의 최고치에 머물렀거나 그에 근접해 있었다'는 결론을 얻었다. 그 밖에도 '시간 경과에 따른 공룡의 다양성'에 관해 중요한 연구를 수행한 사람들로는 배럿 등(*Proceedings of the Royal Society of London Series B*, 2009, 276: 2667-74), 업처치 등(*Geological Society of London Special Publication*, 2011, 358: 209-240), 왕과 도드슨(*Proceedings of the National Academy of Sciences USA*, 2006, 103: 601-5), 스타펠트와 리오(*Philosophical Transactions of the Royal Society of London Series B*, 2016, 371: 20150219)가 있다.

버피 박물관에 관한 정보는 박물관의 홈페이지(http://www.burpee.org)에서 얻을 수 있다. 버피 박물관이 발견한 제인은, 현재 토머스 카 연구팀에서 연구하고 있다. 완전한 기술은 아직 출판되지 않았지만, 제인 화석은 척추동물 고생물학회 콘퍼런스의 단골 메뉴다.

헬크리크 지층에 관한 정보는 풍부하며, 데이비드 파스톱스키와 앤트완 버코비치의 논문(*Cretaceous Research*, 2016, 57: 368-90)이 입문하기에 적당하다. 좀 더 상세한 정보를 원한다면, 미국지질학회에서 특별히 출판한 헬크리크에 관한 책 두 권(Hartman et al., 2002, 361: 1-520; Wilson et al., 2014, 503: 1-392)을 참고하기 바란다. 로웰 딩거스는 헬크리크와 그 공룡들에 대한 대중서(*Hell Creek, Montana: America's Key to the Prehistoric Past*, St. Martin's Press, 2004)도 썼다. 헬크리크의 공룡에 관해 중요한 조사가 두 번 이루어졌다. 나는 그 조사 결과에서 '상이한 종들의 생태계 점유율'에 관한 정보를 얻었다. 첫 번째 조사는 피터 시한과 파스톱스키가 지휘했으며, 일련의 논문을 통해 출판되었다. 그중에서 특히 중요한 것은 두 편이다(Sheehan et al., *Science*, 1991, 254: 835-39; White et al., *Palaios*, 1998, 13: 41-51). 두 번째 조사는 더 근래에 잭 호너와 동료들(Horner et al., *PLoS ONE*, 2011, 6, no. 2: e16574)이 수행했다.

트리케라톱스와 각룡 일반에 관한 최고의 정보원 중 하나는, 피터 도드슨의 반전문적 서적인 『The Horned Dinosaurs』(Princeton University Press, 1996)이다. 트리케라톱스를 비롯한 각룡에 관한 더욱 전문적인 개관은, 『The Dinosauria』에서 도드슨이 (캐시 포스터[Cathy Forster], 스콧 샘슨[Scott Sampson]과 함께) 집필한 장에서 찾아볼 수 있다. 한편 오리주둥이공룡 하드로사우르의 1차 정보원은 『The Dinosauria』에서 호너, 데이비드 웨이샴펠[David Weishampel], 포스터가 함께 집필한 장과, 더 근래에 발간된 전문서적(Eberth and Evans, eds., *Hadrosaurs*, Indiana University Press, 2015)에 실린 여러 논문이다. 『The Dinosauria』에는 돔형 머리를 가진 파키케팔로사우르에 관한 장이 하나 포함되어 있다. 이 부분은 테레사 마리안스카[Teresa Maryańska]와 동료들이 집필했으며, 이 괴상망측한 공룡 그룹에 관한 좋은 입문서다.

나는 과학 문헌에서 호머의 발견(최초의 트리케라톱스 골층 발견)을 기술한 팀의 일원이었다. 그 논문의 선임 저자는 조시 매슈스^{Josh Mathews}로, 2005년의 탐사 여행에 나와 함께 참가한 학생이었다. 마이크 헨더슨과 스콧 윌리엄스가 공저자로 포함되었다(*Journal of Vertebrate Paleontology*, 2009, 29: 286-90). 우리는 이 논문에서 종전에 발견된 다른 케라톱시안의 골층 중 일부를 인용했다. 데이비드 에버스^{David Eberth}가 케라톱시안의 골층에 관한 훌륭한 논문을 썼으며(*Canadian Journal of Earth Sciences*, 2015, 52: 655-81), 중요한 논문을 많이 인용했다. 센트로사우루스 자체의 골층은 『New Perspectives on Horned Dinosaurs』(Indiana University Press, 2007)에서 에버스 등이 집필한 장에 기술되어 있다.

'백악기 후기에 남아메리카(그리고 좀 더 광범위하게 남반구 대륙)에 살았던 공룡'에 관한 최고의 전반적인 참고문헌은 페르난도 노바스가 쓴 『The Age of Dinosaurs in South America』(Indiana University Press, 2009)이다. 호베르투 칸데이루는 브라질의 공룡들에 관해 전문적인 논문을 많이 썼다. 그중에서 '수각류의 이빨'에 관한 중요한 논문은 2007년의 박사 학위논문(Universidade Federal do Rio de Janeiro)과 2012년의 논문(Candeiro et al., *Revista Brasileira de Geociencias* 42: 323-30)이다. 호베르투, 펠리퍼는 동료들과 함께 브라질에서 발견된 카로카로돈토사우루스과의 턱뼈를 기술했고(Azevedo et al., *Cretaceous Research*, 2013, 40: 1-12), 아우스트로포세이돈을 기술한 펠리퍼의 논문(Bandeira et al., *PLoS ONE* 11, no. 10: e0163373)은 2016년에 출판되었다. 브라질의 괴상망측한 악어류는 일련의 출판물(Carvalho and Bertini, *Geologia Colombiana*, 1999, 24: 83-105; Carvalho et al., Gondwana Research, 2005, 8: 11-30; Marinho et al., *Journal of South American Earth Sciences*, 2009, 27: 36-41)에서 기술되었다.

몇 가지 석연찮은 이유 때문에, 프런즈 놉처 남작은 아직까지 굵직한 전기나 영화의 대상이 되지 않았다. 그러나 그에 관한 논문은 몇 편 남아 있다. 그 중에서 최고라 할 수 있는 것은 바네사 베셀카Vanessa Veselka가 《스미스소니언 Smithsonian》 2016년 7-8월호에 쓴 것, 스테퍼니 페인Stephanie Pain이 《뉴 사이언티 스트New Scientist》(April 2-8, 2005)에 쓴 것, 개러스 다이크Gareth Dyke가 《사이언티 픽 아메리칸》(October, 2011)에 쓴 것이 있다. 고생물학자인 데이비드 웨이샴펠(그 는 놉처의 발자취를 좇아, 다년간 루마니아의 공룡을 발굴했다)도 종종 놉처에 관한 글을 썼다. 그는 2011년 발표한 『Transylvanian Dinosaurs』(Johns Hopkins University Press) 에서 멋진 그림 솜씨(놉처를 묘사한 그림)를 선보였고, 올리버 커셔Oliver Kerscher와 함께 놉처의 서한과 저술을 수집·분석했는데, 거기에는 짧은 전기와 과학 연구 의 배경(Historical Biology 25: 391-544)이 포함되어 있다.

웨이샴펠이 쓴 『Transylvanian Dinosaurs』는 트란실바니아의 난쟁이 공룡을 전반적으로 소개한 독보적인 참고문헌이다. 좀 더 전문적인 개요서로는 졸탄 치키서버와 마이크 벤턴이 편집한 논문집이 2010년에 특별판으로 출판되었다. special issue of Palaeogeography, Palaeoclimatology, Palaeoecology(vol. 293). 유용한 논 문은 웨이샴펠과 동료들(National Geographic Research, 1991, 7: 196-215), 댄 그리고레 스쿠Dan Grigorescu(Comptes Rendus Paleovol, 2003, 2: 97-101)의 것이 있다. 나는 치키서 버가 이끄는 팀의 일원이었는데, 그는 백악기 말기 유럽의 동물상에 관해 더욱 광범위한 논문을 썼다. 백악기 말기의 유럽에는 큰 땅덩어리가 없이 여러 개의 섬만 떠 있었는데, 그중에서 가장 많이 연구되었을 뿐 아니라 가장 유명한 것 은 트란실바니아다.

나는 마차스 브레미르, 졸탄 치키서버, 마크 노렐과 함께 발라우르 본독에 관 한 논문 두 편을 출판했다. 하나는 명명 과정이 포함된 초기의 짤막한 기술서記 述書(Csiki-Sava et al., Proceedings of the National Academy of Sciences USA, 2010, 107: 15357-61) 이고, 다른 하나는 각각의 뼈를 상세하게 이해하고 기술한 장문의 논문(Brusatte et al., *Bulletin of the American Museum of Natural History*, 2013, 374: 1-100)이다. 또한 나는 다른 동료들과 함께 트란실바니아 공룡의 연대와 중요성에 관해 더욱 광범위한 논문을 썼는데(Csiki-Sava et al., *Cretaceous Research*, 2016, 57: 662-98), 이 논문에서는 새로운 발견에 주안점을 두었다.

8. 공룡의 비상

나는 이 장에서 《사이언티픽 아메리칸》(Jan. 2017, 316: 48-55), 초기 새의 진화에 대한 전문적인 논문(Brusatte, O'Connor, and Jarvis, *Current Biology*, 2015, 25: R888-R898), 《사이언스》의 논평(2017, 355: 792-94)에서 언급했던 수많은 주제를 다루었다. 이 장의 추동력 중 상당 부분은 내 박사 학위논문에서 왔는데, 그 핵심 내용은 '새와 근친들의 계통학'과 '공룡-새 전이의 패턴과 진화 속도'라고 할 수 있다. 나는 박사 학위논문을 2012년에 방어했고(*The Phylogeny of Basal Coelurosaurian Theropods and Large-Scale Patterns of Morphological Evolution during the Dinosaur-Bird Transition*, Columbia University, New York), 2014년에 출판했다(Brusatte et al., *Current Biology*, 2014, 24: 2386-92).

'새의 기원'과 '새와 공룡의 관계'에 관한 문헌은 무궁무진하지만, 가장 읽을 만한 일반 정보원을 꼽으라면 세 편을 꼽을 수 있다. 케빈 페이디언과 루이스 치아페[Luis Chiappe](*Biological Reviews*, 1998, 73: 1-42)가 쓴 논문, 마크 노렐과 쉬싱이 쓴 논문(*Annual Review of Earth and Planetary Sciences*, 2005, 33: 277-99), 쉬싱과 동료들이 쓴 논문(*Science*, 2014, 346: 1253293). 마크 노렐의 저서 『Unearthing the Dragon』(Pi Press, New York, 2005)은 내가 늘 즐겨 보는 책이다. 나의 다정한 친구로서 최고의 공룡 사진작가인 믹 엘리슨의 풍부한 작품을 곁들여, 중국 전역을 즐겁게 뛰놀며 깃털공룡을 감상하게 해준다. 더 근래에 출판된 루이스 치아페와 멍칭진[조][鳳金]의 『Birds of Stone』(Johns Hopkins University Press, 2016)은 중국의 깃털공룡과 원시 조류를 집대성한 아름다운 지도책이다.

팻 십먼의 『Taking Wing』(Trafalgar Square, 1998)은 '과학자들이 맨 처음 공룡과 새의 관계를 인식하게 된 과정'과 '한때 논란 많았던 가설이 주류가 되는 과정에서 간혹 벌어진 치열한 논쟁'을 자세히 말해준다. 헉슬리, 다윈, 오스트럼, 바커도 모두 거론된다. 헉슬리는 일련의 논문을 통해 '공룡과 새의 관계'에 대한 자신의 이론을 내세웠는데, 그중에는 다음 저널에 출판된 중요한 논문들이 포함된다. *Annals and Magazine of Natural History*, 1868, 2: 66-75; *Quarterly Journal of the Geological Society*, 1870, 26: 12-31. 시조새에 관한 논쟁은 폴 체임버스의 『Bones of Contention』(John Murray, 2002)에 연도별로 정리되어 있는데, 이 책에는 2000년대 초까지 나온 관련 문헌이 총망라되어 있다. 최근 크리스천 포스와 동료들은 새로운 시조새 화석 표본을 기술함으로써 이 분야의 논의를 한층 심화했다(*Nature*, 2014, 511: 79-82). 그 논문은 '수각류 날개의 광고판적 기원display billboard origin'을 공개적으로 지지한 논문 중 하나다. 본문에서 "덴마크의 미술가"로 언급된 사람은 게르하르트 하일만인데, 그는 『The Origin of Birds』(Witherby, 1926)에서 그런 주장을 제기했다.

로버트 바커는 《사이언티픽 아메리칸》에 쓴 논문(1975, 232: 58-79)과 『공룡계의 이단자』(William Morrow, 1986)라는 저서를 통해, 자신만이 가능한 방법으로 공룡 르네상스의 스토리를 이야기했다. 존 오스트럼은 '공룡과 새의 관계'에 대해 일련의 신중한 과학논문을 썼는데, 그중에서 가장 중요한 것은 데이노니쿠스에 대한 꼼꼼한 논문(*Bulletin of the Peabody Museum of Natural History*, 1969, 30: 1-165), 《네이처》에 기고한 에세이(1973, 242: 136), 그리고 리뷰 논문(*Annual Review of Earth and Planetary Sciences*, 1975, 3: 55-77)이다. 자크 고티에가 1980년대에 행한 선구자적인 분기학적 분석(이를테면 *Memoirs of the California Academy of Sciences*, 1986, 8: 1-55) 덕분에, 새가 수각류 사이에 굳건히 자리 잡았음을 지적하는 것도 필수적이다.

최초의 깃털공룡인 시노사우롭테릭스는 지창과 지슈안[Shu'an Ji]이 원시 조류로 처음 기술했다(Chinese Geology, 1996, 10: 30-33). 그다음에 천페이지[Pei-ji Chen] 등이 비조류 깃털공룡으로 재해석했고(Nature, 1998, 391: 147-52), 나중에 필 커리가 상세하게 기술했다(Currie and Chen, *Canadian Journal of Earth Sciences*, 2001, 38: 705-27). 시노사우롭테릭스가 깃털공룡임이 밝혀진 직후 한 다국적 연구팀이 중국에서 2개의 깃털공룡을 추가로 발표했고(Ji et al., *Nature*, 1998, 393: 753-61), 뒤이어 수문이 열렸다. 지난 20년간 발견된 깃털공룡의 대다수는 쉬싱과 동료들이 기술했고, 노렐의 『Unearthing the Dragon』에 잘 요약되었으며, 각종 논문들(두 번째 문단 참조)에 인용된 좀 더 근래의 문헌에서도 잘 요약되었다. '깃털공룡의 보존'과 '화석화 과정에 화산이 한 역할'은 많은 저자가 연구했으며, 가장 최근에는 크리스토퍼 로저스와 동료들이 가장 포괄적으로 연구했다(*Palaeogeography, Palaeoclimatology, Palaeoecology*, 2015, 427: 89-99).

많은 저자가 새의 체제가 조립된 과정을 논의했다. 나의 경우에는 박사 학위 논문과, 그것을 바탕으로 쓴 논문(첫 번째 문단 참조)에서 이 주제를 다루었다. 피트 마코비키[Pete Makovicky]와 린지 자노[Lindsay Zanno]는 『Living Dinosaurs』(Wiley, 2011)의 한 장에서 이 문제를 매우 알기 쉽게 설명했다. 미국자연사박물관 팀의 고비 사막 탐사기는, 내가 가장 좋아하는 대중적 공룡 책인 『Dinosaurs of the Flaming Cliffs』(Anchor, 1996)에 시간순으로 서술되어 있다. 이 책의 저자는 마크 노렐의 뉴욕 동료이고 탐사대의 공동 지도자이며, '서던캘리포니아의 서핑 덕후' 동료인 마이크 노바체크[Mike Novacek]다. 고비사막의 화석에 관한 더 중요한 논문으로는(현생 조류의 생물학적 조립을 이해하는 데 있어서 중요성을 설명한다), 노렐 등이 쓴 '알을 품은 오비랍토로사우르'에 관한 논문(*Nature*, 1995, 378: 774-76)과 밸러노프 등이 쓴 '새의 뇌 진화'에 관한 논문(*Nature*, 2013, 501: 93-96)이 있다. 관류폐와 공룡의 성장에 관한 배경적 참고문헌은 6장의 보충자료에서 개략적으로 언급되었다. 새처럼 수면을 취하는 자세로 보존된 랴오닝성의 멋진 공룡 화석은 쉬와 노렐이 기술했고(*Nature*, 2004, 431: 838-41), 새알과 비슷한 공룡알 껍질 조직은 메리 슈바이처Mary Schweitzer와 동료들이 최초로 발견했다(*Science*, 2005, 308, no. 5727: 1456-60).

공룡의 깃털 진화는 수많은 연구와 광범위한 문헌의 주제였다. 쉬싱과 위궈Yu Guo의 논문(*Vertebrata PalAsiatica*, 2009, 47: 311-29)은 좋은 출발점이다. 깃털 진화에 관한 발생생물학적 관점에 대해서는, 『아름다움의 진화』(동아시아, 2019)로 유명한 리처드 프럼Richard Prum이 많이 발표한 탁월한 논문들을 참고해야 한다. 달라 젤레니츠키와 동료들은 2012년 깃털 달린 오르니토미모사우르를 기술했고(*Science*, 338: 510-14), 나는 2012년 10월 25일《캘거리 헤럴드Calgary Herald》에 실린 기사에서 그들의 상세한 현장 연구 정보를 얻었다. 야코브 빈테르는 2008년 발표한 논문(*Biology Letters* 4: 52225)에서 깃털 화석의 색깔을 결정하는 방법론을 처음 제시했고, 이 논문은 빈테르와 다른 연구자들의 수많은 깃털공룡 논문의 도화선이 되었다. 야코브는 두 논문(*BioEssays*, 2015, 37: 643-56; *Scientific American*, Mar. 2017, 316: 50-57)에서 이 모든 열광을 개관했다. 초기의 날개 달린 공룡들의 화려한 색상은 중국 연구자들이 연구했고(Li et al., *Nature*, 2014, 507: 350-53), 날개의 과시 기능은 마리클레르 코쇼비츠Marie-Claire Koschowitz와 동료들이《사이언스》에 발표한 고찰(2014, 346: 416-18)에서 논의되었다. 괴짜 공룡 이 치는 쉬가 이끄는 연구팀이 기술했다(*Nature*, 2015, 521: 70-73).

초기 새와 깃털공룡의 비행 능력에 관해서는 수많은(그리고 종종 복잡한) 문헌이 나와 있다. 미크로랍토르와 안키오르니스가 잠재적인 동력 비행 능력을 보유하고 있었음을 발견한 앨릭스 데체키Alex Dececchi와 동료들의 논문(*PeerJ*, 2016, 4: e2159)은 좋은 출발점이다. 개러스 다이크와 동료들(*Nature Communications*, 2013, 4: 2489)과 데니스 에반젤리스타Dennis Evangelista와 동료들(*PeerJ*, 2014, 2: e632)은 깃털 달린 수각류의 활공을 다루었고, 가장 중요한 선행 연구를 검토했다.

나는 동료들과 함께 쓴 공동 논문(Brusatte et al., *Current Biology*, 2014, 24: 2386-92) 에서, 초기 새들의 형태학적 진화 속도가 빨랐던 사례를 제시했다. 우리가 그 논문에서 사용한 방법은 그레임 로이드와 스티브 왕이 개발해 선행 논문(Lloyd et al., *Evolution*, 2012, 66: 330-48)에서 기술한 것이었다. 로저 벤슨과 조나 쇼니에르[Jonah Choiniere]도 '공룡-새 전이' 전후에 종분화와 사지 진화가 폭증했음을 증명했고 (*Proceedings of the Royal Society Series B*, 2013, 280: 20131780), 로저 벤슨은 (앞에서 인용된) 공룡의 체제에 관한 연구에서 '계통수상의 동일 지점에서 크기가 크게 감소했다'는 사실을 발견했다. 최근의 많은 연구에서도 '공룡-새 전이' 즈음의 진화 속도에 주목했으며, 그 내용은 위의 두 논문에서 인용되고 논의되었다.

징마이 오코너는 중국에서 발견된 수많은 새 화석을 명명했다. 그녀의 연구 중에서 가장 중요한 것은 초기 새의 계보에 관한 논문(O'Connor and Zhonghe Zhou, *Journal of Systematic Palaeontology*, 2013, 11: 889-906)과 (앞에서 인용된) 『Living Birds』에서 알리사 벨, 루이스 치아페와 함께 집필한 장이다. 그녀의 박사과정 지도 교수인 루이스 치아페도 지난 사반세기 동안 초기 새에 관한 중요한 논문을 많이 출판했다.

9. 최후의 그날

나는 공룡의 멸종에 관한 논문(*Scientific American*, Dec. 2015, 312: 54-59)에서 이 장에 언급된 스토리 중 일부를 처음 소개했다. 나는 리처드 버틀러와 함께 다국적 연구자들로 구성된 팀을 꾸려 머리를 맞대고 의논한 끝에, 공룡의 멸종에 관한 합의를 이끌어내어 저널에 기고했다(*Biological Reviews*, 2015, 90: 628-42). 그 자리에 모인 고생물학자들은 폴 배럿, 맷 카라노, 데이비드 에번스[David Evans], 그레임 로이드, 필 매니언, 마크 노렐, 댄 페피[Dan Peppe], 폴 업처치, 톰 윌리엄슨이었다. 그에 더해 리처드와 나는 알베르트 프리에토마르케스[Albert Prieto-Márquez], 마크 노렌과 별도의 팀을 이루어 2012년 '멸종에 이르게 된 형태학적 차이'에 관한 논문(*Nature Communications*, 3: 804)을 발표했다.

그러나 공룡의 멸종에 관한 논쟁에서 나의 기여도는 미미했다. '공룡과 관련된 가장 커다란 미스터리'에 관해서는 지금껏 수백 편(어쩌면 수천 편)의 논문이 출판되었다. 그 많은 논문을 공평히 다룰 수 없기에, 나는 학구적인 독자들에게 그 대용품으로 월터 앨버레즈의 책『T. 렉스와 종말의 충돌구』를 권한다. 그 책은 '월터와 동료들이 백악기 말기의 대멸종이라는 수수께끼를 해결한 과정'을 일인칭 관점에서 알기 쉽고 흥미롭고 꼼꼼하게 설명한 수작이다. 그 책에는 해당 분야의 중요한 논문이 모두 인용되었다. 거기에는 소행성 충돌의 증거를 다룬 논문들, 칙술루브 충돌구의 발견과 연대 측정에 관한 논문들, 다양한 이견이 포함되어 있다. 내가 이 장의 서두에서 언급한 이야기는 비록 예술적 묘사로 가득하지만, 앨버레즈가 기술한 '충돌 사건의 시간적 순서'와 그가 개괄한 증거에 기반하고 있다.

1997년 앨버레즈의 책이 출간된 이후 훨씬 많은 논문이 출판되었다. 그중 상당수는 내가 2015년 《바이올로지컬 리뷰스Biological Reviews》에 기고한 논문에서 인용되고 논의되었다. 가장 흥미로운 최근 연구 중 일부(너무 최근의 연구라서 내 논문에서는 인용되지 않았다)는 UC 버클리의 폴 렌Paul Renne, 마크 리처즈Mark Richards가 동료들과 함께 수행한 '데칸 용암대지Decan Traps(인도 거대 화산들의 잔재)의 연대 측정'에 관한 연구다. 그들에 따르면, 인도의 거대 화산 대부분은 백악기-고제3기 경계선 주변에서 분출했으며, 소행성 충돌이 화산 시스템의 증속 구동overdrive을 초래했다고 한다(Renne et al., *Science*, 2015, 350: 76-78; Richards et al., *Geological Society of America Bulletin*, 2015, 127: 1507-20). '데칸고원에서 화산이 분출된 시기'와 '화산 분출과 소행성 충돌의 관계'에 관해서는, 내가 이 책을 쓰는 동안에도 논쟁이 계속 되고 있다(이에 관해서는 https://blog.naver.com/with_msip/221472312501을 참고하라.—옮긴이).

물론 과학에 관심이 많고 1차 자료를 선호하는 사람들은, 앨버레즈 팀이 소행성 이론을 제시한 최초 논문(Luis Alvarez et al., *Science*, 1980, 208: 1095-1108)은 물론 앨버레즈 팀이 발표한 그 밖의 논문과 얀 스미트[Jan Smit]와 동료들이 비슷한 시기에 발표한 논문을 확인할 필요가 있다.

많은 독립적 연구가 중생대 동안의 공룡 진화를 추적했고, 그중 상당수는 특별히 백악기 말기에 초점을 맞췄다. 내가 《바이올로지컬 리뷰스》에 기고한 논문에서 제시한 새로운 데이터 외에, 최근의 다른 핵심 연구들은 배럿 등(*Proceedings of the Royal Society of London Series B*, 2009, 276: 2667-74)과 업처치 등(*Geological Society of London Special Publication*, 2011, 358: 209-40)이 수행했다. 현대의 연구들은 표집 편향[sampling bias]을 시정하려고 노력하지만, 이러한 이슈는 1984년 매우 중요한 논문이 출판될 때까지 진지하게 인식되지 않았다. 그 논문은 데일 러셀[Dale Russell]의 논문(*Nature*, 307: 360-61)인데, 이상하게도 대체로 잊혀 있다. 데이비드 파스톱스키, 피터 시한과 동료들은 2000년대 중반 이 논문에서 교훈을 얻어, '백악기 말기 공룡의 다양성'에 관한 매우 중요한 논문을 출판했다(*Geology*, 2004, 32: 877-80). 조너선 미첼의 '생태학적 먹이사슬'에 관한 연구는 2012년 논문을 통해 제시되었다(*Proceedings of the National Academy of Sciences USA*, 109: 18857-61).

헬크리크의 공룡과 '소행성 충돌을 앞두고 그들이 어떻게 변화하고 있었는가'에 관한 가장 중요한 연구에는 시한과 파스톱스키가 이끄는 연구팀의 연구(*Science*, 1991, 254: 835-39; *Geology*, 2000, 28: 523-26), 타일러 라이슨과 동료들의 연구(*Biology Letters*, 2011, 7: 925-28), 그리고 딘 피어슨과 (커크 존슨[Kirk Johnson]과 고故 더그 니컬스[Doug Nichols]를 비롯한) 동료들이 작성한 세심한 공룡 카탈로그(*Geology*, 2001, 29: 39-42; *Geological Society of America Special Papers*, 2002, 361: 145-67)가 있다.

파스톱스키가 학부생들을 위해 썼으며, 내가 지나가는 말로 칭찬한 '탁월한 교과서'의 제목은 『Evolution and Extinction of the Dinosaurs』(Cambridge University Press)이며, 데이비드 웨이샴펠이 공저자로 참여했다. 이 책은 중판을 거듭했으며, 어린 학생들에게 유용한 축약판 『Dinosaurs: A Concise Natural History』도 출시되어 있다.

베르나트 빌라와 알베르트 세예스는 피레네산맥의 백악기 말기 공룡들에 관해 많은 논문을 썼다. 그중에서 가장 일반적인 것은 '백악기 말기 동안 피레네산맥에서 공룡의 다양성이 변화한 과정'에 관한 연구로, 영광스럽게도 내가 공저자로 참여했다(Vila, Sellés, and Brusatte, *Cretaceous Research*, 2016, 57: 552-64). 그 밖의 다른 중요한 연구로는 다음과 같은 논문들이 있다. Vila et al., *PLoS ONE*, 2013, 8, no.9: e72579; Riera et al., *Palaeogeography, Palaeoclimatology, Palaeoecology*, 283: 160-71. 루마니아의 경우, 백악기 말기의 이야기는 7장의 보충자료에서 인용되었다. 마지막으로, 나는 호베르투 칸데이루, 펠리피 심브라스와 함께 브라질의 백악기 말기 공룡들을 요약한 논문(*Annals of the Brazilian Academy of Sciences*, 2017, 89: 1465-85)을 발표했다.

'다른 동물들은 살아남았는데, 비조류 공룡은 왜 죽었나?'라는 의문은 여전히 활발한 논쟁의 주제다. 내 생각에 '식물 기반 먹이사슬 vs 쓰레기 기반 먹이사슬'과 '육지 환경 vs 담수 환경'이라는 주제에 관해 가장 중요한 통찰을 제공한 이들은 피터 시한과 동료들(*Geology*, 1986, 14: 868-70; *Geology*, 1992, 20: 556-60)이다. 씨앗 먹기라는 주제에 관해서는 데릭 라슨, 케일럽 브라운[Caleb Brown], 데이비드 에번스(*Current Biology*, 2016, 26: 1325-33)가 가장 중요한 통찰을 제공했다. 알 품기와 성장이라는 주제에 관해서는 그레그 에릭슨이 이끄는 연구팀(*Proceedings of the National Academy of Sciences USA*, 2017, 114: 540-45)이, '포유동물의 생존'과 '작은 체구와 잡식의 중요성'이라는 주제에 관해서는 그레그 윌슨[Greg Wilson]과 그의 멘토 윌리엄 클레먼스[William Clemens]가 중요한 통찰을 제공했다(*Journal of Mammalian Evolution*,

2005, 12: 53-76; *Paleobiology*, 2013, 39: 429-69). 노먼 매클라우드[Norman MacLeod]와 동료들은 '백악기 말기에 산 자와 죽은 자', 그리고 '그것이 멸종 메커니즘에 대해 시사하는 바'를 잘 정리한 매우 중요한 논문을 썼다(*Journal of the Geological Society of London*, 1997, 154: 265-92).

나는 '공룡이 데드맨스핸드 패를 쥐고 있었다'는 비유를 좋아한다. 내가 그 비유의 원조였으면 좋겠지만, 내가 아는 한 그 비유를 제일 먼저 사용한 사람은 그레그 에릭슨이고, 사용처는 캐럴린 그램링[Carolyn Gramling]이 쓴 과학 기사의 인용문이었다("Dinosaur Babies Took a Long Time to Break Out of Their Shells," *Science* online, News, Jan. 2, 2017).

차제에 반드시 짚고 넘어가야 할 중요한 사항이 하나 있다. 가설·논문·반론·주장 등의 수를 기준으로 판단하면, 공룡 연구사에서 가장 논란 많은 주제는 아마도 공룡의 멸종일 것이다. 내가 이 장에서 제시한 공룡 멸종 시나리오('멸종은 갑자기 일어났으며, 주로 소행성에 의해 초래되었다.')는 백악기 말기의 공룡에 대한 많은 독서와 직접적인 연구, 그리고 무엇보다도 (내가 《바이올로지컬 리뷰스》에 기고한 논문에서 개괄한) 학계의 합의에서 유래한다. 지질학적 기록(파국적 영향에 대한 부인할 수 없는 증거)과 화석 기록(공룡이 멸종하는 순간까지 매우 다양했음을 보여주는 증거)을 모두 고려하면, 이 같은 시나리오가 현존하는 증거와 가장 잘 부합한다고 굳게 믿는다.

그러나 대립하는 견해도 있다. 공룡의 멸종에 관한 모든 이론을 낱낱이 설명하는 것은 이 장의 논점을 벗어나지만(그 분량이 책 한 권은 족히 될 것이다), 나의 견해에 대립하는 문헌을 개략적으로 언급할 가치는 충분하다. 첫째, 데이비드 아치볼드[David Archibald]와 윌리엄 클레먼스는 지난 수십 년 동안 '기온과 해수면 변화에 의한 더욱 점진적인 멸종'을 주장해왔다. 둘째, 저타 켈러[Gerta Keller]와 동료들은 데칸고원의 분출이 주범이라고 주장해왔다. 셋째, 내 친구 사카모토 마나

부는 더 근래에 복잡한 통계 모델을 이용해서 '공룡은 장기적으로 쇠퇴했으며, 종의 수가 점점 더 줄어들었다'는 우상파괴적 주장을 펼쳤다. 공룡의 멸종에 관해 더 알고 싶다면, 위와 같은 문헌들을 숙독하고 어느 쪽 증거가 더 우세한지 스스로 판단하기 바란다. 그 밖에도 회의론적이거나 대립적인 견해들이 많지만, 이 정도만 언급해도 충분하리라 생각한다.

에필로그: 공룡 이후

나는 '포유동물의 발흥'에 관한 논문(*Scientific American*, June 2016, 313: 28-35)에서 뉴멕시코 이야기를 약간 언급했다. 그 논문에 공동 저자로 참가한 뤼저시는 초기 포유동물의 진화에 관한 세계적 권위자다. 더 중요한 것은, 그가 매우 관대하고 사랑스러운 친구라는 점이다. 월터 앨버레즈와 마찬가지로, 뤼는 10대 시절의 뻔뻔했던 내 요청을 들어주었다. 내가 겨우 열다섯 살이던 1999년 봄, 나와 가족은 피츠버그 지역으로 부활절 연휴 여행을 떠날 예정이었다. 나는 카네기 자연사박물관을 방문하고 싶었지만, 전시물만 보는 데 만족할 수 없어 막후여행behind-the-scenes tour을 꼭 하고 싶었다. 나는 신문에서 뤼의 초기 포유동물 발견에 관한 기사를 읽고, 박물관의 웹사이트에서 그의 연락처를 확인한 뒤 전화를 걸었다. 그는 나와 가족을 데리고 한 시간 동안 박물관의 수장고를 샅샅이 보여주었다. 그는 그 후에도 나와 만날 때마다 부모님과 형제들의 안부를 묻는다.

나의 다정한 친구 겸 동료 겸 멘토인 톰 윌리엄슨은 태반 포유동물placental mammal의 초기 진화를 좀 더 포괄적으로 연구하는 한편 뉴멕시코의 고제3기 포유동물을 연구하면서 경력을 쌓았다. 박사 학위 연구에서 비롯한 그의 대표작은 1996년 발표한 '뉴멕시코 고제3기 포유동물의 해부학·연대·진화'에 관한 논문 (*Bulletin of the New Mexico Museum of Natural History and Science*, 8: 1-141)이다. 톰은 최근 몇 년 동안 나를 포유동물 고생물학의 깊숙한 곳으로 안내했다. 우리는 2011년 이후 함께 현장 연구를 하며 몇 편의 논문을 함께 집필했다. 거기에는 원시 유대류[marsupial]의 계보에 관한 논문(Williamson et al., *Journal of Systematic Palaeontology*, 2012, 10: 625-51)과 킴베톱살리스[*Kimbetopsalis*]라는 비버만 한 크기의 신종 초식 포유동물을 기술한 논문(Williamson et al., *Zoological Journal of the Linnean Society*, 2016, 177: 183-208)도 포함되어 있다. 우리는 킴베톱살리스를 후안무치하게 '원시 비버'라고 부르는데, 그들은 공룡들이 죽은 지 불과 몇 십만 년 후에 살았다. 톰과 나는 현재 한 박사과정 학생, 세라 셜리[Sarah Shelly]를 공동으로 지도하고 있다. 그녀는 '백악기-고제3기 멸종과 그 이후 포유동물의 발흥'을 연구하고 있다. 그녀의 활약을 기대해보자.

찾아보기

옮긴이 양병찬

서울대학교 경영학과와 동 대학원을 졸업한 후 직장 생활을 하다 진로를 바꿔 중앙대학교에서 약학을 공부했다. 약사로 활동하며 틈틈이 의약학과 생명과학 분야의 글을 번역했다. 지금은 생명과학 분야 전문번역가로 활동하며 포항공과대학교 생물학연구정보센터(BRIC) 바이오통신원으로, 《네이처》와 《사이언스》 등 해외 과학 저널에 실린 의학 및 생명과학 기사를 번역해 학계의 최신 동향을 소개하고 있다. 『아름다움의 진화』로 제60회 한국출판문화상 번역 부문을 수상했다. 그 밖에 옮긴 책으로 『유리우주』 『모든 것은 그 자리에』 『크레이지 호르몬』 『오늘도 우리 몸은 싸우고 있다』 『경이로운 생명』 『내 속엔 미생물이 너무도 많아』 등이 있다.

완전히 새로운
공룡의 역사

초판 1쇄 발행 2020년 2월 24일
초판 3쇄 발행 2023년 9월 18일

지은이 스티브 브루사테 **옮긴이** 양병찬
발행인 이재진 **단행본사업본부장** 신동해
편집장 김경림 **책임편집** 이민경
표지디자인 데시그 **본문디자인** 허선희 **교정교열** 구윤회
마케팅 최혜진 이은미 **홍보** 반여진 허지호 정지연 송임선
국제업무 김은정 **제작** 정석훈

브랜드 웅진지식하우스
주소 경기도 파주시 회동길 20
문의전화 031-956-7430(편집) 02-3670-1123(마케팅)
홈페이지 www.wjbooks.co.kr
인스타그램 www.instagram.com/woongjin_readers
페이스북 www.facebook.com/woongjinreaders
블로그 blog.naver.com/wj_booking

발행처 ㈜웅진씽크빅
출판신고 1980년 3월 29일 제406-2007-000046호

한국어판 출판권 ⓒ ㈜웅진씽크빅, 2020
ISBN 978-89-01-24006-0 (03450)